普通高等教育"十四五"规划教材

中国石油和石化工程教材出版基金资助项目

化 工 基 础

（第三版）

张四方　贾艳明　主　编

刘　红　副主编

U0264204

中国石化出版社

·北京·

内 容 提 要

本书是以《高等学校化学类专业指导性专业规范》为依据，在保持第一版、第二版教材特色不变的前提下，删除了甲醇工业，增加了苯胺工业和化工基础实验，对课后习题答案进行了全面核对，突出了教材的时代性、实用性和简明性。全书共分 10 章，分别为：绪论、流体流动与输送、传热、吸收、精馏、化学反应工程与反应器、合成氨、煤化工、苯胺、化工基础实验。各章附有思考题和习题，书后附有常用数据及相关资料，供使用时参考。

本书可作为高等师范院校及综合理科院校化学、应用化学及其他相关专业的教材，也可作为化学和化工专业科技人员的参考书。

图书在版编目（CIP）数据

化工基础／张四方，贾艳明主编；刘红副主编．—3 版．
—北京：中国石化出版社，2024.5
普通高等教育"十四五"规划教材
ISBN 978-7-5114-7446-9

Ⅰ．①化… Ⅱ．①张… ②贾… ③刘… Ⅲ．①化学工程-高等学校-教材 Ⅳ．①TQ02

中国国家版本馆 CIP 数据核字（2024）第 051731 号

中国石化出版社出版发行

地址：北京市东城区安定门外大街 58 号
邮编：100011 电话：(010)57512500
发行部电话：(010)57512575
http://www.sinopec-press.com
E-mail：press@sinopec.com
北京科信印刷有限公司印刷
全国各地新华书店经销

*

787 毫米×1092 毫米 16 开本 18.75 印张 460 千字
2024 年 5 月第 3 版　2024 年 5 月第 1 次印刷
定价：48.00 元

前　　言

　　"化工基础"是普通高等院校化学及相近专业的核心课程之一，是具体体现和实现普通高等院校化学及相近专业人才培养目标的重要课程。通过本课程的学习，旨在使学生了解和理解实验室研究与规模生产的区别与联系，了解化工新产品开发过程中思考和解决问题的方法，指导学生掌握单元操作、化学工程和化学工艺学的重要概念和基本原理，提升学生的综合能力和职业素养。

　　目前，我国的高等教育改革已进入关键阶段。《教育部关于深化本科教育教学改革 全面提高人才培养质量的意见》（教高〔2019〕6 号）为我国高等教育改革进一步指明了方向。教育部高等学校化学类专业教学指导分委员会编制的《高等学校化学类专业指导性专业规范》为高等化学教育改革提出规范和要求，培养高素质、复合型、应用型人才为社会服务已成为高等院校改革的必然选择。为了适应当前高等教育改革，为社会培养合格的化学人才，我们在保持第一版、第二版特色不变的基础上，做了如下主要修订：

　　1. 新增了化工基础实验的内容，其目的是通过化工基础实验环节，使学生掌握化工基础的实验研究方法，培养学生运用所学理论知识组织工程实验及分析解决实际工程问题的能力，形成实事求是、严谨认真的工程素养，提升学生的创新能力；

　　2. 删除了甲醇工业，增加了苯胺合成工艺，其目的在于保持教材前导性和先进性，同时，通过对苯胺知识的学习，使学生了解苯胺工业化生产的工艺流程、主要设备以及苯胺在国民经济中的重要性，激发学生的爱国情怀；

　　3. 通过"二维码"的形式，新增了化工发展过程中的典型人物介绍、核心概念拓展、重要设备构造、化工理论运用等内容，其目的在于扩展学生视野，了解化工发展内涵；

　　4. 修订了部分课后习题，删除了与教学过程联系不紧密、内容较陈旧、锻炼效果不明显的习题，增加了思路清晰、检测效果明显、紧贴教学的习题，并对所有习题的答案进行了核对，确保了习题的功能。

　　通过本次修订，进一步突出了基本概念、基本理论的阐述，注重了工程观点和方法的传授，保证了由浅入深、重点突出、主次分明、连贯系统。

本书由张四方、贾艳明任主编，刘红任副主编。张四方、贾艳明对全书进行了统稿、审稿和定稿。参加编写的有：太原师范学院张四方(绪论、第5章)，太原师范学院杨春梅(第1章)，太原理工大学冯宇(第2章)，陕西科技大学张康(第3章)，海南师范大学刘红(第4章)，太原师范学院李建会、张舒婷(第6章)，长治医学院路宁悦(第7章)，太原师范学院贾艳明(第8章、第9章)。

本书修订过程参阅了国内外大量文献和资料，并在书中进行了引用，在此对所有作者表示诚挚感谢。中国石化出版社任翠霞老师为本书的修订付出了辛苦劳动，参编院校和中国石化出版社给予了大力支持，在此也向他们表示感谢。本书自出版以来，得到了广大读者的大力支持，在此，特别向所有读者表示最诚挚的感谢。

鉴于编者经验和水平有限，书中难免有不妥之处，本书全体编者衷心期望专家、同行、读者提出宝贵意见。

张四方　贾艳明

目　　录

绪　　论

化学工业又称化学加工工业，泛指生产过程中化学方法占主要地位的制造工业。化学工业是国民经济的重要组成部门，其产值在国民经济中占有举足轻重的地位，其数以千万计的产品与工农业、国防、科研，尤其是人类生产生活都有密切关系。

§0-1　化学工业概述

§0-1.1　化学工业的发展

一直以来，化学工业就与发展生产力、保障人类生活必需、应付战争等过程密不可分。为了满足这些方面的需要，化学工业走过了对天然物质的简单加工、深度加工和模仿创造出自然界没有的产品等过程。

1. 古代化学加工

化学加工在形成化学工业之前的历史可以从 18 世纪中叶追溯到远古时期。那时人类就能运用化学加工方法制作一些简单的生活必需品，如酿造、染色、冶炼、制漆、制陶、造纸以及制造药品、火药和肥皂。

考古发现，早在中国新石器时代的洞穴中就有了残陶片；公元前 50 世纪左右的仰韶文化时期，已有红陶、灰陶、黑陶、彩陶；在浙江河姆渡出土的文物中有同一时期的外涂朱红色生漆的木胎碗；公元前 20 世纪，夏禹以酒为饮料并用于祭祀；公元前 21 世纪中国进入了青铜时代，公元前 5 世纪进入了铁器时代，用冶炼出的铜、铁制作武器、炊具、餐具、乐器、钱币等；公元前 11 世纪，盐已被食用；公元 1 世纪东汉时期，造纸工业已相当完善。公元前后，中国进入了炼丹、炼金术时期，并对世界的医药做出了巨大的贡献。秦汉时期的《神农本药经》记录了动、植、矿物药品 365 种；16 世纪李时珍的《本草纲目》总结了以前药物之大成，全书收集药物 1892 种，其中大量矿物和有机药物的条目中，记述了中国古代化学工艺的重要成就。产生于 3 世纪的欧洲炼金术到了 15 世纪才转为制药。在制药研究过程中，实验室制得了一些化学品，如硫酸、硝酸、盐酸和有机酸。这些虽说未形成工业，但为 18 世纪中叶化学工业的形成准备了条件。

2. 早期化学工业

从 18 世纪中叶至 20 世纪初是化学工业的初级阶段，在这个阶段无机化工已初具规模，有机化工正在形成，高分子化工处于萌芽阶段。

（1）无机化工

第一个典型的化工厂是在 18 世纪 40 年代建立于英国的铅室法硫酸厂，它先以硫黄为原料，后以硫铁矿为原料，产品主要用于制硝酸、盐酸及药物。1775 年 N. 吕布兰提出了以食盐为原料，用硫酸处理得芒硝（Na_2SO_4）及盐酸，芒硝再与石灰石、煤粉配合入炉煅烧生成纯碱的方法，并在 1791 年由奥尔良公爵筹款在巴黎附近建成第一个吕布兰法碱厂。20 世纪初，吕布兰法逐渐被索尔维法取代。1890 年在德国建成了第一个制氯工厂，1893 年在美国

1

建成了第一个电解食盐水溶液制氯和氢氧化钠的工厂。至此，整个化学工业的基础——酸、碱的生产已初具规模。

（2）有机化工

随着纺织业的迅速发展，天然染料已不能满足需求，1856年英国人W. H. 珀金由苯胺合成了苯胺紫染料。后经剖析，天然茜素的结构为二羟基蒽醌，便以煤焦油中的蒽为原料，经氯化、取代、水解、重排等反应，仿制了与天然茜素完全相同的产物。同时，制药工业、香料工业也相继合成了与天然产物相同的许多化学品。1867年，瑞典人A. B. 诺贝尔发明了迈特炸药，大量用于采掘和军工。1895年建立了以煤和石灰为原料，用电热法生产电石的第一个工厂，电石经水解生产乙炔，以此为起点生产乙醛、乙酸等一系列基本有机原料。

（3）高分子化工

1839年美国人C. 固特异用硫黄及橡胶助剂加热天然橡胶，使其交联成弹性体，开创了高分子化工时代。1869年美国人J. W. 海厄特用樟脑增塑硝酸纤维素制成赛璐珞塑料；1891年H. B. 夏尔多内在法国贝桑松建成了第一个硝酸纤维素人造丝厂；1909年美国人L. H. 贝克兰制成了酚醛树脂，俗称电木，广泛用于电器绝缘材料。

3. 近代化学工业

从20世纪初到20世纪60~70年代是化学工业真正成为大规模生产的阶段。在这个阶段，合成氨工业和石油化工得到了发展，高分子化工进行了开发，精细化工逐渐兴起。在这个时期，英国人G. E. 戴维斯和美国人A. D. 利特尔等人提出了单元操作的概念，这些为化学工程建立奠定了基础。

（1）合成氨工业

20世纪初，F. 哈伯用物理化学的平衡理论，提出了用氮气和氢气直接合成氨的催化方法，以及原料气与产品分离后再循环使用的设想。C. 博施进一步解决了设备问题。因战争的需要，1912年在德国奥堡建成了第一座日产30t的合成氨厂。合成氨主要用焦炭为原料，到了20世纪50年代改为以石油和天然气为主要原料，从而使化学工业和石油工业更加密切联系起来。

（2）石油化工

1920年异丙醇在美国的产业化标志着大规模发展石油化工的开始。1939年美国标准油公司开发了临氢催化重整，这成为芳烃的重要来源；1941年美国建成了第一套以炼厂气为原料用管式炉裂解制乙烯的装置，开创了乙烯工业新时代（由于基本有机原料和高分子材料的单体主要以乙烯为原料，人们以乙烯的产量作为衡量有机化工的标志）。1951年，以天然气为原料，用水蒸气转化法得到一氧化碳及氢，使"碳一化学"受到重视，目前主要用于生产氨、甲醇和汽油。

（3）高分子化工

1937年德国法本公司开发丁苯橡胶获得成功，以后各国又陆续开发了顺丁、丁基、丁腈、异戊、乙丙等多种合成橡胶；1937年美国人W. H. 卡罗瑟斯成功合成尼龙66，以后涤纶、维尼纶和腈纶等陆续投产，使其逐渐占据了天然纤维和人造纤维的大部分市场；继酚醛树脂之后，又出现了脲醛树脂、醇酸树脂等热固性树脂。20世纪30年代后，热塑性树脂品种不断出现，如聚氯乙烯、聚苯乙烯、聚乙烯等；在这个时期还出现了耐腐蚀的材料，如有机硅树脂、氟树脂，其中聚四氟乙烯有"塑料之王"之称。

（4）精细化工

在染料方面，发明了活性染料，使染料和纤维以化学键结合；在农药方面，20世纪40年代瑞士人P.H.米勒发明了第一个有机氯农药TTD，后又相继出现了系列有机氯、有机磷杀虫剂；到了20世纪60年代，杀菌剂、除草剂发展极快，出现了像吡啶类除草剂和咪唑杀菌剂等品种；在医药方面，1910年法国人P.埃尔利希制成了606砷制剂，随后又制成了914砷制剂；20世纪30年代对磺胺类化合物和甾族化合物进行了结构上的改进，使其发挥了特效作用；1928年英国人A.弗来明发现了青霉素，开辟了抗菌药物新领域；在涂料方面，摆脱了天然油漆的传统，改用合成树脂，如醇酸树脂、环氧树脂和丙烯酸树脂等。

4. 现代化学工业

20世纪60年代以来，化学工业进入现代化学工业时期。在这个时期，传统化学工业生产规模日趋大型化，新型化学产品层出不穷，其特点集中表现在：生产规模大型化，原料和生产方法多样化，化工产品精细与专用化，"三废"处理综合化。

化学工业进入21世纪以来，除了传统化学工业大型化技术日趋成熟外，在纳米技术、超导技术、生物化工、煤化工、氢能利用、海洋化工等方面也取得了突破性进展。

（1）纳米技术

纳米技术始于19世纪60年代对胶体微粒的研究，20世纪60年代之后，开始了金属纳米微粒的制备和研究。

1984年，德国科学家把粒径为6nm的金属铁粉原位加压制成世界上第一块纳米材料，开创纳米技术之先河。1990年，美国科学家利用隧道扫描显微镜上的探针，在镍表面用36个氙原子排出"IBM"三个字母。1991年，日本科学家用高分辨分析电镜观察到碳纳米管，这些碳纳米管为多层同轴管，也叫Bucky tube。1993年，中国科学家操纵原子成功写出"中国"二字。1996年，美国科学家合成了成行排列的单壁碳纳米管束。同年，中国科学家用化学气相沉积法制备出面积达3mm×3mm的大面积碳纳米管阵列。1997年，法国科学家利用分析电弧放电得到包覆异质纳米壳体的C-BN-C管，由于它的几何结构类似于同轴电缆，直径又为纳米级，故称其为同轴纳米电缆。2000年，美国和英国科学家用DNA的碱基配对机制造出了一种每条臂长只有7nm的纳米级镊子。同年，德国科学家研制出1nm直径的薄壁纳米管，创出薄壁纳米管研制的新纪录。2001年，中国科学家利用高温固体气相法，在世界上首次合成了形态独特且无缺陷的半导体氧化物纳米带状结构。

经过几十年对纳米技术的研究与探索，纳米技术的应用正在半导体芯片、癌症诊断、光学新材料和生物分子追踪四大领域高速发展。不久的将来，纳米金属氧化物半导体场效应管、平面显示用发光纳米粒子与纳米复合物、纳米光子晶体等将应运而生；用于集成电路的单电子晶体管、记忆及逻辑元件、分子化学组装计算机将投入应用；分子、原子簇的控制和自组装、量子逻辑器件、分子电子器件、纳米机器人、集成生物化学传感器等将被广泛运用。

（2）超导技术

超导是指某些物体当温度下降至一定温度时，电阻突然趋近于零的现象。具有这种特性的材料称为超导材料。

1911年，荷兰科学家用液氦冷却汞，当温度下降到绝对温标4.2K时汞的电阻完全消失，这种现象称为超导电性，此温度称为临界温度。1933年，德国科学家发现，如果把超导体放在磁场中冷却，则在材料电阻消失的同时，磁感应线将从超导体中排出，不能通过超导体，这种现象称为抗磁性。1973年，科学家发现超导合金——铌-锗合金，其临界超导温度为23.2K。1987年，美国科学家发现了钇钡铜氧，这是首个超导温度在77K以上的材料，突破了液氮的"温度壁垒"（77K）。2001年，二硼化镁（MgB_2）被发现其超导临界温度达到39K，此化合物的发现，打破了非铜氧化物超导体的临界温度纪录。2008年，日本科学家发现在铁基氮磷族氧化物中，将部分氧以掺杂的方式用氟作部分取代，可使LaFeAsO1-xFx的临界温度达到26K，在加压后（4GPa）甚至可达到43K。2015年，德国科学家创下新的超导温度记录203K（-70℃），其物质为硫化氢。2018年，德国科学家发现十氢化镧在压力170GPa、温度250K（-23℃）下有超导性出现。

超导技术是当今世界上一门新兴的科学技术，由于它能影响人类生存的许多重要领域，各国科学家都在竞相探索它的结构和性能，以求找到具有高临界温度的超导材料。随着超导临界温度的提高和材料加工技术的发展，它将会在许多高科技领域获得重要应用。

（3）生物化工

20世纪60年代末至80年代中期，转基因技术、生物催化技术、动植物细胞培养技术、新型生物反应器和新型生物分离技术等开发和研究的成功，使生物化工进入了新的发展时期，其中被人们广为关注的是生物质能。

生物质能的利用主要包括生物质能发电和生物燃料。生物质能发电主要是直接燃烧发电和利用先进的小型燃气轮机联合循环发电。生物燃料是指通过生物资源生产的石油替代能源，包括生物乙醇、生物柴油、乙基叔丁基醚（ETBE）、生物气体、生物甲醇与生物二甲醚等。

此外，随着生物化工技术的不断发展，大量化学品可通过生物法进行生产。

生物法制取丙烯酰胺，系将丙烯腈、原料水和固定化生物催化剂调配成水合溶液，催化反应后分离出废催化剂就可得到丙烯酰胺产品。法国爱森公司的生物法制取丙烯酰胺技术，目前已在印度、法国、美国和中国投运。

甲烷生物转化为甲醇技术是采用更廉价的、环境更友好的生物过程代替高费用的化学加工过程。美国科学家利用厌氧菌种（新棱菌）将合成气（CO、CO_2、H_2）转化成液体产品如乙醇、丁醇和乙酸酯。研究表明，由CO产生乙醇的产率是生成丁醇和乙酸酯的9倍，随着在CO/CO_2原料中添加H_2，提高了乙醇产率。

美国杜邦公司开发了生物途径生产可生物降解的溶剂二甲基-2-哌啶，这种溶剂用于金属和电子部件（如计算机电路板）清洗。

德国德固赛公司开发了生物催化法生产氨基酸工艺，该工艺改进了微生物-全细胞催化剂，将D,L-乙内酰脲中间体直接完全地转化为L-氨基酸，因而实现了一步法生产工艺替代多个步骤。

美国杜邦公司与其他公司合作，投产了从谷物生产1,3-丙二醇（PDO）的中型装置。在新的发酵工艺中，由磨碎的潮湿谷物得到的葡萄糖经两步法转化成PDO。第一步由细菌发酵转化成丙三醇，第二步将丙三醇发酵转化成PDO。产品从细胞质中分离出来，并采用蒸馏提纯。

荷兰帝斯曼公司开发了生物催化生产抗菌素中间体7-氨基乙酸基苄基头孢菌素酸（7-ADCA）。美国赫斯特公司开发了利用头孢菌素生产头孢菌酸的生物途径。德国巴斯夫公司率先利用生物催化技术大量生产维生素B_2和赖氨酸。

欧洲和北美利用过剩的菜籽油和豆油为原料生产生物柴油已获得推广应用。

日本科学家成功开发使用固定化脂酶连续生产生物柴油技术。

美国能源生物系统公司开发了利用生物菌选择性地从柴油或柴油的混合进料中脱硫的工艺。用这种菌种制得的生物催化剂能适应柴油中硫醇、硫化物、二硫化物、噻吩、苯并噻吩、二苯并噻吩等含硫化合物脱硫的要求，而且这种催化剂对苯并噻吩和二苯并噻吩等特别有效。

生物技术产业是21世纪的朝阳产业，且生物化工在我国拥有广阔的发展前景。中国科学院微生物研究所开发了微生物发酵由正构烷烃生产长链二元酸技术；清华大学利用基因工程技术开发生产了对环境友好的可生物降解塑料聚β-羟基丁酸酯(PHB)；北京化工大学开发了酶法生产单脂肪酸甘油酯、酶法生产脂肪酸低碳醇酯技术。

(4) 煤化工

煤化工是以煤炭为主要原料生产化工产品的行业，根据生产工艺与产品的不同，可以分为煤焦化、煤气化和煤液化三条产品链。其中，煤焦化及其下游电石法生产聚氯乙烯(PVC)和煤气化中的合成氨等都属于传统煤化工领域，而煤气化制醇醚燃料及其下游甲醇制烃[包括甲醇制汽油(MTG)、甲醇制烯烃(MTO)、甲醇制丙烯(MTP)、甲醇制芳烃(MTA)]和煤液化则是现代新型煤化工领域。

煤直接液化是煤化工领域的高新技术。该技术将煤制成油煤浆，于450℃左右和10～30MPa压力下催化加氢，获得液化油，并进一步加工成汽油、柴油及其他化工产品。该技术开发始于20世纪20年代，30～40年代曾在德国实现工业化；2000年后开发工作基本结束，但没有大规模工业化应用实例。我国有关研发机构跟踪研究已有20多年，目前正在开发具有自主知识产权的煤炭直接液化新工艺以及专用高效催化剂等关键技术。

煤间接液化是将煤气化并制得合成气(CO、H_2)，然后通过费托合成(F-T)，得到发动机燃料油和其他化工产品的过程。南非于20世纪50年代开始建设商业化工厂，目前已形成年产7000kt产品的生产能力。目前，我国正在开发浆态床低温合成工艺及专用催化剂。

煤气化是发展新型煤化工的重要单元技术。目前，我国正在对具有自主知识产权的多喷嘴水煤浆气化、干煤粉气流床气化技术进行工业示范开发和放大研究。

二甲醚可以代替柴油用作发动机燃料，也可以作为民用燃料替代液化石油气(LPG)。与甲醇为原料两步法制取二甲醚相比，以煤基合成气为原料通过一步法合成二甲醚的技术具有效率高、工艺环节少、生产成本低的优点。

煤化工联产系统是新型煤化工发展的重要方向，联产的基本原则是利用不同技术途径的优势和互补性，将不同工艺优化集成，达到资源、能源的综合利用，减少工程建设投资，降低生产成本，减少污染物或废弃物排放。如F-T合成与甲醇合成联产、煤焦化与直接液化联产等。

我国煤炭资源丰富，煤种齐全，发展煤炭液化、气化等现代煤转化技术，对发挥资源优势、优化终端能源结构、大规模补充国内石油供需缺口有现实和长远的意义，与传统煤化工不同，新型煤化工将形成煤炭-能源化工新产业，是煤化工实现可持续发展的战略方向。

(5) 氢能利用

氢能是指氢与氧反应放出的能量。作为能源，氢能热效率高，不会造成环境污染，因而又被称为"清洁燃料"。氢能的利用方式主要有三种：直接燃烧、通过燃料电池转化为电能及核聚变，其中最安全高效的使用方式是通过燃料电池将氢能转化为电能，核心技术是解决氢气的制取、储存等关键性问题。

氢的制取技术主要有：电解水制氢、矿物燃料制氢、生物质制氢、太阳能热化学循环制氢等。电解水制氢技术的优势是不会产生污染，但能量需由外界提供，且消耗量大。矿物燃料制氢技术主要以煤、石油及天然气为原料，其劣势是矿物燃料储量有限，制氢过程会对环境造成污染。生物质制氢资源丰富，是可再生能源，并且具有良好的环境性和安全性。太阳能热化学循环制氢技术采用太阳能聚光器聚集太阳能以产生高温，推动热化学反应的进行。热化学反应器的加工和最终的废物遗弃以及金属、金属氧化物的使用都会带来一定的环境污染，另外，由于反应都是在高温下进行，有引起爆炸的危险。

储氢技术主要有：高压气态储氢、低温液态储氢、金属氢化物储氢、物理吸附储氢、配位氢化物储氢等。高压气态储氢是目前较常用的一种储氢技术，其优点是简便易行，成本低，充放气速度快；其缺点是需要厚重的耐压容器，耗能较大，具有不安全因素。低温液态储氢若从质量和体积上考虑，是一种极为理想的储氢方式，但由于氢气液化要消耗很大的冷却能量，加之需要特殊容器，其成本较高，安全技术也比较复杂。金属氢化物储氢是利用某些材料在一定温度和压力下置于氢气中时，就可吸收大量的氢气，生成金属氢化物，而在加热条件下，金属氢化物又释放出氢气进行储氢。金属氢化物储氢的不足在于其质量储氢率低，抗杂质气体中毒能力差，反复吸放后性能下降。物理吸附储氢方式分为物理吸附和化学吸附两大类，其中所使用的材料主要有分子筛、高比表面积活性炭和新型吸附剂等。由于该技术具有压力适中、储存容器自重轻、形状选择余地大等优点，已引起广泛关注。但目前其在储氢机理、结构控制和化学改性方面仍需更深入研究和突破。配位氢化物储氢是指碱金属或碱土金属与第三主族元素与氢配位形成配位氢化物，如 $NaBH_4$、KBH_4、$LiBH_4$ 等。配位氢化物在非水解条件下的吸放氢反应与储氢合金相比，主要差别在于配位氢化物在普通条件下没有可逆的氢化反应，因而在"可逆"储氢方面的应用受到限制。但若使用合适的催化剂并选择合适的催化条件，则有可能在比较温和的条件下实现反应的逆反应。

氢能目前已广泛应用于航空航天、军事、能源、交通运输、工业等领域。如航空航天领域中的氢氧发动机、新型大功率运载火箭及动力装置中的氢燃料；军事领域中以氢为燃料的燃料电池供电潜艇；能源领域中的太阳能–氢能系统及生物质能–氢能系统；交通运输领域中的燃料电池汽车、起重车、矿山机车等。

（6）海洋化工

海洋化工是以海洋中的一些物质作为原料通过工业化提取、分离并纯化，而形成产品的一个行业。进入 21 世纪以来，海水化工、藻类化工等引起人们广泛关注。

海水化工主要包括海水淡化和海水制化学品。海水淡化即利用海水脱盐生产淡水。目前，所用的海水淡化方法有海水冻结法、电渗析法、蒸馏法、反渗透法等，其中应用反渗透膜的反渗透法以其设备简单、易于维护和设备模块化等优点被广泛应用。海水制化学品主要包括海水提取钾、溴、镁、锂、碘、铀、重水等。20 世纪 70 年代我国的千吨级海水提取氯化钾和百吨级海水提取氯技术就获得成功。进入 21 世纪以来，我国大力加强联产和综合提取技术的研究和开发，使海水化学资源真正达到综合利用。

藻类化工包括藻类制油、藻类制纤维、藻类制肥。藻类制油是经由微藻的筛选和培育，获得性状精良的高含油量藻种；然后在光生物反应器中接收阳光、二氧化碳等，将二氧化碳转化为微藻自身的生物质从而固定碳元素；再经由引诱反应使微藻自身的碳物质转化为油脂，然后应用物理或化学方式把微藻细胞内的油脂转化到细胞外，进行提炼加工从而产出生物柴油或航空燃油。藻类制纤维是以海藻酸盐（包含海带、褐藻、琼胶原藻、卡拉胶原藻等）为原料，采取绿色工艺制取海藻酸、海藻酸钙、海藻酸钡、海藻酸锌、海藻酸铜、海藻酸铝、海藻酸银以及多离子海藻纤维。藻类肥料除含有大量非含氮有机物和微量养分元素外，还含有海洋生物所特有的海藻多糖、藻朊酸、高度不饱和脂肪酸，以及陆生植物罕见的锌、镍、溴、碘等矿物元素以及丰富的维生素，极易被植物接收。

此外，海洋生物圈产生着许多对人类有用的天然有机生理活性物质。例如来自河豚类的"河豚毒素"，可用于缓解癌症后期产生的疼痛；来自海绵类的阿糖核苷，对白血病治疗有很好的疗效；从海产沙蚕分离出来的"沙蚕毒素"，是一种无残毒的海洋农药；海带类褐藻中存在的海带氨酸，有降低血压的良好药效；海人草所含的海人草酸有高效的驱蛔虫疗效；从海藻中提取的褐藻酸钠，已广泛地应用于食品工业、纺织工业和造纸工业，且具有抑制人的胃肠道吸收放射性锶的特殊功效；在柳珊瑚属中发现的含量颇高的前列腺素 15（R）-PGA2、15（S）-PGE2 和 15（S）-PGA2，不仅在医药方面有应用价值，而且对生命的研究也有一定的理论意义。

§0-1.2　化学工业分类

化学工业按产品划分，有无机化学工业、基础有机化学工业、高分子化学工业和精细化学工业；按原料来源划分，有石油化工、煤化工、天然气化工和油页岩化工；按产品市场特点划分，有大宗产品、大宗专用产品、精细化工产品和特殊化学品；按中国工业统计方法划分，有合成氨及肥料工业、硫酸工业、制碱工业、无机物工业（包括无机盐及单质）、基本有机原料工业、染料及中间体工业、产业用炸药工业、化学农药工业、医药药品工业、合成树脂与塑料工业、合成纤维工业、合成橡胶工业、橡胶制品工业、涂料及颜料工业、信息记录材料工业（包括感光材料、磁记录材料）、化学试剂工业、军用化学品工业、化学矿开采工业和化工机械制造工业。

§0-1.3　化学工业特点

1. 多样性和复杂性

化学工业与其他工业相比，原料、生产方法和产品的多样性和复杂性是其独有的特点。化学工业可以从不同的原料出发制造同一产品，也可以用同一原料制造许多不同产品。同一原料制造同一产品可以采用不同的生产路线。一个产品有不同的用途，而不同的产品有时却有同一用途。一种产品往往又是生产其他产品的原料、辅助材料或中间体。这些错综复杂的关系，使其原料来源、技术、设备和市场等方面的变化既相互适应，又有较大的选择余地。从这个意义上说，化学工业是一个具有多功能和灵活性较强的工业。

2. 能耗大

化学工业伴随着化学反应，化学反应又伴随着吸热和放热，因而化学工业是一个能耗大的工业，同时也是节能潜力很大的工业。现代化学工业非常重视能量的充分利用，在换热器的设计上，过去强调减少传热面积以减少投资的理念逐渐被有效利用能源，尽可能提高能量利用率的新理念所代替。因而管道纵横、反应器连换热器、加热管与冷却管并行，已成为现代化工企业的标志性特征。

3. 知识和资金的密集性

由于化学工业的复杂性和生产设备的大型化，使化学工业成为一个知识密集化、资金密集化的生产部门。在这个部门集中了多种专业的技术专家和受过良好教育及训练有素的管理人员和技术人员，他们有的从事新产品、新技术的开发，有的从事科技信息工作，以获取市场和科学技术信息，有的在生产第一线，用自己的智慧创造社会财富。在这个部门还集中了大批技术先进、性能优良的耐高温、耐高压的生产设备，这些设备决定了化学工业是一个资金密集型部门。

4. 易污染、重污染

化学工业产品有许多是易燃、易爆、有毒的化学物质，在生产、储存、运输、使用等过程中，如果发生泄漏，就会严重危及人的生命健康，污染环境。化学工业生产过程中的废气、废水和废渣，若不适当地处理，会给大气、水、土壤及环境带来危害，例如1984年美国联合碳化物公司在印度博帕尔市农药厂的毒气泄漏事件，造成2万多人中毒死亡；1999年比利时等国相继发生的二噁英污染事件，导致畜禽类产品及乳制品严重污染，造成全世界大恐慌。因而，现代化化工企业非常注意环境保护，除制定相关的管理制度外，还要投入巨资来保护环境。近年来，传统的先污染后治理理念已逐渐被"绿色化学"和"友好化学"的理念所取代。

§0-1.4 化学工业的原料与资源

1. 原料

化学工业的原料有很多，概括来讲，主要有以下几类：

（1）矿物原料

矿物原料有煤、石油、天然气以及无机化学矿，如硫铁矿、磷矿等。化学工业发展的初期，煤是主要原料，用作合成氨、染料、煤化学产品和有机合成产品的原料。到了20世纪40年代，由于石油工业的发展，石油和天然气逐渐成为化学工业的主要原料，这是因为它所需的设备投资和产品成本都低于以煤为原料的生产。

（2）生物原料

生物原料包括粮食、农副产品废料和林产品的副产物。历史上许多有机产品都是以生物原料取得的，如乙醇、糠醛等。石油因其价格优势和来源优势，在世界范围内逐渐取代了生物原料。虽说现在生物化工部门还在使用生物原料，但其在整个化学工业中所占比例已经很小。

（3）水和空气

水作为最廉价和最丰富的溶剂，广泛用于化学工业，但水也是工业制氢气的原料，同时大量用于洗涤、冷却介质和锅炉给水。海水因含大量的无机盐，是工业提取镁、溴、碘、食盐等许多元素和盐的原料。空气则是工业用氮气、氧气及稀有气体的来源。

2. 资源

煤、石油、天然气既是能源，又是化工原料。作为化工原料，虽说与作为能源相比的比例小，但其经济效益却很高。在世界范围内来讲，煤、石油和天然气等化工原料分布很不均匀，石油天然气主要分布在美国、俄罗斯、中东、加拿大、罗马尼亚、中国等国家和地区；煤炭主要分布在德国、南非、中国等国家和地区；化工用矿主要有磷矿、钾矿、硫铁矿、天然碱、硼矿、芒硝等。磷酸盐储量超过亿吨的国家有21个，其中美国、俄罗斯、摩洛哥三国的产量占世界总产量的75%；钾盐来自光卤石、天然卤水等，俄罗斯、加拿大、法国、德国、美国等12个国家生产钾盐，其中俄罗斯产量最大，占世界总产量的35%；硫铁矿主要分布于俄罗斯和欧洲，元素硫矿主要分布于墨西哥、波兰、俄罗斯；天然橡胶主要分布在东南亚和南美。

§0-2 化学工程概述

化学工程学是研究化学工业和其他过程工业生产中所进行的化学过程和物理过程共同规律的一门工程学科。这些工业包括石油加工工业、冶金工业、食品工业和造纸工业等。它们都是从石油、天然气、煤、空气、水和粮食等基本原料出发，借助化学过程和物理过程，改变物质的组成、性质和状态，使之成为多种价值较高的产品，如化学肥料、汽油、合成纤维、塑料、烧碱和合成橡胶等。化学过程是指物质发生变化的反应过程，而物理过程则是指物质不经化学反应而发生的组成、性质、状态和能量变化过程。任何一个化学工业过程都包含着化学过程和物理过程，并且化学过程与物理过程都是同时发生。对这些表现形式多样、错综复杂的过程，我们都可通过化学工程的研究，认识和阐释其规律，并使之应用于生产过程和装置的开发、设计和操作，以达到优化和提高效率的目的。

§0-2.1 化学工程发展概况

据考证，早在一万年前中国人已掌握了用窑穴烧制陶器的技艺；五千年前埃及人开始酿造葡萄酒，并用布袋对葡萄汁过滤……，但在相当长的时期里，这些操作都仅仅是规模很小的手工作业。化学工程真正成为一门独立的学科，是 19 世纪下半叶随着大规模化学产品的生产过程的发展而形成的。

化工发展概况
人物介绍

1. 化学工程发展的萌芽

1791 年 N.吕布兰发明的吕布兰法制碱工业化标志着化学工业的诞生。到了 19 世纪 70 年代，制碱、制酸、化肥、煤化工等都已有了相当规模，许多新发明、新技术被应用到化学工业生产中。但当时取得这些成就的人都认为自己是化学家，而没有意识到他们已经在履行化学工程师的职责。1901 年英国人 G. E.戴维斯的《化学工程手册》出版，成为世界上第一部阐述各种化工生产过程共性规律的著作。在这之前，戴维斯曾说：化学工业发展中所面临的许多问题往往是工程问题，各种化工生产工艺，都是由为数不多的基本操作，如蒸馏、干燥、过滤、吸收和萃取等组成的，可以对它们进行综合的研究和分析，化学工程将成为继土木工程、机械工程和电气工程之后的第四门工程学科。

戴维斯实际上已提出了培养化学工程师的一种新途径，但他的工作偏重于对以往经验的总结和对各种化工基本操作的定性叙述，而缺乏创立一门独立学科所需的理论深度。

2. 化学工程学科基础的奠定

受戴维斯观点的影响，1888 年美国麻省理工学院开设了世界上第一个定名为"化学工程"的四年制学士学位课程，从此化学工程这一名词很快获得应用。1907 年 W. H.华克尔全面修订了化学工程课程计划，更加强调学生的化学训练和工程原理的应用。1915 年 A. D.利特尔提出了单元操作概念，他指出：任何化工生产过程，无论其规模大小都可以用一系列称为单元操作的技术来解决，只有将纷杂众多的化工生产过程分解为构成它们的单元操作来进行研究，才能使化学工程专业具有广泛的适应能力。1920 年麻省理工学院化学工程脱离化学系而成为一个独立的系，同年夏天，由华克尔、刘易斯和麦克亚当完成了《化工原理》一书的初稿(1923 年正式出版)，此书阐述了各种单元操作的物理化学原理，提出了定量计算方法，并从物理学等基础学科中吸取了对化学工程有用的研究成果和研究方法，奠定了化学工程成为一门独立学科的基础。

3. 学科体系形成

单元操作概念提出后，在处理只含有物理变化的化工操作时获得了巨大成功，但在处理含有化学变化的化工操作时却很不成功。1913年哈伯-博施法（合成氨）投产，极大促进了催化剂和催化反应的研究。1928年钒催化剂被成功应用于二氧化硫的催化氧化。1936年硅铝催化剂用于粗柴油催化裂化工艺。这些气-固相催化反应的研究，使化学工程师们认识到，在工业反应过程中，质量传递和热量传递对反应结果都有影响。随后，德国人G.达姆科勒和美国人E.W.蒂利分别对反应相间的传质和传热以及反应相内的传质和传热进行了系统分析；20世纪50年代初，在对连续过程的研究中，提出了一系列概念，诸如返混、停留时间、微观混合、反应器参数敏感性和反应器的稳定性等，化学工程师清楚地认识到从本质上看，所有单元操作都可以分解为动量传递、热量传递和质量传递三种过程。在工业反应器的研究中，非常注意传递过程规律的探索，1957年在第一届欧洲化学反应工程讨论会上，水到渠成地宣布了化学反应工程这一学科的诞生。1960年《传递现象》（R. B.博德、W. E.斯图尔德、E. N.莱特富特著）正式出版，标志着化学反应工程进入了"三传一反"的时代。

§0-2.2 化学工程学科内容

化学工程包括单元操作、化学反应工程、传递过程、化工热力学、化工系统工程、过程动态学及控制等方面的内容。

1. 单元操作

构成多种化工产品生产的物理过程都可归纳为有限的几种基本过程，如流体输送、换热（加热与冷却）、蒸馏、吸收、萃取、结晶和干燥等，这些基本过程称为单元操作。对单元操作的研究，可以得到具有共性的结果，并指导各类化工产品的生产和化工设备的设计。在化学工程研究中涉及的主要单元操作见表0-1。

单元操作的研究是以物理化学、传递过程和化工热力学为理论基础，着重研究实现各单元操作的过程和设备。具体来讲，它主要研究：

① 各单元操作的基本理论；

② 各单元操作所用设备的合理结构、操作特性、设计计算方法及其强化；

③ 各单元操作的应用开发；

④ 新单元操作的开发。

表 0-1 单 元 操 作

类　别	单元操作	目　　　的	原　　理
动量传递	流体输送	物料以一定的流量输送	输入机械能
	沉降	从气体或液体中分离悬浮的颗粒液滴	密度差引起的沉降运动
	过滤	从气体或液体中分离悬浮的颗粒	尺度不同的截留
	混合	使液体与其他物质均质混合	输入机械能
热量传递	加热、冷却	使物料升温、降温或改变相态	利用温度差传入或移出热量
	蒸发	使溶剂汽化与不挥发性物质分离	供热以汽化溶剂
质量传递	吸收	用液体吸收剂分离气体混合物	组分溶解度不同
	蒸馏	通过汽化和冷凝分离液体混合物	组分挥发能力差异
	萃取	用液体萃取剂分离液体混合物	组分溶解度的差异
	吸附	用固体吸附剂分离气体或液体混合物	组分在吸附剂上吸附能力差异

单元操作在其研究过程中，形成了自己特有的研究方法，即实验方法和数学模型法。实验方法一般以因次分析和相似论为指导，依靠实验来确定过程变量之间的关系，通过用无因次数群构成的关系式来表达，主要用于对其内在规律尚未进行深入研究的复杂化工问题。数学模型方法是在对实际问题的机理深入分析的基础上，在抓住过程本质的前提下，做出某些合理的简化假设，建立物理模型，从物理化学、传递过程和化工热力学的基本原理出发，得出描述此过程的数学模型。以数学方法求解后，由实验确定模型参数，因而是一种半经验、半理论的方法。近年来，单元操作研究和开发的主要成果有以下几个方面：

① 新的分离技术不断得到开发和应用，如膜分离、区域熔炼、电磁分离、泡沫分离、超临界流体萃取和超离心分离等。

② 原有技术的不断更新，如分离设备处理能力增大，效率提高；设备放大效应逐步得到解决；一些高效吸收剂、萃取剂不断地出现并被应用等。

③ 计算机模拟和辅助设计不断完善，使新过程、新工艺的设计和操作更趋合理。

随着化学工业的发展，对单元操作不断提出新的课题，这些新课题的解决既促进了化学工业的发展，又推动了单元操作学科的发展。

2. 化学反应工程

化学反应工程是以工业反应过程为主要研究对象，以反应技术的开发、反应过程的优化和反应器设计为主要目的的一门工程学科，其理论基础是化工热力学、反应动力学、传递过程理论和单元操作。

工业反应过程中，既有化学反应，又有传递过程，传递过程的存在并不改变化学反应规律，但却改变了反应器内各处的温度和浓度，从而影响了反应的结果，如转化率和选择率。由于物系相态不同，反应规律和传递规律也有显著差别，因此，在化学反应工程研究中，通常将反应过程按相态分为：单相反应过程和多相反应过程，多相反应过程又可分为气-固相反应过程、气-液相反应过程和气-液-固相反应过程等。

化学反应工程研究的内容主要包括：

① 研究化学反应规律，建立反应动力学模型。

亦即对所研究的化学反应以简化的或近似的表达式来描述化学反应速率和选择率与温度和浓度的关系。其主要方法是动力学实验研究法，其中包括各种实验室反应器的使用、实验数据处理方法和实验规划方法等。

② 研究反应器的传递规律，建立反应器传递模型。

亦即对各类常见反应器内的流动、传热和传质等过程进行理论和实验研究，并力求以数学式表达。其方法主要是冷态模拟实验，亦称冷模实验，即用廉价的模拟物系(如空气、水和砂子等)代替实际反应物系进行实验。

③ 研究反应器的传递规律，建立反应动力学模型。

亦即对一个特定反应器内进行的特定的化学反应过程，在其反应动力学模型和反应器传递模型都已确定的条件下，将这些数学模型与物料衡算、热量衡算等方程联立求解，预测反应结果和反应器操作性能。但由于反应器的复杂性，至今尚不能对所有工业反应过程建立动力学模型和反应器传递模型。因此，在进行化学反应工程理论研究时，首先概括性地提出若干个典型的传递过程，然后对各个典型传递过程逐个研究，忽略其他因素，单独地考察其对不同类型反应结果的影响。

化学反应工程主要涉及工业反应过程的开发、放大，操作优化和新型反应器和反应技术的开发。

① 反应过程的开发和放大。

在化学反应工程学科建立以前，工业界广泛采用的方法是逐级经验放大法，即首先在小型试验中进行反应器的选型和确定优化的工艺条件，然后自小至大进行多次中间试验，直至工业规模。化学反应工程学科建立以后，广泛使用的是数学模型法，即首先在小型试验中确定动力学模型，然后在冷模实验中确定各类候选反应器内的传递模型，进而借助计算机模拟，预测反应结果，确定反应器，优化工艺条件及设计反应器。

② 工业反应过程操作优化。

实际工业反应过程未必在最优的条件下操作，即使设计是优化的，但在实施过程中由于难以预测因素的影响，使原定方案未必是优化的。运用化学反应工程理论，对现行的工业反应过程进行分析，结合模型，找出薄弱环节，调整优化方法即为工业反应过程操作之优化。

③ 新型反应器和反应技术开发。

根据反应工程理论，寻找合理的设备结构和操作方法，开发新的反应器和新的反应技术，是化学工程学发展的最重要课题。

3. 传递过程

传递过程也称传递现象，它是指物系内某物理量从高强区域自动向低强区域转移的过程，是自然界和生产中普遍存在的现象。对于物系的每一个具有强度性质的物理量来讲，都存在着相对平衡的状态。当物系偏离平衡状态时，就会发生某种物理量的这种转移过程，使物系趋向平衡状态，所传递的物理量可以是质量、能量、动量或电量等。在化工生产中涉及的传递过程主要有动量传递、热量传递和质量传递，这三种传递过程可能单独存在，也可能两种或三种同时存在。对这三种传递现象的物理化学原理和计算方法的研究，是单元操作和化学工程研究的基础。

传递过程的研究通常按分子尺度、微团尺度和设备尺度三种不同的尺度进行。

分子尺度上的研究主要考察分子运动引起的动量、热量和质量传递，以分子运动论的观点，借助统计方法，确定传递规律，如牛顿黏性定律、傅里叶定律和菲克定律。微团尺度上的研究主要考察流体微团（也称流体质点）运动所造成的动量、热量和质量传递。忽略流体由分子组成、内部存在空隙这一事实，而将流体视为连续介质，从而使用连续函数这一数学工具，从守恒原理出发，以微分方程的形式建立描述传递过程的规律，如连续性方程、运动方程、能量方程和对流扩散方程。设备尺度上的研究主要考察流体在设备中的整体运动所导致的动量、热量和质量传递。以守恒原理为基础，在一定范围内进行总衡算，建立有关代数方程，如传热分系数、传质分系数等。

4. 化工热力学

化工热力学是将热力学基本定律应用于化学工程领域中而形成的一门学科，它主要研究化工过程中各种形式能量之间相互转化的规律及过程趋于平衡的极限条件，为有效利用能量和改进实际过程提供理论依据。

化工热力学研究的主要内容是热力学第一定律和第二定律的应用。对第一定律的研究主要是进行各种化工过程的能量衡算，并从各种热能动力装置中抽象出各种热力学过程，进行功热计算，探讨提高能量转化率的途径。对第二定律的研究主要包括：①相平衡，在相平衡准则的基础上建立数学模型，将平衡时的温度、压力和各相组成关联起来，应用于传质分离过程计算；②化学平衡，在化学平衡准则的基础上研究各种工艺条件对平衡转化率的影响，应用于反应工程的工艺计算，选择最佳工艺条件；③能量的有效利用，对化工过程所用热能动力装置、传质设备和反应器进行过程的热力学分析，从而采取措施，减少能耗，提高经济效益。

化工热力学的研究方法主要有经典热力学方法和分子热力学方法。经典热力学方法不考虑物质微观结构，利用热力学理论，建立宏观性质间的联系；而分子热力学方法则是从物质的微观模型出发，运用统计的方法，导出微观结构和宏观性质之间的关系。但由于分子结构的复杂性，对比较复杂的实际系统，须先作出简化，建立一些半经验的数学模型，利用实验数据，回归模型参数。

5. 化工系统工程

化工系统工程是将系统工程的理论和方法应用于化工领域的一门新兴边缘学科。其基本内容是：从系统的整体目标出发，根据系统内部各个组成部分的特性及其相互关系，确定化工系统在规划、设计、控制和管理等方面的最优策略。其研究的对象是化工生产过程中某个系统，谋求的目标是该系统的整体优化，即合理确定和控制系统各个组成部分的输入和输出状态，使得反映系统效益的某种定量函数达到最大值或最小值。其数学工具是运筹学和控制学，其技术手段是计算机。

化工系统工程可分为系统分析、系统优化和系统综合三个部分。系统分析是对各个子系统及系统结构进行分析，即建立子系统的数学模型，并按照已知的系统结构进行整个系统的数学模拟，预测在不同条件下优化系统的特性和行为，借以发现薄弱环节，改造现有流程。系统优化是对结构业已确定的系统求出其最优解。系统综合是按照给定的系统特性，寻求所需的系统结构及子系统的性能，并使系统按给定的目标进行最优组合。

§0-2.3 化学工程研究方法

化学工程过程通常非常复杂，集中表现在：过程本身的复杂性，既有化学过程又有物理过程，并且两者时常同时发生，相互影响；物系的复杂性，既有流体又有固体，时常多相共存；物系流动时边界的复杂性，由于设备几何形状的多变，填充物外形的变化，使流动边界复杂且难以确定和描述。针对这些特性，化学工程研究的基本方法有实验研究方法和数学模型方法。

1. 实验研究方法

长期以来，化学工程更多地依赖于实验研究，但由于实验研究的结果往往只包含一些个别数据和个别规律，主要反映的是实验条件下各种现象所具有的特点，欲将这个结果推广应用，就需要有一套完整的理论和方法，其中包括对安排实验时必然遇到的问题做出正确回答。如在实验中测量的物理量、结果整理、实验结果推广应用的条件和范围等。目前，实验研究方法主要有因次分析法和相似论法，这两种方法主要用于传递过程和单元操作的实验研究。对某些复杂的化工过程（如反应过程），既不能利用因次分析法和相似论法来安排实验，也不能通过对过程的合理简化建立数学模型，往往只能求助于规模逐次放大的实验来探索过程规律，这种研究方法称为经验放大法。

2. 数学模型方法

对有化学反应和传递过程同时存在的反应过程，可以对实验过程做出合理简化，然后进行数学描述，通过实验求取模型参数，并对模型的适用性进行验证，这种研究方法称之为数学模型法。数学模型方法在用于过程开发和放大时，其步骤：①将过程分解成若干个子过程；②分别研究各个子过程的规律并建立数学模型；③模拟，即通过数值计算联立求解各个子过程的数学模型，以预测在不同条件下大型装置的性能，达到设计优化和操作优化。

§0-3 化学工艺概述

化学工艺即化工技术或化学生产技术，指将原材料经过化学反应转化为产品的方法和过程，包括实现这一转变的全部措施。化学生产过程一般包括三个主要步骤：

① 原料处理 即为了使原料符合进行化学反应所要求的状态和规格，根据具体情况，不同的原料需经过净化、提浓、混合、乳化或粉碎(对固体原料)等多种不同的预处理。

② 化学反应 这是化学生产的关键步骤。经过预处理的原料在一定的温度和压力等条件下进行反应，以达到所要求的转化率和效率。反应的类型多种多样，可以是氧化、还原和复分解，也可以是磺化、异构化和聚合等。通过化学反应得到的产物中有目的产物和副产物。

③ 产品精制 即将由化学反应得到的混合物进行分离，除去副产物和杂质，以获得符合组成规格的产品。

以上每一步都需在特定的设备中、以特定的操作条件完成。

化学生产技术通常是对一定产品或原料提出的，如氨的合成、硫酸的生产和煤焦化等，因此，它具有个别生产的特殊性。但其内容所涉及的方面一般有：原料和生产方法的选择，流程组织，所用设备(反应器、分离器、热交换器等)的作用、结构和操作，催化剂及其他物料的影响，操作条件的确定，生产控制，产品规格及副产品的分离和利用，安全技术和技术经济等问题。

现代化化学生产的实现，应用了基础科学理论(化学和物理学等)、化学工程的原理和方法，以及其他相关工程学科的知识和技术。现代化学生产技术的发展趋势是：化学工业生产的大型化、原料和副产物的科学合理利用、新路线和新催化剂的采用，生产控制自动化、环境污染最小化和生产成本最优化。

§0-4 化学工程中的一些基本规律

在化工生产中，为了搞清过程始末和过程中各股物料的数量、组成之间的关系，搞清过程输入、输出的能量，了解过程进行的方向和限度，计算设备大小等，经常运用物料衡算、能量衡算、平衡关系和过程速率等基本规律。

§0-4.1 物料衡算

物料衡算遵循质量守恒定律。根据质量守恒定律，向系统输入的物料质量等于从系统输出的物料质量加上物料在设备中的积累，即

$$\sum m_f = \sum m_p + A \qquad (0-1)$$

式中 $\sum m_f$——输入物料量的总和；

$\sum m_p$——输出物料量的总和；

A——系统中物料的积累量。

式(0-1)为物料衡算的通式,适用于任何指定的空间范围及参加生产过程的全部物料。无化学变化时,混合物中的任一组分都符合此通式;当有化学变化时,物料中所具有的各种元素仍然符合此通式。

进行物料衡算时,首先要选定衡算的范围。衡算范围可根据计算任务任意选定,可以是一组设备,可以是一个设备,也可以是设备的某一部分。其次,做物料衡算时还应确定衡算基准,衡算基准可根据操作方式的不同选择不同的基准。对间歇操作,即分批进行的操作过程,常以一次操作或一批物料为基准,即式(0-1)中各项分别代表每批物料输入、输出及积累的质量;对连续操作,即原料不断输入、产品不断取出的操作过程,则常以单位时间为基准,即式(0-1)中各项分别代表单位时间内输入、输出及积累物料的质量。

在连续操作的设备里,各个位置上物料的组成、温度、压力、流速等参数互不相同,但在任何固定的位置上,这些参数一般不随时间而变,这种状态称为稳定操作状态。稳态连续操作过程中,设备内不应有任何物料积累,即 $A=0$,式(0-1)可简化为

$$\sum m_f = \sum m_p \qquad (0-2)$$

例0-1 浓度为20%(质量分率)的 KNO_3 水溶液以1000kg·h^{-1}的流量送入蒸发器,在422K下蒸出部分水而得到浓度为50%的水溶液,再送入结晶器,冷却至311K后,析出含有4%结晶水的 KNO_3 晶体并不断取走,浓度为37.5%的 KNO_3 饱和母液则返回蒸发器循环处理。试求结晶产品量 P、水分蒸发量 W、循环母液量 R 及浓缩液量 S。

解 (1) 根据题意画出过程示意图,见图0-1。

(2) 确定衡算基准、衡算范围、衡算对象,并找出进、出系统的各股物料。

稳态连续操作过程,以1h为基准。

① 结晶产品量 P 及水分蒸发量 W。

在图中虚线方框Ⅰ所示的范围内做物料衡算。因过程中无化学反应,衡算对象可以是全部物料,也可以是其中的某一组分。又因为稳态连续操作过程,依式(0-2)写出如下衡算式。

总物料衡算式 $1000 = W + P$ (1)

KNO_3 衡算式 $1000 \times 20\% = P \times (1 - 4\%)$ (2)

H_2O 衡算式 $1000 \times (1 - 20\%) = W + P \times 4\%$ (3)

上述三式中有两式是相互独立的,一般以式(1)和式(2)进行计算,解得

$$P = 208.3 \text{kg} \cdot \text{h}^{-1}$$

$$W = 791.7 \text{kg} \cdot \text{h}^{-1}$$

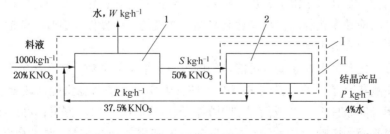

图0-1 例0-1的附图

1—蒸发器;2—结晶器

② 循环母液量 R 及浓缩液量 S。

在图中虚线方框Ⅱ所示的范围内做总物料及 KNO_3 衡算

$$S = R + 208.3 \tag{4}$$

$$S \times 50\% = R \times 37.5\% + 208.3 \times (1 - 4\%) \tag{5}$$

解得

$$R = 766.6 \mathrm{kg} \cdot \mathrm{h}^{-1}$$

$$S = 974.9 \mathrm{kg} \cdot \mathrm{h}^{-1}$$

§0-4.2　能量衡算

能量衡算遵循能量守恒定律。根据能量守恒定律，对于连续、稳态操作过程，输入操作系统的能量等于输出操作系统的能量，即

$$\sum E_{输入} = \sum E_{输出} \tag{0-3}$$

对有化学反应参与的过程，式(0-3)变为

$$\sum E_{输入} + \sum E_{反应放出} = \sum E_{输出} + \sum E_{系统积累}$$

能量衡算与物料衡算的方法基本相同，衡算时也必须明确衡算范围与衡算基准。但在做能量衡算时应注意以下问题：

① 能量可以随物料一起进、出系统，也可以不随物料而由外界直接输入系统或由系统直接输出。同物料一起进、出系统的能量有物料的内能、动能、位能、静压能等；不随物料进、出系统的能量有机械设备所提供的功，换热器所提供的热，流动过程中的阻力损失及向外界散失的能量等，在做能量衡算时要同时将这些能量考虑在内。

② 能量衡算一般以单位质量或单位重量的物料为基准。同时，由于要涉及内能和热值，这些值与物料状态有关，因此还需确定基准温度和基准状态。涉及位能时，因位能值与基准水平面的位置有关，因此还应确定基准水平面。

③ 各种形式的能量之间可以相互转化，因此能量衡算的对象只能是总能量，而不能是某一形式的能量。但在许多化工设备和化工过程中，可近似对某一种形式能量进行衡算，如在流体输送过程中只考虑机械能衡算，在换热器和蒸馏塔中只考虑热量衡算等。

§0-4.3　平衡关系

化工生产中的许多过程，不论在何种条件下，只要经过足够长的时间，过程都会达到平衡状态。如温度不同的两物体在接触过程中，热量会从热的物体传向冷的物体，一直到两物体温度相等为止；盐在水中溶解，进行到溶液达到饱和为止；化学反应过程中，当正向反应和逆向反应的反应速率相等时，反应达到平衡。在其他一些操作如吸收、蒸馏、结晶和干燥等过程中，同样存在着平衡。

平衡是在一定条件下物系变化可能达到的极限，平衡关系则反映在此条件下过程进行的最大程度。平衡是有条件的，影响平衡的条件发生变化，平衡也将随之改变。运用平衡关系，可以了解当时条件下物料或能量利用的极限，从而确定加工方案；可以了解外界参数（如 T 和 p）对平衡的影响及体系物性（如反应速度和添加剂的数量）对平衡转化率的影响，从而找出最大程度利用物料或能量所应选择的条件；可以用实际操作结果与平衡数据进行比较来衡量过程的效率，从而找出改进的方法。

§0-4.4　过程速率

任何物系如果不是处于平衡状态，则必然会使该物系向趋于平衡的方向变化。如不同温度物体间的热量传递，两物体间的温度相差越大，达到热平衡过程热量传递的速率越快；盐在水中的溶解，盐水浓度越小，盐溶解速率越快。通常物系偏离平衡越远，过程进行的速率越快。将物系当时状态与平衡状态之间的差距，称为过程进行的推动力，推动力越大，过程速度越快。

在考虑推动力对过程速率的影响时，还应注意其他一些因素对过程速率的影响，如在相同温度差条件下的传热过程，物体壁面厚度越厚，传热速率越小；溶解过程中，当浓度条件相同时，若有搅拌，溶解速率就大。这些影响过程速率加快的因素称为过程阻力。阻力越大，过程速率越小。过程速率与推动力及阻力的关系可表示为

$$\text{过程速率} \propto \frac{\text{过程推动力}}{\text{过程阻力}} \quad \text{或} \quad r \propto \frac{\Delta}{R} \tag{0-4}$$

式中　Δ——过程推动力；

R——过程阻力；

r——过程速率。

过程速率决定设备的生产能力。速率越大，设备生产能力越大，设备尺寸越小，因此过程速率是确定设备尺寸大小的主要因素。

§0-5　单位制与单位换算

§0-5.1　单位与单位制

任何物理量的大小都是用数字与单位的乘积表示的，因而物理量的单位与数字应一并纳入运算。如

$$5m+5m=10m$$

$$5m\times5m=25m^2$$

一般来说，物理量的单位可以任意选择，但是，由于各种物理量间存在着客观联系，因此不必对每种物理量的单位都单独进行任意选择，而可通过某些物理量的单位来量度另一些物理量。通常先任意选定几个独立的物理量（如长度、时间等），称为基本量，并根据使用方便的原则制定出这些量的单位，称为基本单位。然后其他诸量的单位便可根据它们与基本量之间的关系来确定，这些物理量称为导出量，其单位称为导出单位。

根据基本单位及其单位的选择不同，产生了不同的单位制度，如重力单位制、绝对单位制等。这些不同单位制的并行使用，在科学技术与国际交往中造成很大不便，于是1960年10月第11届国际计量大会确定了一种新的单位制，称为国际单位制，其符号为SI，也称SI制。

国际单位制使用7个基本单位，两个辅助单位，其他物理量的单位都是在这基础上导出的。7个基本单位详见表0-2。两个辅助单位是平面角（弧度，rad）和立体角（球面度，sr）。

表 0-2　国际单位制的基本单位

物　理　量	单位名称	单位符号	
		中　文	国际符号
长　度	米	米	m
质　量	千克	千克	kg
时　间	秒	秒	s
电流强度	安培	安	A
热力学温度	开尔文	开	K
发光强度	坎德拉	坎	cd
物质的量	摩尔	摩	mol

在化学工程中常用的有：长度、质量、时间、热力学温度和物质的量等。

有了基本单位，其他物理量的单位可以用基本单位通过乘除关系组合起来，这些单位称为导出单位，导出单位中有 17 个给予专门名称。化学工程中常用的一些具有专门名称的导出单位见表 0-3。

表 0-3　一些专门名称表示的 SI 导出单位

物　理　量	单位名称	国际符号	用基本单位表示
力	牛顿	N	$m \cdot kg \cdot s^{-2}$
压力	帕斯卡	Pa	$kg \cdot m^{-1} \cdot s^{-2}$
能量	焦耳	J	$m^2 \cdot kg \cdot s^{-2}$
功率	瓦特	W	$m^2 \cdot kg \cdot s^{-3}$
电量	库仑	C	$s \cdot A$
电压	伏特	V	$m^2 \cdot kg \cdot s^{-3} \cdot A^{-1}$
电阻	欧姆	Ω	$m^2 \cdot kg \cdot s^{-3} \cdot A^{-2}$
频率	赫兹	Hz	s^{-1}

化学工程中还用到一些物理量，这些物理量的单位可以用基本单位组合表示，但没有专门名称，有时单位太大，而且意义不直观，这时用有专门名称的导出单位来组合比较方便。常用的一些导出单位见表 0-4。

表 0-4　化学工程中常用的一些导出单位

物理量名称	单位名称	用基本单位表示	用其他 SI 单位表示
面　积	平方米	m^2	
体　积	立方米	m^3	
密　度	千克每立方米	$kg \cdot m^{-3}$	
速　度	米每秒	$m \cdot s^{-1}$	
加速度	米每秒平方	$m \cdot s^{-2}$	
浓　度	摩尔每立方米	$mol \cdot m^{-3}$	
黏　度	帕斯卡秒	$kg \cdot m^{-1} \cdot s^{-1}$	$Pa \cdot s$
表面张力	牛顿每米	$kg \cdot s^{-2}$	$N \cdot m^{-1}$
热　容	焦耳每开尔文	$m^2 \cdot kg \cdot s^{-2} \cdot K^{-1}$	$J \cdot K^{-1}$
摩尔热容	焦耳每摩尔开尔文	$m \cdot kg \cdot s^{-2} \cdot mol^{-1} \cdot K^{-1}$	$J \cdot mol^{-1} \cdot K^{-1}$
比热容	焦耳每千克开尔文	$m^2 \cdot s^{-2} \cdot K^{-1}$	$J \cdot kg^{-1} \cdot K^{-1}$
导热系数	瓦特每米开尔文	$m \cdot kg \cdot s^{-3} \cdot K^{-1}$	$W \cdot m^{-1} \cdot K^{-1}$
传热系数	瓦特每平方米开尔文	$kg \cdot s^{-3} \cdot K^{-1}$	$W \cdot m^{-2} \cdot K^{-1}$

我国采用中华人民共和国法定计量单位(简称法定单位),法定单位是以国际单位制单位为基础,同时选用了一些非国际单位制单位共同构成(表0-5)。这些单位都是由于实用中的重要性和专门领域的需要,而得到国际计量委员会承认可以与国际单位制单位并用的。

表0-5 可与国际单位制单位并用的我国法定计量单位

量的名称	单位名称	单位符号	与SI单位的关系
时间	分	min	$1\text{min} = 60\text{s}$
	小时	h	$1\text{h} = 60\text{min} = 3600\text{s}$
	日(天)	d	$1\text{d} = 24\text{h} = 86400\text{s}$
平面角	度	°	$1° = (\pi/180)\text{rad}$
	角分	′	$1′ = (1/60)° = (\pi/10800)\text{rad}$
	角秒	″	$1″ = (1/60)′ = (\pi/648000)\text{rad}$
体积、容积	升	L	$1\text{L} = 1\text{dm}^3 = 10^{-3}\text{m}^3$
质量	吨	t	$1\text{t} = 10^3\text{kg}$
	原子质量	u	$1\text{u} \approx 1.660540 \times 10^{-27}\text{kg}$
旋转速度	转每分	$\text{r} \cdot \text{min}^{-1}$	$1\text{r} \cdot \text{min}^{-1} = (1/60)\text{r} \cdot \text{s}^{-1}$
长度	海里	n mile	$1\text{n mile} = 1852\text{m}$(只用于航行)
速度	节	kn	$1\text{kn} = 1\text{n mile} \cdot \text{h}^{-1} = (1852/3600)\text{m} \cdot \text{s}^{-1}$ (只用于航行)
能	电子伏	eV	$1\text{eV} \approx 1.602177 \times 10^{-19}\text{J}$
级差	分贝	dB	—
线密度	特克斯	tex	$1\text{tex} = 10^{-6}\text{kg} \cdot \text{m}^{-1}$
面积	公顷	hm^2	$1\text{hm}^2 = 10^4\text{m}^2$

§0-5.2 单位换算

1. 物理量的单位换算

物理量由一种单位换算成另一种单位时,不仅单位改变,其数字也必须跟着改变,即换算时要乘以单位间的换算因子。所谓换算因子,就是彼此相等而各有不同单位的两个物理量包括单位在内的比值。例如,$1\text{m} = 100\text{cm}$,由cm换算成m时,换算因子为$100\text{cm} \cdot \text{m}^{-1}$。

物理量进行单位换算时,一般首先从附录查出原单位与新单位之间的关系,即定出换算因子,用换算因子与各基本量相除或相乘,以消去原单位而引入新单位,即可得到要换算的数值。

例0-2 1个标准大气压(1atm)的压力等于$1.033\text{kgf} \cdot \text{cm}^{-2}$,将其换算为国际单位制单位。

解
$$1\text{atm} = 1.033 \frac{\text{kgf}}{\text{cm}^2}\left(\frac{9.81\text{N}}{1\text{kgf}}\right)\left(\frac{100\text{cm}}{1\text{m}}\right)^2$$
$$= 1.033 \times 9.81 \times 100^2 (\text{N} \cdot \text{m}^{-2}) = 1.013 \times 10^5 (\text{N} \cdot \text{m}^{-2})$$

2. 公式的换算

工程中遇到的公式有两大类:一类是根据物理规律建立的、反映各物理量之间关系的物理方程;另一类是根据实验数据整理而成的经验公式。

运用物理方程进行工程计算时，式中各物理量的单位可以任选一种单位制度，但同一式中绝不允许采用多种单位制。

运用经验公式进行工程计算时，式中各符号仅代表物理量的数字部分，它们的单位必须采用指定单位。若计算过程中已知物理量的单位与公式中规定的单位不相符，且经验公式需经常使用，则应将公式加以变换，使式中各符号都采用计算所需的单位。

例 0-3 甲烷的饱和蒸气压与温度的关系符合下面经验公式：

$$\lg p = 6.421 - \frac{352}{t+261}$$

式中　p——饱和蒸气压，mmHg；

　　　t——温度，℃。

今需将式中 p 的单位改为 Pa，温度的单位改为 K，试对该式加以变换。

解　从附录查出以下有关物理量单位之间的关系为：

$$1\times10^5 Pa = 750.1 mmHg，\quad 1 mmHg = 133.316 Pa$$

$$t(K) = 273.3 + t(℃)$$

令式中各物理量加上标"′"，以代表采用新单位时的物理量，则新旧单位的物理量间的关系为：

$$p = \frac{p'}{133.316}$$

$$t = t' - 273.3$$

将以上关系式代入原式，得

$$\lg \frac{p'}{133.316} = 6.421 - \frac{352}{t'-273.3+261}$$

即

$$\lg p' - 2.1249 = 6.421 - \frac{352}{t'-12.3}$$

整理上式，并略去符号的上标，得到换算后的经验公式为

$$\lg p = 8.546 - \frac{352}{t-12.3}$$

式中　p——饱和蒸气压，Pa；

　　　t——温度，K。

思考题

1. 试分析化学与化学工程学的区别和联系。

2. 什么是单元操作？什么是过程？两者有何联系与区别？

3. 化学工业有何特点？

4. 物料衡算的理论依据是什么？进行物料衡算时应注意什么？

5. 查阅中、外化学工程学书籍的目录或绪论，写出你对化学工业的新理解。

6. 查阅最新化工年鉴或化工期刊，记录化学工业和化工产品的相关数据，写出我国及世界化学工业发展的态势。

第1章　流体流动与输送

物质有三种聚集状态，即气态、液态和固态。在物质的这三种状态中，气态和液态物质的共同特征是：具有流动性，即其抗剪和抗张的能力很小；无固定形状，随容器的形状而变化，在外力作用下其内部发生相对运动。我们把具有流动性的物质称为流体，换句话说，流体是气体和液体的总称。

化工生产中所处理的物料无论是原料、中间产物还是最终产品，大多都是流体。如硫酸生产中的二氧化硫炉气、转化过程中的氧气及三氧化硫气体、吸收后的硫酸等都属于流体；合成氨工业中的氢、氮原料气，合成后的氨气及冷冻后的液氨等也都是流体。除此之外，在现代生产中，为了强化生产和实行连续操作，往往将固体粉碎，采用固体流态化技术，使其在流动状态下操作。

化工生产中的流体，按工艺要求需输送到指定的设备内进行处理，反应制得的产品需送到贮藏设备中贮存，整个过程进行的好坏、动力的消耗及设备的投资都与流体的流动状态密切相关。

研究流体的流动和输送，主要解决以下几方面的问题：

① 确定输送流体所需的能量和设备。

设备之间用管路连接，若想把流体按规定的条件从一个设备送到另一个设备，首先要根据输送流体的具体条件，计算输送过程中需要输入的能量，根据需输入能量的大小，确定输送设备类型及其功率。

② 选择输送流体所需的管径。

化工生产中的大多数流体是通过管路输送的，管径选取是否合适，直接影响到经济效益。管径选择过小，流体流动过程阻力增大，能量消耗大，操作费用高；管径选择过大，设备费用提高。掌握流体流动的基本规律，可正确选取管径，经济合理地满足生产要求。

③ 压力、流速和流量的测量和控制。

为了解和控制生产过程，使生产稳定地进行，需对管路或设备内的压力、流速和流量等一系列参数进行测量和控制，为此需选用可靠、准确的测量和控制仪表，这些仪表的测量原理多属于流体力学研究的范畴，以流体静力学和流体流动基本规律为依据。

④ 研究流体的流动形态和条件，作为强化设备和操作的依据。

流体流动的形态，除了直接影响流体输送所需的能量等因素外，还对传热、传质、流态化和化学反应等有明显的影响，有些新技术和新设备的发展都与流体的流动有密切的关系。通过改变流体的流动形态，可以达到强化操作的目的。

§1-1　流体静力学

在研究流体流动时，常将流体视为由无数分子集团所组成的连续介质。把每个分子集团视为质点，其大小与容器或管路相比是微不足道的。质点在流体内部一个紧挨一个，它们之间没有任何空隙，即可认为流体充满其所占据的空间。把流体视为质点是为了摆脱复杂的分子运动，从宏观角度去研究流体的流动规律。但是，并非任何情况下都可将流体视为连续介质，如高度真空下的气体，就不能再视为连续介质。

§1-1.1 流体的密度

单位体积流体所具有的质量称为流体的密度。其表达式为

$$\rho = \frac{m}{V} \tag{1-1}$$

式中　ρ——流体的密度，$kg \cdot m^{-3}$；

　　　m——流体的质量，kg；

　　　V——流体的体积，m^3。

流体的密度是物质的一个物理性质，其值一般可在物理化学手册或有关资料中查出。本教材附录中也列出了一些常见气体和液体的密度值，供做习题时使用。

流体的密度随温度和压力的变化而变化，但除极高压力外，液体的密度受压力的影响很小，可以忽略不计，故液体可看作不可压缩流体，即其密度仅随温度的变化而变化。气体是压缩性流体，其密度随压力和温度的变化而变化，因此气体的密度必须标明其状态。从手册中查得的气体密度往往是某一指定条件下的数值，一般当压力不太高、温度不太低时，可按理想气体来处理。

对于一定质量的理想气体，其温度、压力和体积之间的关系可表示为

$$\frac{pV}{T} = \frac{p_0 V_0}{T_0} \tag{1-2}$$

将式(1-1)代入式(1-2)并整理得

$$\rho = \rho_0 \frac{T_0 p}{T p_0} \tag{1-3}$$

式中　p——气体的绝对压力，Pa；

　　　V——气体体积，m^3；

　　　T——气体的绝对温度，K。

（下标"0"表示手册指定条件的值）

气体密度还可以直接由理想气体状态方程式进行计算，即

$$\rho = \frac{pM}{RT} \tag{1-4}$$

式中　p——气体的绝对压力，Pa；

　　　T——气体的绝对温度，K；

　　　M——气体的摩尔质量，$kg \cdot kmol^{-1}$；

　　　R——气体常数，$8314 Pa \cdot m^3 \cdot kmol^{-1} \cdot K^{-1}$。

在化工生产中所遇到的流体，往往是含有几个组分的混合物，而手册中所查到的是纯物质的密度，对混合物的密度可以通过式(1-5)和式(1-6)求得。

对于液体混合物，各组分的浓度常用质量分率来表示。若以 1kg 液体为基准，设各组分在混合前后体积不变，则 1kg 混合物的体积等于各组分单独存在时的体积之和，即

$$\frac{1}{\rho_m} = \frac{x_{w1}}{\rho_1} + \frac{x_{w2}}{\rho_2} + \frac{x_{w3}}{\rho_3} + \cdots + \frac{x_{wn}}{\rho_n} \tag{1-5}$$

式中　ρ_1，ρ_2，ρ_3，$\cdots$，ρ_n——液体混合物中各组分的密度，$kg \cdot m^{-3}$；

　x_{w1}，x_{w2}，x_{w3}，$\cdots$，x_{wn}——液体混合物中各组分的质量分率。

对于气体混合物，各组分的浓度常用体积分率来表示。若以 $1m^3$ 气体为基准，设各组分在混合前后质量不变，则 $1m^3$ 混合物的质量等于各组分单独存在时的质量之和，即

$$\rho_m = x_{v1}\rho_1 + x_{v2}\rho_2 + x_{v3}\rho_3 + \cdots + x_{vn}\rho_n \qquad (1-6)$$

式中　ρ_1，ρ_2，ρ_3，$\cdots$，ρ_n——气体混合物中各组分的密度，$kg \cdot m^{-3}$；

　x_{v1}，x_{v2}，x_{v3}，$\cdots$，x_{vn}——气体混合物中各组分的体积分率。

在化工生产中有时还会用到相对密度和比容的概念。

相对密度是在指定条件下某一物质密度相对于另一参考物质密度的比值。表达式为

$$d = \frac{\rho_1}{\rho_2} \qquad (1-7)$$

式中　d——相对密度。

单位质量流体所具有的体积称为比容。表达式为

$$v = \frac{V}{m} \qquad (1-8)$$

式中　v——比容，$m^3 \cdot kg^{-1}$。

比容和密度互为倒数关系，即 $\rho = 1/v$。

§1-1.2　流体的静压力

流体内部任意一点都受到周围其他质点对它的作用。流体垂直作用于单位面积上的压力称为流体的静压强，简称压强，习惯上也称之为压力。而整个面积上所受的作用力称为总压力。若流体在面积 A 上受到垂直作用力 F，则该面上的压力 p 为

$$p = \frac{F}{A} \qquad (1-9)$$

压力是流体力学和工程上常用的一个重要物理参数。在 SI 中，其单位为 $N \cdot m^{-2}$，称为帕斯卡，记为 Pa，即 $1Pa = 1N \cdot m^{-2}$。

在测量和使用过程中，还会遇到其他一些单位，如 atm(标准大气压)、液柱高度、bar(巴)或 $kgf \cdot cm^{-2}$ 等。它们之间的换算关系为

$1atm = 10.33mH_2O = 760mmHg = 1.0133bar = 1.033kgf \cdot cm^{-2} = 1.0133 \times 10^5 Pa$

工程上为了使用和换算方便，常将 $1kgf \cdot cm^{-2}$ 近似地看作为 1 个大气压，称为 1 工程大气压，记为 1at。1at 与其他单位制之间的换算关系为

$1at = 1kgf \cdot cm^{-2} = 10mH_2O = 735.6mmHg = 0.9807bar = 9.807 \times 10^4 Pa$

流体的压力除用不同的单位计量外，还可以用不同的方法来表示。

以绝对值表示的压力，即以绝对零压(真空)为基准，计算的压力称为绝对压力，它是流体的真实压力。

以相对值表示的压力，即以外界大气压为基准计算的压力称为表压或真空度。当被测流体的绝对压力高于外界大气压时，所用的测压仪表称为压力表，压力表的读数表示被测流体的绝对压力比大气压力高出的数值，此数值称为表压；当被测流体的绝对压力低于外界大气压时，所用的测压仪表称为真空表，真空表上的读数表示被测流体的绝对压力低于外界大气压的数值，此数值称为真空度。表压和真空度的计算式如下

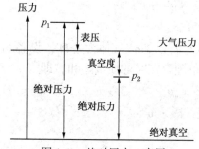

图 1-1 绝对压力、表压
和真空度之间的关系

表压 = 绝对压力 - 大气压力

真空度 = 大气压力 - 绝对压力 = - 表压

绝对压力、表压和真空度之间的关系如图 1-1 所示。

表压、真空度是相对于外界大气压的数值，而大气压随大气的温度、湿度以及所处地区海拔高度的变化而变化。因此，当设备内的绝对压力相同时，在不同地域所测得的表压和真空度值不同。为了避免混淆，在使用过程中，对表压和真空度均应加以标注，如 0.2MPa（表压）、4000Pa（真空度）。

§1-1.3　流体静力学基本方程

流体静力学是研究流体在相对静止或在外力作用下达到平衡时的规律。流体处于相对静止时，受到重力和压力的作用，重力是地心引力，可看作是不变的，起变化的只有压力。静止流体不表现出内摩擦阻力，分子间受力平衡。流体静止时所受各种力的大小与液体的密度、压力等性质有关，讨论流体平衡时的规律，实质上是讨论静止流体内部压力的变化规律，描述这一规律的数学表达式就称为流体静力学基本方程。

如图 1-2 所示的容器中盛有密度为 ρ 的静止液体。在液体内部任意取一底面积为 A 的垂直液柱，液柱上下底面与基准水平面的距离分别为 Z_0 与 Z。

流体处于静止状态，也就是说在静止流体内部，从各个方向作用于某一质点的合力为零。水平方向上，流体质点只受到压力的作用；在竖直方向上，除压力作用外，还受到重力的作用。因此我们所考虑的液柱在水平方向上所受的压力相等，而在垂直方向上，作用于上、下底面的压力不相等。流体在上、下底面压力与重力三个力作用下维持静止状态，即这三力的合力为零。若取向上的方向为正方向，有

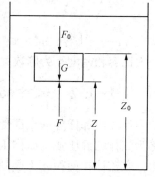

图 1-2　流体静力学
基本方程式的推导

$$F - F_0 - G = 0 \qquad (1-10)$$

将上式各项同除以 A，又因 $F/A=p$，$F_0/A=p_0$，$G=\rho gA(Z_0-Z)$，将式(1-10)整理后得

$$p = p_0 + \rho g(Z_0 - Z) \qquad (1-11)$$

也可将式(1-11)转化为如下形式

$$Z_0 + \frac{p_0}{\rho g} = Z + \frac{p}{\rho g} \qquad (1-11a)$$

$$gZ_0 + \frac{p_0}{\rho} = gZ + \frac{p}{\rho} \qquad (1-11b)$$

式(1-11)、式(1-11a)及式(1-11b)都反映了在重力作用下，静止流体内部压力的变化规律，称为流体静力学基本方程式。但因静力学方程式的形式不同，式中各项的单位不同，在学习中要特别注意。

为讨论方便，可以将液柱的上底面取在容器的液面上，下底面取在距液面任意距离 h 处。此时式(1-11)中 p_0 即为液面上方的压力，p 为距液面距离为 h 处的压力，而 $Z_0-Z=h$，

这样，式(1-11)可改写为

$$p = p_0 + \rho gh \qquad\qquad (1-11c)$$

式(1-11c)也为流体静力学基本方程式。

通过流体静力学基本方程式，我们可以得出如下推论：

① 在重力场中，当容器液面上方的压力一定时，静止液体内部任意一点静压力的大小与该点距液面的深度 h 及液体的密度有关，与该点所在水平位置及容器的形状无关。

② 当液面上方压力 p_0 一定时，h 越大，p 越大；h 相同，p 相同。因此在静止的、连续的同一液体内部，处在同一水平面上各点的压力相等，即连通器原理。

③ 在静止流体内部，当位置 1 处的压力发生变化时，位置 2 处的压力也必发生同样大小的变化，即巴斯噶定律。

上述流体静力学基本方程式是以液体为例推导出来的。液体可认为是不可压缩流体，而气体是压缩性流体，其密度不仅随温度变化而变化，也随压力的变化而变化，因此也会随它在容器内的位置高低而变化。但在化工容器里这种变化很小，一般可以忽略。因此，上述静力学基本方程也适用于气体。

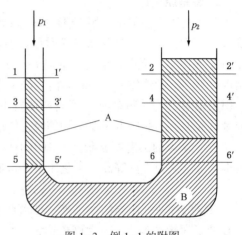

图 1-3　例 1-1 的附图

例 1-1　如图 1-3 所示的 U 形管中，放置两种密度不同又不互溶的液体 A 与 B，试问：

(1) 1-1′、2-2′ 两截面上压力是否相等？

(2) 3-3′、4-4′ 两截面上压力是否相等？

(3) 5-5′、6-6′ 两截面上压力是否相等？

解　(1) $p_{1-1'} \neq p_{2-2'}$，因为不是同一均质流体。

(2) $p_{3-3'} \neq p_{4-4'}$，理由同(1)。

(3) $p_{5-5'} = p_{6-6'}$。

§1-1.4　流体静力学基本方程式的应用

流体静力学基本方程是静止流体中的能量守恒与转换定律。工程上应用此定律可解决压差及压力测量、液位测量、液封高度计算等问题。本教材只对压差及压力测量做详细介绍。

在化工生产中，压力的测量仪表很多，其中以流体静力学基本原理测量压力及压差的仪表称为液柱压差计。液柱压差计通常有三种形式，即 U 形管压差计、微差压差计和倒装 U 形管压差计。

1. U 形管压差计

U 形管压差计结构如图 1-4 所示。在一根 U 形的玻璃管内装有指示液 A，它与被测流体 B 不能互溶，也不能起化学反应，其密度 ρ_A 要大于被测流体密度 ρ_B。

将 U 形管压差计的两端分别接入管路的两个不同截面，即可测出两截面之间的压力差。由于两截面处压力不等(图中 $p_1 > p_2$)，指示液在 U 形管的两侧臂上便出现高度差 R (R 称压差计读数)，R 的大小，直接反映两截面压差的大小。

如图 1-4 所示，U 形管底部为指示液 A，两侧臂上部为被测流体 B。图中 a、b 两点处于连通着的同一静止液体 A 内，且在同一水平面上，因此 a、b 两点的压力相等，即 $p_a = p_b$。

根据流体静力学基本方程式可得

$$p_a = p_1 + \rho_B g(Z_1 + R)$$
$$p_b = p_2 + \rho_B g Z_2 + \rho_A g R$$

于是

$$p_1 + \rho_B g(Z_1 + R) = p_2 + \rho_B g Z_2 + \rho_A g R$$

简化后得

$$\Delta p = p_1 - p_2 = (\rho_A - \rho_B) g R \qquad (1-12)$$

若被测流体是气体，气体的密度比指示液的密度小得多，即 $\rho_A - \rho_B \approx \rho_A$，式(1-12)可简化为

$$\Delta p = p_1 - p_2 \approx \rho_A g R \qquad (1-12a)$$

当要求测量的是某一截面处的压力而不是两截面间的压力差时，只要将 U 形管一端与测压点相连，另一端与大气相通即可，此时读数 R 反映的是测压点压力与大气压之差，即为表压或真空度。

2. 微差压差计

若所测压力差很小，用 U 形管压差计测量时压差计读数很小，读数误差较大。为了将读数 R 放大，除了在选用指示液时尽可能使其密度 ρ_A 与被测流体密度 ρ_B 接近外，还可采用如图1-5所示的微差压差计。它是在 U 形管两侧的臂上增设两个小室，装入与指示液密度相近且不互溶的液体 C。小室的内径与 U 形管内径相比大得多，即小室截面积比 U 形管截面积大很多。若在测量前 U 形管两侧臂上指示液 A 及两小室中指示液 C 都处在同一高度，测量过程中，当测压点压差不相等时，U 形管两侧臂上会出现指示液 A 的高度差 R。即使 U 形管指示液 A 的高度差 R 很大，但由于小室截面积相对较大，小室中指示液 C 的液面变化很小，可以认为维持等高，于是压力差可通过下式计算

$$p_1 - p_2 = (\rho_A - \rho_C) g R \qquad (1-13)$$

只要选择两种适当的指示液，便可将普通压差计的读数 R 放大几倍或更大。指示液 A 与 C 的密度相差越近，放大倍数越大。

3. 倒装 U 形管压差计

倒装 U 形管压差计结构如图1-6所示，它以被测液体作为指示液，液体的上方充满空

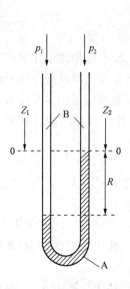
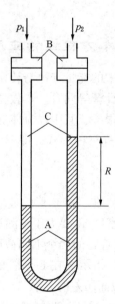
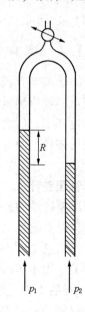

图1-4　U 形管压差计　　　　图1-5　微差压差计　　　　图1-6　倒装 U 形管压差计

26

气，空气进、出可通过顶端的旋塞来调节。若将倒装 U 形管接入管路，因为接入点的压力不等，倒装 U 形管两侧臂上显示出被测液体的高度差 R，压力差可通过下式计算：

$$p_1 - p_2 = \rho g R \qquad\qquad (1-14)$$

式中　ρ——被测液体密度，$kg \cdot m^{-3}$。

例 1-2　常温的水在图 1-7 所示的管道中流过，为了测量 a-a' 与 b-b' 两截面间的压力差，安装了两个串联的 U 形管压差计，压差计中的指示液为汞。两个 U 形管间的连接管内充满了水，指示液的各个液面与管道中心线的垂直距离为 $h_1 = 1.2m$、$h_2 = 0.3m$、$h_3 = 1.3m$、$h_4 = 0.35m$。试根据以上数据计算 a-a' 及 b-b' 两截面间的压力差。

解　应用静力学基本方程计算压力和压差时，关键是选取基准点或基准面，如本例的附图（图 1-7）中的 1-1′、2-2′ 和 3-3′ 截面。根据等压面上各点压力相等及流体静力学基本方程式，从系统的一端开始，逐点计算其静压力值，最后得到所要求的数值。本例从 b-b' 截面开始计算。

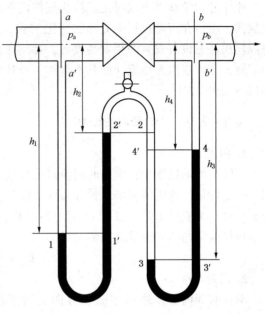

图 1-7　例 1-2 的附图

根据流体静力学基本方程式

$$p_4 = p_b + \rho_{H_2O}gh_4 \qquad\qquad \text{或 } p_4 - p_b = \rho_{H_2O}gh_4 \qquad (1)$$

$$p_3 = p_3{}' = p_4 + \rho_{Hg}g(h_3 - h_4) \quad \text{或 } p_3 - p_4 = \rho_{Hg}g(h_3 - h_4) \quad (2)$$

$$p_2 = p_3 - \rho_{H_2O}g(h_3 - h_2) \qquad \text{或 } p_2 - p_3 = -\rho_{H_2O}g(h_3 - h_2) \quad (3)$$

$$p_1 = p_1{}' = p_2 + \rho_{Hg}g(h_1 - h_2) \quad \text{或 } p_1 - p_2 = \rho_{Hg}g(h_1 - h_2) \quad (4)$$

$$p_a = p_1 - \rho_{H_2O}gh_1 \qquad\qquad \text{或 } p_a - p_1 = -\rho_{H_2O}gh_1 \qquad (5)$$

将上述五式相加

$$p_a - p_b = \rho_{H_2O}gh_4 + \rho_{Hg}g(h_3 - h_4) - \rho_{H_2O}g(h_3 - h_2) + \rho_{Hg}g(h_1 - h_2) - \rho_{H_2O}gh_1$$

整理得

$$p_a - p_b = g(\rho_{Hg} - \rho_{H_2O})\left[(h_1 - h_2) + (h_3 - h_4)\right] \qquad (6)$$

将已知数据代入上式

$$p_a - p_b = 9.81 \times (13600 - 1000)\left[(1.2 - 0.3) + (1.3 - 0.35)\right]$$
$$= 228670(N \cdot m^{-2}) = 2.33(kgf \cdot cm^{-2})$$

式（6）中 $(h_1 - h_2)$ 与 $(h_3 - h_4)$ 分别为两个 U 形管压差计的读数 R_1 和 R_2，于是式（6）可改写为：

$$p_a - p_b = (\rho_{Hg} - \rho_{H_2O})g(R_1 + R_2)$$

对于几个串联的 U 形管压差计而言，若指示液密度为 ρ_A，被测流体密度为 ρ_B，则与 U 形管相连的两截面间的压力差可用下式计算：

$$p_a - p_b = (\rho_A - \rho_B)g(R_1 + R_2 + \cdots + R_n)$$

§1-2 流体流动的基本方程

流体静力学基本方程讨论了静止流体内部压力的变化规律，对于流动流体内部压力的变化规律、流体在流动过程中流速的变化关系、流体在输送过程中需要外界提供多大能量及为完成输送任务设备安装的相对高度等，都是在流体输送过程中常常会遇到的问题。要解决这些问题，必须找出流体流动的基本规律。反映流体流动的基本规律主要有连续性方程和伯努利(Bernoulli)方程。

§1-2.1 流量与流速

1. 流量

流体在流动过程中，单位时间流过管路任一截面的流体量，称为流量。流体量可以用不同方式来计量，若用体积来计量称为体积流量，以 V_s 表示，其单位为 $m^3 \cdot s^{-1}$；若用质量来计量，则称为质量流量，以 W_s 表示，其单位为 $kg \cdot s^{-1}$。

质量流量与体积流量之间的关系为

$$W_s = V_s \cdot \rho \tag{1-15}$$

2. 流速

单位时间内流体质点在流动方向上所流过的距离，称为流速，以 u 表示，其单位为 $m \cdot s^{-1}$。实际上流体质点流经管道任意截面时各点的速度并不相同，在管壁处为零，离管壁愈远则速度愈大，到管中心达到最大。流体在管截面上速度分布较为复杂，在工程计算上为方便起见，通常所指的流速是整个管截面上的平均流速，可用下式计算

$$u = \frac{V_s}{A} \tag{1-16}$$

式中 A——与流动方向垂直的管路截面积，m^2。

对于可压缩性的流体，温度和压力发生变化时，其体积流量发生变化，显然流速也要发生变化。因此在讨论可压缩性流体的流动时，须标明其压力和温度。为应用方便，提出质量流速概念。所谓质量流速是指单位时间流体流过管道单位截面积的质量，以 G 表示，其计算式为

$$G = \frac{W_s}{A} = \frac{V_s \cdot \rho}{A} = u \cdot \rho \tag{1-17}$$

式中 G——质量流速，$kg \cdot m^{-2} \cdot s^{-1}$。

化工生产中的管路大多为圆形管路，若以 d 表示管道内径，管径与流速的关系为

$$u = \frac{V_s}{\frac{\pi}{4}d^2} \quad 即\ d = \sqrt{\frac{4V_s}{\pi u}} \tag{1-18}$$

流体输送管路的直径可根据流量和流速通过上式确定。流量一般为生产任务所决定，所以关键在于选取合适的流速。若流速选择较大，管径虽然可以减小，但流体流过管路的阻力加大，动力消耗增大，操作费用增加；反之，若流速选择太小，管路直径增大，设备费用增加。所以当流体在大流量、长距离的管路中输送时，需根据具体情况在操作费与设备费之间通过经济核算来确定适宜的流速，一般情况下，可选用经验数据。工业上一般选用的流速范

围如表 1-1 所列。

表 1-1　流体在一般管路中的流速范围

流 动 介 质		流速/$m \cdot s^{-1}$
液 体	自然流动	0.1~1.0
	黏性流体(油类、硫酸等)	0.5~1.0
	一般液体	0.5~2.5
	一般液体(负压吸入管路中)	0.8~1.5
气 体	自然流动(如自然抽风)	2~4
	不大的压力下(鼓风机管路)	8~15
	压缩气体	15~25
水蒸气	常压或略高于常压的饱和水蒸气	15~25
	1~5atm 饱和水蒸气(1atm=101325Pa)	20~40
	过热水蒸气	30~50

§1-2.2　稳态流动和非稳态流动

　　流体在流动的过程中,若任一截面上流体的性质(如密度、黏度等)和流动参数(如流速、压力等)不随时间而变化,这种流动状态称为稳态流动;若流动过程中任一截面上的这些物理量和流动参数随时间而改变,这种流动称为非稳态流动。

　　图 1-8 所示的输水系统,水箱底即有一排水管路,由直径不同的几段管子连接而成。在排水过程中不断有水补充到水箱内,使水箱中的水面高度维持不变,如图 1-8(a)所示。实验发现,排水管中直径不同的各截面上水的平均流速虽然不同,各截面上的压力值不相等,但每一截面上的平均流速及压力是恒定的,并不随时间的变化而变化,这种流动属于稳态流动,即 $u=f(x, y, z)$。

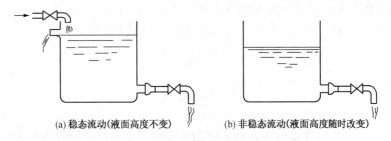

(a) 稳态流动(液面高度不变)　　(b) 非稳态流动(液面高度随时改变)

图 1-8　输水系统

　　若排水过程中不向水箱中补充水,如图 1-8(b)所示,则液面不断下降,各截面上水的流速及压力也随之下降,各截面上的流速和压力不仅随位置的变化而变化,而且随时间的推移而变化,这种流动称为非稳态流动,即 $u=f(x, y, z, t)$。

　　稳态流动系统中的物性参数及流动参数只与位置有关,即与流动有关的物理量仅是位置的函数。而非稳态流动系统中所涉及的物理量除与位置有关外,还与时间有关,它们既是位置的函数,又是时间的函数。稳态流动与非稳态流动的根本区别是流体流动过程中的物理量是否随时间而变化。

连续操作化工生产中的流动多属于稳态流动，因此，本章也着重讨论稳态流动。

§1-2.3 连续稳态流动系统的物料衡算

如图 1-9 所示，流体在变径管路中做连续稳态流动。以管内壁截面 1-1′和 2-2′为衡算范围，把流体视为连续介质，流体充满管路且连续地从截面 1-1′流入，从截面 2-2′流出，根据物料衡算，物料的输入量等于输出量，即对此稳态流动系统做物料衡算。

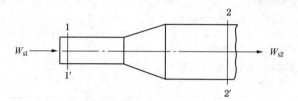

图 1-9 连续性方程式的推导

$$W_{s1} = W_{s2} \tag{1-19}$$

又 $W_s = uA\rho$，故式(1-19)可改写为

$$u_1 A_1 \rho_1 = u_2 A_2 \rho_2 \tag{1-20}$$

若将上式推广到管路中的任意截面，则有

$$W_s = u_1 A_1 \rho_1 = u_2 A_2 \rho_2 = \cdots u_i A_i \rho_i \cdots = 常数 \tag{1-20a}$$

式(1-20a)称为流体稳态流动时的连续性方程，表示在稳态流动系统中，流体流经各截面的质量流量不变，而流速随着管道截面积 A 及流体密度 ρ 而变。

若流体可视为不可压缩流体，即 ρ=常数，式(1-20a)可写为

$$V_s = u_1 A_1 = u_2 A_2 = \cdots u_i A_i \cdots = 常数 \tag{1-20b}$$

从式(1-20b)可以看出，不可压缩流体在管路中做稳态流动时，不仅流经管路各截面的质量流量相等，它们的体积流量也相等。

式(1-20b)称为不可压缩流体稳态流动时的连续性方程式。它反映了流体在稳态流动系统中，流量一定时，管路截面大小与流速的变化关系。

若流体为不可压缩流体，且在圆形管路中流动，根据连续性方程式

$$u_1 \cdot \frac{\pi}{4} d_1^2 = u_2 \frac{\pi}{4} d_2^2$$

$$\frac{u_1}{u_2} = \frac{d_2^2}{d_1^2} \tag{1-21}$$

式(1-21)表明，不可压缩流体在稳态流动过程中，流速与管径的平方成反比。

例 1-3 在 $\phi76mm \times 3mm$ 钢管中流动的气体绝对压力为 100kPa，若该气体保持温度不变，加压到 600kPa 后在另一细管内流动，气体的质量流量保持不变，并且要求流速变化也很小。试选择此细管的直径。

解 根据题意，该气体在管中做稳态流动，可以应用连续性方程式

$$u_1 \cdot \frac{\pi}{4} d_1^2 \cdot \rho_1 = u_2 \cdot \frac{\pi}{4} d_2^2 \cdot \rho_2$$

$u_1 \approx u_2$，细管内气体的压力为粗管内气体压力的 6 倍，因此 $\rho_2 = 6\rho_1$，代入连续性方程

$$d_1^2 = 6 d_2^2$$

$$(0.076 - 2 \times 0.003)^2 = 6d_2^2$$

解得 $d_2 = 0.0286$m。据此由化工材料手册查得，可选用 ϕ38mm×5mm 或 ϕ38mm×4.5mm 的钢管。

§1-2.4 连续稳态流动系统的能量衡算

流体得以流动的必要条件是系统两端有压力差或位差，如用高位槽向设备加料时，部分位能转化成动能而使料液流动；用虹吸管抽水时，静压能转化为动能；要想将流体从低位送往高位，则必须由外界输入能量才能完成输送任务。因此，流体流动过程实质上是各种形式能量之间的转化过程，它们之间的关系遵循能量守恒定律，可通过能量衡算得出。

1. 流体流动过程的能量形式

（1）位能

位能是流体由于其所处位置高于某基准水平面而具有的能量。它表示流体在其自身重力作用下落至基准水平面所做的功。若流体与基准水平面间的垂直距离为 h，

质量为 m kg 流体的位能 = mgh

位能的单位 = $[mgh]$ = kg · (m · s^{-2}) · m = N · m = J

位能是个相对值，数值大小与基准面有关。

（2）动能

动能是流体在管路中因流动所具有的能量。它等于将流体从静止加速到流速 u 所需的功。

质量为 m kg 流体的动能 = $\dfrac{1}{2}mu^2$

动能的单位 = $\left[\dfrac{1}{2}mu^2\right]$ = kg · $\left(\dfrac{m}{s}\right)^2$ = N · m = J

（3）静压能

静压能也称压力能，是流体处于静压力 p 下所具有的能量，即指流体因被压缩而具有向外膨胀做功的能力。它等于流体在流动过程中克服压力所做的功。

若管路截面积为 A，则流体所受压力为 $F = pA$。质量为 m kg 的流体，通过管路时所走的距离 $L = \dfrac{V}{A} = \dfrac{m}{\rho A}$。

质量为 m kg 流体的静压能 = $(pA) \cdot \left(\dfrac{m}{\rho \cdot A}\right) = m \cdot \dfrac{p}{\rho}$

静压能的单位 = $\left[m \cdot \dfrac{p}{\rho}\right]$ = $\dfrac{\text{kg} \cdot \text{N} \cdot \text{m}^{-2}}{\text{kg} \cdot \text{m}^{-3}}$ = N · m = J

（4）内能

流体内部大量分子运动所具有的动能和分子间相互作用而形成的位能的总和称为内能。内能是温度的函数，若以 U 表示单位质量流体所具有的内能，则

质量为 m kg 流体的内能 = $m \cdot U$

内能的单位 = $[m \cdot U]$ = kg · J · kg^{-1} = J

质量为 m kg 的流体稳态流动时，在任一截面所具有的总能量为以上各项之和，即

$$E_{总} = mU + mgh + \frac{1}{2}mu^2 + m\frac{p}{\rho} \tag{1-22}$$

其中，位能、动能、静压能又称为机械能，位能、动能、静压能的和称为总机械能。

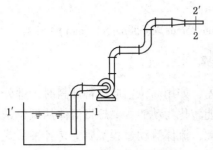

图 1-10　流体流动的能量衡算

2. 流体流动过程的能量衡算

如图 1-10 所示的稳态流动系统，贮槽中的流体经不同管径的管路从截面 2-2′ 上送出，管路上装有对流体做功的泵。

以 1-1′ 与 2-2′ 之间的设备系统为衡算范围，以1kg 流体为衡算基准进行能量衡算。

根据能量守恒定律，输入系统的能量等于操作后获得的能量，即

$$\sum E_{输入} = \sum E_{输出}$$

能量可以随物料一起进、出系统，也可以不随物料一起进、出系统。随物料进、出系统的总能量包括流体的位能、动能、静压能和内能。1kg 流体进入系统时所具有的总能量为

$$E_{进} = gh_1 + \frac{1}{2}u_1^2 + \frac{p_1}{\rho_1} + U_1 \quad [J \cdot kg^{-1}]$$

1kg 流体离开系统的总能量为

$$E_{出} = gh_2 + \frac{1}{2}u_2^2 + \frac{p_2}{\rho_2} + U_2 \quad [J \cdot kg^{-1}]$$

能量可以不通过物料而直接由输送设备输入系统，这种能量称为外功或有效功。如图 1-10所示，流体可以从泵获得能量。若泵为 1kg 流体提供的能量为 W_e，其单位为 $J \cdot kg^{-1}$，则输入系统的总能量为

$$\sum E_{输入} = gh_1 + \frac{1}{2}u_1^2 + \frac{p_1}{\rho_1} + U_1 + W_e \quad [J \cdot kg^{-1}]$$

同样，流体在流动过程中要克服阻力做功，将部分机械能转化为热能。这部分热能不能直接用于流体的输送，实际上是在流动过程中损失掉了，即直接从系统散失到了外界，称之为能量损失。设 1kg 流体在流动过程中因克服阻力而损失的能量为 $\sum h_f$，其单位为 $J \cdot kg^{-1}$，则从系统输出的总能量为

$$\sum E_{输出} = gh_2 + \frac{1}{2}u_2^2 + \frac{p_2}{\rho_2} + U_2 + \sum h_f \quad [J \cdot kg^{-1}]$$

又因流动过程中流体温度变化不大，则 $U_1 \approx U_2$，这样在 1-1′ 与 2-2′ 截面间得到的能量衡算式为

$$gh_1 + \frac{1}{2}u_1^2 + \frac{p_1}{\rho_1} + W_e = gh_2 + \frac{1}{2}u_2^2 + \frac{p_2}{\rho_2} + \sum h_f \quad (1-23)$$

式(1-23)为流体流动过程的能量衡算方程，称为伯努利方程。

若流动时不产生流动阻力，则在流动过程中的能量损失 $\sum h_f = 0$，这种流体称为理想流体。这种流体实际上并不存在，而是一种设想，但这种设想对解决工程实际问题具有重要的意义。对于理想流体，若没有外功加入，即 $\sum h_f = 0$ 时，$W_e = 0$，式(1-23)便可简化为：

$$gh_1 + \frac{1}{2}u_1^2 + \frac{p_1}{\rho_1} = gh_2 + \frac{1}{2}u_2^2 + \frac{p_2}{\rho_2} \quad (1-24)$$

伯努利方程推导

式(1-24)为理想流体的伯努利方程式。

若流体为不可压缩流体（$\rho_1 \approx \rho_2 = \rho$），式(1-23)变为

$$gh_1 + \frac{1}{2}u_1^2 + \frac{p_1}{\rho} + W_e = gh_2 + \frac{1}{2}u_2^2 + \frac{p_2}{\rho} + \sum h_f \qquad (1-23a)$$

同理，若流体为不可压缩理想流体，式(1-24)变为

$$gh_1 + \frac{1}{2}u_1^2 + \frac{p_1}{\rho} = gh_2 + \frac{1}{2}u_2^2 + \frac{p_2}{\rho} \qquad (1-24a)$$

§1-2.5 伯努利方程式的意义

理想流体的伯努利方程表示理想流体在管道内作稳态流动而又没有外功加入时，在任一截面上，单位质量流体所具有的位能、动能、静压能之和为常数，即总机械能为常数，则

$$E = gh + \frac{1}{2}u^2 + \frac{p}{\rho} = 常数 \qquad (1-25)$$

常数意味着 1kg 理想流体在各截面上所具有的总机械能相等，但每一种形式的能量不一定相等，各种形式的能量之间可以相互转化。例如，某种理想流体在水平管路中做稳态流动，若在某处管路截面缩小时，流速增加，动能增加，因总机械能为常数，位能不变，势必引起静压能减小，即一部分静压能转变为动能。反过来，截面增大，流速减小，动能减小，静压能相应增大。

在做能量衡算时，如果衡算基准不同，伯努利方程式的形式不同(以不可压缩流体为例)：

① 以单位质量流体为基准，伯努利方程式为

$$gh_1 + \frac{1}{2}u_1^2 + \frac{p_1}{\rho} + W_e = gh_2 + \frac{1}{2}u_2^2 + \frac{p_2}{\rho} + \sum h_f$$

式中，每一项表示单位质量流体所具有的能量，其单位为 $J \cdot kg^{-1}$。

② 若以单位重量即 1N 流体为衡算基准，将式(1-23a)各项除以 g 得

$$h_1 + \frac{1}{2g}u_1^2 + \frac{p_1}{\rho g} + H_e = h_2 + \frac{1}{2g}u_2^2 + \frac{p_2}{\rho g} + H_f \qquad (1-23b)$$

式中，每一项表示单位重量流体所具有的能量，其单位为 m。习惯上将单位重量流体所具有的能量称为压头。式中，h、$\frac{u^2}{2g}$、$\frac{p}{\rho g}$ 与 H_f 分别称为流体流动过程的位压头、动压头、静压头和压头损失，H_e 称为输送设备对流体所提供的有效压头。

③ 若以单位体积流体为衡算基准，将式(1-23a)各项乘以流体密度，则有

$$\rho gh_1 + \frac{1}{2}\rho u_1^2 + p_1 + \rho W_e = \rho gh_2 + \frac{1}{2}\rho u_2^2 + p_2 + \rho \sum h_f \qquad (1-23c)$$

式中每一项表示单位体积流体所具有的能量，其单位为 Pa；$\rho \sum h_f$ 表示单位体积流体在流动过程中的能量损失，称为压力降。

如果系统中的流体是静止的，即 $u = 0$，没有运动，自然没有阻力，即 $\sum h_f = 0$。由于处于静止状态，也就不会有外功输入，即 $W_e = 0$，于是式(1-23a)变为

$$gh_1 + \frac{p_1}{\rho} = gh_2 + \frac{p_2}{\rho} \qquad (1-23d)$$

上式即为流体静力学基本方程式，由此说明，伯努利方程式除表示流体的流动规律外，还表示流体的静止规律。流体静力学基本方程式是伯努利方程式的一种特殊形式，静止状态

是流动状态的一个特例。

§1-2.6　伯努利方程式的应用

1. 确定管路中流体的流量

例1-4　水平通风管道某段的直径自300mm渐缩到200mm,为了粗略估计其中空气的

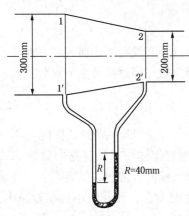

流量,在锥形接头两端各引出一个测压口与U形管压差计相连,用水作指示液,测得读数$R=40$mm。设空气流过锥形接头的阻力可以忽略,求空气的体积流量(空气的密度为1.2kg·m^{-3})。

解　根据题意,作示意图(图1-11)。

通风管内空气温度不变,压力变化也很小,从而可用不可压缩流体的机械能衡算公式。空气流过锥形接头的阻力可以忽略,即管路中的空气可按理想流体来处理。

图1-11　例1-4的附图

如图所示,以1-1′为上游截面,2-2′为下游截面,以管路中心线所在平面为基准水平面。在1-1′与2-2′之间列伯努利方程式

$$gh_1 + \frac{1}{2}u_1^2 + \frac{p_1}{\rho} = gh_2 + \frac{1}{2}u_2^2 + \frac{p_2}{\rho}$$

已知 $h_1 = h_2$

$$p_1 - p_2 = \rho_A gR = 1000 \times 9.81 \times 0.04 = 392.4(\text{Pa})$$

代入伯努利方程式得

$$\frac{u_2^2 - u_1^2}{2} = \frac{p_1 - p_2}{\rho} = \frac{392.4}{1.2} = 327$$

$$u_2^2 - u_1^2 = 2 \times 327 = 654$$

根据连续性方程式

$$u_2 = u_1\left(\frac{A_1}{A_2}\right) = u_1\left(\frac{d_1}{d_2}\right)^2 = u_1\left(\frac{0.3}{0.2}\right)^2 = 2.25u_1$$

将其代入 $u_2^2 - u_1^2 = 654$,解得 $u_1 = 12.7$m/s。

体积流量 $V_s = \frac{\pi}{4}(0.3)^2(12.7) = 0.90(\text{m}^3 \cdot \text{s}^{-1})$。

2. 确定容器的相对位置

例1-5　如图1-12所示,用虹吸管从高位槽向反应器加料。高位槽和反应器均与大气连通。要求料液在管内以1m/s的速度流动。设料液在管内流动时能量损失为20J·kg^{-1}(不包括出口的能量损失),试求高位槽的液面应比虹吸管的出口高出多少?

解　取高位槽液面为上游截面1-1′,虹吸管出口内侧为下游截面2-2′,2-2′截面为基准平面。在两截面间列伯努利方程式,即

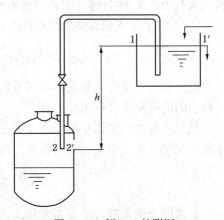

图1-12　例1-5的附图

$$gh_1+\frac{1}{2}u_1^2+\frac{p_1}{\rho}+W_e=gh_2+\frac{1}{2}u_2^2+\frac{p_2}{\rho}+\sum h_f \quad [\text{J} \cdot \text{kg}^{-1}]$$

已知 $h_1=h$(欲求值)，$h_2=0$，$p_1=p_2=0$(表压)

高位槽截面比管道截面要大得多，在流量相同的情况下，槽内流速比管内的流速就小得多。故槽内流速可忽略不计，即 $u_1\approx0$

$$u_2=1\text{m}\cdot\text{s}^{-1}, \quad \sum h_f=20\text{J}\cdot\text{kg}^{-1}, \quad W_e=0$$

将上述数据代入伯努利方程，并简化得

$$9.81h=\frac{1}{2}+20$$

$h=2.09\text{m}$，即高位槽液面应比虹吸管出口高 2.09m。

注意：本题下游截面 2—2′必须选在管子出口内侧，这样才能与题目给的不包括出口损失的总能量损失相适应。

3. 确定设备的有效功率

例 1-6 如图 1-13 所示，用泵 2 将贮槽 1 中密度为 $1200\text{kg}\cdot\text{m}^{-3}$ 液体送到蒸发器 3 内，贮槽液面维持不变，其上方压力为大气压。蒸发器上部蒸发室内操作压力为 200mm Hg(真空度)。蒸发器进料口高于槽内液面 15m，输送管道的直径为 $\phi68\text{mm}\times4\text{mm}$。送料量为 $20\text{m}^3\cdot\text{h}^{-1}$，液体流经全部管道的能量损失为 $120\text{J}\cdot\text{kg}^{-1}$(不包括出口能量损失)，求泵的有效功率。

解 以贮槽的液面为 1—1′截面，管路出口内侧为 2—2′截面，并以 1—1′截面为基准面，在两截面间列伯努利方程式

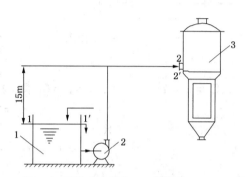

图 1-13 例 1-6 的附图
1—贮槽；2—泵；3—蒸发器

$$gh_1+\frac{1}{2}u_1^2+\frac{p_1}{\rho}+W_e=gh_2+\frac{1}{2}u_2^2+\frac{p_2}{\rho}+\sum h_f$$

$$W_e=g(h_2-h_1)+\frac{1}{2}(u_2^2-u_1^2)+\frac{1}{\rho}(p_2-p_1)+\sum h_f$$

已知 $h_1=0$，$h_2=15\text{m}$，$p_1=0$(表压)，

$$p_2=-\frac{200}{760}\times101330=-26670(\text{N}\cdot\text{m}^{-2})(\text{表压})$$

又因贮槽截面比管道截面大得多，故槽内流速相对于管内流速来讲可以忽略不计，即 $u_1\approx0$。

$$u_2=\frac{20}{3600\times\frac{\pi}{4}\times(0.06)^2}=1.97(\text{m}\cdot\text{s}^{-1})$$

$$\sum h_f=120(\text{J}\cdot\text{kg}^{-1})$$

将上列数据代入伯努利方程式

$$W_e=15\times9.81+\frac{1}{2}\times1.97^2+\left(-\frac{26670}{1200}\right)+120=246.9(\text{J}\cdot\text{kg}^{-1})$$

W_e 是输送设备对单位质量流体所做的有效功，有效功率则是单位时间输送设备所做的有效功，以 N_e 表示。

$$N_e=W_e\cdot W_s$$

式中 W_s——流体的质量流量，$\text{kg}\cdot\text{s}^{-1}$；

N_e——泵的有效功率，W。

所以本题中泵的有效功率

$$N_e = W_e \cdot W_s = 246.9 \times \frac{20 \times 1200}{3600} = 1647(W) = 1.647(kW)$$

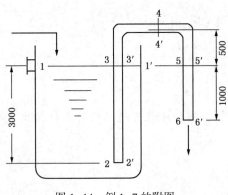

图 1-14　例 1-7 的附图

4. 确定管路中流体的压力

例 1-7　如图 1-14 所示，水在虹吸管内做稳态流动，管路直径没有变化，水流经管路的能量损失可忽略不计，试计算内截面 2-2′、3-3′、4-4′和 5-5′处的压力。大气压为 760mmHg，图中尺寸以 mm 计。

解　为了计算管内各截面的压力，应首先计算水在管中的流速。以贮槽水面 1-1′及管子出口内侧 6-6′列伯努利方程式，并以 6-6′为基准面。由于 $\sum h_f = 0$，故伯努利方程可写为

$$gh_1 + \frac{u_1^2}{2} + \frac{p_1}{\rho} = gh_6 + \frac{u_6^2}{2} + \frac{p_6}{\rho}$$

已知 $h_1 = 1m$，$h_6 = 0$，$p_1 = p_6 = 0$(表压)，$u_1 \approx 0$，代入伯努利方程式，并计算得

$$u_6 = 4.43 m \cdot s^{-1}$$

因为管路管径无变化，故

$$u_2 = u_3 = u_4 = u_5 = u_6 = 4.43(m \cdot s^{-1})$$

或

$$\frac{1}{2}u_2^2 = \frac{1}{2}u_3^2 = \frac{1}{2}u_4^2 = \frac{1}{2}u_5^2 = \frac{1}{2}u_6^2 = 9.81(J \cdot kg^{-1})$$

由于流动系统能量损失 $\sum h_f = 0$，故可将水视为理想液体，则系统内各截面上流体的总机械能相等。

$$E = gh + \frac{1}{2}u^2 + \frac{p}{\rho} = 常数$$

根据题中条件，以贮槽水面 1-1′处的总机械能计算最为方便，取 2-2′为基准面，则

$$E = 9.81 \times 3 + \frac{101330}{1000} = 130.8(J \cdot kg^{-1})$$

在计算其他各截面的压力时亦以 2-2′为基准面，则

2-2′处压力

$$p_2 = \left(E - \frac{1}{2}u_2^2 - gh_2\right)\rho = (130.8 - 9.81) \times 1000 = 120990(N \cdot m^{-2})$$

3-3′处压力

$$p_3 = \left(E - \frac{1}{2}u_3^2 - gh_3\right)\rho = (130.8 - 9.81 - 9.81 \times 3) \times 1000 = 91560(N \cdot m^{-2})$$

4-4′处压力

$$p_4 = \left(E - \frac{1}{2}u_4^2 - gh_4\right)\rho = (130.8 - 9.81 - 9.81 \times 3.5) \times 1000 = 86660(N \cdot m^{-2})$$

5-5′处压力

$$p_5 = \left(E - \frac{1}{2}u_5^2 - gh_5\right)\rho = (130.8 - 9.81 - 9.81 \times 3) \times 1000 = 91560(N \cdot m^{-2})$$

从以上计算结果可以看出：$p_2 > p_3 > p_4$，而 $p_4 < p_5 < p_6$，这是由于流体在管中流动时，位能与静压能反复转换的结果。

5. 应用伯努利方程式解题要点

（1）作图与确定衡算范围

根据题意，画出流动系统的示意简图。根据流体的流动方向，确定出上、下游截面，以确定流动系统能量衡算的范围。

（2）截面的选取

在确定上、下游截面时，所选截面均应与流体的流动方向垂直，且两截面之间的流体必须是连续的，同时还应注意所求的未知量能在截面上或截面之间反映出来，而截面上的其他物理量应是已知的或是通过已知量能求算出来。

（3）基准水平面的选取

选取基准水平面的目的是为了确定位能的大小，但实际上伯努利方程式中反映的只是位能差的数值。所以基准水平面原则上可以任意选取，但必须与地面平行。伯努利方程式中的 h 值指截面中心到基准水平面的距离。在实际运用中，为简化计算，通常取基准水平面通过已确定的任一截面。若该截面与地面平行，则基准面与该截面重合；若该截面不是水平面，基准面则为截面中心所处位置的水平面。

（4）单位必须一致

单位一致体现在两个方面：①伯努利方程式所涉及的物理量必须使用同一单位制中的单位，若无特指应采用国际单位制；②通过各物理量计算得到的各项能量的单位必须一致，如 $J \cdot kg^{-1}$、m 等。

（5）压力的表示方法一致

在应用伯努利方程式解题时，对压力除要求单位一致外，还要求表示方法一致。从伯努利方程式的推导中可知，流体的静压能以绝对压力计算，但由于伯努利方程式中所反映的是压力差的数值，两截面上的压力同时用表压或绝对压力表示不会影响压力差的大小，所以伯努利方程式中的压力可用表压或绝对压力计算，但等号左右压力的表示方法必须一致。

伯努利方程在现实
生活中的应用

6. 伯努利方程式的应用条件及注意事项

（1）应用条件

① 系统为稳态的连续的流动体系；

② 在选取的两截面间，系统与周围无能量、质量交换，满足连续性方程。

（2）注意事项

① 选定的两截面均应与流动方向垂直，两截面均应取在平行流动处，不要取在阀门、弯头等部位；

② 截面宜选在数据多、计算方便处；

③ 截面上的物理量均取该截面上的平均值，如高度 h 值对水平导管取管中心值、u 用截面上的平均值、静压能用管中心处的值等；

④ 为计算截面上的位能，需取基准面，基准面必须是水平面，基准面的位置（指高度）对计算结果无影响；

⑤ 计算截面上的静压能时需用截面上的压力，压力可用表压计算，亦可用绝对压力计算，对计算结果无影响；

⑥ 伯努利方程式中，W_e 是流体在两截面间获得的能量，故此项应在等式的左面即上游

截面一侧，而 $\sum h_f$ 是流体自起始截面至终了截面所消耗的能量，故在等式的右面即下游截面一侧。

§1-3 流量测量

流体流动过程的流量是化工生产过程中的重要参数之一，为了控制生产过程能稳定进行，必须对流量参数进行测量并加以调节和控制。流量测量的仪表种类很多，本节主要介绍几种根据流体力学原理设计制作的流速计与流量计。

§1-3.1 测速管

测速管又称毕托管，如图 1-15 所示。它是由两根弯成直角的同心套管所组成，外管的管口是封闭的，在外管前端壁面四周开有若干个测压孔。为了减小误差，测速管的前端经常做成半球形以减少涡流。测量时，测速管可放在管路截面的任一位置上，并使其管口正对着管路中流体的流动方向，外管与内管的末端分别与液柱压差计的两臂相连接。测速管的内管测得为管口所在位置的局部动能 $u_r^2/2$ 与静压能 p/ρ 之和，称为冲压能，即

$$h_A = \frac{1}{2}u_r^2 + \frac{p}{\rho} \qquad (1-26)$$

式中 u_r——流体在测压点处的局部流速，$\mathrm{m \cdot s^{-1}}$。

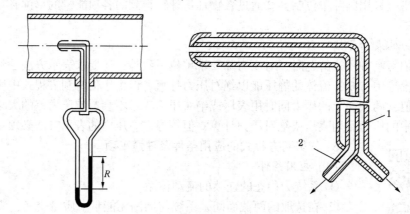

图 1-15 毕托管结构图
1—静压管；2—冲压管

测速管外管前端壁面四周测压孔口与管道中流体流动方向相平行，故测得是流体的静压能 p/ρ，即

$$h_B = p/\rho \qquad (1-27)$$

测量点上冲压能与静压能之差 Δh 为

$$\Delta h = h_A - h_B = \frac{1}{2}u_r^2 \qquad (1-28)$$

于是测量点的流速为

$$u_r = \sqrt{2\Delta h} \qquad (1-29)$$

Δh 值由液柱压差计读数 R 来确定。Δh 与 R 的关系随所用的液柱压差计的形式而异，可由静力学方程推导。

测速管所测得的是管道截面上某一点的局部流速，故可用于测量截面上的速度分布。若要测定截面上的平均流速，可采用多点测定求积分的办法求出平均值，也可将测速管口置于管道的中心线上，测得流体的最大流速 u_{max}，然后利用图1-16的 u/u_{max} 与按最大流速计算的雷诺数 Re_{max} 的关系曲线，计算管截面的平均流速 u。图中的 $Re_{max} = \dfrac{du_{max}\rho}{\mu}$，$d$ 为管路直径，ρ 为流体密度，μ 为流体的黏度。

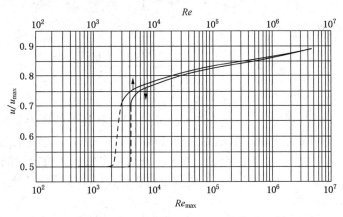

图 1-16　u/u_{max} 与 Re、Re_{max} 的关系

测速管的制造精度直接影响其测量准确度，严格来说，计算过程应加以校正系数 C，即

$$u_r = C\sqrt{2\Delta h} \tag{1-30}$$

对于标准的测速管，即 $d_{测速管外径}/d_{管道} < 1/50$，$C=1$，一般情况下 $C=0.98\sim1.00$。

测速管的优点是阻力较小，缺点是不能直接测出流速，且压差小，常需配微差压差计，当流体中含有固体杂质时，会堵塞测压孔，不宜使用。

§1-3.2　孔板流量计

孔板流量计的结构如图1-17所示。管道中央垂直装入一块带圆孔的金属板，板孔的中心与管道中心重合，配以液柱压差计，即构成孔板流量计，孔板又称为节流元件。

流体流过孔口时，因截面积骤然缩小，流体流速随之增大，流体动能增加，静压能必然会减小，这样，管路与孔口处产生压力差。通过测量压力差的大小，反映管路中流体流量的大小。

设不可压缩流体在水平管中流动，取孔板上游流体流动截面未收缩处为1-1′，以孔板处为下游截面0-0′，在截面1-1′与0-0′间列伯努利方程式，并暂时略去两截面间的能量损失，得

$$gh_1 + \frac{1}{2}u_1^2 + \frac{p_1}{\rho} = gh_0 + \frac{1}{2}u_0^2 + \frac{p_0}{\rho}$$

式中，$h_1 = h_0$。简化并整理得

$$\sqrt{u_0^2 - u_1^2} = \sqrt{\frac{2(p_1 - p_0)}{\rho}} \tag{1-31}$$

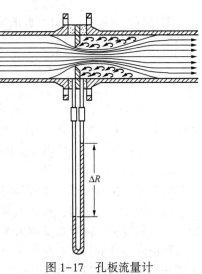

图 1-17　孔板流量计

实际上，流体流经孔板的能量损失不能忽略，所以需引入校正系数 C_1，用来校正因忽略能量损失所引起的误差，即

$$\sqrt{u_0^2 - u_1^2} = C_1 \sqrt{\frac{2(p_1 - p_0)}{\rho}} \qquad (1-32)$$

根据连续性方程式，对于不可压缩流体有：$u_1 A_1 = u_0 A_0$，则

$$u_1^2 = u_0^2 \left(\frac{A_0}{A_1}\right)^2 \qquad (1-33)$$

代入式(1-32)并整理得

$$u_0 = \frac{C_1}{\sqrt{1 - \left(\dfrac{A_0}{A_1}\right)^2}} \sqrt{\frac{2(p_1 - p_0)}{\rho}} \qquad (1-34)$$

式(1-34)中，p_1 与 p_0 分别为管路中流动截面未收缩处与孔板处的压力。实际上，由于孔板厚度很薄，测压口不可能正好装在孔板处，通常两个测压口一个安装在孔板前，一个安装在孔板后。常用的有两种方法：①角接法，测压口分别装在紧靠孔板前后的位置上；②径接法，上游测压口在距孔板一倍管径处，下游测压口在距孔板 1/2 倍管径处。上述两种方法所测得的压差读数差别不大。

若以 $(p_a - p_b)$ 表示实际测得的压差，并替代式(1-34)中的 $(p_1 - p_0)$，此时还应引入校正系数 C_2 来校正 $(p_a - p_b)$ 与 $(p_1 - p_0)$ 之间的误差，则有

$$u_0 = \frac{C_1 C_2}{\sqrt{1 - \left(\dfrac{A_0}{A_1}\right)^2}} \sqrt{\frac{2(p_a - p_b)}{\rho}} \qquad (1-35)$$

令

$$C_0 = \frac{C_1 C_2}{\sqrt{1 - \left(\dfrac{A_0}{A_1}\right)^2}}$$

$$u_0 = C_0 \sqrt{\frac{2(p_a - p_b)}{\rho}} \qquad (1-36)$$

通过式(1-36)，可由孔板前后压差的变化来计算孔板小孔处流速，进而可求出体积流量与质量流量。

$$V_s = A_0 u_0 = C_0 A_0 \sqrt{\frac{2(p_a - p_b)}{\rho}} \qquad (1-37)$$

$$W_s = A_0 u_0 \rho = C_0 A_0 \sqrt{2\rho(p_a - p_b)} \qquad (1-38)$$

式中　A_0——孔口截面积，m^2；

　　　C_0——孔板的流量系数或称孔流系数，由实验测得，一般多在 0.6~0.7 之间。

$(p_a - p_b)$ 可由孔板前后所连接的压差计测得，它与压差计读数 R 之间的关系，可根据压差计的形式，由静力学基本方程得出。

孔板流量计安装时，在孔板前后应存在一段直管，以保证流体通过孔板之前的速度分布稳定。通常要求上游直管长度为 $50d$，下游直管长度为 $10d$。

孔板流量计的优点是结构简单，制造容易，其测量范围取决于压差计的测量范围。它的主要缺点是流体经过孔板后的能量损失较大。

§1-3.3 转子流量计

转子流量计的结构如图 1-18 所示。它是由一个垂直倒锥形的玻璃管和一个由金属或其他材质制成的可以自由旋转的转子(浮子)构成。被测流体从玻璃管底部进入，从顶部出来。
当流体通过转子与玻璃管间的环隙时，通道截面积缩小，流速增大，流体的静压力降低，使转子上下产生压力差。因此，转子流量计中的转子为节流元件。

当流体自下而上通过转子流量计时，悬浮于流体中的转子上下产生压力差，即转子要受到一定压力差的作用，同时转子还受重力和浮力的作用。转子之所以能停在某一位置，是因为作用在转子上的各力达到平衡。转子下侧所受的压力大于上侧，压力差的作用方向垂直向上，因此，转子受到的压力差等于转子所受的重力与流体对转子的浮力之差。

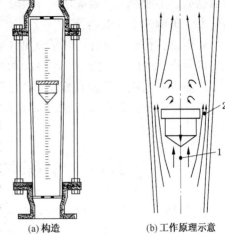

(a) 构造　　　(b) 工作原理示意

图 1-18　转子流量计

设 V_f 为转子的体积，A_f 为转子最大部分的截面积，ρ_f 为转子材质的密度，ρ 为被测流体的密度，流体经环形截面所产生的压力差为 (p_1-p_2)，当转子处于平衡状态时

$$转子承受的压力差 = 转子的重力 - 流体对转子的浮力$$

即

$$(p_1 - p_2)A_f = V_f\rho_f g - V_f\rho g$$

$$p_1 - p_2 = V_f g(\rho_f - \rho)/A_f \tag{1-39}$$

从式(1-39)可以看出，当用固定的转子流量计测量某流体的流量时，V_f、ρ_f、ρ 和 A_f 均为定值，因此 (p_1-p_2) 也为定值，与流体的流量无关。

当转子停留在某固定位置时，转子与玻璃管之间的环形面积就是恒定值。此时流体流经转子周围环形截面与流过孔板小孔的情况类似，因此转子流量计算公式可仿照孔板流量计写出，即

$$V_s = C_R A_R \sqrt{\frac{2(p_1 - p_2)}{\rho}} \tag{1-40}$$

将式(1-39)代入，得

$$V_s = C_R A_R \sqrt{\frac{2g V_f(\rho_f - \rho)}{A_f \rho}} \tag{1-41}$$

式中　A_R——转子与玻璃管间的环形截面积，m^2；

　　　C_R——转子流量计的流量系数，与转子的形状及流体流过环隙时的雷诺数有关。

从式(1-41)可以看出，对于某一转子流量计，当在所测量的流量范围内流量系数恒定时，流量只与环形截面 A_R 有关。又因玻璃管为倒锥形，环形面积随转子所处的位置而变，因此，可用转子所处位置的高低来反映流量的大小。当管路中流体的流量变化时，则流体通过环形截面时的压力差发生变化，使原有的受力平衡被打破，转子上升或下降。在转子位置变化过程中，环形截面积随之变化，流体通过环形所造成的压力差逐渐恢复原值。当转子停留在一个新的位置后，压力差与转子所受的净重力重新达到平衡。

转子位置高低反映流量大小，因此可在玻璃管上标以刻度以直接测出流量的大小。转子流量计的刻度与被测流体的密度有关。通常流量计在出厂之前，选用水和空气分别作为标定流量计刻度的介质。当测量其他流体时，需要对原有刻度进行校正。

转子流量计的优点是读取流量方便，能量损失小，测量范围宽。其缺点是流量计管壁多为玻璃制成，不能经受高温高压。安装转子流量计时必须垂直，操作时应缓慢开启阀门，以防转子卡于顶端或击碎玻璃管。

最后指出，孔板流量计与转子流量计的主要区别在于：前者的节流口面积不变，流体流经节流口所产生的压力差随流量的变化而变化，因此可通过流量计的压差计读数来反映流量的大小；而后者是流体流经节流口所产生的压力差保持恒定，而节流口面积随流量变化而变化，由节流口面积的变化来反映流量的大小。前者称为变压力流量计，后者称为变截面流量计。

§1-4　实际流体流动与阻力计算

实际流体由于有黏性，在管路中流动或通过管中管件或改变流动方向或改变流速时，都有摩擦阻力存在。流速越大，阻力损失越大；流经距离越长，管径越小，管路管件越多，损失压头越大。

§1-4.1　黏度与牛顿黏性定律

流体具有流动性，一方面在外力作用下其内部产生相对运动；另一方面，在运动状态下，流体还有一种抗拒向前运动的特性，称之为黏性（黏度）。黏性是流体内部摩擦力的表现，是流动性的反面，如图1-19所示。

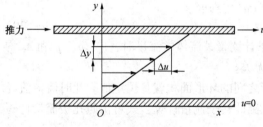

图1-19　平板间流体速度变化图

经实验证明，对于一定的液体，内摩擦力 F 与两流体层的速度差 Δu 成正比，与两层之间的垂直距离 Δy 成反比，与两层间的接触面积 A 成正比，这种关系称为牛顿黏性定律，即

$$F = \mu \cdot A \cdot \frac{\Delta u}{\Delta y} \qquad (1-42)$$

或

$$F = \mu \cdot A \cdot \frac{\mathrm{d}u}{\mathrm{d}y} \qquad (1-43)$$

$$\tau = \frac{F}{A} = \mu \cdot \frac{\mathrm{d}u}{\mathrm{d}y} \qquad (1-44)$$

式中　τ——剪应力，Pa；

　　　μ——比例系数，即流体的黏度，Pa·s。

各种流体有其本身的黏度，其值随外界条件变化而改变，一般由实验测定。液体黏度随温度升高而减小，气体黏度随温度升高而增大。对于大多数纯物质，黏度可以从手册或有关资料中查得。

黏度的单位常用泊（P）或厘泊（cP）表示。国际单位制中，黏度的单位是Pa·s，基本单位为 kg·m⁻¹·s⁻¹，是指使相距 1m，接触面积为 $1m^2$ 的流体产生相对运动速度为 1m·s⁻¹ 所需的力(N)，即

$$\mu = \frac{\tau}{\dfrac{du}{dy}}$$

$$1Pa·s = 10P = 10^3 cP$$

符合牛顿黏性定律的流体称为牛顿型流体；反之，则称为非牛顿型流体。本书主要讨论牛顿型流体。

§1-4.2 流体流动型态与雷诺数

流体充满导管做稳态流动时主要有两种流动型态，即滞流与湍流。

滞流也称层流，其特性是：当流体在充满圆管中流动时，流体质点做一层滑过一层的位移，层与层之间没有明显干扰，各层分子只因扩散而转移。流体的流速沿断面按抛物线分布，紧靠管壁的流速等于零，管中央流速最大，管中 $u = 0.5u_{max}$，见图 1-20。

湍流也称紊流，其特征是：当流体在充满圆管中流动时，流体的质点有剧烈的骚扰涡动，一层滑过一层的流动特性基本消失，只是靠近管壁处还保留滞流特性。流体的流速沿断面不是抛物线分布，紧靠管壁的流速等于零，管中央流速最大，管中 $u = 0.8u_{max}$，见图1-21。

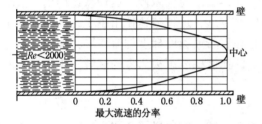

图 1-20 滞流流动速度分布

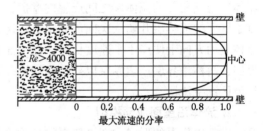

图 1-21 湍流流动速度分布

流体的流动型态可以通过雷诺实验判断，见图 1-22。清水从恒位槽稳定地进入玻璃管，玻璃管中央插有连接红墨水的小管(通常用注射针头)。当清水流速不大时，红墨水在管中呈明晰的直线，并随清水流动；清水流速增大时，红墨水线开始波动以致骚乱；清水流速继续增大时，红墨水线就迅速与清水混合，不再能分出清水与红墨水。

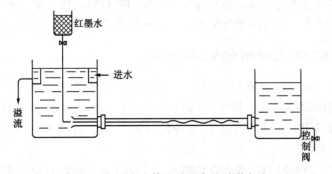

图 1-22 测定流体流动型态的雷诺实验

实验证明，流体的流动型态不仅与流体当时的平均流速 u 有关，而且还与其他因素有关，其中有黏度 μ、密度 ρ 和管径 d。通过因次分析法处理，可将这些物理量归纳成一个量纲为 1 的复合群，即

$$Re = \frac{du\rho}{\mu} \tag{1-45}$$

式中的数群 Re 称为雷诺数。经实验证明：

当 $Re \leqslant 2000$ 时，流体在管中做滞流流动；

当 $Re > 4000$ 时，流体在管中做湍流流动；

当 $2000 < Re < 4000$ 时，流体流动由滞流向湍流过渡。

对于非圆形管路，可以用当量直径 d_e 代替 d 来计算雷诺数

$$d_e = 4 \times 流体流过的横截面积 / 流体润湿的周长$$

由直径 d_1（内径）的外管与直径 d_2（外径）的内管所组成的套管环形通道的当量直径为

$$d_e = 4 \times \frac{\pi(d_1^2 - d_2^2)}{4 \times \pi(d_1 + d_2)} = d_1 - d_2$$

§1-4.3 边界层的概念

1. 边界层的形成

当流体流经固体壁面时，由于流体具有黏性又能完全润湿壁面，则黏附在壁面上静止的流体层与其相邻的流体层之间产生内摩擦，使相邻流体层的速度减慢。这种减速作用，由附着于壁面的流体层开始依次向流体内部传递，离壁面越远，这种减速作用越小，故在垂直于流体流动方向上便产生了速度梯度。在壁面附近存在着较大速度梯度的流体层，称为流动边界层，简称边界。边界层以外，黏性不起作用，即速度梯度可视为零的区域，称为流体的外流区或主流区。

2. 流体沿壁面流动模型

由于边界层的形成，把沿壁面的流动简化为两个区域，即边界层区和主流区。在边界层区内，垂直于流动方向上存在着显著的速度梯度 du/dy，即使黏度 μ 很小，摩擦应力 $\tau = \mu\frac{du}{dy}$ 仍然很大，不可忽略。在主流区，$du/dy \approx 0$，摩擦应力可忽略不计，此区流体可视为理想流体。

3. 边界层概念的作用

应用边界层的概念研究实际流体的流动，将使问题得到简化，从而可用理论的方法来解决比较复杂的流动问题。边界层概念的提出对传热与传质过程的研究亦具有重要意义。

§1-4.4 流体流动时的阻力计算

流体具有黏性，流动时存在内摩擦力，内摩擦力是流体流动阻力产生的根源。固定的管壁或其他形状的固体壁面，促使流体内部发生相对运动，为流动阻力的产生提供了条件。所以流体流动阻力的大小与流体本身的物理性质、流动状况及壁面的形状等因素有关。

流体在管路中流动的阻力根据构成管路的部件可分为直管阻力和局部阻力两类。直管阻力是流体流经一定管径的直管时，由于流体内摩擦力而产生的阻力。局部阻力是流体流经管

路中的管件，如阀门、弯头、管截面的突然扩大或缩小等局部地方而引起的阻力。伯努利方程式中的 $\sum h_f$ 包含了直管阻力 h_f 和局部阻力 h_f' 两部分，即

$$\sum h_f = h_f + h_f'$$

1. 圆形直管阻力计算

流体在直管内以一定流速流动时，有两个方向相反的力相互作用着，一个是促进流体流动的推动力，这个力的方向与流体流动方向一致；另一个是阻止流体流动的阻力，是因内摩擦力而引起的，方向与流体流动方向相反。当推动力与阻力达到平衡时，流动速度才能维持不变，即达到稳态流动。

对于不可压缩流体在水平管中做稳态流动，若管径不变，流体在圆形管内流动时的能量损失为

$$h_f = \frac{4l}{\rho d} \cdot \tau \qquad (1-46)$$

原则上，式(1-46)可以计算流动阻力，但由于剪应力 (τ) 所遵循的规律因流体流动类型而异，直接用 τ 计算 h_f 有困难，且在连续性方程及伯努利方程式中均无此项，故直接使用式(1-46)计算很不方便。

经实验证明，流体只有流动时才产生阻力，在流体物理性质、管径与管长相同的情况下，流速越大，流动阻力越大，因此将式(1-46)写成

$$h_f = \frac{4\tau}{\rho} \cdot \frac{2}{u^2} \cdot \frac{l}{d} \cdot \frac{u^2}{2} \qquad (1-47)$$

令 $\lambda = \dfrac{8\tau}{\rho u^2}$，则

$$h_f = \lambda \cdot \frac{l}{d} \cdot \frac{u^2}{2} \qquad (1-48)$$

式(1-48)是计算圆形直管所引起能量损失的通式，称为范宁公式。此式既适用于滞流，又适用于湍流。式中 λ 称为摩擦阻力系数，它是雷诺数与管壁相对粗糙度的函数。

（1）滞流流动阻力计算

$$h_f = \lambda \cdot \frac{l}{d} \cdot \frac{u^2}{2} = \frac{64}{Re} \cdot \frac{l}{d} \cdot \frac{u^2}{2} \qquad (1-49)$$

式中　h_f——直管阻力，$J \cdot kg^{-1}$；

　　　λ——摩擦阻力系数，$\lambda = 64/Re$；

　　　l——管长，m；

　　　d——管径，m。

（2）湍流流动阻力计算

$$h_f = \lambda \cdot \frac{l}{d} \cdot \frac{u^2}{2}$$

流体湍流流动时，其摩擦阻力系数 λ 与 Re 及相对粗糙度 ε/d（ε 为管壁绝对粗糙度）有关，即 $\lambda = f(Re, \varepsilon/d)$。$\lambda$ 一般由经验公式求得或由 $\lambda-(Re, \varepsilon/d)$ 图查得，见图1-23。

摩擦阻力系数 λ、相对粗糙度 ε/d 与 Re 的关系图（图1-23）可分四个区域：

① 滞流区：$Re \leqslant 2000$，λ 与 Re 成直线关系，$\lambda = 64/Re$，即 $\lambda = f(Re)$；

② 过渡区：$2000 < Re < 4000$，λ 的求算，一般将湍流曲线延伸来查 λ 值，这主要是安全

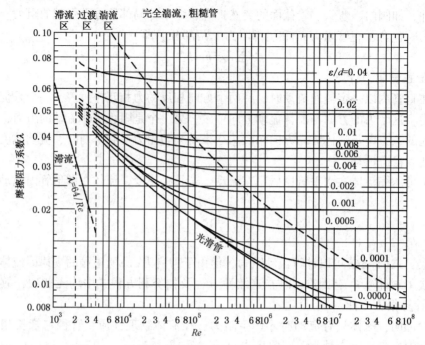

图1-23 摩擦阻力系数与雷诺数及相对粗糙度的关系

起见,留有余地,即 $\lambda = f(Re, \varepsilon/d)$;

③ 湍流区:$Re \geqslant 4000$ 及虚线以下的区域,在此区域 $\lambda = f(Re, \varepsilon/d)$;

④ 完全湍流区:图中虚线以上区域,在此区域 $\lambda = f(\varepsilon/d)$,与 Re 无关。

图1-23 的使用方法:首先根据流动条件计算出 Re 值,并在图中通过 Re 值作垂线;然后根据圆管的性质确定其相对粗糙度,沿相对粗糙度曲线与过 Re 作的垂线必然有个交点,过此点作水平线与纵坐标的交点值即为此状况下的摩擦阻力系数 λ。

另外,λ 值也可用经验公式计算。对于光滑钢管,当 Re 为 $3 \times 10^3 \sim 1 \times 10^5$ 时可用柏拉修斯公式计算,即

$$\lambda = 0.3164 Re^{-0.25} \qquad (1-50)$$

2. 局部阻力计算

流体流过管路的进口、出口、各种管件,如阀门、弯头、法兰及各种计量器时,其流速大小和方向都发生了变化,流体受到干扰和阻碍,出现涡流,从而使内摩擦增大,形成局部阻力。局部阻力的计算主要有局部阻力系数法和当量长度法。

(1)局部阻力系数法

$$h_f' = \zeta \cdot \frac{1}{2} u^2 \qquad (1-51)$$

式中　ζ——局部阻力系数,其值通常由实验测定,进口(突然缩小)$\zeta = 0.5$,出口(突然扩大)$\zeta = 1.0$,其他局部阻力系数可查有关化工手册;

　　　u——流速,管路由于直径改变而扩大或缩小,所产生能量损失在使用局部系数公式计算时,流速 u 均以小管流速为准,$m \cdot s^{-1}$;

　　　h_f'——局部阻力,$J \cdot kg^{-1}$。

（2）当量长度法

在计算局部阻力时，也可以将局部阻力的能量损失折算成相当长度的圆形直管所造成的能量损失，再并入总管长度来计算。此相当管长称为当量长度（l_e）。折算关系见图1-24。在图中，将表示管件所在圆管内径的点与管件所处状态的点连接成直线，此直线必然与当量长度线有一个交点，这个交点所示值就是当量长度l_e。其计算公式为

$$h'_f = \lambda \cdot \frac{l_e}{d} \cdot \frac{u^2}{2} \tag{1-52}$$

式中　h'_f——局部阻力，$J \cdot kg^{-1}$；

　　　λ——摩擦阻力系数，取直管条件下的值；

　　　l_e——当量长度，m；

　　　u——流速，取直管中的流速，$m \cdot s^{-1}$。

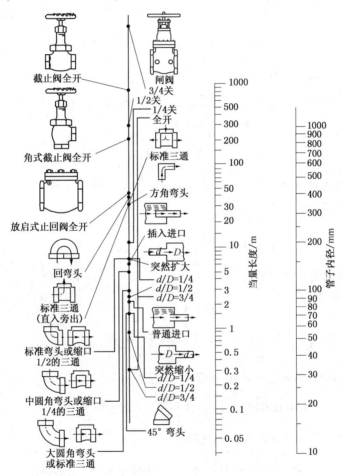

图1-24　常见管件和阀门的当量长度共线图

3. 总管路阻力计算

总管路阻力是指管路中直管阻力与局部阻力之和。这些阻力可分别使用有关公式计算。当流体流经直径不变的管路时，如将局部阻力按当量长度的概念来表示，则管路总阻力

$$\sum h_f = \lambda \cdot \frac{\sum l + \sum l_e}{d} \cdot \frac{u^2}{2} \tag{1-53}$$

当管路由若干直径不同的管段所组成时，由于各段流速不同，此时 $\sum h_f$ 应分段计算，最后求和。

例1-8 空气从鼓风机的稳压罐经一段内径为 320mm、长 15m 的水平钢管输出，出口以外的压力为 1atm，进、出口空气的密度可取 $1.2kg \cdot m^{-3}$，黏度为 0.018mPa·s。若操作条件下的流量为 $6000m^3 \cdot h^{-1}$，试求稳压罐内的表压为多少毫米水柱。

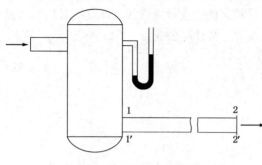

图 1-25 例 1-8 的附图

解 根据题意：画出简图，如图 1-25 所示。

取上游截面 1-1′ 在水平管进口的外侧，下游截面 2-2′ 在水平管口内侧，并通过管中心线作基准面。在两截面间列伯努利方程式

$$gh_1 + \frac{1}{2}u_1^2 + \frac{p_1}{\rho} = gh_2 + \frac{1}{2}u_2^2 + \frac{p_2}{\rho} + \sum h_f$$

已知 $h_1 = h_2 = 0$，$u_1 \approx 0$，$p_2 = 0$（表压）。

$$u_2 = \frac{6000}{3600 \times \frac{\pi}{4} \times 0.32^2} = 20.7(m \cdot s^{-1})$$

$$\sum h_f = h_f + h_f'$$

局部阻力只有进口阻力一项，其计算为 $h_f' = \zeta_e \frac{u^2}{2}$。查表 $\zeta_e = 0.5$，$u = u_2 = 20.7m \cdot s^{-1}$，所以

$$h_f' = 0.5 \times \frac{20.7^2}{2} = 107.1(J \cdot kg^{-1})$$

直管阻力所引起的能量损失为

$$h_f = \lambda \cdot \frac{l}{d} \cdot \frac{u^2}{2}$$

$$Re = \frac{d \cdot u \cdot \rho}{\mu} = \frac{0.32 \times 20.7 \times 1.2}{0.018/1000} = 4.42 \times 10^5$$

由于管子为钢管，$\varepsilon = 0.3mm$，$\varepsilon/d = 0.00094$。查表得 $\lambda = 0.0205$

$$h_f = 0.0205 \times \frac{15}{0.32} \times \frac{20.7^2}{2} = 205.9(J \cdot kg^{-1})$$

将上述数据代入伯努利方程式，并整理得

$$p_1 = \left(\frac{20.7^2}{2} + 313\right) \times 1.2 = 632.7 N \cdot m^{-2}(表压)$$

换算成毫米水柱（mmH₂O）

$$p_1 = 632.7 \times 0.102 = 64.5(mmH_2O)$$

若取水平管出口外侧为下游截面 2-2′，则 $u_2 = 0$，而计算局部阻力时应考虑出口阻力，因出口阻力系数 $\zeta_e = 1$，故

$$h_f' = (\zeta_e + \zeta_e)\frac{1}{2}u^2 = (0.5+1)\frac{1}{2}u^2 = 1.5 \times \frac{1}{2} \times 20.7^2 = 321.4(J \cdot kg^{-1})$$

$$\sum h_{\mathrm{f}} = h_{\mathrm{f}} + h_{\mathrm{f}}' = 205.9 + 321.4 = 527.3 (\mathrm{J \cdot kg^{-1}})$$
$$p_1 = \rho \sum h_{\mathrm{f}} = 1.2 \times 527.3 = 632.7 (\mathrm{N \cdot m^{-2}}) = 64.5 (\mathrm{mmH_2O})$$

本题计算说明:计算过程中,只要分析清楚所选截面处的各种对应关系,那么怎样选取截面,计算结果总是相同的。

§1-5 离 心 泵

流体输送设备多种多样,根据输送介质不同,可将这些设备分为两大类,即输送液体的设备称"泵",输送气体的设备称"机"。其中,以离心泵在生产上应用最为广泛。

§1-5.1 离心泵的主要部件和工作原理

1. 主要部件

离心泵的主要部件有叶轮、泵壳、导轮和轴封装置。

① 叶轮 其作用是将原动机的机械能直接传给液体,以增加液体的静压力和动能(主要增加静压能)。叶轮上一般有 6~12 片后弯叶片。按叶片两侧是否有前、后盖,叶轮有闭式、半闭式、开式三种。按吸液方式不同,叶轮有单吸和双吸两种。

② 泵壳 离心泵壳内有一个蜗壳形通道,故又称为蜗壳。因流体离开叶轮后进入截面积逐渐扩大的蜗形通道中,流向出口,故流速逐渐降低,部分动能转变为静压力。可见,泵壳的作用不仅是汇集由叶轮甩出的液体,而且是一能量转换装置。

③ 导轮 导轮是一个固定不动并有叶片的圆盘。将其安装在泵壳与叶轮之间,是为了减少自叶轮甩出的液体与蜗壳间撞击而产生的摩擦损失,同时在导轮中部分动能也进一步转变为静压能,但导轮仅用于较大的泵中。

④ 轴封装置 轴封是指泵轴与泵壳之间的密封,其作用是防止泵壳内液体沿轴漏出,或外界空气进入泵壳内。常用的轴封装置有填料密封和机械密封。

2. 离心泵的工作原理

叶轮装在蜗壳内,紧固在泵轴上,泵轴由电机直接带动。在泵启动前,泵壳内灌满被输送的液体;启动后,叶轮由轴带动高速转动,叶片间的液体也必然随着转动。在离心力的作用下,液体从叶轮中心被抛向外缘的过程中获得能量,并以高速离开叶轮外缘进入蜗形泵壳。在蜗壳中,由于流道的逐渐扩大而液体减速,又将部分动能转变为静压能,最后液体以较高的压力流入排出管道,送至需要场所。在液体由叶轮中心流向外缘时,在叶轮中心形成真空,由于贮槽液面上方的压力大于泵吸入口处的压力,在此压力差的作用下,液体便被连续吸入叶轮中。可见,只要叶轮不断地转动,液体便不断地被吸入和排出。

离心泵启动时,如泵壳和吸入管路内没有充满液体,则泵壳内存有空气。因空气的密度比液体的密度小得多,故产生的离心力也小,贮槽液面上方与泵吸入口处之压差不足以将贮槽内液体吸入泵内,即离心泵无自吸能力,从而离心泵不能输送液体,此种现象称为气缚现象。气缚现象的排除就是开车前往离心泵里灌满所输送的液体,以排尽泵内的空气。

§1-5.2 离心泵的性能参数

要正确选择和使用离心泵,就需要了解离心泵的性能参数。离心泵的主要性能参数有流量、压头、效率和轴功率。

1. 流量

流量又称泵的送液能力,是指离心泵单位时间排到管路系统中的流体体积,常以体积流量 Q 表示,单位为 $m^3 \cdot h^{-1}$。

2. 压头

压头又称为泵的扬程,是指单位重量流体经泵后所获得的能量(或泵对单位重量流体所提供的有效能量),以 H(即 H_e)表示,单位为 m。

由于液体在泵内的流动情况较复杂,故目前尚不能从理论上对压头作精确计算,一般由实验测定。测定方法如下:

如图 1-26 所示,离心泵转速一定,进口管中流速为 u_1,出口管中流速为 u_2。在截面 1-1′、2-2′间列伯努力利方程式,并整理得

$$H = h_0 + \frac{u_2^2 - u_1^2}{2g} + \frac{p_压 - p_真}{\rho g} \tag{1-54}$$

当忽略 h_0,且取 $\dfrac{u_2^2 - u_1^2}{2g} \approx 0$ 时

$$H = \frac{p_压 - p_真}{\rho g} \tag{1-55}$$

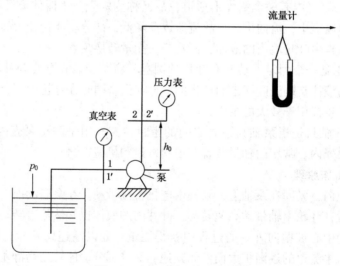

图 1-26　离心泵理论压头测定

3. 效率

泵轴转动所做的功不能全部为液体所获得,主要有以下几种能量损失:

① 容积损失　这种损失是由于泵的泄漏引起,从而使泵的实际送液能力小于理论值。

② 水力损失　由于黏性流体流经叶轮和泵壳时产生阻力,液体在泵内产生冲击而造成能量损失。

③ 机械损失　因泵轴与轴承之间、泵轴与填料函之间,或机械密封的密封环之间,及液体与叶轮盖板之间的摩擦而产生的能量损失。

离心泵的效率(又称总效率),以 η 表示,它反映了上述三项能量损失的总和。其值与泵的类型、大小、制造精度及输送液体性质有关。一般大型泵的效率可达 90%,小型泵的效率为 50%~70%。

4. 轴功率

① 有效功率 N_e　即根据泵的压头 H 和流量 Q 计算的功率(亦即排送到管道的液体从叶轮所获得的功率)，单位为 W。

$$N_e = QH\rho g \qquad (1-56)$$

② 轴功率 N　电机传至泵轴的功率(叶轮由电机直接带动)。

$$N = \frac{N_e}{\eta} \qquad (1-57)$$

或

$$N = \frac{QH\rho g}{\eta} = \frac{QH\rho \times 9.81}{1000\eta} = \frac{QH\rho}{102\eta} \qquad (1-58)$$

§1-5.3　离心泵的特性曲线及其应用

将由实验测定的 Q、N、H 和 η 数据标绘成一组曲线，这组曲线就称为离心泵的特性曲线或工作性能曲线。此曲线由离心泵制造厂提供，供使用部门选泵和操作时参考。

各种不同型号的离心泵有其本身独特的特性曲线，但其共同点如下，见图 1-27。

① H–Q 线　表示压头和流量的关系，压头一般情况下随流量的增大而下降。

② N–Q 线　表示泵轴功率和流量的关系，轴功率随流量的增大而增大，流量为零时轴功率最小。

③ η–Q 线　表示泵的效率和流量的关系，当 $Q=0$ 时，$\eta=0$，随着流量增大，效率上升，并达到一个最大值，以后随流量增大效率便下降。

离心泵特性曲线(η–Q 线)上的效率最高点，称为设计点。泵在该点对应的压头和流量下工作最为经济。离心泵铭牌上标出的性能参数即为最高效率点的工况参数。

离心泵的特性曲线可作为选择泵的依据。当确定泵的类型后，再依流量和压头选泵。泵在最高效率点所提供的流量和压头，即为所需要的流量和压头。

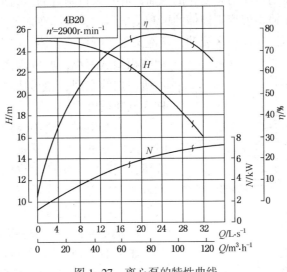

图 1-27　离心泵的特性曲线

§1-5.4 影响离心泵性能的主要因素

离心泵的特性曲线一般是由厂家提供，是在一定转速和常压下，以常温(20℃)的清水为工作介质测定的。在实际使用中，由于所输送的液体多种多样，即使使用同一泵输送不同的液体，离心泵的性能也会发生变化，因此，在实际使用时，需对泵的性能参数重新换算。要重新换算就要弄清影响离心泵性能参数的因素。概括来讲，影响离心泵性能的因素有：

① 密度 离心泵的体积流量、压头和效率与密度无关，轴功率随密度增大而增加。

② 黏度 当输送液体的黏度大于实验条件下水的黏度时，泵体内的能量损失增大，从而泵的流量、压头减小，效率下降，轴功率增大。

③ 转速 当液体黏度不大、泵的效率不变时，泵的流量、压头、轴功率与转速可近似用比例定律表示：

$$\frac{Q_1}{Q_2} = \frac{n_1}{n_2}, \qquad \frac{H_1}{H_2} = \left(\frac{n_1}{n_2}\right)^2, \qquad \frac{N_1}{N_2} = \left(\frac{n_1}{n_2}\right)^3 \qquad (1-59)$$

式中 Q_1，H_1，N_1——泵转速为 n_1 时的性能参数；

Q_2，H_2，N_2——泵转速为 n_2 时的性能参数。

④ 叶轮直径 对同一型号的泵，换一个直径较小的叶轮(其他几何尺寸不变、转速不变、叶轮直径变化不大)时，叶轮直径和流量、压头、轴功率之间可近似用切割定律表示：

$$\frac{Q}{Q'} = \frac{D_1}{D_2}, \quad \frac{H}{H'} = \left(\frac{D_1}{D_2}\right)^2, \quad \frac{N}{N'} = \left(\frac{D_1}{D_2}\right)^3 \qquad (1-60)$$

式中 Q，H，N——叶轮直径为 D_1 时泵的性能参数；

Q'，H'，N'——叶轮直径为 D_2 时泵的性能参数。

§1-5.5 离心泵的汽蚀现象与安装高度

1. 汽蚀现象

泵内从吸入口至排出口压力是变化的，而以叶片入口附近的压力最低。当叶片入口附近的最低压力等于或小于输送温度下液体的饱和蒸气压时，液体在该处汽化并产生气泡，而此气泡又随同液体从低压区向高压区流动，气泡又重新凝结成液体。由于气泡凝结成液体的过程体积骤然缩小，所以周围的液体急速冲向原气泡所占据的空间，遂形成极高的压力，这种现象称为汽蚀现象。

汽蚀发生时，离心泵产生噪音和震动，严重时，泵的流量、压头及效率显著下降，甚至叶轮毁坏，所以应避免产生汽蚀现象。汽蚀现象的排除方法主要有：①降低离心泵的安装高度；②吸入管应使用粗而直的管子。

2. 离心泵的允许安装高度

如图1-28所示，离心泵允许安装高度又称为泵的允许吸上高度，是指泵的吸入口与贮槽液面间允许的最大垂直距离，以 H_g 表示，单位为 m，由下式计算：

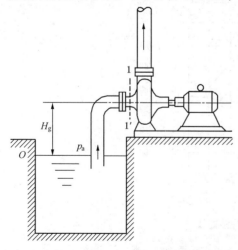

图 1-28 离心泵的安装几何高度

$$H_g = H_s - \left[\frac{u_1^2}{2g} + h_{f(0-1)} \right] \qquad (1-61)$$

式中　u_1——泵入口处流速，$\mathrm{m \cdot s^{-1}}$；

　　$h_{f(0-1)}$——流体流经吸入管路的全部能量损失，m 液柱；

　　H_s——水泵性能表中所规定的允许吸上真空度，此值为泵制造厂用常压下、20℃清水

　　　　为工质实验测定，理论值 $H_s = \dfrac{p_a - p_1}{\rho g}$，m。

当操作条件与实验条件不同时，泵性能表上的 H_s 需进行换算。

① 当输送与实验条件不同的清水时，需将 H_s 换算成操作条件下的允许吸上真空度 H_{s1}，即

$$H_{s1} = H_s + (H_a - 10) - (H_v - 0.24) \qquad (1-62)$$

式中　H_a——泵安装地区的大气压力，$\mathrm{m\ H_2O}$；

　　H_v——操作温度下水的饱和蒸汽压，$\mathrm{m\ H_2O}$；

　　10——实验条件下的大气压力，$\mathrm{m\ H_2O}$；

0.24——实验温度下（20℃）水的饱和蒸汽压，$\mathrm{m\ H_2O}$。

② 当输送与实验条件不同的其他液体时，需进行两次换算：第一步将 H_s 换成 H_{s1}，详见①；第二步将 H_{s1} 换算成用液体的液柱高度表示的允许吸上真空度

$$H'_s = H_{s1} \cdot \rho_{H_2O} / \rho \qquad (1-63)$$

式中　ρ_{H_2O}——操作温度下水的密度，$\mathrm{kg \cdot m^{-3}}$；

　　ρ——操作温度下被输送液体的密度，$\mathrm{kg \cdot m^{-3}}$。

3. 允许汽蚀余量

当输送某些沸点较低的液体时，为了防止汽蚀现象产生而引入汽蚀余量，以 Δh 表示，其定义为

$$\Delta h = \frac{p_1}{\rho g} + \frac{u_1^2}{2g} - \frac{p_v}{\rho g} \qquad (1-64)$$

Δh 表示泵入口截面处液体所具有的静压头与动压头之和 $(\frac{p_1}{\rho g} + \frac{u_1^2}{2g})$ 超过液体在操作温度

下的饱和蒸气压头 $(\frac{p_v}{\rho g})$ 之值。

用下式计算 H_g

$$H_g = \frac{p_a}{\rho g} - \frac{p_v}{\rho g} - \Delta h - h_{f(0-1)} \qquad (1-65)$$

式中　p_a——吸入贮槽内液面上方的压力，$\mathrm{N \cdot m^{-2}}$；

　　p_v——操作温度下输送液体的饱和蒸气压，$\mathrm{N \cdot m^{-2}}$。

泵性能表上所给出的 Δh 值是制造厂通过实验测定值，工质亦为20℃清水。

最后应指出，按泵性能表上查出的 H_s 或 Δh 计算出的 H_g，实际安装时，为安全起见，安装高度应小于允许安装高度 H_g。

§1-5.6　离心泵的工作点与流量调节

1. 管路特性曲线

如图 1-29 所示，泵安装在一条特定的管路中，泵应提供的流量和压头由管路的要求

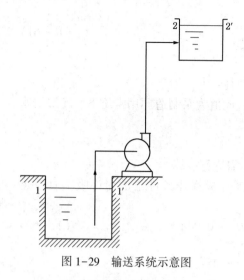

图 1-29　输送系统示意图

而定。

在稳态流动系统中，在 1-1′、2-2′截面间列伯努利方程式得

$$H_e = \Delta h + \Delta \frac{p}{\rho g} + \Delta \frac{u^2}{2g} + \sum h_f$$

当管路及操作条件一定时，Δh 与 $\Delta \dfrac{p}{\rho g}$ 均为定值，上式可整理成如下形式

$$H_e = K + BQ_e^2 \qquad (1-66)$$

此式表示在特定的管路中，送液量 Q_e 与所需压头 H_e 的关系，此式称为管路特性曲线方程，将此关系标绘在图上，即可得 H_e-Q_e 曲线，即管路特性曲线，如图 1-30 所示。

2. 离心泵的工作点

离心泵安装在一条管路中，泵所提供的流量与压头(H-Q)应与管路所需要的流量与压头(H_e-Q_e)相一致。若将(H-Q)与(H_e-Q_e)绘于同一图中，则两曲线的交点即为工作点。如图1-31中 M 点，此点 $H=H_e$，$Q=Q_e$。

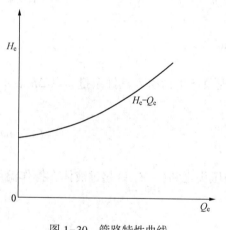

图 1-30　管路特性曲线

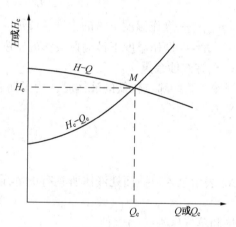

图 1-31　管路特性曲线与泵的工作点

3. 离心泵的流量调节

对一台泵而言，当原工作点所提供的流量不能满足操作条件下所需要的送液量时，即需进行流量调节，实质上是改变泵的工作点。泵的工作点由管路特性和泵的特性所决定，因此，改变两种特性之一，均能达到流量调节的目的。

流量调节方法有：

① 在离心泵出口管路上装调节阀，改变阀门开度，即改变 $H_e = K + BQ_e^2$ 中之 B 值，如图 1-32 所示，阀门关小，工作点由 $M \rightarrow M_1$；阀门开大，工作点由 $M \rightarrow M_2$。

这种调节方法的优点是操作简便、灵活。缺点是阀门关小时，管路中阻力增大，能量损失增加，并可能使泵不在最高效率区域内工作。故此种调节方法多用于流量调节幅度不大，而经常需要调节的场合。

② 改变泵的特性曲线，如改变叶轮转速、切削叶轮等，如图 1-33 所示(改变转速)。

用这种方法调节流量在一定范围内可保持泵在高效率区域中工作，能量利用较经济但不方便，需用变速装置等，故应用不广。

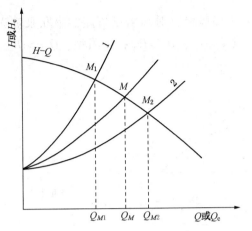

图1-32 改变阀门开度时流量变化　　　图1-33 改变转速时流量变化

§1-5.7 离心泵的联用、安装与运转

1. 离心泵的联用

（1）并联

两台型号相同的泵（吸入管径相同），每台流量、压头亦必相同。将两台泵并联后，在同样压头下，理论上并联泵的流量应为单泵流量的两倍（$Q_并=2Q_单$）。并联泵的特性曲线可用单泵特性曲线合成，如图1-34所示。当管路特性曲线不变时，单泵工作点为A，并联泵工作点为B。由图可见 $Q_并<2Q_单$；$H_并>H_单$。

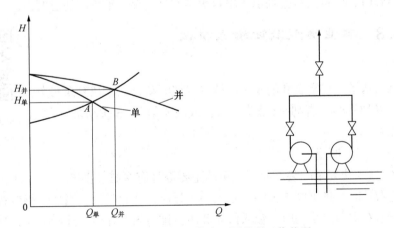

图1-34 相同型号两台离心泵并联工作状况

（2）串联

两台型号相同的泵串联后，理论上在同样流量下串联泵的压头为单泵的两倍（$H_串 = 2H_单$）。串联泵的特性曲线亦可用单泵特性曲线合成，如图1-35所示。当管路特性曲线不变时，单泵工作点为C，串联泵的工作点为D，由图可见，$H_串<2H_单$，$Q_串>Q_单$。

（3）组合方式的选择

若管路两端的（$\Delta h + \dfrac{p}{\rho g}$）大于泵所能提供的最大压头，则必须用串联。

对低阻型管路，并联泵输送的流量、压头大于串联泵；对高阻型管路，串联泵输送的流量、压头大于并联泵，见图1-36。低阻型：$Q_{并}>Q_{串}$，$H_{并}>H_{串}$；高阻型：$Q'_{串}>Q'_{并}$，$H'_{串}>H'_{并}$。

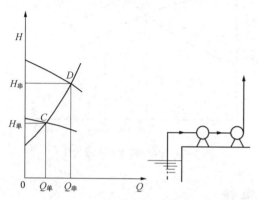

图1-35　两台相同型号的离心泵串联工作状况

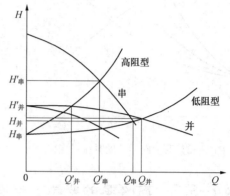

图1-36　离心泵组合方式

2. 离心泵的安装与运转

离心泵的安装高度应低于允许安装高度，以免出现汽蚀现象或吸不上液体。吸入管径不应小于泵入口直径，吸入管应短而直，以减少阻力。

离心泵启动前泵内应灌满液体，关闭出口阀门，待运转正常后，再开启出口阀门。

离心泵停泵前亦应先关闭出口阀门再关泵。

离心泵运转时，应定期检查轴承、填料函等发热情况，轴承应注意润滑。

§1-5.8　其他类型液体输送机械

常用泵的性能比较

1. 往复泵

往复泵是活塞泵、柱塞泵和隔膜泵的统称。按驱动方式，往复泵可分为电动泵（电动机驱动）、直动泵（蒸汽、气体或液体驱动）和手动泵三类。

（1）往复泵

1）往复泵的工作原理

图1-37（左）为往复泵的装置简图。泵的主要部件有泵缸、活塞、活塞杆、吸入阀和排出阀。当活塞右移时，排出阀5关闭，吸入阀4开启，开始吸液，当活塞移至右端点时，吸液结束；活塞由右端向左移动时，吸入阀4关闭，排出阀5开启，开始排液，当活塞移至左端点时，排液结束。此后活塞又向右移动，开始另一个工作循环。需要注意的是，当泵提供的流量大于管路需求流量时，要求一部分回流到往复泵进口，即旁路调节（图1-37右）。

由上可知，往复泵就是靠活塞在泵缸内左右两端点间做往复运动而吸入和压出液体。活塞左端点到右端点（或反之）的距离叫作冲程或位移。往复泵在启动前无须向泵内灌满液体，即往复泵具有自吸能力。

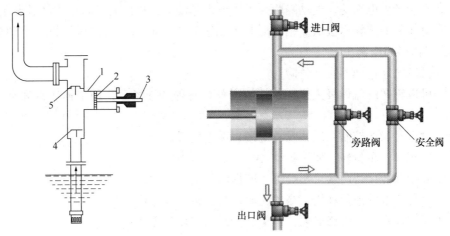

1—泵缸；2—活塞；3—活塞杆；4—吸入阀；5—排出阀

图 1-37　往复泵装置简图

2）往复泵的特性

① 往复泵的压头　与泵的流量无关，取决于管路需要，即压头只与输送系统要求和管路承受能力有关。

② 往复泵的流量(排液能力)　与泵的压头和管路特性无关，取决于泵的几何尺寸和活塞的往复次数。

这种排液能力(流量)与活塞位移有关，而与管路特性无关，压头则受管路承受能力限制的泵称为正位移泵，往复泵是正位移泵的一种。

3）往复泵的优缺点

往复泵的优点：

① 可获得很高的排压，且流量与压力无关，吸入性能好，效率较高，其中蒸汽往复泵可达 80%~95%；

② 原则上可输送任何介质，几乎不受介质的物理或化学性质的限制；

③ 泵的性能不随压力和输送介质黏度的变化而变化。

往复泵的缺点：往复泵流量不稳定，同流量下比离心泵庞大，结构复杂，资金用量大，不易维修。

(2) 气动隔膜泵

气动隔膜泵是目前国内较新颖的一种泵类，其实质上是活柱往复泵。如图 1-38 所示，该泵采用压缩空气为动力源，为了使活柱不与腐蚀性料液直接接触，将气缸腔体与料液用隔膜分开。隔膜根据不同液体介质分别采用丁腈橡胶、氯丁橡胶、氟橡胶、聚四氟乙烯、聚四六乙烯等材料。

气动隔膜泵在使用过程中有诸多优势：

① 泵不会过热。压缩空气作动力，在排气时是一个膨胀吸热的过程，气动泵工作时温度是降低的，无有害气体排出。

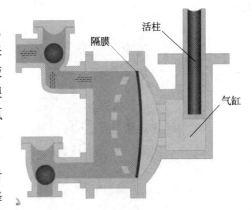

图 1-38　气动隔膜泵装置简图

② 不会产生电火花。气动隔膜泵不用电力作动力，接地后又防止了静电火花。

③ 对物料的剪切力极低。工作时是怎么吸进怎么吐出，所以对物料的搅动最小，适用于不稳定物料的输送。

④ 可以空运行而不会有危险。

⑤ 可以输送的流体极为广泛，常被安置在各种特殊场合，用来抽送常规泵不能抽吸的介质。

⑥ 没有复杂的控制系统，没有电缆、保险丝等。

⑦ 体积小、重量轻，便于移动。

⑧ 泵始终能保持高效，不会因为磨损而降低。

⑨ 百分之百的能量利用，当关闭出口时，泵自动停机。

⑩ 没有动密封，维修简便，避免了泄漏，工作时无死点。

2. 旋转泵

旋转泵是靠泵内一个或一个以上的转子旋转来吸入与排出液体的，又叫转子泵。旋转泵也是正位移泵，其操作特性与往复泵相似。旋转泵的种类有很多，化工厂中较为常用的有齿轮泵和螺杆泵。

（1）齿轮泵

1）齿轮泵的工作原理

图1-39为齿轮泵的装置简图。泵壳内有两个齿轮，当两齿轮的齿相互分开时，形成低压，液体吸入，并由壳壁送到另一侧；另一侧两齿轮互相合拢，形成高压，将液体排出。

2）齿轮泵的优缺点

齿轮泵的优点：齿轮泵结构简单，体积小，质量轻，工艺性好，价格便宜，自吸力强，对油液污染不敏感，转速范围大，能耐冲击性负载，维护方便，工作可靠。

齿轮泵的缺点：齿轮泵径向力不平衡、流动脉动大、噪声大、效率低，零件的互换性差，磨损后不易修复，不能作为变量泵用。

（2）螺杆泵

1）螺杆泵的工作原理

如图1-40所示，螺杆泵主要由泵壳和螺杆构成。双螺杆泵与齿轮泵十分相似，一个螺杆转动，带动另一个螺杆，液体被拦截在啮合室内，沿杆轴方向推进，然后被挤向中央排出。

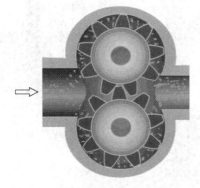

图1-39 齿轮泵装置简图

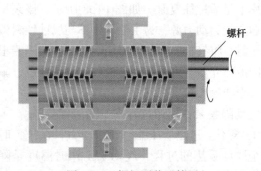

图1-40 螺杆泵装置简图

2）螺杆泵的优缺点

螺杆泵的优点：

① 压力和流量范围宽。压力约在 3.4~340kgf/cm^2，流量可达 100cm^3/min。

② 运送液体的种类和黏度范围广。

③ 因泵内回转部件的惯性力较低，故可使用很高的转速。

④ 流量均匀连续，振动小，噪声低。

⑤ 与其他转子泵相比，对进入的气体和污物不太敏感。

⑥ 结构坚实，安装保养容易。

螺杆泵的缺点：螺杆的加工和装配要求较高，泵的性能对液体的黏度变化较敏感。

§1-5.9　气体输送和压缩机械

输送和压缩气体的机械统称为气体压送机械，其作用与液体输送机械类似，均是对流体做功，以提高流体的压力。

气体输送和压缩机械在化工生产中的应用十分广泛，主要用于以下三个方面：

① 输送气体。为了克服气体在输送过程中的流动阻力，需要压送机械对气体做功。

② 产生高压气体。有些单元操作或化学反应需要在高压下进行，如用水吸收二氧化碳、合成氨等。

③ 产生真空。有些化工单元操作需要在低于大气压下进行，这就需要从设备中抽出气体，以产生真空。

气体压送机械可按出口气体的压力或压缩比来分类。压送机械出口气体的压力称为终压。压缩比指压送机械出口与进口气体的绝对压力的比值。根据终压，压送机械大致可分为以下 4 类：

① 通风机，终压不大于 14.7×10^{3}Pa(表压)；

② 鼓风机，终压为 14.7×10^3 ~ 294×10^{3}Pa(表压)，压缩比小于 4；

③ 压缩机，终压为 294×10^{3}Pa(表压)以上，压缩比大于 4；

④ 真空泵，用于减压，终压为大气压，压缩比由进口气体真空度决定。

思考题

1. 流体静力学基本方程式的物理意义是什么？如何表示？有何应用？

2. 说明流体在管路中流动的流速、体积流量、质量流量之间的关系。

3. 什么是连续稳态流动？流体流动连续性方程式的意义何在？

4. 流体黏度的意义何在？流体黏度与损失压头有什么关系？流体的流速与损失压头有什么关系？

5. 什么是滞流？什么是湍流？如何判断？

6. 说明 U 形管压差计、孔板流量计、转子流量计、毕托管的构造及原理。

7. 离心泵有哪些性能参数？其含意是什么？

8. 如图所示，某液体分别在三根管中稳定流过，各管绝对粗糙度、管径均相同，上游截面 1-1′的压力、流速也相同。问：

（1）在三种情况中，下游截面 2-2′的流速是否相等？

（2）在三种情况中，下游截面 2-2′的压力是否相等？

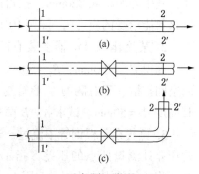

思考题 8 附图

若不等，指出哪一种情况下的数值最大？哪种情况最小？其理由何在？

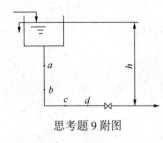

思考题 9 附图

9. 如图所示，高位槽液面维持恒定，管路中 ab 和 cd 两段的长度、直径及粗糙程度均相同。某液体以一定流量流过管路，液体在流动过程中温度可视为不变。问：

(1) 流体通过 ab 和 cd 两段的能量损失是否相等？

(2) 两管段的压力差是否相等？并写出表达式。

10. 在思考题 9 附图所示的管路出口处装上一个阀门，如果阀门开度减小，试讨论：

(1) 流体在管内的流速及流量情况；

(2) 流体经过整个管路系统的能量损失情况。

11. 用 2B19 型离心泵输送 60℃ 的水，已知泵的压头足够大，分别提出了本题所示的三种安装方法，三种安装方法的管路总长(包括管件、阀门的当量长度)可视为相等。试讨论：

(1) 三种安装方法是否都能将水送到高位槽内？若可行，其流量是否相等？

(2) 三种安装方法中泵所需的轴功率是否相等？

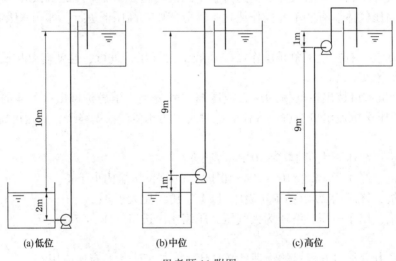

(a)低位　　　(b)中位　　　(c)高位

思考题 11 附图

习题

1. 储油罐盛有密度为 $960kg \cdot m^{-3}$ 的油，油面高于罐底 10.7m。油面上方的压力为大气压，在罐的下部有一个直径为 800mm 的圆孔，其中心距罐底 820mm，孔盖用直径为 10mm 的螺钉旋紧。如螺钉材料能承受的应力为 $6.87×10^7 Pa$，问至少需要几个螺钉？（9 个）

2. 某流化床反应器上装有两个 U 形管压差计，如本题附图所示。测得 $R_1 = 400mm$，$R_2 = 50mm$，指示液为水银。为防止水银蒸气向空间扩散，于右侧的 U 形管与大气连通的玻璃管内灌入一段水，其高度 $R_3 = 50mm$。试求 A、B 两处的表压。（7.16kPa，60.53kPa）

3. 氮气在一根钢管中流过，通过管道上的两个测压点，用 U 形管压差计测量两点的压差，指示液为水，测得压差为 12mm 水柱。为了将读数放大，改用微差压力计代替原 U 形管压差计测量压差。微

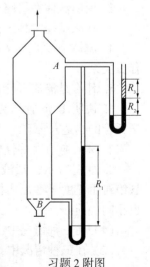

习题 2 附图

差压差计中重指示液为密度 916kg·m⁻³ 的乙醇–水混合液，轻指示液为密度为 850kg·m⁻³ 的煤油。问该微差压力计能将读数放大多少倍？并估计放大后的读数(水的密度取 1000kg·m⁻³)。

(15.2 倍，182mm)

4. 当某气体在常压(即绝对压力为 1.013×10^5 Pa)下进行输送时，采用的管道为 $\phi76$mm× 4mm 的无缝钢管。若将气体的压力增大到原来的 4 倍(即绝对压力为 4.052×10^5 Pa)后进行输送，并要求气体的温度、流速和质量流量均保持不变，试问：可改用多大直径的管道？管道内径为原来的多少倍？

(34mm，0.5 倍)

5. 如图所示，敞口高位槽底部连接内径 100mm 的输水管路，当阀门 F 全关闭时，压力表 P 的读数为 50kPa(表压)，当阀门全开时，压力表的读数变为 20kPa(表压)，试求阀门全开时水的流量为多少？设液面高度保持不变，并忽略阻力损失。

(0.061m³·s⁻¹)

6. 用虹吸管将某液面恒定的敞口高位槽中的液体吸出(如图所示)。液体的密度 $\rho = 1500$kg·m⁻³。若虹吸管 AB 和 BC 段的全部能量损失(J·kg⁻¹)可分别按 $0.5u^2$ 和 $2u^2$(u 为液体在管中的平均流速)公式计算，试求：虹吸管最高点 B 处的真空度。

(2.94×10^4 Pa)

7. 如本题附图所示，密度为 850kg·m⁻³ 的料液从高位槽送入塔内，高位槽内的液面维持恒定。塔内表压为 9.8kPa，进料量为 5m³·h⁻¹。连接管为 $\phi38$mm×2.5mm 的钢管，料液在连接管内流动时的能量损失为 30J·kg⁻¹(不包括出口的能量损失)。问高位槽内的液面应比塔的进料口高出多少？

(4.37m)

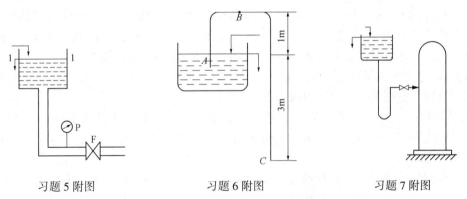

习题 5 附图   习题 6 附图   习题 7 附图

8. 高位槽内的水面高于地面 8m，水从 $\phi108$mm×4mm 的管道中流出，管路出口高于地面 2m。在本题附图特定条件下，水流经系统的能量损失(不包括出口的能量损失)可按 $\sum h_f = 6.5u^2$ 计算，其中 u 为水在管内的流速，m³·s⁻¹。试计算：

(1) A—A' 截面处水的流速；

(2.9m·s⁻¹)

(2) 水的流量，以 m³·h⁻¹ 计。

(81.95m³·h⁻¹)

9. 用离心泵把 20℃ 的水从贮槽送至水洗塔顶部，槽内水位维持恒定。各部分相对位置如本题附图所示。管路的直径均为 $\phi76$mm×2.5mm，在操作条件下，泵入口处真空表读数为 185mmHg；水流经吸入管与排出管(不包括喷头)的能量损失可分别按 $\sum h_{f,1} = 2u^2$ 与 $\sum h_{f,2} = 10u^2$ 计算，由于管径不变，故式中 u 为吸入或排出管的流速，m³·s⁻¹。排水管与喷头连接处的压力为 98kPa(表压)。试求泵的有效功率。

(2.25kW)

10. 现有图(a)、(b)中的两个水槽，槽中液面与导管出口的垂直距离均为 h，导出管的直径(a)槽为(b)槽的 2 倍，试证明：

(1) 水由两导管流出的速度是否相同？

(相同)

(2) 水由两导管流出的体积流量是否相同(压头损失很小可略)？

(不同)

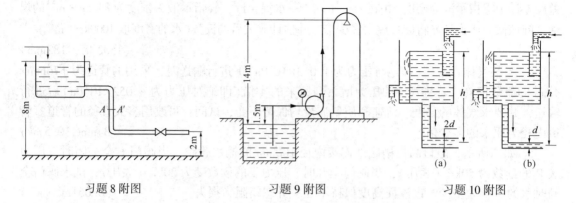

| 习题 8 附图 | 习题 9 附图 | 习题 10 附图 |

11. 用钢管输送质量分率为 98% 的硫酸，要求输送的体积流量为 $2.0m^3 \cdot h^{-1}$，已查得 98% 硫酸的密度为 $1.84 \times 10^3 kg \cdot m^{-3}$，黏度为 $2.5 \times 10^{-2} Pa \cdot s$，管道的内径为 25mm。求流动流体的雷诺数。若流量增大 1 倍，而欲使流动过程的雷诺数保持不变，则应使用多大直径的管道进行硫酸的输送？   (2084，50mm)

12. 黏度为 $1.2 \times 10^{-3} Pa \cdot s$、密度为 $1100 kg \cdot m^{-3}$ 的某溶液，在一个外管为 $\phi 57mm \times 3.5mm$、内管为 $\phi 25mm \times 2.5mm$ 所套装而成的环形通道中流动，其质量流量为 $9.9 \times 10^3 kg \cdot h^{-1}$，试判断溶液在环形导管中的流动型态。   ($3.9 \times 10^4 > 4000$，呈湍流)

13. 在本题附图所示的实验装置中，于异径水平管段两截面间连一倒置 U 形管压差计，以测量两截面之间的压力差。当水的流量为 $10800 kg \cdot h^{-1}$ 时，U 形管压差计读数 R 为 100mm。粗、细管的直径分别为 $\phi 60mm \times 3.5mm$ 与 $\phi 42mm \times 3mm$。计算：

(1) 1kg 水流经两截面间的能量损失；   ($4.4 J \cdot kg^{-1}$)

(2) 与该能量损失相当的压力降为若干 kPa。   (4.4kPa)

14. 如图所示，有一个敞口贮槽，槽内水位不变，槽底部与内径为 100mm 的放水管连接。管路上装有一个闸阀，距槽出口 15m 处安装一个水银 U 形压差计，测压点距管路出口端的距离为 20m。

(1) 当阀门关闭时，压差计读数 $R = 600mm$，$h = 1500mm$；阀门部分开启时，压差计读数 $R = 400mm$，$h = 1400mm$。已知：直管摩擦系数 $\lambda = 0.02$，管路入口处局部阻力系数 $\xi = 0.5$，试求管路中水的流量为每小时多少立方米？（水银密度为 $13600 kg \cdot m^{-3}$）

($95.5 m^3 \cdot h^{-1}$)

(2) 当阀门全开时，U 形管压差计测压口处的压力为多大（表压）？（闸阀全开时，$l_e/d = 15$，摩擦系数 λ 可取 0.018）   (31.3kPa)

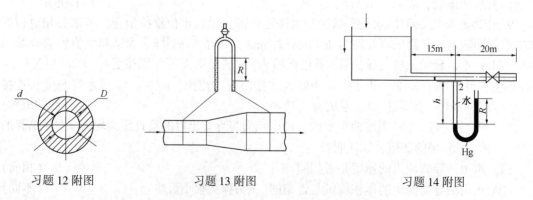

| 习题 12 附图 | 习题 13 附图 | 习题 14 附图 |

15. 某一精馏塔的加料装置如图所示。料液自敞口高位槽流入塔内进行精馏操作。若高位槽内液面维持 1.5m 的液位高度不变，塔内料液入口处操作压力为 $3.92 \times 10^3 Pa$（表压），塔的进料量为 $50m^3 \cdot h^{-1}$，料液密度 $\rho = 900kg \cdot m^{-3}$。进料管路为 $\phi108mm \times 4mm$ 的钢管，其长度为 $(h-1.5+3)m$，已知管路系统在该操作条件下的局部阻力损失的当量长度 $l_e = 45m$，摩擦系数 $\lambda = 0.024$，试求高位槽液面与精馏塔进料口之间所需的垂直距离。 (2.48m)

16. 硫酸是一种腐蚀性很强的酸，工厂中常用压缩空气和耐压容器（酸蛋）来输送硫酸（见附图）。现欲将地下贮酸槽中的硫酸以 $0.10m^3 \cdot min^{-1}$ 的流量通过 $\phi38mm \times 3mm$ 的钢管，将酸送到距地下贮酸槽液面 10m 的高位槽中。假设输送过程中液面差基本不变。管道的全长为 40m（包括局部阻力的当量长度），管道的摩擦系数可按 $\lambda = 0.3164 Re^{-0.25}$ 计算，硫酸的密度为 $1830kg \cdot m^{-3}$，黏度可取 $0.018Pa \cdot s$。求为输送硫酸所需压缩空气的压力。

(0.354MPa，表压)

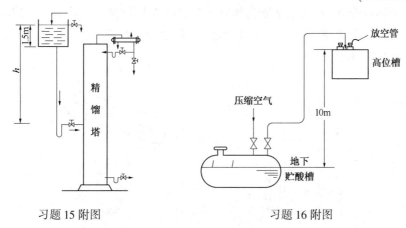

习题 15 附图 　　　　　　　　　　习题 16 附图

17. 如图所示，用一泵将某液体由敞口容器送到压力为 $5 \times 10^4 Pa$（表压）的高位槽中。两液面的位差为 12m，液体流量为 $20m^3 \cdot h^{-1}$，密度为 $1250kg \cdot m^{-3}$。输送管规格为 $\phi57mm \times 3.5mm$，管长为 60m（包括局部阻力的当量长度），直管的摩擦系数 $\lambda = 0.024$。试求：泵的有效功率。 (1.9kW)

18. 每小时将 $2 \times 10^4 kg$ 的溶液用泵从反应器输送到高位槽（见本题附图），反应器液面上方保持 200mmHg 的真空度，高位槽液面上方为大气压。管道为 $\phi76mm \times 4mm$ 的钢管，总长为 50m，管线上有两个全开的闸阀，一个孔板流量计（局部阻力系数为 4）、五个标准弯头。反应器内液面与管路出口的距离为 15m。溶液密度为 $1073kg \cdot m^{-3}$，黏度为 $6.6 \times 10^{-4}Pa \cdot s$，管壁绝对粗糙度可取为 0.3mm。若泵的效率为 0.7，求泵的轴功率。 (1.63kW)

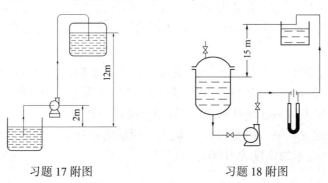

习题 17 附图 　　　　　　　　习题 18 附图

19. 某厂原料油在水平直管中作层流流动。若流量不变，试问下列三种情况下，压降为原来的几倍？

　　（1）管长增加 1 倍，其他条件不变；　　　　　　　　　　　　　　　　　（2 倍）

　　（2）管径减为原来的一半，其他条件不变；　　　　　　　　　　　　　　（16 倍）

　　（3）温度升高，黏度减为原来的一半，密度不变。　　　　　　　　　　　（1/2 倍）

　　假设密度变化不大，可以忽略不计。

20. 流体湍流流经一根水平安放的光滑管。当流体的流量增大到原来的 3 倍时，求：

　　（1）流体流过同样长的管道，其压降为原来的几倍？　　　　　　　　　　（6.84 倍）

　　（2）如欲使压降保持不变，则导管内径为原来的几倍？　　　　　　　　　（1.5 倍）

　　（在湍流时，摩擦系数 $\lambda = 0.3164Re^{-0.25}$）

21. 如本题附图所示，利用 U 形管压差计测定管道两截面 AB 间的直管阻力造成的能量损失。若对于同一管道 AB 由水平变为倾斜，并保持管长与管内流量不变，请说出两种情况下的压差计读数 R 和 R' 是否一样？试证明之。（管道中的密度为 ρ，压差计指示液的密度为 ρ_R；倾斜时 B 点比 A 点高 h）　　　　　　　　　　　　　　　　　　　　　　　　（一样）

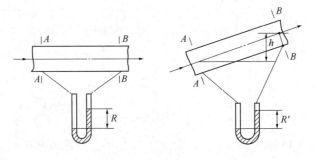

习题 21 附图

22. 某油田用 $\phi330mm \times 15mm$ 的钢管输送原油至炼油厂。管路总长度为 140km，输油量要求 300t·h^{-1}，输油管可承受的压力为 6.0MPa，原油加热至 50℃进行输送，此时原油的黏度为 0.187Pa·s，密度为 890kg·m^{-3}，试问中途需几个加压站？（假设输油管进出口位差为零，局部阻力可忽略不计）　　　　　　　　　　　　　　　　　　　　　　　　（3 个）

23. 用 20℃的清水对一台离心泵的性能进行测定，实验测得：体积流量为 10m^3·h^{-1} 时，泵出口的压力表读数为 1.67×10^5Pa，泵入口的真空表读数为 -2.13×10^4Pa，轴功率为 1.09kW。真空表测压截面与压力表测压截面的垂直距离为 0.5m。试计算泵的压头与效率。

（19.7mH$_2$O，49%）

24. 原有一台水泵，其输水量为 20m^3·h^{-1}，扬程为 25m，直接由电机带动，转速为 2900r·min^{-1}。因故临时更换为 1450r·min^{-1} 的电机，问泵的性能大致有何变化？

（10m^3·h^{-1}，6.25m）

25. 用离心泵将 20℃的水以 30m^3·h^{-1} 的流量，由贮水槽送到敞口高位槽。两槽液面均保持不变，且知两液面高度差为 18m。泵安装在贮水槽液面上方 2m 处，泵的吸入管路因局部阻力造成的压头损失为 1m（水柱），压出管路全部阻力造成的压头损失为 3m（水柱）。泵的效率为 60%，泵的允许吸上高度为 6m，试求泵所需的轴功率，并通过计算说明上述泵的安装高度是否合适？（水的密度为 1000kg·m^{-3}）　　　　　　　　　　（3.0kW，符合要求）

第2章 传 热

§2-1 概 述

§2-1.1 化工生产中的传热过程

传热，即热量的传递，是自然界和工程技术领域中极为普遍的一种传递过程。由热力学第二定律可知，凡是有温度差存在的地方，就必然有热的传递。

化学工业和传热关系尤为密切，这是因为化工生产中的很多过程和单元操作都需要进行加热和冷却，如化学反应通常要在一定温度下进行，为了达到并保持一定温度就需向反应器输入或输出一定的热；又如在蒸发、蒸馏、干燥等单元操作中都要向这些设备输入或输出热量。由此可见，化工生产离不开传热过程。

化工生产对传热过程的要求经常有两种情况：一种是强化传热过程；另一种是削弱传热过程。

§2-1.2 传热基本方式

若流体内部或系统内部温度分布不均匀，则必有热量传递，传热方向总是由高温处向低温处传递。

1. 传热机理不同

根据传热机理的不同，热的传递有三种基本方式：热传导、对流传热和辐射传热。

热力学和传热学

（1）热传导

热传导又称导热，当物体内部或两个直接接触的物体之间有温度差时，其中温度较高部分的粒子(气体、液体的分子，固体的原子，导电固体的自由电子)因热运动而与相邻的粒子碰撞，借此进行了热量传递，此种传热方式称为热传导。在热传导时物体内部分子或质点不发生宏观的运动。

（2）对流传热

对流传热又称热对流、对流，在流动的流体中，由于流体质点的位移和混合，将热从一处传至另一处，称为对流传热。对流传热仅发生在流动的流体中，因而它与流体流动状况有密切关系。在对流传热时，必然伴随着流体质点的热传导。事实上要将它们分开是很困难的，若将两者合并处理，一般也称为对流传热(又称对流给热)。在工程上通常将流体与固体之间的热交换称为对流传热。

（3）辐射传热

辐射传热是一种通过电磁波传递能量的过程。由于物体本身有一定温度，即可向外界发射能量，此能量以电磁波形式在空间传播，当被另一种物体部分或全部接受后，又重新变为热量，此种传热方式称为热辐射。

2. 工业操作原理不同

根据工业操作原理不同传热可分为三种：直接式换热、间壁式换热和蓄热式换热。

（1）直接式换热

直接式换热亦称混合式换热，它是指温度不同的两种流体，或同一种流体直接混合进行换热的过程。

（2）间壁式换热

间壁式换热是当两种流体需进行换热而不允许直接混合时，通过换热器固体壁而进行的换热过程。

（3）蓄热式换热

这是一种间歇操作的换热方法，首先让热流体通过换热器，将热量传给载热介质，使其温度升高，然后停止通入热流体，而改通冷流体，再由载热介质将吸收的热量传给冷流体，使冷流体温度升高，从而达到换热的目的。

§2-1.3 传热速率和热强度

传热速率亦称热流量，是指单位时间内传递的热量，通常用 q 表示，其单位为 W 或 $J \cdot s^{-1}$。

传热强度亦称热流密度，是指单位时间、单位传热面积所传递的热量，是传热设备的性能标志之一，通常用 q/A 或 $Q/A\tau$ 表示，其单位为 $W \cdot m^{-2}$。

物质在发生相变时伴随的热量变化称为潜热。

§2-1.4 稳态传热与非稳态传热

稳态传热是指传热面各点的温度不随时间而改变的传热过程，均衡的连续操作多属于这种情况。相反，传热面上各点温度随时间而变化的传热过程称为非稳态传热，间歇操作大多是非稳态传热。本书除非另有说明，否则讨论的均是稳态传热过程。

§2-2 传 导 传 热

§2-2.1 傅里叶定律

1. 温度场和温度梯度

只要物体内部有温度差存在，热量就会从高温部分向低温部分进行传导，热传导与物体内部的温度分布有关。

傅里叶简介

温度场，即某一时刻物体或系统内各点温度分布的总和。其数学表达式为

$$t = f(x, y, z, \tau) \qquad (2-1)$$

式中　x, y, z——空间坐标；

　　　　t——温度，℃或 K；

　　　　τ——时间，s。

温度场内，如果各点温度随时间而改变则称为非稳态温度场，$t = f(x, y, z, \tau)$；若各点温度不随时间而改变则称为稳态温度场，$t = f(x, y, z)$。

温度场中，同一时刻相同温度的各点组成的面称为等温面。因为同一时刻空间同一点不能具有两个不同的温度，所以不同的等温面彼此不能相交。

若温度场中温度只沿着一个方向变化，即一维温度场。其温度分布的表达式为

$t=f(x, \tau)$。

在一维温度场中，若相邻两个等温面间的距离为 Δx，温度分别为 $(t+\Delta t)$ 及 t，Δt 与 Δx 比值的极限称为温度梯度，见图 2-1。

$$温度梯度 = \lim_{\Delta x \to 0} \frac{\Delta t}{\Delta x} = \frac{\partial t}{\partial x} \qquad (2-2)$$

温度梯度为矢量，其方向垂直于等温面，并以温度增加方向为正。

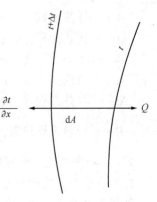

图 2-1 温度场与温度梯度

2. 傅里叶定律

对一维空间的稳态热传导，如图 2-2 所示，均质的固体壁面厚度为 $\delta[m]$，面积为 $A[m^2]$，壁面两侧温度分别 t_1 和 t_2，且 $t_1 > t_2$。热量由高温向低温传递。实验证明：通过固体壁面的传热量 Q 与温度降（沿固体壁厚的温度变化）、传热面积 A 和时间 τ 成正比，而与传热壁厚 δ 成反比。即

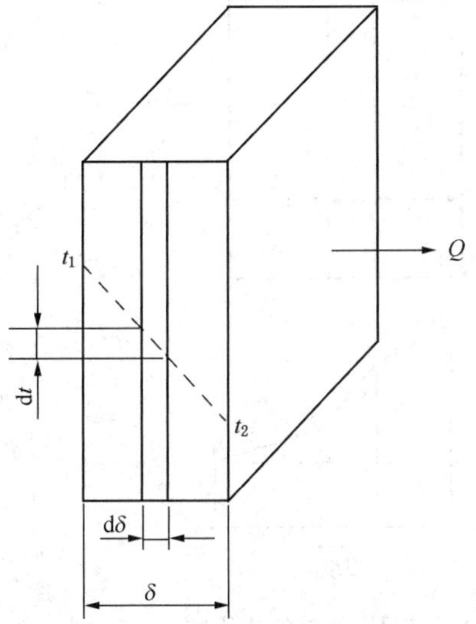

$$\frac{dQ}{d\tau} \propto -A \cdot \frac{dt}{d\delta}$$

若写成等式，则

$$\frac{dQ}{d\tau} = dq = -\lambda A \frac{dt}{d\delta} \qquad (2-3)$$

式中　　$dQ/d\tau$——单位时间传递的热量，即传热速率 dq，W 或 $J \cdot s^{-1}$；

　　　　　λ——导热系数；

　　　　　$dt/d\delta$——温度梯度；

　　　　　"$-$"——表示热量沿温度降低方向传递。

式(2-3)称为傅里叶定律。

导热系数 λ 是物质导热能力的标志，是物质的一种物理性质。不同物质其导热系数也不同，λ 单位为 $W \cdot m^{-1} \cdot K^{-1}$。

图 2-2 热传导的基本关系

影响物质导热系数(λ)的因素很多，λ 与物质的化学组成、内部结构、物理状态、温度、湿度和压力等因素有关。在各种材料中，金属具有较大的导热系数，非金属较小，液体更小，气体最小，具体数据通常由实验测得。工程计算中常见物质的 λ 可从有关手册查得。

§2-2.2　传导传热计算

1. 平面壁的稳态热传导

（1）单层平面壁的稳态热传导

如图 2-3 所示，假设平面壁材质均匀，λ 为定值(或取平均导热系数)，壁厚为 δ，等温面为垂直于 x 轴的平行面，壁两侧温度为 t_1 和 t_2，且 $t_1 > t_2$，导热速率由傅里叶定律可得

$$\frac{Q}{\tau} = q = \lambda \cdot \frac{A}{\delta} \cdot (t_1 - t_2) = \frac{\Delta t}{R} \qquad (2-4)$$

式中　q——传热速率，W 或 $J \cdot s^{-1}$；

λ——导热系数，$W \cdot m^{-1} \cdot K^{-1}$；

A——传热面积，m^2；

δ——平面壁厚度，m；

t_1，t_2——壁两侧温度，K 或℃；

Δt——导热过程推动力，$\Delta t = t_1 - t_2$；

R——导热过程热阻，$R = \dfrac{\delta}{\lambda A}$。

式(2-4)是单层平面壁稳态热传导基本方程式。

（2）多层平面壁的稳态热传导

如图2-4所示，以三层平面壁为例，各层之间接触良好，互相接触的表面上温度相等，各等温面亦皆为垂直于 x 轴的平面，在稳态热传导过程中，穿过各层的热量必相等。即

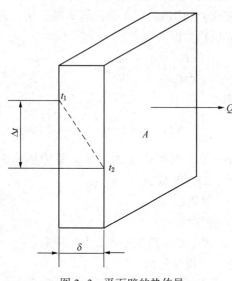 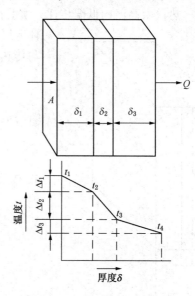

图 2-3 平面壁的热传导　　　　图 2-4 多层平面壁的热传导

$$Q_1 = Q_2 = Q_3 = Q \tag{2-5}$$

由傅里叶定律推导可得三层平面壁稳态热传导公式

$$q = \frac{\Delta t_1 + \Delta t_2 + \Delta t_3}{\dfrac{\delta_1}{\lambda_1 A} + \dfrac{\delta_2}{\lambda_2 A} + \dfrac{\delta_3}{\lambda_3 A}} = \frac{t_1 - t_4}{R_1 + R_2 + R_3} \tag{2-6}$$

由此推广到 n 层平面壁

$$q = \frac{t_1 - t_{n+1}}{\displaystyle\sum_{i=1}^{n} \frac{\delta_i}{\lambda_i A}} = \frac{t_1 - t_{n+1}}{\displaystyle\sum_{i=1}^{n} R_i} = \frac{\displaystyle\sum_{i=1}^{n} \Delta t_i}{\displaystyle\sum_{i=1}^{n} R_i} \tag{2-7}$$

例2-1　有一台燃烧炉，炉壁由耐火砖、保温砖和建筑砖三种材料组成，相邻材料之间接触密切。已知：

耐火砖：$\delta_1 = 150mm$，$\lambda_1 = 1.6398 W \cdot m^{-1} \cdot K^{-1}$

保温砖：$\delta_2 = 310mm$，$\lambda_2 = 0.15 W \cdot m^{-1} \cdot K^{-1}$

建筑砖：$\delta_3 = 240\text{mm}$，$\lambda_3 = 0.75\text{W} \cdot \text{m}^{-1} \cdot \text{K}^{-1}$

已测得耐火砖与保温砖接触面上的温度为 $t_2 = 850℃$，保温砖与建筑砖接触面上的温度为 $t_3 = 280℃$，试求：

（1）单位面积的热损失；

（2）各层材料以单位面积计的热阻；

（3）耐火砖内壁温度 t_1；

（4）炉壁的总温度差及在各层材料中的分配。

解 （1）在稳态传热过程中，通过各层材料的传热速率相等，故单位面积的热损失为：

$$q/A = \frac{(t_2 - t_3)}{\dfrac{\delta_2}{\lambda_2}} = \frac{850 - 280}{\dfrac{0.31}{0.15}} = 275(\text{W} \cdot \text{m}^{-2})$$

（2）耐火砖以单位面积计的热阻

$$R_1 = \delta_1/\lambda_1 = \frac{0.15}{1.6398} = 0.0914(\text{m}^2 \cdot \text{K} \cdot \text{W}^{-1})$$

保温砖以单位面积计的热阻

$$R_2 = \delta_2/\lambda_2 = \frac{0.31}{0.15} = 2.07(\text{m}^2 \cdot \text{K} \cdot \text{W}^{-1})$$

建筑砖以单位面积计的热阻

$$R_3 = \delta_3/\lambda_3 = \frac{0.24}{0.75} = 0.32(\text{m}^2 \cdot \text{K} \cdot \text{W}^{-1})$$

（3）耐火砖内壁温度 t_1

$$q/A = \frac{\lambda_1}{\delta_1}(t_1 - t_2)$$

$$275 = \frac{t_1 - 850}{0.0914}$$

$$t_1 = 875.1(℃)$$

（4）总温度差及各层材料中的温度差

$$\sum \Delta t = \frac{q}{A} \sum R$$

$$= 275 \times (0.0914 + 2.07 + 0.32) = 682.4(℃)$$

$$\Delta t_1 = 275 \times 0.0914 = 25.1(℃)$$

$$\Delta t_2 = 275 \times 2.07 = 569.3(℃)$$

$$\Delta t_3 = 275 \times 0.32 = 88(℃)$$

$$\Delta t_1 : \Delta t_2 : \Delta t_3 = R_1 : R_2 : R_3 = 0.0914 : 2.07 : 0.32 = 1 : 22.65 : 3.5$$

由计算结果可见，在稳态传热过程中，热阻大，分配在该层上的温度差亦大，即温差与热阻成正比。

2. 圆筒壁的稳态热传导

（1）单层圆筒壁的稳态热传导

如图 2-5 所示，若温度只沿半径方向变化，则等温面为同心圆柱面。在半径为 r 处取一微元 $\mathrm{d}r$，对应 r 处的传热面积 $A = 2\pi rL$。由傅里叶定律，对此薄层可写出

$$q = -\lambda A \mathrm{d}t/\mathrm{d}r = -\lambda 2\pi rL \frac{\mathrm{d}t}{\mathrm{d}r}$$

积分得

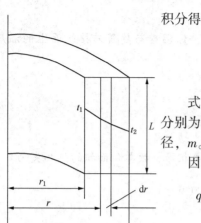

$$q = \frac{2\pi L(t_1 - t_2)}{\frac{1}{\lambda}\ln\frac{r_2}{r_1}} = \frac{2\pi L(t_1 - t_2)}{\frac{1}{\lambda}\ln\frac{d_2}{d_1}} \qquad (2-8)$$

式(2-8)为单层圆筒壁稳态热传导计算公式。式中，r_1、r_2 分别为圆筒的内、外半径，m；d_1、d_2 分别为圆筒的内、外直径，m。

因为 $\delta = r_2 - r_1$

$$q = \frac{2\pi L(t_1 - t_2)}{\frac{\delta}{\lambda}} \cdot \frac{r_2 - r_1}{\ln\frac{r_2}{r_1}} = \frac{2\pi L(t_1 - t_2)}{\frac{\delta}{\lambda}}r_m = \frac{t_1 - t_2}{\frac{\delta}{\lambda A_m}}$$

$$(2-8a)$$

图 2-5 圆筒壁的热传导

$$r_m = \frac{r_2 - r_1}{\ln\frac{r_2}{r_1}} \qquad r_m \text{ 为对数平均半径}$$

若 $\dfrac{r_2}{r_1} \leq 2$，则 $r_m = \dfrac{r_2 + r_1}{2}$，即这时可用算术平均半径代替对数平均半径。

（2）多层圆筒壁的稳态热传导

其推导原理和多层平壁推导相似，经推导得

$$q = \frac{2\pi L\Delta t}{\sum\limits_{i=1}^{n}\frac{1}{\lambda_i}\ln\frac{r_{i+1}}{r_i}} = \frac{2\pi L(t_1 - t_{n+1})}{\sum\limits_{i=1}^{n}\frac{1}{\lambda_i}\ln\frac{r_{i+1}}{r_i}} \qquad (2-9)$$

例 2-2 （导热系数的简易测定法）欲测某绝缘材料的导热系数，将此材料装入如图2-6所示的同心套管间隙内，在内管用电进行加热。已知管长 $L = 1.0m$，内管为 $\phi 25mm \times 2.5mm$ 钢管，外管为 $\phi 50mm \times 3mm$ 的钢管，当电功率为 $1.2kW$ 时，测量得内管的内壁温度为 $950℃$，外管的外壁温度为 $100℃$，钢管的 $\lambda = 45W \cdot m^{-1} \cdot K^{-1}$，试求该绝缘材料的导热系数。

解 $r_1 = 10mm$，$r_2 = 12.5mm$，$r_3 = 25 - 3 = 22mm$，$r_4 = 25mm$，$t_1 = 950℃$，$t_4 = 100℃$，$\lambda_1 = \lambda_3 = 45W \cdot m^{-1} \cdot K^{-1}$

$$q = \frac{2\pi L(t_1 - t_4)}{\frac{1}{\lambda_1}\ln\frac{r_2}{r_1} + \frac{1}{\lambda_2}\ln\frac{r_3}{r_2} + \frac{1}{\lambda_3}\ln\frac{r_4}{r_3}}$$

$$1.2 \times 1000 = \frac{2 \times 3.14 \times 1 \times (950 - 100)}{\frac{1}{45}\ln\frac{12.5}{10} + \frac{1}{\lambda_2}\ln\frac{22}{12.5} + \frac{1}{45}\ln\frac{25}{22}}$$

$$= \frac{5338}{0.0078 + \dfrac{0.565}{\lambda_2}}$$

解之得 $\lambda_2 = 0.127W \cdot m^{-1} \cdot K^{-1}$

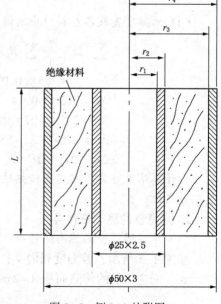

图 2-6 例 2-2 的附图

注意：

① 热量从高温向低温传递，即放出热量为正，而温度梯度则规定从低温向高温方向为正。

② 平壁中，视导热系数为常数时，则壁中温度分布为直线；若考虑温度对 λ 的影响则为曲线；圆筒壁中视 λ 为常数时，壁中温度分布为对数曲线。

§2-3 对流传热

§2-3.1 对流传热过程分析

如图 2-7 所示，对流传热是在流体流动过程中发生的热量传递过程，它依靠流体质点的移动进行热量传递，与流体的流动状况密切相关。根据流体质点位置变动情况，将对流分为自然对流与强制对流两种情况。自然对流是指由于流体内部温度差的存在，各部分流体密度不同，而引起流体质点的相对位移；强制对流是指由于外力的作用，而引起流体质点的位移。

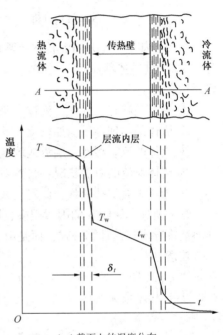

流体层流流动时，各层液体平行流动，在垂直于流体流动方向上的热量传递，主要以导热(亦有较弱的自然对流)的方式进行。而流体为湍流流动时，靠近壁面处总有一层流层(或称层流内层)存在，在此薄层内垂直于流体流动方向的热量传递，仍是以导热方式为主进行。由于大多数流体导热系数较小，故热阻主要集中在层流内层中，因此，温度差也主要集中在该层中。在层流内层与湍流层之间存在一个过渡区，过渡层的热量传递是传导和对流共同作用。而在湍流主体中，因流体质点剧烈混合，可认为无传热阻力，即温度梯度已消失，因此，对流传热的主要阻力集中在层流内层中。

A-A 截面上的温度分布

图 2-7 对流传热机理分析

热边界层

§2-3.2 牛顿冷却定律

如图 2-8 所示，两流体通过固体壁面的传热过程包括：

热流体将热量传给固体壁面——对流传热；

通过壁面将一侧热量传至另一侧——传导热；

壁面另一侧将热量传给冷流体——对流传热。

对流传热所传递的热量用牛顿冷却定律(又称对流传热速率方程)描述，它是指单位时间内对流传热传递的热量 q 与对流传热面积 A 及流体与固体壁之间的温度差 Δt 成正比，即

$$q = \alpha \cdot A \cdot \Delta t \tag{2-10}$$

式(2-10)为牛顿冷却定律。

热流体与壁面间的对流传热　　$q = \alpha_1 \cdot A_1 \cdot (T - T_w)$ (2-10a)

冷流体与壁面间的对流传热　　$q = \alpha_2 \cdot A_2 \cdot (t_w - t)$ (2-10b)

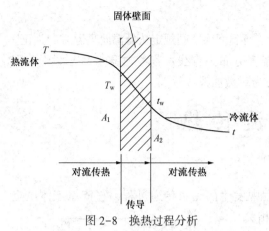

固体壁面

热流体

T

T_w

A_1

t_w

冷流体

t

A_2

对流传热　　　对流传热

传导

图2-8　换热过程分析

式中　T，t——热、冷流体主体温度，℃；

T_w，t_w——热、冷固体壁面温度，℃；

A_1，A_2——热、冷流体传热面积，m^2；

α_1，α_2——热、冷流体对流传热系数，$W \cdot m^{-2} \cdot K^{-1}$。

应该指出，牛顿冷却定律并非理论推导结果，而是一种推论。虽然公式非常简单，但并未减少计算麻烦，它只是将所有复杂的因素都转移到传热系数 α 中去了。

§2-3.3　影响 α 的主要因素

牛顿冷却定律也是对流传热系数的定义式，表示单位温度差下，对流传热系数在数值上等于对流传热的传热速率。但它并没有揭示影响传热系数的因素。实验表明，影响 α 的主要原因有：

① 流体的状态：气体、液体、蒸气及传热过程是否有相变化等；

② 流体的物理性质：如密度、比热容、黏度及导热系数等；

③ 流体的流动型态：层流或湍流；

④ 流体对流的对流状况：自然对流、强制对流等；

⑤ 传热表面积的形状、位置及大小。

综上所述，影响 α 的因素很多，因而 α 的确定是一个极为复杂的问题。一般情况下，α 尚不能推导出理论计算公式，而是由实验测定。

注意：

① $q=\alpha_1 A_1(T-T_w)$ 或 $q=\alpha_2 A_2(t_w-t)$ 中的温度均为平均值。α_1、α_2 也为平均值。

② 导热系数 λ 与传热系数 α 不同，λ 是物性参数，而 α 不是。

§2-4　热交换计算

化工生产中最常用到的传热操作是热流体经管壁或器壁向冷流体传热的过程，该过程称为热交换或换热。换热过程由前面分析可知它包括对流传热-传导-对流传热三部分组成，因而热交换计算可按上述过程进行简单的叠加即可得到总传热速度方程。

§2-4.1　传热总方程

如图2-8所示，在连续化工业生产中，间壁式换热器若进行的是稳态传热过程，此时，热流体向壁面对流传热

$$q_1 = \alpha_1 A_1(T - T_w) \tag{2-11}$$

壁面间热传导

$$q' = \lambda \cdot A' \cdot \frac{(T_w - t_w)}{\delta} \tag{2-12}$$

壁面向冷流体对流传热

$$q_2 = \alpha_2 A_2(t_w - t) \tag{2-13}$$

在稳态条件下，根据热量守恒定律可得

$$q = q_1 = q' = q_2 \qquad (2-14)$$

对式(2-11)、式(2-12)、式(2-13)和式(2-14)数学处理可得传热总方程

$$q = \frac{T - t}{\dfrac{1}{\alpha_1 A_1} + \dfrac{\delta}{\lambda A'} + \dfrac{1}{\alpha_2 A_2}} \qquad (2-15)$$

式(2-15)称为热交换传热总方程。

1. 平面壁的传热总方程

若间壁为平面壁或近似平面壁，则 $A_1 = A' = A_2 = A$

$$q = \frac{A(T - t)}{\dfrac{1}{\alpha_1} + \dfrac{\delta}{\lambda} + \dfrac{1}{\alpha_2}} = KA\Delta t \qquad (2-16)$$

式中，$K = \dfrac{1}{\dfrac{1}{\alpha_1} + \dfrac{\delta}{\lambda} + \dfrac{1}{\alpha_2}}$ 称为平面壁传热总系数，单位是 $W \cdot m^{-2} \cdot K^{-1}$。

当间壁为复合壁时，传热总系数为

$$K = \frac{1}{\left(\dfrac{1}{\alpha_1} + \sum_{i=1}^{n} \dfrac{\delta_i}{\lambda_i} + \dfrac{1}{\alpha_2} \right)} \qquad (2-17)$$

2. 圆筒壁的传热总方程

当间壁为圆筒壁时，$A_1 \neq A' \neq A_2$，由式(2-15)得传热总方程

$$q = \frac{2\pi L(T - t)}{\dfrac{1}{\alpha_1 r_1} + \dfrac{1}{\lambda}\ln\dfrac{r_2}{r_1} + \dfrac{1}{\alpha_2 r_2}} \qquad (2-18)$$

或

$$q = \frac{2\pi L(T - t)}{\dfrac{1}{\alpha_1 r_1} + \dfrac{\delta}{\lambda r_m} + \dfrac{1}{\alpha_2 r_2}} \qquad (2-18a)$$

式中，$r_m = \dfrac{r_2 - r_1}{\ln(r_2/r_1)}$，若 $r_2/r_1 \leqslant 2$，则 $r_m = \dfrac{r_1 + r_2}{2}$。

当圆筒壁厚度不大时，$r_1 \approx r_2 \approx r_m$，则

$$q = \frac{2\pi r_m L(T - t)}{\dfrac{1}{\alpha_1} + \dfrac{\delta}{\lambda} + \dfrac{1}{\alpha_2}} \qquad (2-18b)$$

例 2-3　有一台列管换热器，被加热的原油流经列管内，给热系数 $\alpha_1 = 100W \cdot m^{-2} \cdot K^{-1}$，列管外用饱和水蒸气加热，蒸汽的给热系数 $\alpha_2 = 10000W \cdot m^{-2} \cdot K^{-1}$，列管由 $\phi 53mm \times 1.5mm$ 的钢管组成，钢的导热系数为 $50W \cdot m^{-1} \cdot K^{-1}$，管壁有一垢层，其热阻为 $R = 0.0005 m^2 \cdot K \cdot W^{-1}$。试计算该换热器的传热总系数。若其他条件不变，管内、管外给热系数分别提高 1 倍，试分别计算其传热总系数。

解　$\phi 53mm \times 1.5mm$ 钢管的壁厚 $\delta = 1.5mm$，内径 $d_1 = 50mm$，外径 $d_2 = 53mm$，$d_2/d_1 \leqslant 2$，故可按平面壁处理

$$\frac{1}{K} = \frac{1}{\alpha_1} + \frac{\delta}{\lambda} + \frac{1}{\lambda_2} + R = \frac{1}{100} + \frac{0.0015}{50} + \frac{1}{10000} + 0.0005 = \frac{1}{94.07}$$

$$K = 94.07 \text{W} \cdot \text{m}^{-2} \cdot \text{K}^{-1}$$

若其他条件不变，管内给热系数提高 1 倍，按以上方法计算可得

$$K = 177.62 \text{W} \cdot \text{m}^{-2} \cdot \text{K}^{-1}$$

同理，其他条件不变，管外给热系数提高 1 倍，则

$$K = 94.52 \text{W} \cdot \text{m}^{-2} \cdot \text{K}^{-1}$$

由上计算可知，影响 K 值的主要因素是热阻大的一侧，即给热系数小的一侧。

§2-4.2 传热总系数

传热总系数 K 表示传热壁面两侧传热温差为 1K 时，单位时间通过 1m^2 传热面积传递的热量，单位为 $\text{W} \cdot \text{m}^{-2} \cdot \text{K}^{-1}$。$K$ 值通常由三种方法确定：一是选取经验数值；二是实验测定；三是计算。本书只介绍圆筒壁总传热系数的计算方法。

若以传热管外表面积 $A_2(A_2 = 2\pi r_2 L)$ 为基准，其对应的传热总系数 K_2 为

$$\frac{1}{K_2} = \frac{A_2}{\alpha_1 A_1} + \frac{\delta}{\lambda} \cdot \frac{A_2}{A_m} + \frac{1}{\alpha_2} = \frac{d_2}{\alpha_1 d_1} + \frac{\delta}{\lambda} \cdot \frac{d_2}{d_m} + \frac{1}{\alpha_2}$$

$$q = K_2 A_2 \Delta t \tag{2-19}$$

同理，以传热管内表面积 $A_1(A_1 = 2\pi r_1 L)$ 为基准，其对应的传热总系数 K_1 为

$$\frac{1}{K_1} = \frac{1}{\alpha_1} + \frac{\delta}{\lambda} \cdot \frac{A_1}{A_m} + \frac{A_1}{\alpha_2 A_2} = \frac{1}{\alpha_1} + \frac{\delta}{\lambda} \cdot \frac{d_1}{d_m} + \frac{d_1}{\alpha_2 d_2}$$

$$q = K_1 A_1 \Delta t \tag{2-20}$$

同理，以管壁的传热面 $A_m(A_m = 2\pi r_m L)$ 为基准，其对应的传热总系数 K_m 为

$$\frac{1}{K_m} = \frac{A_m}{\alpha_1 A_1} + \frac{\delta}{\lambda} + \frac{A_m}{\alpha_2 A_2} = \frac{d_m}{\alpha_1 d_2} + \frac{\delta}{\lambda} + \frac{d_m}{\alpha_1 d_1}$$

$$q = K_m A_m \Delta t \tag{2-21}$$

由上可见，圆筒壁换热器 K 值与传热面积有关，所取传热面积不同，K 值亦不同，即

$$K_1 \neq K_2 \neq K_m$$

但

$$K_1 A_1 = K_2 A_2 = K_m A_m$$

当 $A_1 = A_2 = A_m$ 时

$$\frac{1}{K} = \frac{1}{\alpha_1} + \frac{\delta}{\lambda} + \frac{1}{\alpha_2} \tag{2-22}$$

此时，换热变成平面壁换热。

当 δ/λ 可以忽略时，$\dfrac{1}{K} = \dfrac{1}{\alpha_1} + \dfrac{1}{\alpha_2} = \dfrac{\alpha_1 + \alpha_2}{\alpha_1 \alpha_2}$，即 $K = \dfrac{\alpha_1 \alpha_2}{\alpha_1 + \alpha_2}$。若 $\alpha_1 \gg \alpha_2$，则 $K \approx \alpha_2$；若 $\alpha_2 \gg \alpha_1$，则 $K \approx \alpha_1$。

§2-4.3 热负荷计算

生产上将单位时间内流体在传热过程中所放出或吸收的热量称为热负荷。

当不计操作过程中损失于周围的热量时，由能量守恒，得 $Q_{放} = Q_{吸}$。

1. 无相变化的热负荷计算

（1）比热容法

$$Q = W_h c_{ph}(T_1 - T_2) = W_c c_{pc}(t_2 - t_1) \tag{2-23}$$

式中　Q——热负荷，W；

W_h，W_c——热、冷流体质量流量，$kg \cdot s^{-1}$；

c_{ph}，c_{pc}——热、冷流体平均比定压热容，$J \cdot kg^{-1} \cdot K^{-1}$。

（2）焓法

$$Q = W_h(H_{h1} - H_{h2}) = W_c(H_{c2} - H_{c1})　　　　(2-24)$$

式中　H_{h1}，H_{h2}——热流体开始、终了的焓，$J \cdot kg^{-1}$；

H_{c1}，H_{c2}——冷流体开始、终了的焓，$J \cdot kg^{-1}$。

2. 有相变化的热负荷计算

若换热器中的热流体有相变化，例如饱和蒸气冷凝时，热负荷为

$$Q = W_h \cdot r = W_c c_{pc}(t_2 - t_1)　　　　(2-25)$$

式中　W_h——饱和蒸气的冷凝速率，$kg \cdot h^{-1}$；

r——饱和蒸气的冷凝潜热，$J \cdot kg^{-1}$。

式（2-25）的应用条件是冷凝液体在饱和温度下离开换热器，若冷凝液的温度 T 低于饱和温度时

$$Q = W_h \cdot r + W_h c_{ph}(T_s - T_2)　　　　(2-26)$$

式中　c_{ph}——冷凝液的比定压热容，$J \cdot kg^{-1} \cdot K^{-1}$；

T_s——冷凝液的饱和温度，K。

§2-4.4　传热温度差

依照参与换热的两种流体沿着换热器壁面流动时各点温度变化的情况，可将传热分为恒温传热与变温传热两类，而变温传热又可分为一侧流体变温与两侧流体变温两种情况。

1. 恒温传热

恒温传热是指进行换热的两种流体沿着传热壁面换热时，两侧流体温度不发生变化，两种流体间的温度差亦各处相等的传热过程。即

$$\Delta t = T - t　　　　(2-27)$$

这时

$$q = KA \cdot (T - t)　　　　(2-28)$$

2. 变温传热

① 一侧流体恒温，一侧流体变温，如图 2-9 所示，传热温度差沿着传热壁面发生变化。

② 两侧流体变温，如图 2-10 所示，传热温度差不仅沿着传热壁面发生变化，而且与流体在换热器内的流动方向有关。

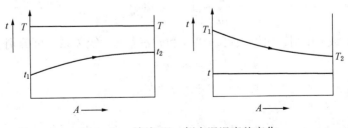

图 2-9　一侧恒温一侧变温温度差变化

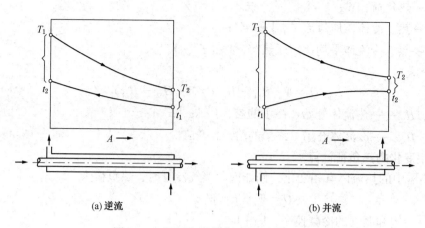

(a)逆流   (b)并流

图 2-10   两侧变温传热时的温度差变化

生产上根据换热器内冷、热液体流动方向的不同，将换热分成折流、错流、逆流和并流四种基本操作，见图 2-11。

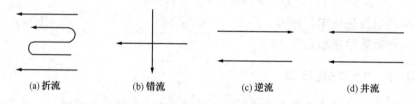

(a)折流   (b)错流   (c)逆流   (d)并流

图 2-11   换热的四种基本操作

鉴于教学要求，本书只介绍并流、逆流操作时的平均温度差。逆流与并流操作时的平均温度差计算公式是通过做以下简化假定推导的：①传热过程是一个稳态传热过程；②两种流体的比热容取流体进出口平均温度下的数值，可视为常数；③总传热系数视为常数；④换热过程热损失不计。其推导过程如下：

由换热器的热量衡算微分式可知

$$dq = -W_h c_{ph} dT = W_c c_{pc} dt \qquad (2-29)$$

根据上述假设①和②，由式(2-29)可得

$$\frac{dq}{dT} = -W_h c_{ph} = 常量 \qquad (2-30)$$

$$\frac{dq}{dt} = W_c c_{pc} = 常量 \qquad (2-31)$$

如果将 q 对 T 或 t 作图，由上式可知 T-q 和 t-q 都是直线关系，可分别表示为：

$$T = mq + k$$
$$t = m'q + k'$$

两式相减，得

$$T - t = \Delta t = (m - m')q + (k - k') \qquad (2-32)$$

式中，m、k、m'、k' 分别为 T-q 和 t-q 直线的斜率和截距。

由上式可知，Δt 和 q 也呈直线关系。将上述诸直线定性地绘于图 2-12 中。

由图 2-12 可以看出，q-Δt 的直线斜率为

$$\frac{\mathrm{d}(\Delta t)}{\mathrm{d}q} = \frac{\Delta t_2 - \Delta t_1}{q} \qquad (2-33)$$

将 $\mathrm{d}q = K\Delta t\mathrm{d}A$ 代入上式，得

$$\frac{\mathrm{d}(\Delta t)}{K\Delta t\mathrm{d}A} = \frac{\Delta t_2 - \Delta t_1}{q} \qquad (2-34)$$

对式(2-34)分离变量积分

$$\frac{1}{K}\int_{\Delta t_1}^{\Delta t_2} \frac{\mathrm{d}(\Delta t)}{\Delta t} = \frac{\Delta t_2 - \Delta t_1}{q}\int_0^A \mathrm{d}A$$

$$\frac{1}{K}\ln\frac{\Delta t_2}{\Delta t_1} = \frac{\Delta t_2 - \Delta t_1}{q}A$$

$$q = KA\frac{\Delta t_2 - \Delta t_1}{\ln(\Delta t_2/\Delta t_1)} \qquad (2-35)$$

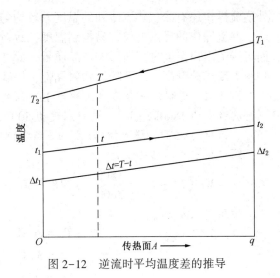

图 2-12　逆流时平均温度差的推导

式(2-35)是适用于整个换热器的传热总速率方程式。由该式可知，平均温度差 Δt_m 等于换热器两端处温度差的对数平均值，即

$$\Delta t_\mathrm{m} = \frac{\Delta t_2 - \Delta t_1}{\ln(\Delta t_2/\Delta t_1)} \qquad (2-36)$$

式中，$\Delta t_1 = T_1 - t_1$，$\Delta t_2 = T_2 - t_2$(并流)；$\Delta t_1 = T_1 - t_2$，$\Delta t_2 = T_2 - t_1$(逆流)。

当 $\dfrac{\Delta t_1}{\Delta t_2} \leq 2$ 时，$\Delta t_\mathrm{m} = \dfrac{\Delta t_1 + \Delta t_2}{2}$，即此时的 Δt_m(对数平均温度差)可用算术平均温度差代替。

3. 流体流动方向的选择

在间壁式换热器中，对逆流和并流两种情况，如何确定流体的流向，可考虑以下因素：

(1) 流体流动方向对传热平均温差的影响

在间壁式换热器中，两侧流体皆恒温或一侧流体恒温，一侧流体变温，并流或逆流操作对平均温度差无影响，此时流体的流向选择，主要考虑换热器的结构及操作上是否方便。

当间壁两侧流体皆为变温时，且两种流体的进出口温度一定时，$\Delta t_\mathrm{m逆} > \Delta t_\mathrm{m并}$，所以传递同样的热量，逆流操作所需的传热面积小些。

(2) 流体流动方向对载热体用量的影响

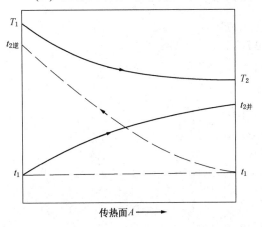

图 2-13　并、逆流换热出口温度分析

对间壁两侧流体皆恒温，或一侧恒温一侧变温的传热过程，用并、逆流操作时，载热体用量均相同。

对两侧流体皆为变温的传热过程，流体的流动方向影响流体的最终温度，如图2-13所示。高温流体由 T_1 降至 T_2，低温流体进口温度为 t_1，若并流操作，$t_\mathrm{2并} < T_2$(极限温度 $t_\mathrm{2并} = T_2$)；若逆流操作，$t_\mathrm{2逆} < T_1$(极限温度 $t_\mathrm{2逆} = T_1$)而 $T_1 > T_2$，则有可能 $t_\mathrm{2逆} > t_\mathrm{2并}$，由热量衡算式可知，逆流操作时低温流体用量有可能小于并流操作的用量。

综上所述，逆流操作的优点在于当需强化传热过程时，采用逆流操作优于并流操作，此

外逆流操作还有冷、热流体间的温度差较均匀的优点。

并流操作的优点是较容易控制温度，故对某些热敏性物料的加热，可控制出口温度，从而可避免出口温度过高而影响产品质量。此外，当加热黏性物料时，若采用并流操作，可使物料温度迅速升高，从而降低物料黏性，提高传热总系数。

例 2-4 现测定一台传热面积为 $3m^2$ 的列管式换热器的传热总系数。已知热水走管程，测得其流量为 $1800kg \cdot h^{-1}$，进口温度为 80℃，出口温度为 50℃；冷水走壳程，进口温度为 15℃，出口为 35℃，逆流操作(水的 $c_p = 4.18 \times 10^3 J \cdot kg^{-1} \cdot K^{-1}$)。

解 换热器的传热量 q

$$q = Wc_p(T_1 - T_2) = \frac{1800}{3600} \times 4.18 \times 10^3 \times (80 - 50) = 62700(J \cdot s^{-1}) = 62.7(kW)$$

传热温度差 Δt_m

$$T_1 = 80℃ \longrightarrow T_2 = 50℃$$
$$t_2 = 35℃ \longleftarrow t_1 = 15℃$$
$$\Delta t_1 = 45℃ \qquad \Delta t_2 = 35℃$$

因为 $\dfrac{\Delta t_1}{\Delta t_2} < 2$

$$\Delta t_m = \frac{\Delta t_1 + \Delta t_2}{2} = \frac{35 + 45}{2} = 40(℃)$$

传热总系数

$$K = q/(A \cdot \Delta t_m) = 62700/(3 \times 40) = 522.5(W \cdot m^{-2} \cdot K^{-1})$$

例 2-5 在某一已定尺寸的套管换热器中，热流体与冷流体并流换热。热流体流入温度为 120℃，排出温度为 70℃；冷流体进入时为 20℃，排出时为 60℃。若换热器及有关条件(进入温度及流量等)不变，将并流改为逆流，试计算冷、热流体排出温度，可设传热系数、物料比热容及设备热损失不变。

解 并流换热时，由能量守恒关系：

$$q = - W_h c_{ph}\Delta T = W_c c_{pc}\Delta t$$
$$- \Delta T = 120 - 70 = 50(K)$$
$$\Delta t = 60 - 20 = 40(K)$$

$$W_h c_{ph} = \frac{40}{50}W_c c_{pc} = 0.8 W_c c_{pc}$$

按传热总方程：

$$q = KA\Delta t_m = - W_h c_{ph}\Delta T$$
$$\Delta t_1 = 120 - 20 = 100(K)$$
$$\Delta t_2 = 70 - 60 = 10(K)$$

$$\Delta t_m = \frac{\Delta t_1 - \Delta t_2}{\ln \dfrac{\Delta t_1}{\Delta t_2}} = \frac{100 - 10}{\ln \dfrac{100}{10}} = 39.1(K)$$

$$- \frac{\Delta T}{\Delta t_m} = \frac{KA}{W_h c_{ph}}$$

$$\frac{KA}{W_h c_{ph}} = \frac{50}{39.1} = 1.28$$

改为逆流换热时，设 T_2 为热流体排出温度，t_1 为冷流体排出温度，因其他条件不变，由热量守恒

$$q = -W_h c_{ph} \Delta T = W_h c_{ph} (120 - T_2) = W_c c_{pc} \Delta t = W_c c_{pc} (t_1 - 20)$$

因为 $W_h c_{ph} = 0.8 W_c c_{pc}$

$$t_1 = 116 - 0.8 T_2$$

逆流时传热温差变化缓慢，可取算术平均值(本题中 $W_h c_{ph}$ 与 $W_c c_{pc}$ 相近，更可证实不会有剧烈变化)：

$$\Delta t_1 = 120 - (116 - 0.8 T_2) = 4 + 0.8 T_2$$

$$\Delta t_2 = T_2 - 20$$

$$\Delta t_m = \frac{\Delta t_1 + \Delta t_2}{2} = \frac{(4 + 0.8 T_2) + (T_2 - 20)}{2} = 0.9 T_2 - 8$$

代入传热总方程，且假设 K 和 A 不变，$q = KA\Delta t_m = W_h c_{ph} \Delta T$

$$\frac{KA}{W_h c_{ph}} = \frac{120 - T_2}{0.9 T_2 - 8} = 1.28$$

解之得

$$T_2 = 60.5℃$$

$$t_1 = 116 - 0.8 \times 60.5 = 67.6(℃)$$

§2-5 强化传热途径

强化传热过程，即力求用较小的传热面积或较小体积的传热设备来完成较大的传热任务；反之，称为削弱传热过程。由 $q = KA\Delta t_m$ 可知，提高 K、A 和 Δt_m 中任何一项，均可使 q 值增大。

§2-5.1 温度差 Δt_m

Δt_m 由热流体的 T_1、T_2 和冷流体的 t_1、t_2 决定。其中物料的温度由工艺决定，而冷却剂和加热剂的温度则因选择的介质不同而异。

冷却剂一般多用水，进口温度应根据当地水源情况而定，出口温度的高低不仅影响 Δt_m 值，而且也影响 W_c。考虑到给操作留有一定的调节余地，计算时冷却剂出口温度不宜过低。

加热剂的选择应考虑技术上的可能性和经济上的合理性。通常加热温度低于180℃时，多采用饱和水蒸气加热；高于180℃时，可采用联苯醚、烟道气等加热。

此外，当两侧流体均为变温的情况，应尽可能采用逆流操作。

§2-5.2 传热面积 A

对所设计的换热器而言，增大 A，即提高设备费用，故应设法增大单位体积内的传热面积，如螺纹管代替光滑管等。在两种流体的 α 相差很大时，应设法增加 α 小的一侧的传热面积。

若两种流体工艺上允许直接混合时，则应设法增加其接触面积，如采用泡沫冷却塔、文丘里冷却塔等。

§2-5.3 传热总系数 K

由 $K = \dfrac{1}{\dfrac{1}{\alpha_1} + \dfrac{\delta}{\lambda} + \dfrac{1}{\alpha_2}}$ 可见，提高 α_1、α_2、λ 及减少 δ 皆可以提高 K。当 α_1 和 α_2 相差较大时，则应设法提高 α 小的值。由于对流传热的热阻主要集中在层流内层中，故应从以下几方面进行强化：

① 增加流体湍流程度，以减小层流内层厚度。如提高流速可有效地提高无相变化流体的 α 值。但注意，流速增大，流体阻力增大，故提高流速有其局限性。增强流体湍流程度的另一种方法是改变流体流动条件，如设计特殊的传热面(管内装麻花铁等)。

② 采用有相变化的载热体。

③ 采用导热系数大的载热体，如液态金属等。

④ 采取防止和减缓污垢的生成措施，并及时除垢等。

§2-6 列管换热器

热交换器是化学工业生产中用以进行热交换操作的设备。热交换器按其用途可分为加热器、冷却器和冷凝器等，发生的都是流体与流体经间壁的间接换热，所用设备的基本结构也基本相同。热交换器在化工生产中最常用的是列管式热交换器，为此，本书仅介绍列管换热器。

§2-6.1 列管式热交换器的结构

列管式热交换器的构造紧凑，单位容积内有较大的换热面积(每立方米有效容积的传热面积可达 $40\sim150\text{m}^2$，一般为 $60\sim80\text{m}^2$)，是传热效率较高的热交换器。

列管式热交换器是在圆筒形的壳体中装设由多根平行管组成的管束，管的两端胀接或焊接在管板上。管内与管束隙间分别流动着进行热交换的两种流体，流体经过间壁而传递热量。管长与壳内径之比常为 $6\sim10$，如图 2-14 所示。

(1) 补偿热膨胀的措施

冷热流体因温度不同而使管束与壳体温度也不同，两者因热膨胀差异而产生热应力，严重时会使管子挤弯、拉脱、撕裂壳体等。常用的补偿热膨胀方法是壳体上装膨胀圈。

(2) 热交换器的程数

列管式热交换器的程数一般是指管程的程数，即管程流体流经管束的次数，流体只流经管束一次的称为单程，见图 2-14(a)。如果换热器封头管箱内有隔板将管束平分为两组，流体在管内流经两次称为双程，见图 2-14(b)。程数越多，流量越小，传热面积越大，但阻力增大，动力费用增加。

采用多程时，流体可有较大的流速，从而有较高的给热系数，但壳程采用多程，设备的制造、组装和检修都相当麻烦。

(3) 折流板

为加大管间流体的流速并提高其湍流程度，可在热交换器中安装折流板，以延长流体的换热时间并改善其给热系数值，最常用的折流板是圆缺形的(切去的弓形部分，高度一般为壳内径的 20%~25%)。

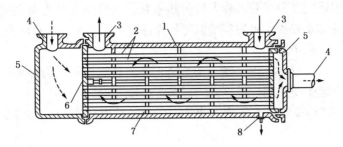

(a) 单程列管式换热器

1—外壳；2—管束；3，4—接管；5—封头；6—管板；7—挡板；8—泄水管

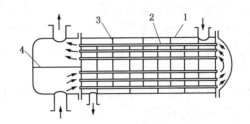

(b) 双程列管式换热器

1—壳体；2—管束；3—挡板；4—隔板

图 2-14　列管式热交换器

(4) 翅片管

翅片管是在管子上加上翅片，以代替一般光滑的换热管。翅片主要加在管外，采用轧制、滚压、焊接、铸造、胀压等方法制造，用于列管式热交换器，以空气为传热介质的冷却器、散热器，加热炉的对流段等。

翅片管主要用于热交换时给热系数很低的一侧。例如用饱和水蒸气经间壁加热气体或黏滞液体。用空气经间壁冷却热的液体时，传热系数 K 的控制因素即为气体或黏滞液体的给热系数 α。为改善 α 小的一侧的传热速率，利用翅片不仅可以增大传热面积(翅片的面积为光管面积的 2~3 倍)，还可增强气流的湍流程度。常用的翅片高度为 16mm。

§2-6.2　流程选择

流体在列管式热交换器中换热时，两流体分别流经哪一侧，主要根据流体性质、对传热有利、减少腐蚀和污垢沉积、降低压力、减轻设备重量和便于清洗等原则来选择，具体来讲：

① 腐蚀性流体走管程，以免换热管和壳体同时受腐蚀，并便于设备检修。

② 混浊或易析出沉渣结垢的流体走管程。因管程流体可获得较大流速(列管热交换器中，管内流体流速的常用范围为 $0.5 \sim 2.5 \mathrm{m \cdot s^{-1}}$，壳程流体流速的常用范围为 $0.2 \sim 1.2 \mathrm{m \cdot s^{-1}}$)，减少污垢，易于清洗。

③ 流量小的或黏滞性流体走管程，因可获较大流速而有较高的给热系数。

④ 压力高的流体宜在管程通过，以有利于设备制造或降低材料消耗，因壁厚与压力和容器的直径成正比。

⑤ 液-液热交换时，让温度高的液体走管程，可减少热损失。但饱和水蒸气宜走壳程，

因易于排出冷凝液，同时饱和水蒸气的给热系数高；给热系数低的走管程，因流速高而可获得较大的传热系数。当流体间温度差大时，给热系数大的流体走壳程，可使管壁温度与壳体温度接近而减少热应力。

思考题

1. 传热过程有哪几种方式？各有什么特点？每种传热方式在什么情况下起主要作用？

2. 什么叫稳态传热和非稳态传热？什么叫稳态的恒温传热和稳态的变温传热？说明条件并举例。

3. 写出传导传热基本方程式(傅里叶公式)和对流传热基本方程式(牛顿公式)，说明各项意义和导热系数、给热系数的特性。

4. 写出多层圆筒壁稳态传热时的传热速率计算公式，有何实际意义？

5. 对流传热的机理是怎样的？给热系数受到哪些因素的影响？

6. 热交换器中的传热包括哪些过程？影响总传热系数有哪些因素？为什么提高传热速率应当从给热系数小的一侧流体着重考虑？

7. 流体间热交换的温度差有两种，即冷热两流体间的温度差和冷流体或热流体换热前后的温度差，在换热计算时各有什么不同？

8. 连续稳态传热时(并流操作和逆流操作)传热平均温度差应如何计算？

9. 并流与逆流传热操作各有什么特点？

10. 试定性图示出如图所示 U 形管列管热交换器中冷热流体的温度随管长变化关系。

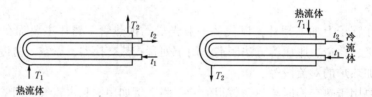

思考题 10 附图

11. 流体的质量(kg)与比定压热容 c_p 的乘积称为水当量。试定性图示出附图中冷热流体(热流体为 A，冷流体为 B，B 的水当量大于 A)的温度随管长变化的关系。

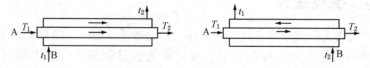

思考题 11 附图

12. 在水蒸气管道中通入一定流量和压力的饱和水蒸气，试分析：

(1) 在夏季和冬季，管道的内壁和外壁温度有何变化？

(2) 若将管道保温，保温前后管道内壁和最外侧壁面温度有何变化？

13. 每小时有一定量的气体在套管换热器中从 T_1 冷却到 T_2，冷却水进、出口温度分别为 t_1 和 t_2。两流体均为湍流流动。若换热器尺寸已知，气体向管壁的对流传热系数比管壁向水的对流传热系数小得多，污垢热阻和管壁热阻均可忽略不计。试讨论：

(1) 若气体的生产能力加大 10%，如仍用原换热器，但要求维持原有的冷却程度和冷却水进口温度不变，试问采取什么措施？并说明理由。

（2）若因气候变化，冷水进口温度下降至 t_1'，现仍用原换热器并维持原有的冷却程度，则应采取什么措施，说明理由。

（3）在原换热器中，若两流体为并流流动，如要求维持原有的冷却程度和加热程度，是否可能？为什么？如不可能，试说明应采取什么措施（$T_2 > T_1$）？

习题

1. 某燃烧炉的平壁由下列三种砖依次砌成：

耐火砖：导热系数 $\lambda_1 = 1.05 \text{W} \cdot \text{m}^{-1} \cdot \text{K}^{-1}$，厚度 $\delta_1 = 0.23\text{m}$

绝热砖：导热系数 $\lambda_2 = 1.151 \text{W} \cdot \text{m}^{-1} \cdot \text{K}^{-1}$，厚度 $\delta_2 = 0.23\text{m}$

普通砖：导热系数 $\lambda_3 = 0.93 \text{W} \cdot \text{m}^{-1} \cdot \text{K}^{-1}$，厚度 $\delta_3 = 0.23\text{m}$

若已知耐火砖内侧温度为 1000℃，耐火砖与绝热砖接触处温度为 940℃，而绝热砖与普通砖接触处的温度不得超过 138℃，试问：

（1）绝热层需几块绝热砖？　　　　　　　　（2块）

（2）此时普通砖外侧温度为多少？　　　　　（72.9℃）

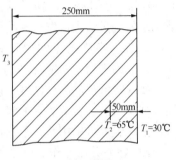

习题2附图

2. 如本题附图所示，已知平壁设备保温层外表面上的温度 $T_1 = 30℃$，保温层的厚度为250mm，从外表面插入深50mm处的温度计的读数 $T_2 = 65℃$，试求此保温层内表面上的温度 T_3。　　　　　　　　（205℃）

3. 某冷库平壁面由厚度 $\delta_1 = 0.013\text{m}$ 的松木内层（$\lambda_1 = 0.093 \text{W} \cdot \text{m}^{-1} \cdot \text{K}^{-1}$）、厚度 $\delta_2 = 0.1\text{m}$ 的软木中间层（$\lambda_2 = 0.046 \text{W} \cdot \text{m}^{-1} \cdot \text{K}^{-1}$）和厚度 $\delta_3 = 0.076\text{m}$ 的混凝土外层（$\lambda_3 = 1.4 \text{W} \cdot \text{m}^{-1} \cdot \text{K}^{-1}$）所组成。冷库内壁面温度为255K，混凝土外壁面温度为297K。各层接触良好。试计算稳态传热时，每平方米冷库平壁面上的热损失以及松木内层与软木中间层交界面的温度（T_2）。　　　　　　　　（257K）

4. 用 $\phi48\text{mm} \times 3\text{mm}$ 的钢管输送304kPa（3绝对大气压）的饱和水蒸气。外界空气为20℃，试求不保温与包上30mm石棉保温时每米管长的热损失速率（空气的给热系数可设为 $15 \text{W} \cdot \text{m}^{-2} \cdot \text{K}^{-1}$，水蒸气传热的热阻可忽略）。　　（258W·m⁻¹，108W·m⁻¹） → $258 \text{W} \cdot \text{m}^{-1}$，$108 \text{W} \cdot \text{m}^{-1}$

5. $\phi48\text{mm} \times 3\text{mm}$ 的钢管（$\lambda = 45 \text{W} \cdot \text{m}^{-1} \cdot \text{K}^{-1}$）包以20mm软木（$\lambda = 0.05 \text{W} \cdot \text{m}^{-1} \cdot \text{K}^{-1}$），再包上20mm石棉（$\lambda = 0.15 \text{W} \cdot \text{m}^{-1} \cdot \text{K}^{-1}$），管的内壁温度为120℃，保温层最外侧温度为30℃。

（1）试求每米管长的散热速率及各界面间的温度。

（$38.7 \text{W} \cdot \text{m}^{-1}$，$t_{管外} = 119.98℃$，$t_{软外} = 45.28℃$）

（2）若先包石棉，后包软木，则结果如何？

（$49 \text{W} \cdot \text{m}^{-1}$，$t_{管外} = 119.97℃$，$t_{石外} = 88.45℃$）

（3）若只包石棉40mm，则结果如何？

（$86.4 \text{W} \cdot \text{m}^{-1}$，$t_{管外} = 119.96℃$）

（4）若只包软木40mm，则结果如何？

（$28.8 \text{W} \cdot \text{m}^{-1}$，$t_{管外} = 119.99℃$）

（5）通过计算结果，可得出什么结论？

（通过计算可得，在对设备进行保温时，尽可能采用导热系数小的材料，如果用不同导

热系数的材料,导热系数小的材料应包扎在内层)

6. 有一个球形容器,其器壁材料的导热系数为 λ ,内、外壁半径分别为 r_1 和 r_2 ,内、外壁面的温度分别为 T_1 和 T_2 。试从傅里叶定律推导出此球形容器器壁的热传导公式(球体表面积为 $A=4\pi r^2$)。

7. 在某热裂化石油装置中,所产生的热裂物的温度为 300℃ 。今拟设计一个热交换器,利用此热裂物的热量来预热进入的待热裂化的石油。石油的温度为 20℃ ,需预热至 180℃ ,热裂物的最终温度不得低于 200℃ 。试计算热裂物与石油在并流及逆流时的平均温度差。

若需将石油预热到出口温度为 250℃ ,问应采用并流还是逆流?此种情况下的平均温差为多少?   (并流:98.5℃ ,逆流:150℃ ;只能采用逆流,101.5℃)

8. 在某套管式换热器中用水冷却热油,并采用逆流方式。水的进出口温度分别为 20℃ 和 60℃ ;油的进出口温度分别为 120℃ 和 70℃ 。如果用该换热器进行并流方式操作,并设油和水的流量、进口温度和物性均不变,问传热速率比原来降低百分之几?   (10.5%)

9. 在一逆流操作的列管式换热器中,用水冷却油。水的进出口温度分别为 20℃ 和 30℃ ,油的进出口温度分别为 150℃ 和 100℃ 。列管式换热器的管长为 1m 。现根据生产需要,要求降低油的出口温度,因而建议将原换热器换成长度为 1.5m 、管数与管径都不变的同系列换热器。若油和水的流量、进口温度及总传热 K 都不变,试求热油的出口温度。(提示:平均温差可采用算术平均值。)   (82.8℃)

10. 在一并流操作的换热器中,已知热流体的进出口温度分别为 $T_1=530K$, $T_2=460K$,冷流体的进出口温度分别为 $T_1'=390K$, $T_2'=450K$ 。若冷热流体的流量与初始温度不变,而采用逆流方式操作,试求此时冷热流体的出口温度及传热的平均温度差。假设并流与逆流操作情况下,冷热流体的物理性质及总传热系数不变,其热损失可忽略不计。

                                      (450K, 457K, 66.3K)

11. 有一直径为 60mm 的钢管,管内通过 200℃ 的某种热气体,热气体出口温度为 100℃ ,周围环境温度为 20℃ 。若管内气体与钢管的传热膜系数为 $30W \cdot m^{-2} \cdot K^{-1}$,管外空气与钢管的传热膜系数为 $10W \cdot m^{-2} \cdot K^{-1}$,钢管管壁较薄,无垢层,其热阻可忽略不计,试求:

(1)总传热系数 K ;   ($7.5W \cdot m^{-2} \cdot K^{-1}$)

(2)每米管长每小时的热损失。   ($6.3×10^5 J \cdot m^{-1} \cdot h^{-1}$)

12. 某甲醇氧化生产甲醛车间拟用一台列管式热交换器,壳程通入 0.3MPa (表压)的饱和水蒸气(143.5℃)加热原料气,使其由 60℃ 升温至 120℃ 。原料气进入管程,质量流量为 $2400kg \cdot h^{-1}$,比定压热容为 $1.34×10^3 J \cdot kg^{-1} \cdot K^{-1}$ 。并已知总传热系数为 $63W \cdot m^{-2} \cdot K^{-1}$,热交换器的热损失约为传热速率的 5% ,饱和水蒸气的冷凝热为 $2.14×10^6 J \cdot kg^{-1}$ 。试求:

(1)该热交换器的传热速率;   ($5.36×10^4 W$)

(2)水蒸气的消耗量;   ($94.7kg \cdot h^{-1}$)

(3)所需传热面积。   ($18.0m^2$)

13. 在间壁式热交换器中,用初温为 25℃ 的原油冷却重油,使重油从 200℃ 冷却至 140℃ 。重油和原油的质量流量分别为 $1.00×10^4 kg \cdot h^{-1}$ 和 $1.40×10^4 kg \cdot h^{-1}$,重油和原油的比定压热容分别为 $2.18×10^3 J \cdot kg^{-1} \cdot K^{-1}$ 和 $1.93×10^3 J \cdot kg^{-1} \cdot K^{-1}$,并已知其并流、逆流时的传热系数为 $115W \cdot m^{-2} \cdot K^{-1}$ 。若热损失略而不计,试求:

(1)原油的最终温度;   (73.4℃)

(2）并流和逆流时所需的传热面积。 （并流：28.1m²，逆流：26.1m²）

14. 某敞口蒸发器的传热面积为 6m²，用 140℃ 的饱和水蒸气加热器内的水溶液进行蒸发操作。已知该水溶液的沸点为 105℃，蒸发器的总传热系数为 582W·m⁻²·K⁻¹，105℃ 水的汽化热为 $2.25×10^6$ J·kg⁻¹。若将此水溶液预热至沸后再放入器内蒸发，并不计热损失，试求每小时蒸发的水量。 （195kg·h⁻¹）

15. 今有一个传热面积为 2.5m² 的热交换器，欲用来将质量流量为 720kg·h⁻¹、比定压热容为 0.84kJ·kg⁻¹·K⁻¹ 的二氧化碳气体由 80℃ 冷却至 50℃。所用冷却水的进出口温度分别为 20℃ 和 25℃，并已知并流或逆流时总传热系数都为 50W·m⁻²·K⁻¹。试问在并流或逆流操作方式下，现有热交换器的传热面积，能否满足上述冷却要求？

（并流：2.52m²，逆流：2.45m²）

16. 某换热器中装有若干根 ϕ32mm×2.5mm 的钢管，管内流过某种溶液，管外用 133℃ 的饱和水蒸气加热。现发现管内壁有一层厚约 0.8mm 的垢层。已知加热蒸气与溶液的对数平均温度差为 50K，溶液对壁面的传热膜系数 $\alpha_1 = 500$W·m⁻²·K⁻¹，蒸气冷凝的传热膜系数 $\alpha_2 = 10000$W·m⁻²·K⁻¹，垢层的导热系数 $\lambda_s = 1.0$W·m⁻¹·K⁻¹，钢管壁的导热系数 $\lambda_W = 49$W·m⁻¹·K⁻¹，试问：

（1）每平方米传热面积的传热速率及总传热系数为多少？

（$1.69×10^4$ W·m⁻²，339W·m⁻²·K⁻¹）

（2）如果不是钢管而是铜管，总传热系数 K 值将会增加百分之几？ （1.2%）

（3）如果用化学方法除去钢管壁上的垢层，总传热系数 K 值将会增加百分之几？

（37%）

（4）如果只是设法使原设备溶液侧传热膜系数 α_1 增大 50%，总传热系数 K 值将会增加百分之几？ （29%）

17. 一换热器由若干根长 3m、直径为 ϕ25mm×2.5mm 的钢管组成，要求将质量流量为 1.25kg·s⁻¹ 的苯从 350K 冷却到 300K，290K 的水在管内与苯逆流流动。已知苯侧和水侧的传热膜系数分别为 0.85kW·m⁻²·K⁻¹ 和 1.70kW·m⁻²·K⁻¹，污垢热阻可忽略，若维持水出口温度不超过 320K，试计算：

（1）传热平均温度差； （18.2K）

（2）总传热系数； （549W·m⁻²·K⁻¹）

（3）换热器管子的根数。 （51 根）

（已知苯的比定压热容 c_p 为 1.9kJ·kg⁻¹·K⁻¹，密度 ρ 为 880kg·m⁻³，钢管壁的导热系数 λ 为 45W·m⁻¹·K⁻¹。）

18. 在 1m 长并流操作的套管式换热器中，用水冷却油。水的进口和出口温度分别为 20℃ 和 40℃；油的进口和出口温度分别为 150℃ 和 110℃。现要求油的出口温度降至 90℃，油和水的进口温度、流量和物性均维持不变。若新设计的换热器保持管径不变，管长应增至多长方可满足要求？ （1.9m）

19. 一单程列管换热器，平均传热面积 A 为 200m²。310℃ 的某气体流过壳程，被加热到 445℃；另一种 580℃ 的气体作为加热介质流过管程。冷热气体呈逆流流动。冷热气体质量流量分别为 8000kg·h⁻¹ 和 5000kg·h⁻¹，平均比定压热容均为 1.05kJ·kg⁻¹·K⁻¹。如果换热器的热损失按壳程实际获得热量的 10% 计算，试求该换热器的总传热系数。

（24.2W·m⁻²·K⁻¹）

20. 某精馏塔的酒精蒸气冷凝器为一列管换热器，列管是由 20 根 $\phi24mm\times2mm$、长 1.5m 的黄铜管组成。管程通冷却水。酒精的冷凝温度为 78℃，汽化热为 879kJ·kg^{-1}，冷却水进口温度为 15℃，出口温度为 30℃。如以管外表面积为基准的总传热系数为 1000W·m^{-2}·K^{-1}，问此冷凝器能否完成冷凝质量流量为 200kg·h^{-1} 的酒精蒸气？　　　　　　(能)

21. 在列管式换热器中，用壳程的饱和水蒸气加热管程的甲苯。甲苯的进口温度为 30℃。饱和水蒸气的温度为 110℃，汽化热为 2200kJ·kg^{-1}，质量流量为 350kg·h^{-1}。以管外表面计算的传热面积为 2m^2，以外表面积为基准的总传热系数为 1750W·m^{-2}·K^{-1}。假设传热过程的平均温度差可按算术平均值计算，试求甲苯的出口温度(换热器的热损失可略而不计)。　　　　　　(68℃)

22. 有一列管式换热器，用壳程的饱和水蒸气加热管程的原油。列管由 $\phi53mm\times1.5mm$ 的钢管组成。已知壳程蒸气一侧的传热膜系数为 1.163×10^4 W·m^{-2}·K^{-1}，管程原油一侧的传热膜系数为 116W·m^{-2}·K^{-1}，钢管壁的导热系数为 46.5W·m^{-1}·K^{-1}，垢层热阻为 0.00043m^2·K·W^{-1}，试求该换热器的总传热系数。

如果在保持原有其他条件不变的情况下，只是将管程原油一侧的传热膜系数提高 1 倍，试问总传热系数将提高多少倍？　　　　(109W·m^{-2}·K^{-1}，1.89 倍)

23. 有一套管换热器，内管通热水，温度由 58℃降至 45℃。冷却水以逆流的方式流过管间，流量为 2.0×10^{-2}m^3·h^{-1}，温度由 15℃升至 45℃。已知内管外径为 100mm，长度为 1450mm。冷却水在此温度范围内的平均密度为 997kg·m^{-3}，比热容为 4.187kJ·kg^{-1}·K^{-1}。若热损失可略而不计，试求以内管外表面积为基准的总传热系数。　　　　(75.2W·m^{-2}·K^{-1})

24. 在一内管为 $\phi19mm\times2mm$ 的套管换热器中，热流体在管外流动，其进、出口温度分别为 85℃和 45℃，传热膜系数为 5000W·m^{-2}·K^{-1}。冷流体在管内流动，其进、出口温度分别为 15℃和 50℃，传热膜系数为 50W·m^{-2}·K^{-1}，质量流量为 20kg·h^{-1}，比定压热容为 1.0kJ·kg^{-1}·K^{-1}。冷热流体呈逆流流动。若换热器的热损失及管壁及垢层热阻均忽略不计，试求换热器管长为多少米？　　　　　　(2.3m)

25. 在套管换热器中，用 120℃的饱和水蒸气加热苯。苯在 $\phi50mm\times2.5mm$ 不锈钢管内流动，质量流量为 3600kg·h^{-1}，温度从 30℃加热到 60℃，比定压热容可取为 1.9kJ·kg^{-1}·K^{-1}，传热膜系数为 500W·m^{-2}·K^{-1}。若总传热系数近似等于管内苯一侧的传热膜系数，试求：

(1) 加热水蒸气消耗量(水蒸气冷凝相变热为 2204kJ·kg^{-1}，饱和冷凝液排出，热损失不计)；　　　　　　(93kg·h^{-1})

(2) 套管换热器的有效长度。　　　　　　(10m)

第3章 吸 收

§3-1 概 述

利用不同气体组分在液体溶剂中的溶解度差异,对其进行选择性溶解,从而将气体混合物各组分分离的单元操作,称为吸收。其流程见图3-1。

§3-1.1 吸收在化学工业中的应用

① 原料气的净化,即除去原料气中的杂质,其衡量标准是净化率。净化率也称吸收率。净化率是指溶质总量中被吸收部分所占的比例,可用如下的公式表示:

$$\eta = \frac{Y_b - Y_a}{Y_b} = 1 - \frac{Y_a}{Y_b} \qquad (3-1)$$

式中,η 为净化率;Y_b、Y_a 为吸收前、后溶质在气相中的摩尔比。

② 有用组分的回收,即从某些废气中回收有用组分,如从合成氨厂的放空气中用水回收氨。

③ 某些产品的制取,即将气体中特定的成分以特定的溶剂吸收出来,成为液态的产品或半成品,如盐酸、硝酸、硫酸的制取。

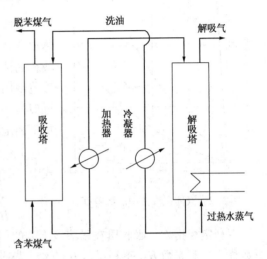

图3-1 吸收与解吸流程

④ 废气治理,即用特定的溶剂吸收气体中的有害成分,从而减少对环境的污染。

§3-1.2 吸收剂的选择

在吸收操作中,被分离(或吸收)的气体分溶质(A)和惰性气体(B),而所用的溶剂称为吸收剂(S)。

吸收操作中吸收剂的性能对吸收效果起着至关重要的作用,因此,对吸收剂的选择应注意:

① 对吸收质有较大的溶解度,以加速吸收,减少吸收剂用量;

② 对所吸收的组分具有较高的选择性,即吸收质在吸收剂中的溶解度较大,而其他组分不溶或几乎不溶;

③ 吸收质在吸收剂中的溶解度随温度的变化而有较大差异,以便使吸收剂再生;

④ 蒸气压要低,以减少吸收和再生过程中的挥发损失;

⑤ 化学稳定性好,黏度小,价廉,易得,无毒,不易燃。

吸收操作根据吸收过程溶质是否发生化学变化可分为化学吸收和物理吸收;根据吸收时温度是否发生明显变化可分为等温吸收和非等温吸收;根据吸收组分数目的多少可分为单组

分吸收和多组分吸收。本章以单组分等温物理吸收为重点，介绍其操作过程的基本原理和基本方法。

§3-2 吸收的气液相平衡

气液两相的相平衡关系，即在当时条件下吸收质(气相)在溶液(液相)中的溶解度。它决定着吸收的极限，也就是决定着系统的吸收率和所得溶液的浓度。

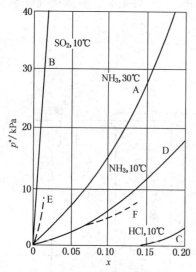

图 3-2 气体在液体中的溶解度

吸收质和吸收剂达到平衡时，溶液中溶解吸收质的数量与当时的温度、吸收质在气相中的分压或浓度、吸收质和吸收剂的性质有关，如图 3-2 所示。

§3-2.1 亨利定律

亨利简介

吸收操作常用于分离低浓度的气体混合物，低浓度气体混合物吸收时液相的浓度通常也较低，即常在稀溶液范围内。稀溶液的溶解度曲线通常近似为一条直线，此时，溶解度与气相平衡分压之间服从亨利定律，即

$$p_i^* = Hx \qquad (3-2)$$

式中　p_i^*——平衡时溶液上方吸收质的平衡分压，Pa；

　　　x——平衡时溶液中吸收质的摩尔分率；

　　　H——亨利系数，其值随温度升高而升高，Pa。

亨利定律指出，吸收质在稀溶液上方的气相分压与其在液相中的摩尔分率成正比，比例系数称为亨利系数 H。亨利系数 H 的大小与吸收质和吸收剂的种类及吸收温度有关，不同的吸收质，H 值越大，越难溶解；同一吸收质，温度升高，H 值增大，溶解度下降。

由于相组成的表示方法有多种形式，因而亨利定律也有多种表达式，如

$$p^* = \frac{c}{E} \qquad (3-3)$$

$$y^* = mx \qquad (3-4)$$

式中　c——液相中吸收质的物质的量浓度，$kmol \cdot m^{-3}$；

　　　E——溶解度系数，$kmol \cdot m^{-3} \cdot Pa^{-1}$；

　　　y^*——与 x 平衡的气相中吸收质的摩尔分率；

　　　m——相平衡常数，量纲为 1。

式(3-2)、式(3-3)和式(3-4)虽说所用单位不同，但在稀溶液范围内可将溶解度曲线视为直线这一点却是相同的。比较三式，不难得出三个比例系数 H、E、m 之间的关系为

$$m = \frac{H}{p} \qquad (3-5)$$

$$E = \frac{1}{H} \cdot \frac{\rho_s}{M_s} \qquad (3-6)$$

式中 p——混合气的总压，Pa；

M_S——吸收剂的平均摩尔质量，$kg \cdot mol^{-1}$；

ρ_S——吸收剂的密度，$kg \cdot m^{-3}$。

例 3-1 在操作温度为30℃、总压为101.3 kPa的条件下，含SO_2的混合气与水接触，试求与$y_{SO_2}=0.1$的混合气呈平衡的液相中SO_2的平衡浓度$c^*_{SO_2}$为多少（$kmol \cdot m^{-3}$）。该浓度范围气液平衡关系符合亨利定律。

解 根据亨利定律

$$c^*_{SO_2} = E p_{SO_2}$$

式中，p_{SO_2}为气相中SO_2的实际分压。由道尔顿分压定律

$$p_{SO_2} = p \cdot y_{SO_2} = 101.3 \times 0.1 = 10.1(kPa)$$

查表知30℃下SO_2的亨利系数$H=4.85 \times 10^3 kPa$，换算为溶解度系数

$$E = \frac{1}{H} \cdot \frac{\rho_S}{M_S} = \frac{1000}{4.85 \times 10^3 \times 18.0} = 0.0115(mol \cdot m^{-3} \cdot Pa^{-1})$$

所以

$$c^*_{SO_2} = 10.1 \times 0.0115 = 0.116(kmol \cdot m^{-3})$$

§3-2.2 摩尔比

在吸收过程中，气相中的吸收质进入液相，气相的量发生了变化，液相的量也随之改变，这使吸收计算变得复杂。为简便吸收计算，工程中采用在吸收过程中数量不变的气相中的惰性组分和液相中的纯溶剂为基准，用摩尔比来表示气相和液相中吸收质的含量，以Y表示气相中吸收质的含量，指每摩尔惰性气体中所带有的吸收质的物质的量；以X表示液相中吸收质的含量，指每摩尔纯溶剂溶解吸收质的物质的量。摩尔比与摩尔分率的关系为：

对气相

$$Y = \frac{y}{1-y} \quad 或 \quad y = \frac{Y}{1+Y} \tag{3-7}$$

对液相

$$X = \frac{x}{1-x} \quad 或 \quad x = \frac{X}{1+X} \tag{3-8}$$

将上述关系式代入相平衡关系式$y^* = mx$，得

$$Y^* = \frac{mX}{1+(1-m)X} \tag{3-9}$$

对稀溶液，X值较小，式(3-9)可简化为

$$Y^* = mX \tag{3-10}$$

例 3-2 含氨20%的NH_3-空气混合气$100m^3$，用水吸收至混合气中含氨5%。设吸收过程有中间冷却使前后温度不变，试求氨被吸收的体积数，并用摩尔比的计算作对比。

解 吸收前后混合气体积有变化，以吸收前气体体积为基准：吸收前混合气含氨$20m^3$，含空气$80m^3$。吸收后气体中含氨5%是指体积已减少的混合气中含氨5%，含空气95%，空气在过程中不变，故残余气中含氨体积为：

$$\frac{5}{95} \times 80 = 4.2(\mathrm{m}^3)$$

过程中被吸收的氨量为 $20-4.2=15.8(\mathrm{m}^3)$

以摩尔比计算(以惰性组分为基准):

$$Y_1 = 20/80 = 0.25 \qquad Y_2 = 5/95 = 0.053$$

过程中被吸收的氨量

$$80 \times (0.25 - 0.053) = 15.8(\mathrm{m}^3)$$

§3-2.3 相平衡与吸收过程的关系

1. 过程的方向

设在 1atm 和 20℃下稀氨水的相平衡方程为 $y=0.94x$，今使含氨 10%的混合气和 $x=0.05$ 的氨水接触。因实际气相浓度 y 大于与实际溶液浓度 x 成平衡的气相浓度 $y^*=0.047$，故两相接触时将有部分氨自气相转入液相，即发生吸收过程。

反之，若以 $y=0.05$ 的含氨混合气与 $x=0.1$ 的氨水接触，则因 $y<y^*$，或 $x>x^*$，部分氨将从液相转入气相，即发生解吸过程。

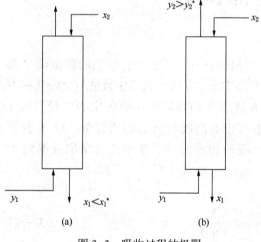

图 3-3 吸收过程的极限

2. 过程的极限

将溶质浓度为 y_1 的混合气送入吸收塔底部，溶剂自塔顶淋入作逆流吸收，如图 3-3 (a)所示。若减少淋下的吸收剂用量，则溶液在塔底出口浓度 x_1 必将增高。但即使在塔很高和吸收剂量很少的情况下，x_1 也不会无限增大，其极限是气相浓度 y_1 的平衡浓度 x_1^*，即

$$x_{1\max} = x_1^* = \frac{y_1}{m}$$

反之，当吸收剂用量很大而气体流量较小时，即使在无限高的塔内进行逆流吸收，如图 3-3 (b)所示，出口气体的溶质浓度也不会低于吸收剂入口浓度 x_2 的平衡浓度 y_2^*，即

$$y_{2\min} = y_2^* = mx_2$$

由此可见，相平衡关系限制了吸收剂离塔时的最高浓度和气体混合物离塔时的最低浓度。

3. 过程的推动力

平衡是过程的极限，只有不平衡的两相互相接触时才会发生气体的吸收或解吸。实际浓度偏离平衡越远，过程的推动力越大，过程速率也越快。在吸收过程中，通常以实际浓度与平衡浓度的偏离程度表示吸收过程的推动力。

图 3-4 是吸收塔的某一截面，该处气相组成为 y，液相组成为 x。在 x-y 表示的平衡溶解度曲线上，该截面的两相实际浓度如 A 点所示。显然，由于相平衡关系的存在，气液两相间的吸收推动力并非 $(y-x)$，而是 $(y-y^*)$ 或 (x^*-x)。$(y-y^*)$ 称为气相吸收推动力，(x^*-x) 称为液相吸收推动力。

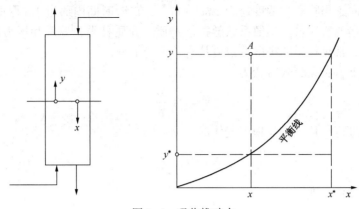

图 3-4　吸收推动力

§3-3　吸收速率

对于任何一个过程都需要解决两个问题，即过程的极限和过程的速率。吸收过程的极限决定于吸收的相平衡关系，吸收操作过程的强度则直接决定于吸收的速率。吸收过程是一个两相间的物质传递过程，其过程包含三个步骤：

①溶质由气相主体传递到两相界面，即气相内的物质传递；

②溶质在相界面上的溶解，由气相转入液相，即界面上发生的溶解过程；

③溶质自界面传递到液体主体，即液相内的物质传递。

一般说来，上述三个步骤中，第二步溶解过程很易进行，阻力极小，因此，界面上气液两相的溶质浓度满足相平衡关系，即相界面上总是保持着气液相平衡。这样，总过程速率将由两个单相(气相、液相)传质速率决定。

§3-3.1　单相内的扩散

吸收质在某一相中的扩散有分子扩散和对流扩散两种。在层流流动中，吸收质在垂直于流体流动方向的扩散靠分子运动完成；在湍流流动中，吸收质主要依靠流体质点不规则运动的涡流实现扩散，而在层流内层仍是分子扩散。

1. 分子扩散

分子扩散是吸收质在静止或层流流体中的扩散。分子扩散服从费克定律，扩散速率可以表示为

$$N = \frac{dn}{d\tau} = -DA\frac{dc}{d\delta} \tag{3-11}$$

式中　N——传质速率，$mol \cdot s^{-1}$

　　　A——相间传质接触面积，m^2；

　　　δ——扩散距离，即膜层厚度，m；

　　　c——吸收质的浓度，$mol \cdot m^{-3}$；

　　$dc/d\delta$——扩散层中的浓度梯度，负号表示扩散沿组分浓度降低的方向进行；

　　　D——扩散系数，$m^2 \cdot s^{-1}$。

扩散系数 D 是物质的一个物性常数，表示扩散质在介质中扩散能力的大小。其物理意

义是：沿扩散方向，当物质的浓度差为 $1mol \cdot m^{-3}$，在 1s 时间内通过 1m 厚的扩散层在 $1m^2$ 面积上所扩散传递的物质量。扩散系数随扩散物质、介质种类、温度和压力的变化而不同，其值由实验测定，常见物质的扩散系数可从有关手册中查得。

在稳态条件下，费克公式可变为

$$N = DA \frac{\Delta c}{\delta} \tag{3-12}$$

若扩散在气相中进行，且气相为理想气体混合物，则

$$N = DA \frac{\Delta p}{RT\delta_G} \tag{3-13}$$

若扩散在液相中进行，则

$$N = DA \frac{\Delta c}{\delta_L} \tag{3-14}$$

费克定律适用于两组分 A 与 B 等分子逆向互相扩散的情景。在吸收过程中，吸收剂 B 实际上(净结果)是"静止"的，对吸收质 A 通过另一"静止"组分，可用斯蒂芬定律表示

液相

$$N = DA \frac{\Delta c}{\delta_L} \cdot \frac{c_0}{c_{Bm}} \tag{3-15}$$

气相
$$N = DA \frac{\Delta p}{RT\delta_G} \cdot \frac{p}{p_{Bm}} \tag{3-16}$$

式中　c_0——液相总浓度，$kmol \cdot m^{-3}$；

　　　c_{Bm}——液体层两侧组分 B 浓度的对数平均值，$c_{Bm} = \dfrac{c_{B1} - c_{B2}}{\ln \dfrac{c_{B1}}{c_{B2}}}$，$kmol \cdot m^{-3}$；

　　　p——气相总压，Pa；

　　　p_{Bm}——气体层两侧组分 B 分压的对数平均值，$p_{Bm} = \dfrac{p_{B1} - p_{B2}}{\ln \dfrac{p_{B1}}{p_{B2}}}$，Pa。

2. 对流扩散

在传质设备中，流体流动多为湍流。湍流的特点在于流动存在着杂乱的涡流运动，除沿主体流动方向的整体流动外，其他方向上还存在着质点的脉动运动。由于流体质点是大量分子的微团，故在浓度梯度方向上的脉动造成的物质扩散将比分子扩散重要得多，使得扩散大大加快，这种扩散称为对流扩散。因为涡流或脉动现象很复杂，对流扩散不能像分子扩散那样能做出理论分析，而主要依靠实验方法来研究或模仿费克定律来表达。用费克定律表示涡流扩散速率

$$N = - D_E \cdot A \cdot \frac{\mathrm{d}c}{\mathrm{d}\delta} \tag{3-17}$$

式中　D_E——涡流扩散系数，它不是物质的特性常数，与湍流程度、质点位置等因素有关，$m^2 \cdot s^{-1}$。

湍流流动时，涡流扩散与分子扩散同时起着传质作用，这时对流扩散速率为：

$$N = - (D_E + D) \cdot A \cdot \frac{\mathrm{d}c}{\mathrm{d}\delta} \tag{3-18}$$

式中，D 与 D_E 的相对大小随位置而变。湍流主体以涡流扩散为主，$D_E \geqslant D$；层流内层以分子扩散为主，$D \geqslant D_E$，且 $D_E \approx 0$；在过渡层，D_E 与 D 数量级相等，两者都不可忽略。

§3-3.2 两相间传质

传质过程都在两相间进行，吸收过程同样如此。在吸收塔内某处，吸收质在气液界面两侧的分压和浓度变化如图 3-5 中的实线所示。一般情况下，气液相主体多为湍流，而在相界面两侧有两个层流层。层流层内为分子扩散，在稳态条件下，浓度梯度分别为 $dc/d\delta = -N/DA$，$dp/d\delta = -RTN/DA$，且为常数，在图中为一条向下倾斜直线；在过渡层，涡流扩散开始起作用，分压或浓度变化减缓；在湍流主体区，涡流扩散起主导作用，分压或浓度几近不变，在图上为接近水平的直线。

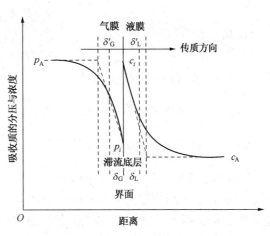

图 3-5　气液界面两侧吸收质的分压和浓度变化

对吸收这一典型的传质过程，其描述的理论模型是双膜理论，要点归纳如下：

① 气液两相间有一个稳定的相界面，其两侧分别存在稳定的气膜和液膜，膜的厚度或状态受主体流体的流动形态影响，但膜层总是存在。膜内以分子扩散为主，膜外以涡流扩散为主。

② 气相和液相主体因为湍流，主体中各点的吸收质浓度基本均一，无传质阻力。相界面上吸收质的溶解由于不需活化能，因而能较快地完成，即相界面上气液两相处于平衡状态，没有传质阻力。但吸收质必须扩散穿过膜层，因而传质阻力主要集中于膜层。

③ 若气相主体中吸收质的分压为 p，界面气膜的吸收质分压为 p_i，($p-p_i$) 即为气相吸收过程的推动力；同理，液相吸收过程的推动力为 (c_i-c)。当 $p > p_i$ 或 $c_i > c$ 时，吸收过程能持续进行。

双膜理论提出的物理模型使复杂的传质过程简化为两个虚拟膜层的分子扩散，膜层是吸收过程的阻力所在区域。

由双膜理论可知，吸收过程的气相推动力为 ($p-p_i$)，液相推动力为 (c_i-c)，代入式 (3-15)、式 (3-16) 得

气相

$$N = DA \frac{p(p - p_i)}{RT\delta'_G p_{Bm}} \qquad (3-19)$$

液相

$$N = DA \frac{c_o(c_i - c)}{\delta'_L c_{Bm}} \qquad (3-20)$$

式中　δ'_G，δ'_L——虚拟气膜和液膜的厚度，m。

§3-3.3 吸收速率方程

吸收速率方程是从扩散定律推导得出的，其用途是计算吸收率、吸收设备所需尺寸和吸

收所需时间等。在稳态操作下，气液两相传质速率是相等的，但由于考察范围及推动力表示形式不同，将吸收速率方程分为两类。

1. 单相吸收速率方程

气相

$$N = k_G A(p - p_i) \tag{3-21}$$

液相

$$N = k_L A(c_i - c) \tag{3-22}$$

式中　N——吸收速率，$kmol \cdot s^{-1}$；

k_G——气相传质系数，$k_G = \dfrac{D}{RT\delta_G} \cdot \dfrac{p}{p_{Bm}}$，$kmol \cdot m^{-2} \cdot s^{-1} \cdot Pa^{-1}$；

k_L——液相传质系数，$k_L = \dfrac{D}{\delta_L} \cdot \dfrac{c}{c_{Bm}}$，$m \cdot s^{-1}$。

吸收速率方程的推动力$(p-p_i)$和(c_i-c)的关系可以用图3-6来表示。图中OE是气液平衡线。OE以上区域为溶液不饱和区。以A点为例，A点表示吸收质浓度为c的溶液与分压为p的气体相接触，这时与分压为p的气相相平衡的溶液的浓度为c^*［图3-6(a)］，而$c^* > c$，因而吸收质继续从气相进入液相。若当时气液界面上吸收质在界面气相的分压为p_i，而在界面液相的浓度为c_i［图3-6(b)］，p_i与c_i处于平衡状态，在平衡线上可用I点位置表示。从图3-6(b)中可以看出$(p-p_i)$和(c_i-c)分别表示气相主体的吸收质向界面扩散和界面吸收质向液相主体扩散的推动力。

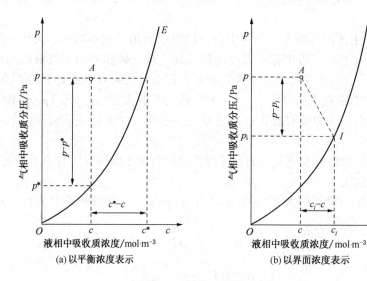

图 3-6　吸收时的推动力

在连续稳态条件下，

$$N = k_G A(p - p_i) = k_L A(c_i - c)$$

整理后得

$$-\frac{k_L}{k_G} = -\frac{p - p_i}{c_i - c} = \frac{p - p_i}{c - c_i} \tag{3-23}$$

显然，$-k_L/k_G$为AI线的斜率，因传质系数为传质阻力的倒数，I点的位置与气膜阻力之比有关。气膜阻力越大，I 点越下移；相反，亦之。

2. 吸收总速率方程

如果能测得 p_i 和 c_i，利用式(3-21)和式(3-22)就能计算吸收的速率，但实际上两者很难测得。在实际计算时，只能选取气相、液相主体的分压和浓度作依据来计算，此关系式即为吸收总速率方程。

（1）气相吸收总速率方程

由图 3-6(a)可见，若体系的溶液浓度为 c，溶液的吸收质平衡分压为 p^*，气相中吸收质的分压为 p，只要 $p>p^*$，吸收就能进行。从整体看，$(p-p^*)$ 就是吸收过程的推动力。此时，气相吸收总速率方程可写为

$$N = K_G A(p - p^*) \tag{3-24}$$

式中　K_G——气相吸收总系数，其倒数为气相吸收总阻力，$kmol \cdot m^{-2} \cdot s^{-1} \cdot Pa^{-1}$。

由亨利定律

$$p^* = \frac{1}{E}c \qquad p_i = \frac{1}{E}c_i$$

液膜吸收速率方程为

$$N = k_L A(c_i - c)$$
$$N = k_L EA(p_i - p^*)$$
$$\frac{N}{k_L E} = A(p_i - p^*) \tag{3-25}$$

气膜吸收速率方程为

$$N = k_G A(p - p_i)$$
$$\frac{N}{k_G} = A(p - p_i) \tag{3-26}$$

式(3-25)和式(3-26)合并整理，得到

$$N = \frac{1}{\frac{1}{Ek_L} + \frac{1}{k_G}} A(p - p^*) \tag{3-27}$$

式(3-27)与式(3-24)比较，得

$$\frac{1}{K_G} = \frac{1}{Ek_L} + \frac{1}{k_G} \tag{3-28}$$

即气相吸收总阻力等于气膜吸收阻力与液膜吸收阻力之和。

若 E 很大，$K_G \approx k_G$，吸收过程为气膜控制。

（2）液相吸收总速率方程

同理，吸收总速率方程也可以从液相这一侧考虑，由图 3-6(a)，液相速率总方程可写为

$$N = K_L A(c^* - c) \tag{3-29}$$

式中　K_L——液相吸收总系数，$m \cdot s^{-1}$。

$$\frac{1}{K_L} = \frac{E}{k_G} + \frac{1}{k_L} \tag{3-30}$$

若 E 很小，$K_L \approx k_L$，吸收过程为液膜控制。

当用摩尔比表示吸收推动力时，吸收总速率方程为

气相

$$N = K_Y A(Y - Y^*) \tag{3-31}$$

液相

$$N = K_X A(X^* - X) \tag{3-32}$$

式中　K_Y——以气相摩尔比差为推动力时的传质总系数，$kmol \cdot m^{-2} \cdot s^{-1}$；

　　　K_X——以液相摩尔比差为推动力时的传质总系数，$kmol \cdot m^{-2} \cdot s^{-1}$；

$$K_Y = \frac{K_G \cdot p}{(1 + Y)(1 + Y^*)}，若为稀溶液，K_Y \approx K_G \cdot p；$$

$$K_X = \frac{K_L \cdot c}{(1 + X^*)(1 + X)}，若为稀溶液，K_X \approx K_L \cdot c。$$

例 3-3　110kPa 下，氨吸收塔的某截面上，含氨摩尔分率为 0.03 的气体与氨浓度为 1kmol $\cdot m^{-3}$ 的氨水相遇，已知气相传质系数 $k_G = 5 \times 10^{-9} kmol \cdot m^{-2} \cdot s^{-1} \cdot Pa^{-1}$，液相传质系数 $k_L = 1.5 \times 10^{-4} m \cdot s^{-1}$，氨水的平衡关系可用亨利定律表示，溶解度系数 E 为 7.3×10^{-4} $kmol \cdot m^{-3} \cdot Pa^{-1}$，试计算：

（1）气液界面上的两相组成；

（2）以分压差和摩尔浓度差表示的总推动力、传质总系数和传质速率；

（3）气膜与液膜阻力的相对大小。

解（1）相界面上气液两相组成相互平衡，即

$$p_i = \frac{c_i}{E} = \frac{c_i}{7.3 \times 10^{-4}}$$

根据气、液相速率方程

$$N = k_G A(p - p_i) = 5 \times 10^{-9} A(110 \times 1000 \times 0.03 - p_i)$$

$$N = k_L A(c_i - c) = 1.5 \times 10^{-4} A(c_i - 1)$$

联立三式，并求解得

$$p_i = 1.45 \times 10^3 (Pa)$$

$$c_i = 1.06 (kmol \cdot m^{-3})$$

（2）以分压差表示的推动力

$$\Delta p = p - p^* = p - \frac{c}{E} = 110 \times 1000 \times 0.03 - \frac{1}{7.3 \times 10^{-4}} = 1.93 \times 10^3 (Pa)$$

以摩尔浓度差表示的推动力

$$\Delta c = c^* - c = E \cdot P - c = 7.3 \times 10^{-4} \times 110 \times 1000 \times 0.03 - 1 = 1.409 (kmol \cdot m^{-3})$$

传质总系数

$$K_G^{-1} = \frac{1}{k_G} + \frac{1}{Ek_L} = \frac{1}{5 \times 10^{-9}} + \frac{1}{7.3 \times 10^{-4} \times 1.5 \times 10^{-4}}$$

$$K_G = 4.78 \times 10^{-9} (kmol \cdot m^{-2} \cdot s^{-1} \cdot Pa^{-1})$$

$$K_L^{-1} = \frac{E}{k_G} + \frac{1}{k_L} = \frac{7.3 \times 10^{-4}}{5 \times 10^{-9}} + \frac{1}{1.5 \times 10^{-4}}$$

$$K_L = 6.55 \times 10^{-6} (m \cdot s^{-1})$$

传质速率

$$N/A = K_G(p - p^*) = 4.78 \times 10^{-9} \times 1.93 \times 10^3 = 9.23 \times 10^{-6} (\text{kmol} \cdot \text{m}^{-2} \cdot \text{s}^{-1})$$

$$N/A = K_L(c^* - c) = 6.55 \times 10^{-6} \times 1.409 = 9.23 \times 10^{-6} (\text{kmol} \cdot \text{m}^{-2} \cdot \text{s}^{-1})$$

（3）气膜阻力

$$\frac{1}{k_G} = 2 \times 10^8 (\text{m}^2 \cdot \text{s} \cdot \text{Pa} \cdot \text{kmol}^{-1})$$

液膜阻力

$$\frac{1}{Ek_L} = 9.18 \times 10^6 (\text{m}^2 \cdot \text{s} \cdot \text{Pa} \cdot \text{kmol}^{-1})$$

总阻力

$$\frac{1}{K_G} = \frac{1}{k_G} + \frac{1}{Ek_L} = 2.09 \times 10^8 (\text{m}^2 \cdot \text{s} \cdot \text{Pa} \cdot \text{kmol}^{-1})$$

$$\frac{气膜阻力}{总阻力} = \frac{2 \times 10^8}{2.09 \times 10^8} = 0.956$$

说明该吸收过程为气膜控制。

§3-4 吸收塔计算

吸收塔的计算包括设计计算和操作计算。设计计算主要是获得达到指定分离要求所需要的塔的基本尺寸、填料层高度和塔径。操作计算则要求算出给定的吸收塔的气、液相出口等参数。两种计算目的虽然不同，但都要运用物料衡算、相平衡关系和基于传质速率的吸收速率方程式。

吸收操作一般多采用逆流操作，这是因为逆流操作吸收速率快，吸收剂用量少。为计算方便，对塔内吸收过程做如下假设：

① 气相中的惰性组分和液相中的吸收剂的摩尔流量不变；
② 塔内温度处处相同；
③ 传质总系数在整个塔内为常数。

§3-4.1 物料衡算和操作线方程

操作线方程用来计算吸收剂的用量，并从操作线与平衡线间的关系求吸收的推动力。

操作线方程的依据是吸收塔中的物料衡算。在逆流吸收操作中，吸收剂和惰性气体量在吸收过程中没有变化，由图 3-7 对吸收质 A 做物料衡算。

进入物系的 A 量 = 离开物系的 A 量

$$V(Y + dY) + LX = VY + L(X + dX)$$

简化，得

$$VdY = LdX \qquad (3-33)$$

在连续稳态条件下，从塔底"1"至塔任一截面的物料衡算为

$$V(Y_1 - Y) = L(X_1 - X) \qquad (3-34)$$

或

$$Y = \frac{L}{V}X + \frac{VY_1 - LX_1}{V} \qquad (3-34a)$$

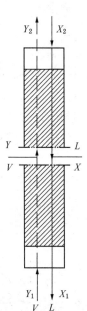

图 3-7 连续逆流
吸收塔的物料衡算

对全塔从塔底"1"到塔顶"2"的总物料衡算

$$V(Y_1 - Y_2) = L(X_1 - X_2) \qquad\qquad (3-35)$$

式中　V——单位时间通过吸收塔的惰性气体量，$mol \cdot s^{-1}$；

　　　L——单位时间通过吸收塔的吸收剂量，$mol \cdot s^{-1}$；

Y_1，Y_2——吸收塔塔底、塔顶处吸收质的气相摩尔比；

X_1，X_2——吸收塔塔底、塔顶处吸收质的液相摩尔比。

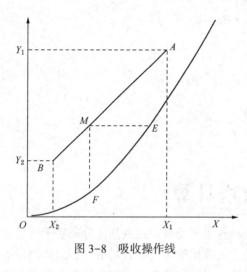

图3-8　吸收操作线

式(3-34a)称为吸收过程的操作线方程。

在稳态操作下，V、L、Y_1 和 X_1 均不随时间而改变，故吸收操作线方程在(X-Y)坐标图上为一直线，且通过 $A(X_1, Y_1)$、$B(X_2, Y_2)$ 两点，直线 AB 的斜率为 L/V。操作线上任一点，表示相对于吸收塔某一截面上气液两相的 Y 与 X 间的关系，见图3-8。

操作线方程依据的是物料守恒，因而它与气液平衡、吸收速率及其他因素没有直接关系。

操作线与平衡线间的距离是吸收推动力（Y-Y^*）（纵轴间距离）或（X^*-X）（横轴间距离）。

吸收操作中，每摩尔惰性气体所用吸收剂的物质的量称为吸收的液气比，它等于操作线的斜率

$$\frac{L}{V} = \frac{Y_1 - Y_2}{X_1 - X_2} \qquad\qquad (3-36)$$

通常 V、Y_1、Y_2 和 X_2 作为吸收工艺条件都已确定，Y_2 有时通过吸收率 η 间接给出。即

$$\eta = \frac{Y_1 - Y_2}{Y_1} \qquad\qquad (3-37)$$

此时，X_1 的大小则与 L 有关，吸收的液气比 L/V 值越大，吸收液的浓度 X_1 越小，吸收推动力越大；反之，L/V 降低，X_1 提高，推动力下降。若要保证吸收达到原有的吸收率，则气液两相的接触时间必须延长或接触面积必须增大，相应的吸收塔的高度或截面积必须增大。

当操作线的斜率 L/V 降低到与平衡线相交或相切时，见图3-9，吸收推动力为零，这时

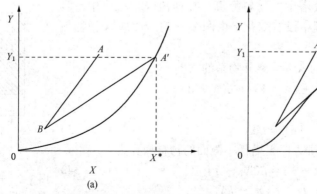

(a)

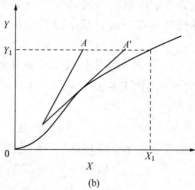

(b)

图3-9　吸收塔的最小液气比

的液气比称为最小液气比。在最小液气比条件下操作，所得的X_1最大，但要得到X_1的吸收液，则需无限大的接触面积。

应该注意，最小液气比是相对的。当吸收在最小液气比下进行时，吸收过程虽仍在进行，但不能达到预期的吸收率，即实得的Y_2将比预期的大或实得的X_1比预期的小。

由吸收操作图可以得出最小液气比$(L/V)_{min}$为

$$\left(\frac{L}{V}\right)_{min} = \frac{Y_1 - Y_2}{X_1^* - X_2} \qquad (3-38)$$

对服从亨利定律的体系

$$\left(\frac{L}{V}\right)_{min} = \frac{Y_1 - Y_2}{\left(\dfrac{Y_1}{m}\right) - X_2} \qquad (3-39)$$

在吸收操作过程中，吸收剂用量大，设备费用低，操作费用高；吸收剂用量小，设备费用高，操作费用低。通常取总费用（设备费与操作费之和）最低时的吸收剂用量为最适宜用量，此时的液气比称为适宜液气比。根据实践生产经验，适宜吸收剂用量为最小吸收剂用量的1.15~1.5倍，即

$$L_{适宜} = (1.15 - 1.5)L_{min} \qquad (3-40)$$

例3-4 化工厂某车间排出气体在填料吸收塔中用清水处理其中的SO_2。炉气流量（标准状态）$V = 5000 m^3 \cdot h^{-1}$，炉气中$y_{SO_2} = 0.08$，要求$SO_2$吸收率达到95%，逆流操作，水的用量是最小用量的1.5倍，操作条件下，气液平衡关系为$Y = 26.7X$，试计算吸收用水量。

解 进塔气SO_2浓度为

$$Y_1 = \frac{y_1}{1 - y_1} = \frac{0.08}{1 - 0.08} = 0.087$$

出塔气SO_2浓度为

$$Y_2 = (1 - \eta)Y_1 = (1 - 0.95) \times 0.087 = 0.00435$$

由于气液关系服从亨利定律，故

$$X_1^* = \frac{Y_1}{26.7} = \frac{0.087}{26.7} = 0.0033$$

$$\left(\frac{L}{V}\right)_{min} = \frac{Y_1 - Y_2}{X_1^* - X_2} = \frac{0.087 - 0.00435}{0.0033 - 0} = 25.05$$

$$V = \frac{5000}{22.4} \times (1 - 0.08) = 205.4 (kmol \cdot h^{-1})$$

$$\frac{L}{V} = 1.5\left(\frac{L}{V}\right)_{min}$$

$$L = 1.5\left(\frac{L}{V}\right)_{min} V = 1.5 \times 25.05 \times 205.4 = 7717.91 kmol \cdot h^{-1} = 38.6 (kg \cdot s^{-1})$$

§3-4.2 填料层高度（低浓度气体）

由于填料层的气液相浓度沿塔高连续变化，故不同塔截面上的推动力和传质速率并不相同。因此，必须建立填料层微元段的微分方程，然后沿整个塔高进行积分。

如图3-10所示，在吸收塔中取微元填料层，其高度为dh，气液接触面积为dA，依据物料衡算

$$dN = VdY = LdX \qquad (3-41)$$

又根据吸收速率方程

$$dN = K_Y(Y - Y^*)dA \qquad (3-42)$$

$$dN = K_X(X^* - X)dA \qquad (3-43)$$

该微元填料层的气液接触面积

$$dA = \Omega \cdot \alpha \cdot dh \qquad (3-44)$$

式中 Ω ——填料塔的横截面积，m^2；

α ——单位体积填料的有效气液接触面积，$m^2 \cdot m^{-3}$。

综合式(3-41)、式(3-42)和式(3-43)、式(3-44)得

$$VdY = K_Y(Y - Y^*) \cdot \Omega \cdot a \cdot dh \qquad (3-45)$$

$$LdX = K_X(X^* - X) \cdot \Omega \cdot a \cdot dh \qquad (3-46)$$

稳态操作时 V、L、a 和 Ω 均为定值，对低浓度气体吸收，K_Y 和 K_X 可视为常数，因而整理积分得

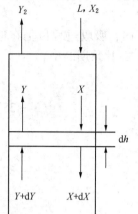

图 3-10 逆流操作填料
塔填料高度求算

$$h = \int_0^h dh = \frac{V}{K_Y a\Omega}\int_{Y_2}^{Y_1} \frac{dY}{Y - Y^*} \qquad (3-47)$$

$$h = \int_0^h dh = \frac{L}{K_X a\Omega}\int_{X_2}^{X_1} \frac{dX}{X^* - X} \qquad (3-48)$$

式(3-47)和式(3-48)即为填料层高度计算公式。

§3-4.3 传质单元数和传质单元高度

1. 传质单元数(N_{OG} 或 N_{OL})

传质单元是传质过程的一个重要概念。其意义可以表达为：

$$\frac{dY}{Y - Y^*} = \frac{\text{过程中吸收质的浓度变化}}{\text{过程的推动力}}$$

当吸收塔两截面间吸收质的浓度变化等于这个范围内的推动力时，这样一个区域就称为一个传质单元。整个填料层就由这些单元所组成，其积分值 $\int_{Y_2}^{Y_1} \frac{dY}{Y - Y^*}$ 的物理意义就是这些传质单元的数目，称为气相总传质单元数，以符号 N_{OG} 表示，即

$$N_{OG} = \int_{Y_2}^{Y_1} \frac{dY}{Y - Y^*} \qquad (3-49)$$

同理，液相总传质单元数为：

$$N_{OL} = \int_{X_2}^{X_1} \frac{dX}{X^* - X} \qquad (3-50)$$

在全塔吸收过程中，吸收质的浓度变化由吸收的工艺要求(如初始组成、吸收率等)所确定。推动力则与体系的平衡性质和操作条件有关，如吸收剂用量越大，相对地吸收液中 X 越低，对应气相中的 Y^* 也较低，吸收的推动力增大，传质单元数减少。

传质单元数的计算可以通过平衡线和操作线间的关系求算，常用的方法是图解积分法和解析法。

(1) 图解积分法

图解积分的基本原理为(以气相传质单元数为例)：

100

$$N_{\mathrm{OG}} = \int_{Y_2}^{Y_1} \frac{\mathrm{d}Y}{Y - Y^*}$$

以 Y 对 $\dfrac{1}{Y - Y^*}$ 作图，在 $Y_1 \sim Y_2$ 范围内，曲线下面积为 $\displaystyle\int \frac{\mathrm{d}Y}{Y - Y^*}$，计算该面积值即为传质单元数。

具体步骤：

① 以 $Y\text{-}X$ 坐标作出吸收平衡线；

② 在相图上作出操作线，即通过点 $(X_1,\ Y_1)$ 和 $(X_2,\ Y_2)$ 的直线；

③ 在 $Y_1 \sim Y_2$ 范围内设不同的 Y 值，从吸收平衡线找出各对应的 Y^*，求得各 $(Y - Y^*)$ 的值；

④ 以 Y 为横坐标，以 $\dfrac{1}{Y - Y^*}$ 为纵坐标作图，

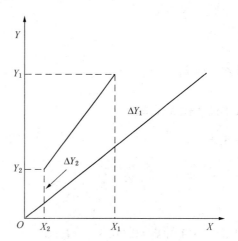

在 $Y_1 \sim Y_2$ 范围内曲线下的面积为 $\displaystyle\int \frac{\mathrm{d}Y}{Y - Y^*}$，其值就等于传质单元数 N_{OG}。

用相同的原理和方法也可以求 N_{OL}。

（2）解析法

解析法适宜用于气液平衡关系服从亨利定律，即在处理的浓度范围内平衡线为直线或接近于直线的情况。

解析法的推演过程如下：若物系服从亨利定律，其平衡线为直线，见图 3-11。由于吸收操作线也是直线，因此两线间的距离 $\Delta Y = (Y - Y^*)$（推动力）与 Y 之间也是直线关系。$Y = Y_1$ 时，

图 3-11　对数平均推动力法求 N_{OG}

$\Delta Y_1 = Y_1 - Y_1^*$；$Y = Y_2$ 时，$\Delta Y_2 = Y_2 - Y_2^*$。故 $\Delta Y\text{-}Y$ 直线的斜率为：

$$\frac{\mathrm{d}(\Delta Y)}{\mathrm{d}Y} = \frac{\Delta Y_1 - \Delta Y_2}{Y_1 - Y_2} \tag{3-51}$$

代入式（3-49）得

$$N_{\mathrm{OG}} = \int_{Y_2}^{Y_1} \frac{\mathrm{d}Y}{Y - Y^*} = \frac{Y_1 - Y_2}{\Delta Y_1 - \Delta Y_2} \int_{\Delta Y_2}^{\Delta Y_1} \frac{\mathrm{d}(\Delta Y)}{\Delta Y} = \frac{Y_1 - Y_2}{\Delta Y_1 - \Delta Y_2} \ln \frac{\Delta Y_1}{\Delta Y_2} = \frac{Y_1 - Y_2}{\Delta Y_{\mathrm{m}}} \tag{3-52}$$

式中

$$\Delta Y_{\mathrm{m}} = \frac{\Delta Y_1 - \Delta Y_2}{\ln \dfrac{\Delta Y_1}{\Delta Y_2}} = \frac{(Y_1 - Y_1^*) - (Y_2 - Y_2^*)}{\ln \dfrac{Y_1 - Y_1^*}{Y_2 - Y_2^*}} \tag{3-53}$$

称为填料层上、下两截面的对数平均传质推动力。

同理可得

$$N_{\mathrm{OL}} = \frac{X_1 - X_2}{\Delta X_{\mathrm{m}}} \tag{3-54}$$

$$\Delta X_{\mathrm{m}} = \frac{\Delta X_1 - \Delta X_2}{\ln \dfrac{\Delta X_1}{\Delta X_2}} = \frac{(X_1^* - X_1) - (X_2^* - X_2)}{\ln \dfrac{X_1^* - X_1}{X_2^* - X_2}} \tag{3-55}$$

当 $\Delta Y_1/\Delta Y_2 < 2$ 或 $\Delta X_1/\Delta X_2 < 2$ 时，可用算术平均值代替对数平均值，即

$$\Delta Y_m = \frac{\Delta Y_1 + \Delta Y_2}{2} \tag{3-56}$$

$$\Delta X_m = \frac{\Delta X_1 + \Delta X_2}{2} \tag{3-57}$$

例 3-5 用填料吸收塔逆流吸收 SO_2 和空气混合气中的 SO_2，吸收剂用清水。清水入口温度为 293K，操作压力为 101.3kPa，入塔气 $y_{SO_2} = 8\%$，要求吸收率为 95%，惰性组分流量为 70kmol·h^{-1}，在此条件下 SO_2 在两相间的平衡关系为 $Y = 26.7X$。取液气比为最小液气比的 1.4 倍，求此吸收过程的传质单元数。

解 入塔气组成

$$Y_1 = \frac{y_1}{1 - y_1} = \frac{0.08}{1 - 0.08} = 0.087$$

出塔气组成

$$Y_2 = (1 - \eta)Y_1 = (1 - 0.95) \times 0.087 = 0.00435$$

入塔液相组成 $X_2 = 0$

液气比

$$\frac{L}{V} = 1.4\left(\frac{L}{V}\right)_{\min}$$

$$\frac{Y_1 - Y_2}{X_1 - X_2} = 1.4 \times \frac{Y_1 - Y_2}{X_1^* - X_2} = 1.4 \times \frac{Y_1 - Y_2}{\left(\dfrac{Y_1}{26.7}\right) - 0}$$

出塔液相组成 $X_1 = 0.0023$

传质推动力

$$\Delta Y_1 = Y_1 - Y_1^* = 0.087 - 26.7 \times 0.0023 = 0.0256$$

$$\Delta Y_2 = Y_2 - Y_2^* = 0.00435 - 0 = 0.00435$$

$$\Delta Y_m = \frac{\Delta Y_1 - \Delta Y_2}{\ln\dfrac{\Delta Y_1}{\Delta Y_2}} = \frac{0.0256 - 0.00435}{\ln\left(\dfrac{0.0256}{0.00435}\right)} = 0.012$$

$$N_{OG} = \frac{Y_1 - Y_2}{\Delta Y_m} = \frac{0.087 - 0.00435}{0.012} = 6.888$$

2. 传质单元高度（H_{OG} 或 H_{OL}）

传质单元高度是指在填料比表面积和塔径已定的条件下，一个传质单元所需的传质面积所相当的填料层高度。显然，传质单元高度与传质总系数 K_Y 的值有关，K_Y 值越大，传质越易进行，相应的高度也就越小。V/Ω 相当于气体的流速，流速越大，同一塔高下气液接触时间越短，要达到规定的传质程度，需要塔高来补偿，即传质单元高度相应较大。

传质单元高度的计算可用下式：

$$H_{OG} = \frac{V}{K_Y a\Omega} \tag{3-58}$$

$$H_{OL} = \frac{L}{K_X a\Omega} \tag{3-59}$$

式中，V 和 L 由生产要求确定。a 由选定的填料和液体喷淋量确定，当填料表面全部润湿时，a 等于填料的比表面积值。Ω 根据塔中允许的流体流速确定。因此，求出 K_Y 或 K_X 后

就可以计算传质单元高度。

例 3-6 在例 3-5 的条件下，若气相总体积传质系数 K_Ya 为 $2.5\times10^{-2}\,kmol\cdot s^{-1}\cdot m^{-3}$，塔径 1m，求此过程的传质单元高度及塔高。

解 由 $H_{OG} = \dfrac{V}{K_Ya\Omega}$ 得

$$H_{OG} = \frac{70}{3600 \times 2.5 \times 10^{-2} \times \dfrac{\pi}{4} \times 1^2} = 0.991\,(m)$$

塔高为

$$h = N_{OG} \times H_{OG} = 6.888 \times 0.991 = 6.83\,(m)$$

§3-4.4 吸收塔塔径计算

吸收塔塔径的大小主要由设备单位时间处理混合气体的量(生产能力)和塔内所采用的气流速度来决定。对于圆筒形填料塔，其塔径为：

$$D = \sqrt{\frac{4V'}{\pi u_0}} \tag{3-60}$$

式中 V'——操作条件下混合气体体积流量，$m^3\cdot s^{-1}$；

  u_0——空塔气体流速，$m\cdot s^{-1}$。

进行塔径计算时，首先要根据填料塔流体力学特性，由液泛气速 u_f 确定空塔气速 u_0。选择较小的 u_0，塔压降小，动力消耗少，操作弹性大，但要完成一定的生产任务需要的塔径大，设备投入高；若选择较大的 u_0，动力消耗大，操作不稳定，难于控制，但塔径小，设备投入小。因此，u_0 的选择应综合考虑，通常适宜的 u_0 取液泛气速的 50%~85%。

§3-5 填料塔

塔设备是化学工业中广泛使用的重要生产设备。用作吸收操作过程的塔设备称为吸收塔。这类塔设备的基本功能在于提供气、液两相以充分接触的机会，使气、液两相间的传递过程能够迅速有效地进行，同时还要能使接触之后的气、液两相及时分开，互不夹带。

根据塔内气、液接触部件的结构型式，可将塔设备分为板式塔和填料塔两大类。目前在工业生产中，当处理量大时，多采用板式塔；而当处理量较小时，多采用填料塔。吸收操作的规模一般较小，故采用填料塔较多。本节重点介绍填料塔的结构特点、填料型式及填料塔附属设备等内容。

§3-5.1 填料塔的结构特点

填料塔的结构如图 3-12 所示。填料塔的塔体是一直立式圆筒，底部装有填料支承板，填料以乱堆或整砌的方式放置在支承板上。填料的上方安装填料压板及液体分布装置。填料压板的作用是为防止填料被上升气流吹动。液体自填料层顶部经液体分布装置分散后沿填料表面流下而润湿填料表面，气体在压力差推动下，通过填料间的空隙与液体逆流接触，由塔底流向塔顶。气液两相在填料表面的接触过程中完成传质过程。

当液体沿填料层向下流动时，有逐渐向塔壁集中的趋势，使得塔壁附近的液流量逐渐增

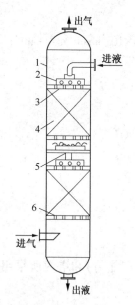

图 3-12 填料塔结构简图
1—塔体；2—液体分布器；
3—填料压紧装置；4—填料层；
5—液体收集与再分布装置；
6—支承栅板

大，这种现象称为壁流。壁流效应造成气液两相在填料层中分布不均，从而使传质效率下降。因此，当填料层较高时，需要进行分段，中间设置再分布装置。液体再分布装置包括液体收集器和液体再分布器两部分，上层填料流下的液体经液体收集器收集后，送到液体再分布器，经重新分布后喷淋到下层填料上。

塔壳可由陶瓷、金属、玻璃、塑料制成。必要时可在金属筒体内衬以防腐材料，为保证液体在整个截面上的均匀分布，塔体应具有良好的垂直度。

填料塔结构简单，而且流动阻力小，便于用耐腐材料制造。因此，在工业上的传质过程中，填料塔有广泛的应用。

§3-5.2 填料

填料是填料塔的核心，其作用是为气、液两相提供充分的接触面，并为提高其湍动程度创造条件，以利于传质。填料塔操作性能的好坏，与所选用的填料有直接的关系。为使填料塔发挥良好的效能，填料要符合以下要求：

① 要有较大的比表面积：单位体积填料层所具有的表面积称为填料的比表面积。要提高传质速率，必须有大的比表面积。此外，填料的表面只有被流动的液相润湿后，才能构成有效的传质面积。因此，在传质过程中，还要求填料有良好的润湿性能及有利于液体均匀分布的形状。

② 要有较高的空隙率：空隙率即单位体积填料层具有的空隙体积。当填料空隙率较高时，生产能力大，气流阻力小，操作弹性范围宽。

③ 要有较大的机械强度，重量轻，造价低，坚固耐用，不易堵塞。

④ 填料对于气液两相介质应有良好的化学稳定性、不易腐蚀等特性。

填料可由陶瓷、金属、塑料等材质制成。工业生产中所用的填料种类很多，根据装填方式的不同，可分为散装填料和规整填料。常见填料的形状如图 3-13 所示。

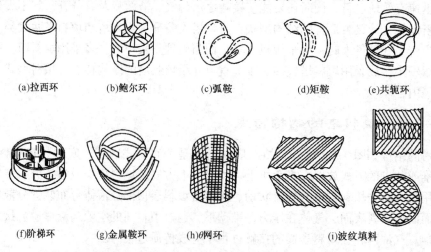

(a)拉西环　(b)鲍尔环　(c)弧鞍　(d)矩鞍　(e)共轭环

(f)阶梯环　(g)金属鞍环　(h)θ网环　(i)波纹填料

图 3-13 常见填料的形状

1. 散装填料

散装填料是一个个具有一定几何形状和尺寸的颗粒体，一般以随机的方式堆积在塔内，又称为乱堆填料或颗粒填料。散装填料根据结构特点不同，又可分为环形填料、鞍形填料、环鞍形填料及球形填料等。现介绍几种较为典型的散装填料。

拉西环是最早使用的一种填料，常用的拉西环是外径与高度相等的空心圆柱体，在强度允许的条件下，其壁厚应尽量薄一些，以提高空隙率及降低堆积密度。拉西环的主要优点是结构简单、制造方便、造价低廉。其缺点在于气、液接触面小，液体的沟流及壁流现象严重，气体阻力大，操作弹性范围窄等。

鲍尔环是对拉西环的改进，是在普通拉西环的侧壁上开有两排长方形窗孔，被切开的环壁形成叶片，一边仍与壁面相连；另一端向内弯曲，并在中心与其他叶片相搭。上下两排窗孔位置交错，开孔总面积约为整个环壁面积的35%。鲍尔环由于环壁开孔，大大提高了环内空间及环内表面的利用率，气流阻力小，液体分布均匀。与拉西环相比，鲍尔环的气体通量可增加50%以上，传质效率提高30%左右。

阶梯环填料是对鲍尔环的改进，与鲍尔环相比，阶梯环高度减少了一半并在一端增加了一个锥形翻边。由于高径比减少，使得气体绕填料外壁的平均路径大为缩短，减少了气体通过填料层的阻力。锥形翻边不仅增加了填料的机械强度，而且使填料之间由线接触为主变成以点接触为主，这样不但增加了填料间的空隙，同时成为液体沿填料表面流动的汇集分散点，可以促进液膜的表面更新，有利于传质效率的提高。阶梯环的综合性能优于鲍尔环，是目前使用的环形填料中较为优良的一种。

鞍形填料是一种敞开型填料，包括弧鞍和矩鞍。弧鞍形填料其形状如同马鞍，一般采用瓷质材料制成。弧鞍填料的特点是表面全部敞开，不分内外，液体在表面两侧均匀流动，表面利用率高，流道呈弧形，流动阻力小。其缺点是易发生套叠，致使一部分填料表面被重合，使传质效率降低。弧鞍填料强度较差，易破碎，工业中使用较少。矩鞍填料将弧鞍填料两端的弧形面改为矩形面，且两面大小不等。矩鞍填料堆积时不会套叠，液体分布较均匀，效率较高，且空隙率也有所提高，阻力较低，不易堵塞。矩鞍填料一般采用瓷质材料制成，其性能优于拉西环。目前，绝大多数应用瓷拉西环的场合，均已被瓷矩鞍填料所取代。

共轭环填料是由阶梯环填料改良而成，具有比表面积大、阻力小、优质高效等优点，是拉西环、阶梯环的替代产品。共轭环填料糅合了环形和鞍形填料的优点，采用共轭曲线肋片结构，两端外卷边及合适的长径比。填料间及填料与塔壁间均为点接触，不会产生叠套，孔隙均匀，乱堆时取定向排列，具有规整填料的特点，有较好的流体力学及传质性能。

2. 规整填料

规整填料是按一定的几何构形排列，整齐堆砌的填料。规整填料种类很多，根据其几何结构可分为格栅填料、波纹填料、脉冲填料等，目前工业上使用较广的波纹填料。

波纹填料由许多层波纹薄板组成，各板高度相同，但长度不等。波纹与水平方向成45°，相邻两板反向叠靠，使其波纹倾斜方向互相垂直。长短不等的波纹板搭配排列成圆饼状，圆饼的直径略小于塔径，各饼垂直叠放于塔内，相邻的上下两饼之间，波纹板片排列方向互成90°角。

波纹填料按结构可分为网波纹填料和板波纹填料两大类，其材质又有金属、塑料和陶瓷等之分。

金属丝网波纹填料是网波纹填料的主要型式，它是由金属丝网制成的。金属丝网波纹填料的压降低，分离效率很高。尽管其造价高，但因其性能优良仍得到了广泛的应用。

金属孔板波纹填料是板波纹填料的一种主要型式。该填料的波纹板片上冲压有许多5mm左右的小孔，可起到粗分配板片上的液体、加强横向混合的作用。波纹板片上轧成细小沟纹，可起到细分配板片上的液体、增强表面润湿性能的作用。金属孔板波纹填料强度高，耐腐蚀性强，特别适用于大直径塔及气液负荷较大的场合。

金属压延孔板波纹填料是另一种有代表性的板波纹填料。它与金属孔板波纹填料的主要区别在于板片表面不是冲压孔，而是刺孔，用辊轧方式在板片上辊出很密的孔径为0.4～0.5mm小刺孔。其分离能力类似于网波纹填料，但抗堵能力比网波纹填料强，并且价格便宜，应用较为广泛。

波纹填料流体阻力小，空塔气速可以提高，因结构紧凑，具有较大的比表面积，且因相邻两饼间板片相互垂直，使上升气体不断改变方向，下降液体不断重新分布，所以其效率高于一般乱堆填料。

§3-5.3 填料塔的附属设备

填料塔的附属设备包括填料支承板、填料压板、液体分布装置和再分布装置，气体进口分布装置和出口除雾装置等。

1. 填料支承板

填料支承装置既要有足够的机械强度，承受填料层及其所持液体的重量，同时又要留出足够的空隙面积供气、液通过。一般要求支承板的自由截面积与塔截面积之比大于填料层的空隙率。最简单的支承装置为栅板。栅板一般由扁钢条组成。若被处理的物料为腐蚀性很强的酸类，则支承装置可采用陶质多孔板。

2. 液体分布装置

如果液体淋洒不良会导致液体在填料表面分布不均匀，填料表面不能被充分润湿，甚至出现沟流现象，严重降低填料表面的有效利用率，塔的效率就会下降。为此，必须在塔顶向填料层上面提供良好的液体初始分布，以保证有数目足够多而且分布均匀的喷淋点。液体分布装置有多种型式，如图3-14所示。如莲蓬式喷洒器，喷头的下部为半球形多孔板，液体以一定的压头供入喷头，经小孔喷出；弯管式喷洒器，液体从弯管中喷出后经反弹和溢流进入填料；筛孔盘式喷洒器，是将液体加至分布盘上，经盘底的筛孔进行分散。

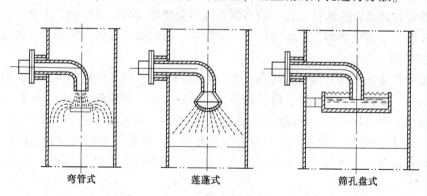

弯管式　　　　莲蓬式　　　　筛孔盘式

图3-14　液体分布装置

液体在乱堆填料中向下流动时，有一种逐渐偏向塔壁的趋势，为避免因发生这种现象而使填料表面利用率下降，在填料层中每隔一定距离设液体再分布器。再分布器的型式很多，最简单的是截锥式，即在塔壁上焊接一截锥筒体。对于整砌填料，一般不需要再分布装置，因为在这种填料层中液体沿垂直方向流下，没有趋向塔壁的效应。

为避免操作中因气速波动而使填料被冲动及损坏，常需在填料层顶部设置填料压板。气体入口结构要考虑使气体均匀地进入填料，气体出口有时需设置除沫装置，液体出口常设液封装置。

思考题

1. 吸收剂的选择应注意什么？吸收的类型有哪些？

2. 说明亨利定律适用的范围，在不同形式的表达式中系数 H、E、m 的意义，并推导它们之间的关系。

3. 比较传热过程与吸收传质过程的相似和不同。

4. 双膜理论的主要要点是什么？

5. 什么是气膜控制？什么是液膜控制？

6. 影响吸收传质系数的因素有哪些？根据具体情况，可采取什么措施来提高传质系数？

7. 写出逆流吸收操作线方程，并绘制吸收操作线。

8. 什么是液气比？它对吸收操作过程产生什么样的影响？什么是最小液气比？如何计算？

9. 什么是传质单元数和传质单元高度？其计算公式是什么？

10. 如何计算吸收塔的塔高？在计算时应注意什么？

习题

1. 在表压为 1.42MPa 和温度为 25℃下，用清水吸收二氧化碳与空气混合气中的二氧化碳。已知混合气中 CO_2 的体积分率为 0.26。试计算：

(1) 混合气中 CO_2 的分压、摩尔分率和摩尔比(比摩尔分率)；　　(395kPa，0.26，0.351)

(2) 当吸收率为 96% 时，尾气中 CO_2 的分压、摩尔分率和摩尔比(比摩尔分率)；

(21.0kPa，0.0138，0.014)

(3) 当尾气中 CO_2 的体积分率为 0.036 时的吸收率。　　　　　　　　　(89.4%)

2. 在 101.3kPa 和 20℃下，二氧化硫与空气混合气和二氧化硫水溶液之间的平衡关系遵循亨利定律，且已知亨利系数 $H = 3.55×10^3$kPa。当水溶液中二氧化硫的质量分率为 0.025 时，试求：

(1) 气相中二氧化硫的平衡分压 p_A^*；　　　　　　　　　　　　　　　　(25.4kPa)

(2) 气相中二氧化硫的平衡浓度 y_A^*，摩尔分率。　　　　　　　　　　　　(0.25)

3. 在总压为 $3.022×10^5$Pa 和温度为 20℃下，氨的摩尔分率为 $3.00×10^{-2}$ 的稀氨水，其上方气相平衡分压为 $2.499×10^3$Pa，在此状况下平衡关系服从亨利定律，试求亨利常数 H、溶解度常数 E 和相平衡常数 m 的数值。(稀氨水的密度可近似取为 $1000kg·m^{-3}$)

($8.33×10^4$Pa，$6.88×10^{-1}$mol·m^{-3}·Pa^{-1}，0.276)

4. CO_2 分压为 50.67kPa 的混合气体分别与 CO_2 的摩尔浓度为 $10mol·m^{-3}$ 的水溶液和 CO_2 的摩尔浓度为 $50mol·m^{-3}$ 的水溶液接触，系统温度均为 25℃。气液平衡关系 $p_A^* = 1.66×10^5x$kPa。试求上述两种情况下两相的推动力(分别以气相分压和液相摩尔分率来表示)。并说明 CO_2 在两种情况下属吸收还是解吸。

(20.69kPa，$1.25×10^{-4}$，吸收；99.33kPa，$5.98×10^{-4}$，解吸)

107

5. 拟用逆流操作的吸收塔，在 101.33kPa 和 20℃用清水吸收空气中的 CO_2。若塔底进入的混合气体中含 CO_2 的体积分率为 0.060，塔底出口溶液含 CO_2 的摩尔分率为 $4.0×10^{-5}$，且要求两者均保持不变。

(1) 当操作温度由 20℃改为 10℃时，塔底的传质推动力 $(y_1-y_1^*)$ 将有何变化？

(5.8 倍)

(2) 当操作压力增加 1 倍时，塔底传质推动力 $(y_1-y_1^*)$ 将会增加多少倍？　(8.9 倍)

(已知：20℃时体系的亨利常数 $H_{20℃}=1.44×10^5kPa$；10℃时体系的亨利常数 $H_{10℃}=1.05×10^5kPa$)

6. 用清水逆流吸收某一组分，已知混合气离塔时浓度为 $0.0040mol·mol^{-1}$ (惰气)，溶液出口浓度为 $0.012mol·mol^{-1}$ (H_2O)。该系统的平衡关系为 $Y^*=2.52X$，塔底以气相浓度差表示的推动力为 0.0298，试求该混合气的进塔气体浓度及以气相浓度差表示的塔顶推动力。

(0.060，0.0040)

7. 已知某低浓度气体被吸收时，平衡关系服从亨利定律，气膜传质系数 $k_g=2.74×10^{-7}$ $mol·m^{-2}·s^{-1}·Pa^{-1}$，液膜传质系数 $k_1=0.25m·h^{-1}$，溶解度常数 $E=1.5mol·m^{-3}·Pa^{-1}$。试求气相吸收总系数 K_G，并指出该吸收过程是属于气膜控制还是液膜控制。

($2.73×10^{-7}mol·m^{-2}·s^{-1}·Pa^{-1}$，气膜控制)

8. 在压力为 101.3kPa、温度为 20℃下，用水吸收空气中的氨，相平衡关系符合亨利定律，亨利常数为 $8.33×10^4Pa$。在稳态操作条件下，吸收塔中某一个横截面上的气相平均氨的摩尔比(比摩尔分率)为 0.12，液相平均氨的摩尔比(比摩尔分率)为 $6.0×10^{-2}$，以 ΔY 为推动力的气相传质膜系数 $k_Y=3.84×10^{-1}mol·m^{-2}·s^{-1}$，以 ΔX 为推动力的液相传质膜系数 $k_X=10.2mol·m^{-2}·s^{-1}$，试问：

(1) 以 ΔY 为推动力的气相总传质系数为多大？　($0.372mol·m^{-2}·s^{-1}$)

(2) 此种吸收是液膜控制还是气膜控制？　(气膜控制)

(3) 该截面上气液界面处的气液两相浓度为多少？　($5.14×10^{-2}$，$6.26×10^{-2}$)

9. 已知：$N_A=K_Y(Y-Y^*)=K_X(X^*-X)$ 及 $N_A=k_Y(Y-Y_i)=k_X(X_i-X)$

试证明：

$$\frac{1}{K_Y}=\frac{m}{k_X}+\frac{1}{k_Y}$$

$$\frac{1}{K_X}=\frac{1}{mk_Y}+\frac{1}{k_X}$$

10. 在逆流操作的吸收塔中，用清水吸收分离焦炉气中的氨气。焦炉气中氨含量为 $1.00×10^{-2}kg·m^{-3}$，焦炉气的处理量(标准状态)为 $5000m^3·h^{-1}$，回收率不低于 95%，清水的用量为最小用量的 1.5 倍。在常压和 30℃下操作，气液平衡关系为 $Y^*=1.2X$，试计算实际需用吸收剂的质量流量及吸收液的组成。　($6.77×10^3kg·h^{-1}$，$7.45×10^{-3}$)

11. 在一个填料塔内，用清水吸收氨–空气混合气中的氨。混合气中 NH_3 的分压为 $1.44×10^3Pa$，经处理后降为 $1.44×10^2Pa$，入塔混合气体的体积流量(标准状态)为 $1000m^3·h^{-1}$。塔内操作条件为 20℃，$1.01×10^5Pa$ 时，该物系的平衡关系式为 $Y^*=2.74X$，试求：

(1) 该操作条件下的最小液气比；　(2.47)

(2) 当吸收剂用量为最小用量的 1.5 倍时，吸收剂的实际质量流量；

($2.93×10^3kg·h^{-1}$)

（3）在实际液气比下，出口溶液中氨的摩尔比（比摩尔分率）。　　　　　　　　　　$(3.52×10^{-3})$

12. 石油炼制排出的气体中含有体积分率为 0.0291 的 H_2S，其余为碳氢化合物。在一逆流操作的吸收塔中用三乙醇胺水溶液去除石油气中的 H_2S，要求吸收率不低于 99%。操作温度为 27℃、压力为 0.10MPa 时，气液两相平衡关系式为 $Y^* = 2.0X$。进塔三乙醇胺水溶液中不含 H_2S，出塔液相中 H_2S 的摩尔比（比摩尔分率）为 0.013。已知单位塔截面上单位时间流过的惰性气体量为 $15mol·m^{-2}·s^{-1}$，气相体积吸收总系数 K_Ya 为 $40mol·m^{-3}·s^{-1}$。试求吸收塔所需填料层高度。　　　　　　　　　　　　　　　　　　　　　　　　　　　　　　　　　　　$(7.8m)$

13. 拟用内径为 1.8m 逆流操作的吸收塔，在常温常压下吸收氨-空气混合气中的氨。已知空气的摩尔流量为 $0.14kmol·s^{-1}$，进口气体中含氨的体积分率为 0.020，出口气体中含氨的体积分率为 0.0010，喷淋的稀氨水溶液中氨的摩尔分率为 $5.0×10^{-4}$，喷淋量为 $0.25kmol·s^{-1}$。在操作条件下，物系服从亨利定律，$Y^* = 1.25X$，体积吸收总系数 $K_Ya = 4.8×10^{-2}kmol·m^{-3}·s^{-1}$。试求：

（1）塔底所得溶液的浓度；　　　　　　　　　　　　　　　　　　　　　　　　　　(0.0114)
（2）全塔的平均推动力 ΔY_m；　　　　　　　　　　　　　　　　　　　　　　　$(2.07×10^{-3})$
（3）吸收塔所需的填料层高度。　　　　　　　　　　　　　　　　　　　　　　　　　$(11m)$

14. 在塔径为 0.2m、填料层高度为 4.0m 的吸收塔中，用清水吸收空气中的丙酮。已知进塔气体中丙酮的摩尔分率为 0.060，出塔气体中丙酮的摩尔分率为 0.0030，混合气的体积流量为 $16.8m^3·h^{-1}$，每 100g 出塔吸收液中含丙酮 6.2g，在 27℃ 和 0.10MPa 操作条件下，物系平衡关系式为 $Y^* = 2.53X$，试求：

（1）气相体积吸收总系数 K_Ya；　　　　　　　　　　　　　　　　　　　$(47.5kmol·m^{-3}·h^{-1})$
（2）每小时吸收的丙酮量。　　　　　　　　　　　　　　　　　　　　　　　　　$(2.3kg·h^{-1})$
（已知：丙酮的摩尔质量为 $58kg·kmol^{-1}$）

15. 在一填料塔中，在稳态逆流操作下用水吸收空气中的丙酮。已知进入塔内的混合气中含丙酮的摩尔分率为 0.060，其余为空气，进塔水中不含丙酮，出塔尾气中丙酮的摩尔分率为 0.019，平衡关系式为 $Y^* = 1.68X$。若操作液气比 $L/V = 2.0$，填料层填充高度为 1.2m，试求该填料层的气相传质单元高度。　　　　　　　　　　　　　　　　　　　　　　　　　$(0.624m)$

16. 有一个填料吸收塔，塔径为 800mm，填料层高度为 6m，填料比表面积为 $93m^2·m^{-3}$。该塔在 25℃ 和 0.10MPa 下用清水吸收混合气体中的丙酮。已知每小时处理 $2000m^3$ 混合气体，混合气中丙酮的体积分率为 0.05，其他为惰性气体。若要求吸收率为 95%，塔底出口溶液浓度为 0.065kg（丙酮）·kg^{-1}（水），气液平衡关系式为 $Y^* = 2.0X$，当填料表面只有 90% 被润湿时，试求：

（1）吸收过程的平均推动力 ΔY_m；　　　　　　　　　　　　　　　　　　　　　(0.00637)
（2）吸收速率 N_A；　　　　　　　　　　　　　　　　　　　　　　　　　$(3.88kmol·h^{-1})$
（3）气相吸收总系数 K_Y；　　　　　　　　　　　　　　　　　　　　　　$(2.41kmol·m^{-2}·h^{-1})$
（4）吸收剂的质量流量 $q_{m,L}$。　　　　　　　　　　　　　　　　　　　　$(3.49×10^3kg·h^{-1})$

17. 在一个填料吸收塔内，用清水吸收空气中的甲醇。混合气中含甲醇的体积分率为 0.080，在操作压力为 101.3kPa、温度为 25℃ 时，其平衡关系式为 $Y^* = 1.24X$，用水量为最小用水量的 1.4 倍，以摩尔比表示推动力的气相吸收总系数 $K_Y = 2.28×10^{-4}kmol·m^{-2}·s^{-1}$。填料层高度 6m，所用填料的比表面积 $a = 190m^2·m^{-3}$，若处理混合气体的量为 $15000m^3$（标准）·h^{-1}，吸收率为95%，试计算：

（1）水的质量流量；   （1.86×10^{4}kg·h^{-1}）

（2）吸收液出口浓度；   （4.92×10^{-2}）

（3）吸收塔的直径。   （2.38m）

18. 拟设计一个填料吸收塔，在常压下用清水除去某气体中的有害组分 A。每小时的处理量为5490m^3（标准），入塔气体中组分 A 的体积分率为0.020，要求出塔气体中组分 A 的体积分率小于0.00040。在操作条件下，物系的相平衡常数 m=2.5，选用操作液气比为最小液气比的1.5倍。由相关计算得到该塔的传质单元高度 H_{OG}=1.13m 时，试求：

（1）所需的填料层高度；   （10m）

（2）吸收剂（水）的实际耗用量。   （1.59×10^{4}kg·h^{-1}）

19. 有一填料层高度为8.0m 的吸收塔，用清水与混合气逆流接触，除去其中的有害组分 A。在某操作条件下，测得组分 A 在进、出塔处气相中的摩尔比（比摩尔分率）分别为 Y_1=0.020，Y_2=0.0040，而 A 在出塔液相中的摩尔比（比摩尔分率）X_1=0.0080，相平衡常数 m=1.5，试求：

（1）该条件下，气相总传质单元高度，H_{OG}；   （2.89m）

（2）为使组分 A 在气相中的排放浓度降为 Y_2'=0.0020，而操作液气比、总传质系数及塔径等不变，填料层高度应改为多高？   （14m）

20. 在内径为300mm、填料层高度为3.2m 的填料塔内，用水吸收空气中的某有害气体。已知气相进出口浓度 Y_1=0.1，Y_2=0.004，空气流量 V=10kmol·h^{-1}，水流量 L=20kmol·h^{-1}，在操作条件下，物系遵循亨利定律 Y^*=0.5X，试求该塔的体积吸收系数 K_Ya。已知 $K_Ya \propto V^{0.7}$，当 V'=1.25V 时（假设此时塔仍能正常操作，且 Y_1、Y_2、X_2、L、D 均保持不变），问填料层高度还需增加多少米？   （174kmol·m^{-3}·h^{-1}，0.43m）

21. 根据工艺过程要求，需在一个逆流接触的填料塔用吸收剂对混合气进行吸收操作。按照原定操作要求，气相进出口吸收质 A 的摩尔比（比摩尔分率）分别为 Y_1=0.020，Y_2=0.0035，液相进出口吸收质 A 的摩尔比分别为 X_2=0，X_1=0.0080，则填料层设计高度为1.8m。现因尾气排放提高了要求，需将尾气浓度降至0.0030。若操作条件（温度、压力、气相和液相流量以及气液进口浓度）均维持不变，问填料层需增高多少米？已知气液平衡关系式为 Y^*=1.8X。   （0.3m）

22. 在高度为6m 的填料塔内，用纯吸收剂 C 吸收气体混合物中的可溶组分 A。在操作条件下相平衡常数 m=0.5。当单位吸收剂耗用量 L/V=0.8 时，吸收率可达90%。现改用另一种性能较好的填料，在相同操作条件下其吸收率提高到95%，试问改换填料后气相体积吸收总系数（K_Ya）将有何变化？   （为原来1.42倍）

第4章 精　馏

在各种传质过程中，蒸馏(精馏)是最重要和最基本的操作之一。它广泛应用于石油炼制(如常压蒸馏)、石油化工(如各种烃类及其衍生物的分离)、炼焦化工(如焦油分离)、基本有机合成、精细有机合成、高聚物生产、基本化工及轻化工生产中。

液体都具有挥发而变成蒸气的能力，这种能力称为物质的挥发性。利用不同物质间挥发性的差异而将液体混合物分离的操作称为蒸馏。其所得产物可以是纯的单组分，也可以是具有一定沸点范围的馏分。

蒸馏包括简单蒸馏、平衡蒸馏、精馏、特殊精馏等。当液体混合物中各组分间挥发性差异很大，同时对分离要求不太高时，可以用简单蒸馏或平衡蒸馏加以分离。当混合物中各组分间挥发性相差不大，又要求将各组分完全分离时，则需用精馏分离。当组分间挥发性相差很小时，则用特殊精馏加以分离。

若将液体混合物加热使其部分汽化，则沸点低的组分(称为易挥发组分或轻组分)先汽化、沸点高的组分(称为难挥发组分或重组分)后汽化，当气液两相达到平衡时，气相中易挥发组分的含量高于液相中该组分的含量，而液相中难挥发组分的含量也会高于该组分在气相中的含量。若液体混合物只经一次部分汽化和一次部分冷凝，最终得到易挥发组分含量较高的混合液，这种操作称为简单蒸馏，它是间歇过程。若同时对液体混合物进行多次部分汽化和对混合物的蒸气进行多次部分冷凝(回流)，最终可以在气相中得到纯度较高的易挥发组分，在液相中得到纯度较高的难挥发组分，这种操作称为精馏。

精馏按操作压力高低可以分为常压精馏、减压精馏和加压精馏；按操作是否连续可分为连续精馏和间歇精馏；按混合液中组分数目可分为双组分精馏和多组分精馏。在工业生产过程中，遇到的几乎都是双组分物系的分离，并且多组分物系的分离是以双组分物系为基础，因此，本章重点研究双组分物系的精馏。

§4-1　双组分物系气液相平衡

两组分物系处于气、液两相平衡共存状态时，描述该状态的变量是温度、总压和气液两相的组成。根据相律可知，其自由度 $F = C - \phi + 2 = 2 - 2 + 2 = 2$，即只需任意规定其中两个变量，所处的状态便被惟一确定。通常以一定总压下的沸点-组成(t-x 或 t-y)、气-液组成(y-x)或一定温度下的平衡分压-组成(p-x)的函数关系表达。

§4-1.1　理想溶液的气液相平衡

液体混合物的气液平衡关系是分析精馏操作和进行精馏设计计算的理论基础。这种关系原则上需通过实验测定，但对于理想溶液则可通过计算求得。

理想溶液是指各组分的性质极相似，分子的结构相近，分子与分子之间无缔合作用，同种分子之间和异种分子之间的作用力相等的溶液；相反则称之为非理想溶液。理想溶液服从拉乌尔定律，即

$$p_i = p_i^\circ x_i \qquad (4-1)$$

式中 p_i——溶液中某一组分的蒸气压，Pa;

$\quad\quad p_i^\circ$——在同一温度下，该纯组分的饱和蒸气压，Pa;

$\quad\quad x_i$——该组分在溶液中的摩尔分率。

若理想溶液为 A(轻组分)、B(重组分)两组分构成的双组分溶液，则

$$p_A = p_A^\circ x_A$$

$$p_B = p_B^\circ x_B = p_B^\circ (1 - x_A)$$

设总压为 p，由道尔顿分压定律

$$p = p_A + p_B = p_A^\circ x_A + p_B^\circ (1 - x_A)$$

$$x_A = \frac{p - p_B^\circ}{p_A^\circ - p_B^\circ} \qquad (4-2)$$

设 y_A 为组分 A 在气相中(液、气两相平衡)的摩尔分率，则

$$y_A = \frac{p_A}{p} = \frac{p_A^\circ x_A}{p} = \frac{p_A^\circ x_A}{p_A^\circ x_A + p_B^\circ (1 - x_A)} \qquad (4-3)$$

当 A、B 两个纯组分在不同温度下的蒸气压数据为已知时，就可根据上述公式建立起理想溶液的气液平衡关系，即可以得到恒定总压下的温度-组成(t-x 或 t-y) 和气-液组成(y-x)关系，并可作出 t-$x(y)$ 和 y-x 相平衡图，如图 4-1、图 4-2 所示。

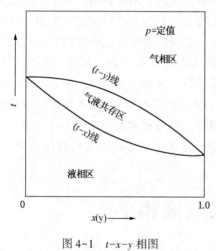

图 4-1 t-x-y 相图

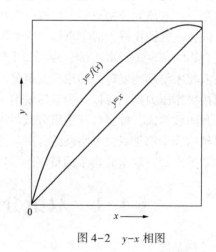

图 4-2 y-x 相图

§4-1.2 挥发度与相对挥发度

纯液体的挥发度是指该液体在一定温度下的饱和蒸气压，而溶液中各组分的蒸气压因组分间的相互作用要比纯态的低，故溶液中各组分的挥发度(v)可以用它在蒸气中的分压和与之平衡的液相中的摩尔分率之比来表示，即

$$v_A = p_A / x_A \qquad (4-4)$$

$$v_B = p_B / x_B \qquad (4-5)$$

由于溶液中组分的挥发度随温度的变化而变化，在使用上不方便，因而引入了相对挥发度的概念。习惯上将溶液中易挥发组分 A 的挥发度 v_A 与难挥发组分 B 的挥发度 v_B 之比称为相对挥发度。记作 α_{AB} 或 α，即

$$\alpha_{AB} = \frac{v_A}{v_B} = \frac{p_A/x_A}{p_B/x_B} = \frac{p_A/p_B}{x_A/x_B}$$

或

$$\alpha_{AB} = \frac{y_A/y_B}{x_A/x_B} = \frac{y_A/(1-y_A)}{x_A/(1-x_A)} \qquad (4-6)$$

相对挥发度表示两组分挥发度的差异，当 $\alpha_{AB} > 1$ 时

$$\frac{y_A}{1-y_A} > \frac{x_A}{1-x_A} \qquad y_A > x_A$$

说明 α_{AB} 的大小表示轻组分在气相中的浓度大小，α_{AB} 愈大，越易分离；当 $\alpha_{AB} = 1$ 时，$y_A = x_A$，（气、液相组成相等，为恒沸体系），用普通蒸馏不能分离。因而 α_{AB} 的大小直接可用于判断混合液使用蒸馏分离的难易程度。相对挥发度 α_{AB} 与相平衡曲线的关系如图4-3所示。

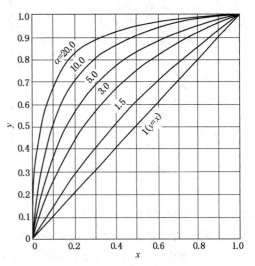

图 4-3　相对挥发度 α 为定值时的相平衡曲线（恒压）

对于理想溶液

$$v_A = p_A/x_A = p_A^\circ$$
$$v_B = p_B/x_B = p_B^\circ$$
$$\alpha_{AB} = p_A^\circ/p_B^\circ$$
$$y_A = \frac{\alpha_{AB} x_A}{1+(\alpha_{AB}-1)x_A}$$

或

$$y = \frac{\alpha x}{1+(\alpha-1)x} \qquad (4-7)$$

式(4-7)称为理想溶液相平衡关系式。若 α_{AB} 已知，即可求得 y-x 的关系。

§4-1.3　t-x-y 相图和 y-x 相图

精馏通常在一定压力下进行，当压力恒定后，溶液的沸点只随组成而变。如果横坐标表示气相或液相组成 $x(y)$，纵坐标表示温度 t，所得的相图就是 t-x-y 相图，见图4-1。图中 t-y 线称为露点线（亦称气相线），它描述的是平衡体系温度与气相组成的关系，露点方程式

$$y_A = \frac{p-p_B^\circ}{p_A^\circ-p_B^\circ} \cdot \frac{p_A^\circ}{p}$$

图中 t-x 线称为泡点线（亦称液相线），它描述的是平衡体系温度与液相组成的关系，泡点方程式

$$x_A = \frac{p-p_B^\circ}{p_A^\circ-p_B^\circ}$$

图中 t-y 线以上区域为气相区，t-x 线以下区域为液相区。在 t-y 线和 t-x 线之间为气液共存区，t-y 线和 t-x 线为气液平衡线。

若以气相组成 y 为纵坐标，液相组成 x 为横坐标，作气、液两相平衡图即可得 y-x 相图，见图4-2。y-x 相图表示在一定压力下，液相组成 x 和与之平衡气相组成 y 的关系。气液组成通常用低沸点物（轻组分 A）的摩尔分率表示，y-x 相图通常由 t-x-y 相图作出。在

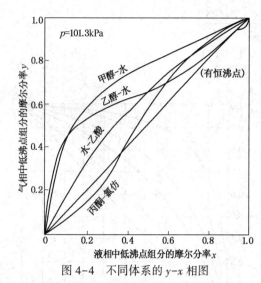

图 4-4　不同体系的 $y-x$ 相图

$y-x$ 相图中，体系的相对挥发度 α 直接决定着平衡线的位置，若体系是理想溶液，相平衡线可用

$$y = \frac{\alpha x}{1 + (\alpha - 1)x}$$ 描述。

双组分液体混合物的 $y-x$ 平衡数据可以从有关手册查出。图 4-4 为 $y-x$ 平衡曲线的几种形式。当混合液具有恒沸点时，在该点上 $y=x$，即曲线与对角线相交。甲醇-水、水-乙酸的 $y-x$ 在对角线左上方，属于无恒沸体系，而乙醇-水、丙酮-氯仿则是具有恒沸点体系。

注意：

① 恒压条件下，双组分平衡物系中仅有一个自由度，即在温度 t 与组成 $x(y)$ 这两个参数中，只要决定一个参数，另一个即被确定。换言之，恒压下的双组分平衡物系中存在着两个对应关系：$t-x(y)$ 和 $x-y$。

② 在一定外压下，纯组分的饱和蒸气压与外压相等时，液体开始沸腾，其对应的温度称为沸点。外压一定时，纯组分的沸点为定值。在一定外压下，液体混合物的沸腾温度称为泡点，泡点与混合物的组成有关。在 $t-x-y$ 相图上，泡点线（$t-x$ 线）表示不同组成液体混合物的泡点温度。

③ 在操作温度范围内（即操作温度的上、下限之间）物系的相对挥发度变化不大时，可取其平均值进行计算，$\alpha_{\mathrm{m}} = \dfrac{1}{2}(\alpha_1 + \alpha_2)$。若变化较大时，平均相对挥发度可用其他方法计算。

例 4-1　苯(A)和甲苯(B)纯组分在不同温度下的饱和蒸气压如下表所示：

$t/℃$	80.1	84.0	88.0	92.0	96.0	100.0	104.0	108.0	110.8
$p_{\mathrm{A}}^{\circ}/kPa$	101.3	113.6	130.0	143.7	160.5	179.2	199.3	221.2	233.0
$p_{\mathrm{B}}^{\circ}/kPa$	39.3	44.4	50.6	57.6	65.7	74.5	83.3	93.9	101.3

(1) 试作出该体系在常压下的 $t-x-y$ 相图；

(2) 计算不同温度下苯-甲苯的相对挥发度；

(3) 利用其平均值计算不同温度下的气液相平衡组成。

解　(1) 将表中数据分别代入 $y_{\mathrm{A}} = \dfrac{p_{\mathrm{A}}^{\circ} x_{\mathrm{A}}}{p}$ 和 $x_{\mathrm{A}} = \dfrac{p - p_{\mathrm{B}}^{\circ}}{p_{\mathrm{A}}^{\circ} - p_{\mathrm{B}}^{\circ}}$ 计算各温度下的 x_{A} 和 y_{A} 值，计算结果如下：

$t/℃$	80.1	84.0	88.0	92.0	96.0	100.0	104.0	108.0	110.8
x_{A}	1.000	0.822	0.639	0.508	0.376	0.256	0.155	0.058	0.000
y_{A}	1.000	0.922	0.819	0.720	0.595	0.453	0.305	0.127	0.000

由此数据作 $t-x-y$ 图，见图 4-5。

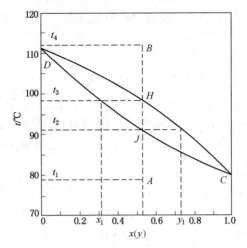

图 4-5 苯-甲苯体系的 t-x-y 图

（2）将表中数据代入 $\alpha = p_A^\circ / p_B^\circ$，计算不同温度下的 α，其计算结果如下：

$t/℃$	80.1	84.0	88.0	92.0	96.0	100.0	104.0	108.0	110.8
α	2.578	2.559	2.569	2.495	2.443	2.405	2.393	2.356	2.300

相对挥发度的平均值为

$$\alpha = \frac{2.578 + 2.559 + 2.569 + 2.495 + 2.443 + 2.405 + 2.393 + 2.356 + 2.300}{9} = 2.455$$

（3）将数据表中的 x 值逐个代入 $y = \dfrac{\alpha x}{1 + (\alpha - 1)x}$ 中，求出不同温度下的 y 值，计算结果如下：

$t/℃$	80.1	84.0	88.0	92.0	96.0	100.0	104.0	108.0	110.8
x	1.000	0.823	0.639	0.508	0.376	0.256	0.155	0.058	0.000
y	1.000	0.919	0.813	0.717	0.597	0.458	0.310	0.131	0.000

将表中数据与计算结果比较，可以看出，用平均相对挥发度求得的气相组成与用 $y = \dfrac{p_A^\circ x_A}{p}$ 计算结果基本一致。

§4-2　连续精馏

精馏操作是工程上利用液体混合物中各组分挥发度不同的性质将其进行高纯度分离的操作。

由图 4-6 可知，若将组成为 x_F 的液体混合物加热至某一温度，混合液体即部分汽化，其蒸气组成为 y_1，未汽化液体组成为 x_1，y_1 与 x_1 互成平衡关系。由图中可以看出 $y_1 > x_1$，$x_1 < x_F$。若将蒸气全部冷凝成液体，该液体组成为 $x_2 (= y_1)$。可见，通过部分汽化可将原组成为 x_F 的液体分离成组成为 x_1 和 x_2 的两种液体。显然，将液体混合物进行一次部分汽化，只能起到部

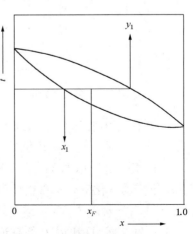

图 4-6　一次部分汽化平衡关系

分分离的作用，若要将组成 x_F 的混合液进行高纯度分离，则需采用精馏来完成。

§4-2.1 精馏原理

精馏原理即回答工程上怎样将液体混合物进行高纯度分离这一问题。进行高纯度分离的可能性可以用 t-x-y 相图加以说明，如图4-7所示。将原混合液(x_F)在恒压下加热至 t_1(F 点)，料液被部分汽化，气相(C 点)组成为 y_1，馏残液(E 点)组成为 x_1。将气、液两相分开。在另一容器内将液相(E 点)再次加热至 t_2(K 点)，又一次部分汽化得气相(G 点)，组成为 y_2。残留液相(H 点)组成为 x_2。

在汽化过程中，轻组分较多地转入气相中，从而使残留液中轻组分含量降低($x_2 < x_1 < x_F$)。如此，用多个容器将液相多次部分汽化，则最终的馏残液中轻组分含量可降至很低，从而可分离出高纯度重组分的液体。同理，对产生的气相经多次部分冷凝，最终可得到高纯度轻组分的液体。

如果按上述多次部分汽化和多次部分冷凝的方法分离液体混合物，在工业生产中存在不少实际困难，如纯产品收率很低，设备庞杂，能耗大等等。实际工业精馏过程亦是基于多次部分汽化和多次部分冷凝的原理，但它利用回流将多次部分汽化和多次部分冷凝合并于同一塔中进行。因此，精馏操作过程既是传质过程，也是传热过程。

如图4-8所示，现将一股组成为 x_1、泡点为 t_1 的液体，与一股组成为 y_1、露点为 t_2 的气体进行接触，若接触充分，由于该气、液两相是未达平衡的两相，所以两相间必然有传质过程发生，而传质的方向由相平衡关系决定，即液相中的轻组分向气相传递，气相中的重组分向液相传递。当气、液两相经充分地、长时间地接触后，可形成呈平衡的气液两相，其组成分别为 y 和 x(具体浓度应由物料衡算和相平衡关系决定)。上述过程说明：

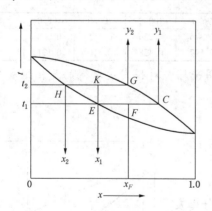

图4-7 多次部分汽化平衡关系

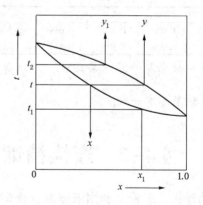

图4-8 气液相平衡

① 原液流的泡点为 t_1，和气流的露点 t_2 不等，而经过传质达平衡的新的两相温度相同，均为 t，可见传质过程伴有传热过程。

② 重组分自气相中冷凝转入液相时放出的冷凝潜热，用于轻组分自液相中汽化转入气相中所需的汽化潜热。重组分冷凝与轻组分汽化同时发生，汽化潜热与冷凝潜热相互补偿。

③ 原气、液两相偏离平衡越远，传质过程进行越快。为加快传质过程进行，应尽量增大两相接触面积，增大两相湍流程度。

116

§4-2.2 精馏塔内的气液相组成

如图4-9所示，以第 n 块板为例，由 $n+1$ 块板上升蒸气组成为 y_{n+1}，温度为 t_{n+1}，由 $n-1$ 板下降液体组成为 x_{n-1}，温度为 t_{n-1}，气、液两股流在 n 板上进行传质（亦伴有传热过程）。若两相接触良好，且时间足够长，则可认为从 n 板上升的蒸气（组成为 y_n）与从该板下降的液体（组成为 x_n）为平衡的气液相组成，气液温度均为 t_n。由前述分析可知：$y_n > y_{n+1}$，$x_n < x_{n-1}$，$y_n = f(x_n)$（理想体系，$y_n = \dfrac{\alpha x_n}{1+(\alpha-1)x_n}$），这样经过若干块塔板上的传质过程后，即可达到高纯度分离的目的。

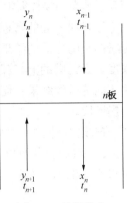

图4-9　精馏塔中气液相组成

精馏塔内板上液体的来源是：塔内第一块塔板上（最上面的塔板）上升的蒸气进入冷凝器后，冷凝成液体，其中一部分作为产品，另一部分回流塔内第一块塔板上。这一部分液体称为回流液（或回流）。每一块塔板上都有从上一块板流下的液体，但组成不同。

精馏塔内板上蒸气的来源是：塔釜（再沸器）中液体被加热至沸点，产生蒸气，此蒸气自塔釜向上逐板上升。每一块塔板亦均有从下一块塔板上升的蒸气，但各板上升蒸气组成亦不同。

综上所述，精馏塔内由于塔顶的液相回流和塔釜中产生的蒸气（气相回流）构成了气、液两相接触传质的必要条件。另一方面，组分挥发度的差异，造成了有利的相平衡条件 $(y > x)$。

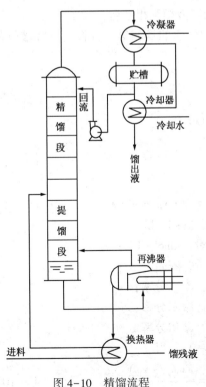

图4-10　精馏流程

§4-2.3 精馏过程

图4-10是典型的连续精馏流程图。它包括的主要设备有：精馏塔、再沸器、冷凝器、冷却器和换热器。原料液经换热器预热至指定的温度后从精馏塔的加料板处进入精馏塔，与塔上部下降的液体汇合，然后逐板向下流动，最后流入塔底部的再沸器中。从再沸器中取出部分液体作为塔底产品，其主要成分为难挥发组分；另一部分液体在再沸器中被加热，产生蒸气，逐级上升，最后进入塔顶冷凝器中，经冷凝器冷凝为液体。一部分液体冷凝后被送出作为塔顶产品，其主要成分为易挥发组分；另一部分被送回塔顶（称为回流），作为塔中的下降液体。

从整个精馏塔来看，塔底温度高，并自下而上逐板降低，气液两相在塔中呈逆流流动，蒸气从塔底向塔顶上升，液体从塔顶向塔底下降，在每层塔板上气液两相相互接触，进行传热、传质。其结果是气相部分冷凝，液相部分汽化，气相中易挥发组分的含量因液体部分汽化，使液相中易挥发组分向气相扩散而增多。液相中难挥发组分的含量因气相部分冷凝，使蒸气中难挥发组分向液相扩散而增多。在塔板足够多时，蒸气在上升中易挥发组分被多次提浓，液体在下降中难挥发组分也被多次提浓，最后在塔顶得到几乎纯净的易挥发组分，在塔底得到几乎纯净的难挥发组分，从而达到组分的有效分离。

原料加入处的塔板上的浓度与原料液浓度相近，此板称为加料板。在加料板位置以上，由于两相间传质的结果，使上升蒸气中轻组分的浓度逐渐升高，到达塔顶的蒸气，轻组分的浓度较高，塔的上半部完成了上升蒸气的精制，故称为精馏段。而在加料板位置以下，由于两相间传质的结果，使下降液体中的轻组分不断从液体中提取出来，重组分逐渐提浓，故称为提馏段。

连续精馏操作的优点：①操作条件可以稳定不变，便于控制，产品质量稳定，容易实现自动化；②连续操作可以节省辅助时间，设备利用率高，生产能力大；③利用换热设备可回收塔顶和塔底带出的热量，节约能量，减少损耗。其缺点是：设备庞大，只适合于大规模生产。

§4-3　连续精馏物料衡算

连续精馏的计算对象主要是精馏塔的理论塔板数。理论塔板是指气液接触过程中，换热、传质能达到平衡状态的塔板，也即能达到理想的传质条件的塔板。不论进入此板的气相、液相组成如何，但离开此板的气液相达到平衡状态。理论塔板计算依据的是精馏塔中的物料衡算（操作线方程）和气液相平衡关系。

为了简化精馏计算，做如下假设：

① 精馏塔同外界没有热交换，塔身是绝热的；

② 回流液的温度为泡点温度；

③ 塔内各块塔板均为理论塔板，即离开塔板的气相与液相互相平衡；

④ 在没有进料和出料的塔段中，各板上上升蒸气的物质的量相等，各板上下降液体的物质的量相等，这个假设称恒摩尔流假设。

§4-3.1　全塔物料衡算

如图 4-11 所示，对连续精馏塔做全塔物料衡算，可得

总物料衡算

$$F = D + W \tag{4-8}$$

轻组分衡算

$$F \cdot x_F = D \cdot x_D + W \cdot x_W \tag{4-9}$$

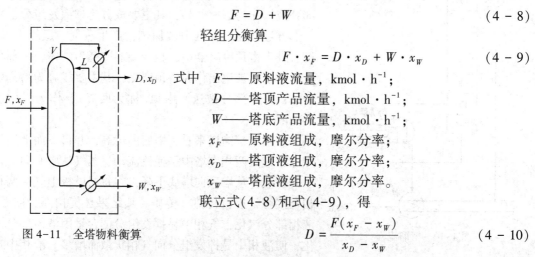

图 4-11　全塔物料衡算

式中　F——原料液流量，$\mathrm{kmol \cdot h^{-1}}$；

D——塔顶产品流量，$\mathrm{kmol \cdot h^{-1}}$；

W——塔底产品流量，$\mathrm{kmol \cdot h^{-1}}$；

x_F——原料液组成，摩尔分率；

x_D——塔顶液组成，摩尔分率；

x_W——塔底液组成，摩尔分率。

联立式（4-8）和式（4-9），得

$$D = \frac{F(x_F - x_W)}{x_D - x_W} \tag{4-10}$$

$$W = \frac{F(x_D - x_F)}{x_D - x_W} \qquad (4-11)$$

由式(4-10)和式(4-11)可以求出塔顶、塔底产品流量。

由式(4-8)和式(4-9)可得

$$\frac{D}{F} = \frac{x_F - x_W}{x_D - x_W} \qquad (4-12)$$

$$\frac{W}{F} = 1 - \frac{D}{F} \qquad (4-13)$$

式中，D/F 和 W/F 分别为馏出液和釜液采出率。

进料液组成 x_F 通常是给定的，因受式(4-12)和式(4-13)的约束，当塔顶、塔底产品组成 x_D 和 x_W 已规定时，产品的采出率 D/F 及 W/F 亦随之确定，不能自由选择；当规定了塔顶产品的产率和质量，则塔底产品的质量及产率亦随之确定，而不能自由选择。在规定分离要求时，应使 $D \cdot x_D \le F \cdot x_F$ 或 $D/F \le x_F/x_D$。如果塔顶产出率 D/F 取得过大，即使精馏塔有足够的分离能力，塔顶仍不可能得到高纯度的产品。$(D \cdot x_D)/(F \cdot x_F)$ 称为轻组分回收率。

例 4-2 将 $F = 62\,\text{kmol} \cdot \text{h}^{-1}$，$x_F = 40\%$ 的 A–B 双组分混合液送入连续精馏塔分离。要求 $x_W < 2\%$，塔顶轻组分回收率为 97%，试求釜液、馏出液的流量及组成。

解 依题可知

$$\frac{Dx_D}{Fx_F} = 0.97$$

轻组分的物料衡算

$$F \cdot x_F = D \cdot x_D + W \cdot x_W = 0.97F \cdot x_F + W \times 0.02$$

整理

$$0.03F \cdot x_F = 0.02W$$

$$0.03 \times 62 \times 0.40 = 0.02W$$

$$W = 37.2\,\text{kmol} \cdot \text{h}^{-1}$$

由全塔物料衡算 $F = D + W$，得

$$D = F - W = 62 - 37.2 = 24.8\,(\text{kmol} \cdot \text{h}^{-1})$$

$$x_D = \frac{0.97F \cdot x_F}{D} = \frac{0.97 \times 62 \times 0.40}{24.8} = 0.97$$

§4-3.2 精馏段物料衡算

如图 4-12 所示，做包括冷凝器到第 n 块板(精馏段)的物料衡算。

总物料衡算

$$V = L + D \qquad (4-14)$$

轻组分衡算

$$Vy_{n+1} = L \cdot x_n + D \cdot x_D \qquad (4-15)$$

式中 V——精馏段内每块板上上升蒸气摩尔流量，$\text{kmol} \cdot \text{h}^{-1}$；

      L——精馏段内每块板上下降液体摩尔流量，即回流液量，$\text{kmol} \cdot \text{h}^{-1}$；

      y_{n+1}——第 $n+1$ 块板上上升蒸气的组成，摩尔分率；

      x_n——第 n 块板上下降液体组成，摩尔分率。

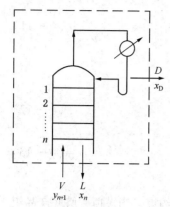

图4-12 精馏段物料衡算

将式(4-14)代入式(4-15)，得

$$y_{n+1} = \frac{L}{V}x_n + \frac{D}{V}x_D = \frac{L}{L+D}x_n + \frac{D}{L+D}x_D \quad (4-16)$$

式(4-16)右边分子分母同除以 D，并令 $L/D = R$，称为回流比，则

$$y_{n+1} = \frac{R}{R+1}x_n + \frac{1}{R+1}x_D \quad (4-17)$$

或

$$y = \frac{R}{R+1}x + \frac{1}{R+1}x_D \quad (4-17a)$$

式(4-16)即为精馏段操作线方程，它表示在精馏段内，任意相邻的两块板之间上升蒸气与下降液体组成之间的操作关系。式(4-17)和式(4-17a)为用回流比表示的精馏段操作线方程。

当 R、D 及 x_D 一定时，精馏段操作线方程在 $(y-x)$ 图中为一条直线，其斜率为 $R/(R+1)$ 或 L/V，截距为 $x_D/(R+1)$ 或 $D \cdot x_D/V$。当 $x_n = x_D$ 时，由式(4-17)可知，$y_{n+1} = x_D$，故精馏段操作线过对角线 $y=x$ 上的点 (x_D, x_D)。

§4-3.3 提馏段物料衡算

如图4-13所示，做包括 $m+1$ 块板及再沸器(提馏段)的物料衡算。

总物料衡算

$$L' = V' + W \quad (4-18)$$

轻组分衡算

$$L' \cdot x_m = V' \cdot y_{m+1} + W \cdot x_W \quad (4-19)$$

式中　V'——提馏段内每块塔板上上升蒸气的摩尔流量，$kmol \cdot h^{-1}$；

L'——提馏段内每块塔板上下降液体的摩尔流量，$kmol \cdot h^{-1}$；

y_{m+1}——第 $m+1$ 块板上上升蒸气的组成，摩尔分率；

x_m——第 m 块板上下降液体的组成，摩尔分率。

将式(4-18)代入式(4-19)，得

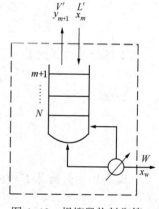

图4-13 提馏段物料衡算

$$y_{m+1} = \frac{L'}{L'-W}x_m - \frac{W}{L'-W}x_W = \frac{L'}{V'}x_m - \frac{W}{V'}x_W \quad (4-20)$$

或

$$y = \frac{L'}{L'-W}x - \frac{W}{L'-W}x_W \quad (4-20a)$$

式(4-20)和式(4-20a)称为提馏段操作线方程。它表示在提馏段内任意相邻的两块塔板之间上升蒸气与下降液体组成之间的操作关系。

当 L'、W 和 x_W 一定时，提馏段操作线方程在 $(y-x)$ 图中为一条直线，其斜率为 $L'/(L'-W)$，截距为 $\dfrac{-W}{L'-W}x_W$。同理，它通过对角线 $y=x$ 上的点 (x_W, x_W)。

§4-3.4 进料状况及 q 线方程

1. 进料状况

精馏过程既是传质过程也是传热过程，不同的进料状况对精馏过程产生不同的影响。进

120

料的热状况通常用 q 值表示：

$$q = \frac{1\text{kmol 原料液变成饱和蒸气所需热量}}{1\text{kmol 原料液的汽化热}} \qquad (4-21)$$

q 值也称进料热状况参数。根据 q 值的不同，可将进料热状况分为五种：

① 冷液进料 $q>1$；

② 饱和液体进料（泡点进料）$q=1$；

③ 气液混合进料 $0<q<1$；

④ 饱和蒸气进料（露点进料）$q=0$；

⑤ 过热蒸气进料 $q<0$。

表 4-1 是进料热状况的详尽情况。

表 4-1　进料的热状况及其 q 值

进料状况	低于泡点液体	泡点液体	气液混合	露点蒸气	过热蒸气
q 值	>1	1	$0<q<1$	0	<0
q 线斜率	>0	∞	<0	0	>0

对进入加料板的物料及热量进行衡算，可以得到

$$L' = L + qF \qquad (4-22)$$
$$V = V' + (1-q)F \qquad (4-23)$$

将式（4-22）代入式（4-20）可以得到一个便于应用的提馏段操作线方程

$$y_{m+1} = \frac{L+qF}{L+qF-W}x_m - \frac{W}{L+qF-W}x_W \qquad (4-24)$$

2. q 线方程

进料板是精馏段与提馏段的交汇处，进料操作线方程（q 线方程）应通过精馏段操作线与提馏段操作线的交点。因此，联立求解两操作线方程［式（4-15）和式（4-19），并将式（4-9）、式（4-22）、式（4-23）代入］可得

$$y = \frac{q}{q-1}x - \frac{x_F}{q-1} \qquad (4-25)$$

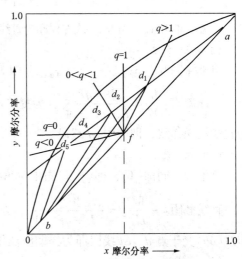

式（4-25）称为进料操作线方程，亦称 q 线方程，它是精馏段与提馏段操作线的交点轨迹方程。在一定的进料状况下，q 和 x_F 为定值，故 q 线方程在（y-x）图中为一条直线，斜率为 $q/(q-1)$，截距为 $-x_F/(q-1)$。当 $x=x_F$ 时，$y=x_F$，故 q 线过对角线 $y=x$ 上的点（x_F，x_F）。

不同的进料状况，q 值不同，q 线斜率也不同（见表 4-1），q 线所处象限也不相同（见图4-14）。

① 冷液进料 $q/(q-1)>0$，q 线位于第一象限；

② 泡点进料 $q/(q-1)=\infty$，q 线为过点（x_F，x_F）的垂线；

图 4-14　进料热状况的影响

③ 气液混合物进料 $q/(q-1)<0$，q 线位于第二象限；

④ 露点进料 $q/(q-1)=0$，q 线为过点 (x_F, x_F) 的水平线；

⑤ 过热蒸气进料 $q/(q-1)>0$，q 线位于第三象限。

§4-3.5 操作线方程图示

精馏段操作线方程和提馏段操作线方程及 q 线方程在一定条件下都为直线方程。要将两条操作线和 q 线标绘在 $(y-x)$ 图上，其方法如下：

1. 精馏段操作线方程

$$y_{n+1} = \frac{L}{V}x_n + \frac{D}{V}x_D = \frac{R}{R+1}x_n + \frac{1}{R+1}x_D$$

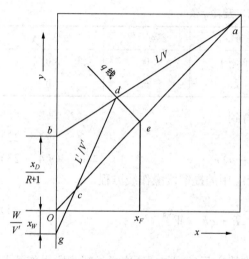

图4-15 操作线绘制示意

当 R、D 和 x_D 为定值时，该方程为直线方程。该直线（即精馏段操作线）可通过下列方法绘出：

（1）点-斜法

点坐标：当 $x_n = x_D$ 时，$y_{n+1} = x_D$，如图4-15中所示 a 点 (x_D, x_D)，此点在 $(y-x)$ 图中的对角线上。

直线斜率：$L/V = R/(R+1)$，L/V 为精馏段内液气比。过 a 点作一条斜率为 L/V 的直线即为精馏段操作线，即图中 ab 线段。

（2）点-截法

点坐标：同（1），即 $(y-x)$ 图中对角线上的 a 点 (x_D, x_D)。

直线截距：$x_D/(R+1)$，图中 y 轴上的 b 点，连接 a 和 b 即为精馏段操作线。

2. 提馏段操作线方程

$$y_{m+1} = \frac{L'}{V'}x_m - \frac{W}{V'}x_W$$

当 L'、W 和 x_W 一定时，该方程亦为直线方程。该直线（提馏段操作线）可通过下列方法绘出：

（1）点-斜法

点坐标：当 $x_m = x_W$ 时，$y_{m+1} = x_W$。如图4-15中的 c 点 (x_W, x_W)，此点在图中的对角线上。

直线斜率：$\dfrac{L'}{V'} = \dfrac{L+qF}{L+qF-W}$，为提馏段内液气比。过 c 点作一条斜率为 L'/V' 的直线即为提馏段操作线，即图中 cd 线段。

（2）点-截法

点坐标：同前（1），即 $(y-x)$ 图中对角线上的 c 点 (x_W, x_W)。

直线截距：$-\dfrac{W}{L'}x_W = -\dfrac{W \cdot x_W}{L+qF-W}$，在 y 轴原点下方的 g 点，连接 gc 并延长与精馏段操作线（ab）交于点 d，cd 线段即为提馏段操作线。

（3）q 线法

先作出精馏段操作线 ab，并确定提馏段操作线的 c 点，而提馏段操作线的 d 点用 q 线定出，方法如下：

q 线方程：$y = \dfrac{q}{q-1}x - \dfrac{1}{q-1}x_F$

当 $x = x_F$ 时，$y = x_F$，如图中 e 点 (x_F, x_F)，此点亦在 $(y-x)$ 图中的对角线上，过 e 点作斜率为 $q/(q-1)$ 的直线与 ab 线交于 d，连接 cd 即为提馏操作线。

d 点坐标亦可直接用精馏段操作线方程和提馏段操作线方程联立求解而得出。

注意：

① 精馏过程的基础是传质，而液相回流和气相回流（釜内生产蒸气）为气液两相间的传质提供了必要的条件。由于两组分挥发度的差异（即 α>1），使之气液两相接触时轻组分较多地转入气相，重组分较多地转入液相，这是由相平衡关系决定，也正因为物系的 α>1，所以只需将部分产品作为液相回流即可。可见，精馏是一种工程上利用各组分挥发度不同而使液体混合物进行高纯度分离的一种手段。

② 回收率的定义是 $\dfrac{D \cdot x_D}{F \cdot x_F}$。最大回收率为 $\dfrac{D \cdot x_D}{F \cdot x_F} = 1$，而实际回收率为 $\dfrac{D \cdot x_D}{F \cdot x_F} < 1$，或 $\dfrac{D}{F} < \dfrac{x_F}{x_D}$。若生产中规定 $\dfrac{D}{F}$ 过大，则不能得到高纯度的产品，因 $x_D \leqslant \dfrac{F \cdot x_F}{D}$，即产品的量 D 及其浓度 x_D 应由物料衡算式决定。若塔顶产品量 D 及组成 x_D 已定，则釜底残液的量 W 及组成 x_W 也就确定，其间的关系由 $F = D + W$ 和 $F \cdot x_F = D \cdot x_D + W \cdot x_W$ 决定。

③ 操作线方程是物料衡算的数学表达式，推导操作线方程的条件是：在划定的范围内没有进料和出料，满足恒摩尔流的假设条件。若回流比及进料状态均规定，则精馏段操作线方程和提馏段操作线方程皆为直线方程；若不满足恒摩尔流的假设，则不是直线方程。

④ 依恒摩尔流假设可得，精馏段上升蒸气量 V 和下降液流量 L 恒为常量，提馏段上升蒸气量 V' 和下降液流量 L' 亦为常数，但 V 和 V' 及 L 和 L' 不一定相等，其间关系由进料热状况（q）决定，即

$$L' = L + qF$$
$$V' = V - (1-q)F$$

§4-4　理论塔板数确定

精馏塔理论板数的计算方法主要有逐板计算法、图解法、捷算法等。由于捷算法涉及全回流、最小回流比等有关知识，故在这里先介绍逐板计算法和图解法。逐板计算法和图解法的基本原理都是气液相平衡关系和操作关系。

§4-4.1　逐板计算法

前已述及，气液两相通过理论塔板时，经过热量和质量交换，离开塔板时，气液两相已达到平衡，因此，离开塔板的气液相组成应满足相平衡方程，而相邻两块塔板间相遇的气液相组成之间属于操作关系，应满足操作线方程。这样，平衡关系、操作关系交替使用，对全塔自上而下进行计算，每经过一个平衡关系就是一块理论塔板，所用相平衡关系的次数就是精馏塔的理论塔板数。

逐板计算法在塔顶冷凝器为全冷凝器、泡点回流、再沸器中(或塔釜中)为间接加热，且 R 和 q 为定值、相对挥发度 α 已知的条件下才能运用。其具体计算过程如下(以泡点进料为例)：

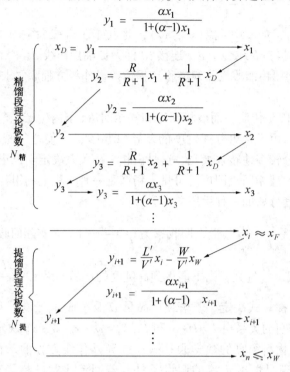

当 $x_i \approx x_F$ 时，第 i 板为进料板；当 $x \leqslant x_W$ 时，计算终止。全塔的理论塔板数为：

$$N_T = N_精 + N_提 (包括了进料板和塔釜)$$

逐板计算法较为繁琐，但计算结果比较精确，适用于计算机编程计算。

§4-4.2　图解法

用图解法求算理论塔板数同用逐板计算法一样，也是交替使用相平衡方程和操作线方程，区别仅是将计算过程用图解过程代替，如图 4-16 所示。其求算过程如下：

在 $(y-x)$ 图上绘出体系的平衡曲线，连接对角线。在 x 轴上定出 x_D、x_F 和 x_W 三点，分别由该三点作垂线与对角线分别交于 a、e 和 c 三点。若已知进料状态，则可计算 q 值，选定回流比 R 后，即可作出精馏段操作线和提馏段操作线(ad 和 dc)。

在全凝器中，蒸气全部冷凝成液体，即 $x_D =$ y_1，此状态如图中 a 点所示。与 y_1 呈平衡的液相组成 x_1 应满足平衡关系，在 $(y-x)$ 图中满足 $y_1 = f(x_1)$ 的点应在平衡曲线上。由 a 点作一条水平线与平衡曲线的交点 b，即为所求。由 x_1 求取下一塔板上升的蒸气组成 y_2 关系的点应在

图 4-16　图解法求理论塔板

124

精馏段操作线上，由 b 点作一条垂直线与精馏段操作线交于 k 点，即为所求。三角形 abk 代表一块理论板。依照上述方法由 k 点在平衡曲线和精馏段操作线之间继续作水平线和垂直线，过 d 点后在平衡曲线和提馏段操作线间作水平线和垂直线，直到 $x \leqslant x_W$ 为止。图中所得的三角形数目即为理论塔板数，其中包括加料板和塔釜。

图解法求理论塔板数的步骤：

① 在 $(y-x)$ 图上画出平衡曲线，连接对角线。

② 在 $x=x_D$、x_F、x_W 点分别引垂直线，与对角线分别交于 a、e、c 三点。

③ 根据已定的 R 和 q，绘出精馏段操作线和提馏段操作线 ad 和 dc。

④ 在平衡曲线与操作线之间从 a 点开始作水平线、垂直线（即画三角形），直至 $x \leqslant x_W$ 为止，所画三角形个数即为理论塔板数。过 d 点的三角形为理论加料板，最后一个三角形为塔釜（再沸器）。

图解法简单直观，但精确度较差，尤其是相对挥发度较小而所需理论塔板数较多的场合更是如此。

例 4–3　常压下将含苯 25% 的苯–甲苯混合液送入连续精馏塔，要求 $x_D=98\%$，$x_W=8.5\%$，操作时所用回流比为 5，泡点进料，泡点回流，塔顶为全凝器，用逐板计算法求理论塔板数。常压下苯–甲苯混合液可视为理想体系，相对挥发度为 2.47。

解　相平衡方程

$$y = \frac{\alpha x}{1 + (\alpha - 1)x} = \frac{2.47x}{1 + 1.47x} \quad \text{或} \quad x = \frac{y}{2.47 - 1.47y}$$

精馏段操作线方程

$$y = \frac{R}{R+1}x + \frac{1}{R+1}x_D = \frac{5}{5+1}x + \frac{1}{5+1} \times 0.98 = 0.8333x + 0.1633$$

提馏段操作线方程（因为 $q=1$）

$$y = \frac{RD + F}{(R+1)D}x - \frac{F-D}{(R+1)D}x_W$$

$$= \frac{R + (F/D)}{R+1}x - \frac{(F/D) - 1}{R+1}x_W$$

式中，$F/D = (x_D - x_W)/(x_F - x_W) = (0.98 - 0.085)/(0.25 - 0.085) = 5.42$。

代入上式可得提馏段操作线方程

$$y = 1.737x - 0.0626$$

泡点进料，$q=1$，$x_q=x_F=0.25$

第一块塔板上升蒸气组成

$$y_1 = x_D = 0.98$$

从第一块塔板下降液体组成

$$x_1 = \frac{y_1}{2.47 - 1.47y_1} = \frac{0.98}{2.47 - 1.47 \times 0.98} = 0.952$$

由第二块塔板上升蒸气组成

$$y_2 = 0.8333x_1 + 0.1633 = 0.8333 \times 0.952 + 0.1633 = 0.9567$$

如此反复计算可得：

$$x_2 = 0.8994$$

$$y_3 = 0.9128 \qquad x_3 = 0.8091$$

$$y_4 = 0.8376 \qquad x_4 = 0.6762$$

$$y_5 = 0.7268 \qquad x_5 = 0.5186$$

$$y_6 = 0.5955 \qquad x_6 = 0.3734$$

$$y_7 = 0.4745 \qquad x_7 = 0.2677$$

$$y_8 = 0.3864 \qquad x_8 = 0.2032 < 0.25$$

因 $x_8 < x_F$，第 9 块上升蒸气组成由提馏段方程计算

$$y_9 = 0.2908 \qquad x_9 = 0.1421$$

$$y_{10} = 0.1842 \qquad x_{10} = 0.0837 < x_W$$

所需总理论塔板数为 10 块，第 8 块为加料板，第 10 块为塔釜。

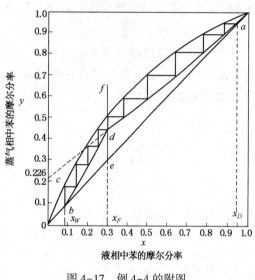

图 4-17　例 4-4 的附图

例 4-4　将 $x_F = 30\%$ 的苯-甲苯混合液送入连续精馏塔中，要求 $x_D = 95\%$，$x_W < 10\%$，$q=1$，回流比为 3.21，苯-甲苯的平均相对挥发度 $\alpha = 2.45$，试用图解法求理论塔板数。

解　（1）由 $y = \dfrac{2.45x}{1 + 1.45x}$ 计算相平衡时的 $(x-y)$ 数据，并在 $(x-y)$ 坐标系中绘出相平衡曲线，并作出对角线，如图 4-17 所示。

（2）在 x 轴上找出 $x_D = 0.95$、$x_F = 0.30$ 和 $x_W = 0.10$ 三个点，分别作垂线与对角线 $(y=x)$ 交于点 a、e 和 b。

（3）在 y 轴上求出点 $c\left(0, \dfrac{x_D}{R+1}\right)$，$\dfrac{x_D}{R+1}$ 即精馏操作线的截距，$\dfrac{x_D}{R+1} = 0.226$，连接 a 和 c 两点得精馏段操作线 ac。

（4）因为 $q=1$，$q/(q-1) = \infty$，q 线为过 e 点的垂线。过 e 点作垂线与精馏段操作线交于 d 点，连接 b 和 d 两点得提馏段操作线 bd。

（5）从 a 点开始，在平衡线和操作线之间画三角形，直至 $x \leqslant x_W$。

（6）得三角形 10 个，因此，理论塔板数为 10 块，其中进料板为第 7 块，塔釜为第 10 块。

§4-5　回流比的选择

回流是进行精馏操作的必要条件，而回流比的大小又是影响精馏塔设备费和操作费的重要因素。

精馏操作图如图 4-18 所示。当 x_D、x_F、x_W 及 q 一定时，若回流比 R 增大，即 R_1 增加至 $R_2(R_2 > R_1)$ 时，两条操作线向对角线靠近，操作线与平衡曲线间的面积增大，即过

程进行的推动力增大，结果使所需理论塔板数减少，从而使塔高降低，设备费用减少。另一方面当产品量 D 和 W 一定时，回流比 R 增加，即增加回流液量 $L(L=RD)$ 及上升蒸气量 $V[V=(R+1)D]$；换言之，即增加了加热剂和冷却剂的用量以及传热面积，从而增加了精馏操作的能耗。可见，增大操作回流比、减少设备费用是以增加操作能耗为代价的。反之，若减小操作回流比，则理论塔板数增加，设备费用增加。回流液量 L 和蒸气量 V 皆减少，操作过程的能耗减小。因此，要在最经济的条件下生产，就必须对回流比进行科学、合理的选择。

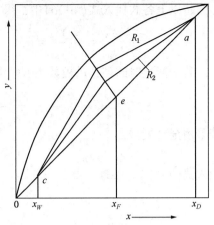

图 4-18 回流比增大对精馏的影响

§4-5.1 全回流与最小理论塔板数

全回流时产品量 $D=0$ 和 $W=0$（即不加料 $F=0$），这时的回流比 $R=\infty$。在精馏操作图上两条操作线皆与对角线重合，如图 4-19 所示。用图解法求理论塔板数可在平衡曲线和对角线之间作三角形，结果发现全回流时所需理论板数为最小，以 N_{min} 表示。

全回流是回流的上限，多用于设备开车、调试及科学研究。

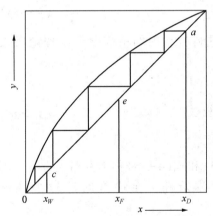

图 4-19 全回流时的理论塔板数

当体系为理想体系或接近理想体系时，最少理论塔板 N_{min} 也可用解析法计算。其过程如下：

对离开任意理论板 n 的气液两相间的平衡关系可用如下的公式表示：

$$\frac{y_{An}}{y_{Bn}} = \alpha_m \frac{x_{An}}{x_{Bn}} \qquad (4-26)$$

式中，α_m 为全塔平均相对挥发度，一般可取塔顶和塔底温度下的相对挥发度的几何平均值代替，即

$$\alpha_m = \sqrt{\alpha_{塔顶} \times \alpha_{塔底}} \qquad (4-27)$$

对于第一块板

$$\frac{y_{A1}}{y_{B1}} = \alpha_m \frac{x_{A1}}{x_{B1}} \qquad (4-28)$$

对于第二块板

$$\frac{y_{A2}}{y_{B2}} = \alpha_m \frac{x_{A2}}{x_{B2}} \qquad (4-29)$$

$$\vdots$$

相邻两块板间的气液相操作关系服从操作方程。在全回流时，操作线方程为 $y_{n+1}=x_n$，则有

$$y_{A2}=x_{A1} \qquad y_{B2}=x_{B1} \Rightarrow \frac{x_{A1}}{x_{B1}} = \frac{y_{A2}}{y_{B2}} \qquad (4-30)$$

$$y_{A3}=x_{A2} \qquad y_{B3}=x_{B2} \Rightarrow \frac{x_{A1}}{x_{B2}} = \frac{y_{A3}}{y_{B3}} \qquad (4-31)$$

将以上各式代入式(4-26)中，得

$$\frac{y_{A1}}{y_{B1}} = \alpha_m \frac{x_{A1}}{x_{B1}} = \alpha_m \frac{y_{A2}}{y_{B2}} = \alpha_m \left[\alpha_m \frac{x_{A2}}{x_{B2}}\right] = \alpha_m^2 \frac{x_{A2}}{x_{B2}} = \alpha_m^2 \frac{y_{A3}}{y_{B3}} = \alpha_m^2 \left[\alpha_m \frac{x_{A3}}{x_{B3}}\right] = \alpha_m^3 \frac{x_{A3}}{x_{B3}}$$

若全回流时的理论塔板数为 N，塔釜为第 $N+1$ 块板，则

$$\frac{y_{A1}}{y_{B1}} = \alpha_m^N \frac{x_{AN}}{x_{BN}} = \alpha_m^{N+1} \frac{x_{A(N+1)}}{x_{B(N+1)}} \tag{4-32}$$

若采用全冷凝器，

$$y_{A1} = x_D \qquad y_{B1} = 1 - x_D \qquad x_{A(N+1)} = x_W \qquad x_{B(N+1)} = 1 - x_W$$

代入式(4-32)并整理，得

$$\frac{x_D}{1-x_D} = \alpha_m^{N+1} \frac{x_W}{1-x_W} \tag{4-33}$$

两边取对数并整理，得

$$N+1 = \frac{\lg\left[\dfrac{x_D}{x_W}\left(\dfrac{1-x_W}{1-x_D}\right)\right]}{\lg\alpha_m} \tag{4-34}$$

由于全回流时的理论塔板数即为最小理论塔板数，故式(4-34)中的 N 可用 N_{min}(不含塔釜)代替

$$N_{min}+1 = \frac{\lg\left[\dfrac{x_D}{x_W}\left(\dfrac{1-x_W}{1-x_D}\right)\right]}{\lg\alpha_m} \tag{4-35}$$

同理，以 x_F 代替式(4-35)中的 x_W，可得不含进料板在内的精馏段最小理论塔板数 $N_{min精}$

$$N_{min精}+1 = \frac{\lg\left[\dfrac{x_D}{x_F}\left(\dfrac{1-x_F}{1-x_D}\right)\right]}{\lg\alpha_{m精}} \tag{4-36}$$

式中，$\alpha_{m精}$ 为精馏段平均相对挥发度。

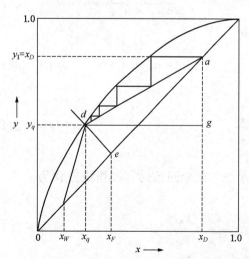

图 4-20 最小回流比及其计算图示

式(4-35)和式(4-36)称为芬斯克方程，用于计算全回流条件下全冷凝时的最小理论塔板数。

§4-5.2 最小回流比

由图 4-20 可知，对一定的分离过程(指定 x_D 和 x_W)而言，当回流比 R 减小时，两操作线向平衡线靠近，所需的理论板数亦增多。当回流比 R 减至某一数值时，两条操作线的交点 d 落在平衡曲线上，这时所需的理论板数为无穷多，此时的回流比称最小回流比，用 R_{min} 表示。又因此时 d 点前后各板上气液两相浓度无变化，亦无增浓作用，所以又称此区为恒浓区(或称挟紧区)，d 点称为挟紧点，显然最小回流比是回流的下限。

最小回流比 R_{min} 可由作图法求取，如图 4-20 所示，R_{min} 可由 $\triangle adg$ 通过几何关系求取。ad 线斜率为

$$\frac{R_{min}}{R_{min}+1} = \frac{\overline{ag}}{\overline{gd}} = \frac{x_D - y_q}{x_D - x_q}$$

整理上式，得

$$R_{min} = \frac{x_D - y_q}{y_q - x_q} \qquad (4-37)$$

注意，R_{min} 之值与平衡曲线的形状有关，如图 4-21 所示。在图 4-21（a）中，当 R 减小至某一数值时，精馏段操作线与平衡曲线在 M 点相切，M 点即为挟紧点，其对应的回流比为最小回流比 R_{min}。在图 4-21（b）中，挟紧点 M 为提馏段操作线与平衡曲线的切点，同理，其对应的回流比亦是最小回流比 R_{min}。

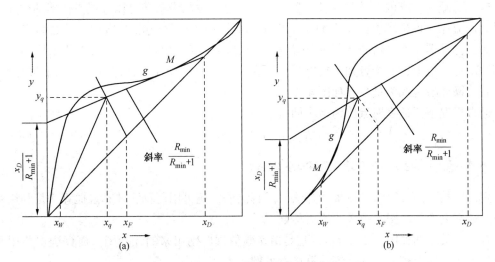

图 4-21　非理想体系的最小回流比

以上两种情况 R_{min} 仍可用如下的公式计算

$$R_{min} = \frac{x_D - y_q}{y_q - x_q}$$

式中，x_q 和 y_q 不是 q 线与平衡曲线的交点值，而是 q 线与具有最小回流比操作线交点值。对于相对挥发度可取常数（或取平均值）α_m 的理想体系，最小回流比 R_{min} 可用下式计算

$$R_{min} = \frac{1}{\alpha_m - 1}\left[\frac{x_D}{x_q} - \frac{\alpha_m(1-x_D)}{1-x_q}\right] \qquad (4-38)$$

对于泡点进料，$x_q = x_F$，式（4-38）变为

$$R_{min} = \frac{1}{\alpha_m - 1}\left[\frac{x_D}{x_F} - \frac{\alpha_m(1-x_D)}{1-x_F}\right] \qquad (4-39)$$

对于露点进料，$y_q = y_F$，此时的 R_{min} 请结合平衡方程自行推导。

综上可知，影响最小回流比 R_{min} 的因素有：

① 物系的相平衡性质；

② 分离要求，即塔顶和塔底产品浓度 x_D 和 x_W。

对一定物系而言，其最小回流比因对混合物的分离要求不同而异。

§4-5.3 适宜回流比的选择

由上面讨论可知，对一定分离任务，若在全回流条件下操作，理论塔板数最少，产品量为零，故正常操作的精馏塔不能采用全回流；若在最小回流比条件下操作，则需要的理论板数为无穷多。可见，全回流和最小回流比是精馏操作的两种极限情况，而实际采用的回流比应介于上述两种情况之间。

精馏操作的回流比与精馏设备费和操作费有关。精馏的主要设备包括精馏塔、再沸器和冷凝器等，设备费是指各种设备的投资费，它主要取决于设备尺寸大小。

精馏操作费主要有再沸器中加热剂用量、冷凝器中冷凝剂用量和动力消耗，而这些又都取决于塔内上升蒸气量，即 $V=(R+1)D$ 和 $V'=V-(1-q)F$。

当 F、q 和 D 一定时，V 和 V' 由 $(R+1)$ 决定。当回流比 R 大于最小回流比 R_{min} 时，理论塔板数显著减少，塔内上升蒸气量增加，其结果是减少的设备费可以补偿操作费的增加。若再增大回流比，理论塔板数减少的速率变慢，而塔内上升蒸气量 V 增加，随之而来的是塔径增大，再沸器及冷凝器的传热面积增大。当 R 增至某一值后，不仅操作费用增加，设备费用也增加。由上述分析可知，精馏操作存在一个适宜回流比，在适宜回流比下进行操作，设备费与操作费之和为最少，如图 4-22 所示。

通常情况下，适宜回流比为最小回流比的 1.1~2.0 倍，即

$$R_{适宜}=(1.1\sim2.0)R_{min} \qquad (4-40)$$

§4-5.4 捷算法求理论塔板数

理论塔板数的计算除了逐板计算法、图解法外，还可用捷算法计算。捷算法是利用芬斯克公式和吉利兰关联图来求算理论塔板数。

吉利兰关联图如图 4-23 所示，它是由实验数据归纳出来的经验图。捷算法主要用于初步设计计算，误差较大。其详细计算过程见例 4-5。

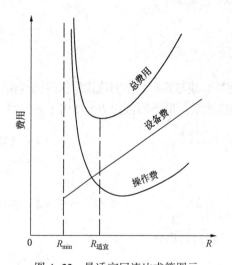

图 4-22 最适宜回流比求算图示

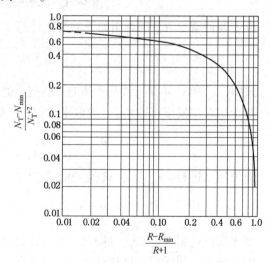

图 4-23 吉利兰关联图

例 4-5 根据例 4-4 的数据，用捷算法求精馏所需的理论塔板数。

解 已知 $x_D=0.95$，$x_F=0.30$，$x_W=0.10$，$R=3.21$，苯-甲苯体系接近理想体系，又为

泡点进料，则

$$R_{min} = \frac{1}{\alpha - 1}\left[\frac{x_D}{x_F} - \frac{\alpha(1 - x_D)}{1 - x_F}\right] = \frac{1}{2.45 - 1}\left[\frac{0.95}{0.30} - \frac{2.45 \times (1 - 0.95)}{1 - 0.3}\right] = 2.04$$

由芬斯克公式

$$N_{min} + 1 = \frac{\lg\left[\frac{x_D}{x_W}\left(\frac{1 - x_W}{1 - x_D}\right)\right]}{\lg\alpha} = \frac{\lg\left[\frac{0.95}{0.10}\left(\frac{1 - 0.10}{1 - 0.95}\right)\right]}{\lg2.45} = 5.7$$

$$N_{min} = 5.7 - 1 = 4.7(不含塔釜)$$

由 $\dfrac{R - R_{min}}{R + 1} = \dfrac{3.21 - 2.04}{3.21 + 1} = 0.278$，查吉利兰图，得

$$\frac{N_T - N_{min}}{N_T + 2} = 0.4$$

将 $N_{min} = 4.7$ 代入，得

$$N_T = 9.2(不含塔釜)$$

计算结果表明，捷算法与图解法所得结果基本一致。

§4-5.5 塔板效率

理论塔板是理想化的塔板，它与实际塔板有一定的差异，这是因为在实际传质过程中，气液两相接触时间、接触面积有限，离开塔板的气液相难以达到平衡。实际塔板与理想塔板的差异通常用板效率来反映。板效率分单板效率和总板效率两种。

1. 单板效率

单板效率又称莫夫里效率，用 E_m 表示，其定义为：

以气相表示
$$E_{mV} = \frac{实际塔板气相增浓值}{理论塔板气相增浓值} = \frac{y_n - y_{n+1}}{y_n^* - y_{n+1}} \tag{4-41}$$

以液相表示
$$E_{mL} = \frac{实际塔板液相降低值}{理论塔板液相降低值} = \frac{x_{n-1} - x_n}{x_{n-1} - x_n^*} \tag{4-42}$$

式中 y_{n+1}，y_n——进入和离开第 n 块板的蒸气组成；

$\quad\quad x_{n-1}$，x_n——进入和离开第 n 块板的液相组成；

$\quad\quad\quad y_n^*$——与离开第 n 板的液体 x_n 呈平衡的气相组成；

$\quad\quad\quad x_n^*$——与离开第 n 板的蒸气 y_n 呈平衡的液相组成。

2. 总板效率

总板效率又称全塔效率，用 E_T 表示，它等于全塔理论塔板数 N_T 与实际塔板数 N_P 之比，即

$$E_T = N_T/N_P \tag{4-43}$$

单板效率与总板效率来源于不同概念，单板效率直接反映单独一层塔板上传质的优劣，常用于塔板研究；而总板效率是反映整塔的平均传质效果，便于从理论塔板数得到实际塔板数，即使各层塔板的单板效率都相等，一般也不等于总板效率。

影响板效率的因素主要有：

① 气液两相的物理性质，主要有扩散系数、表面张力、相对挥发度、黏度和密度等；

② 操作参数，主要有气液流速、回流比、压力和温度等；

③ 塔的结构，主要有板间距、塔径和开孔率等。

§4-6 板式塔

用于精馏操作的塔设备称为精馏塔。精馏塔的作用也在于提供气液两相充分接触的机会，使气液两相间的热、质传递过程能够迅速有效地进行。精馏塔也有板式塔和填料塔两种类型。精馏操作一般处理物料量较大，用板式塔较多。本节重点介绍板式塔的结构、塔板类型及典型塔板等。

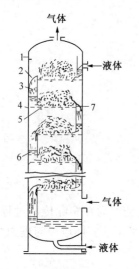

图 4-24 板式塔的典型结构
1—壳体；2—塔板；3—降液管；
4—支承圈；5—加固梁；6—泡沫层；
7—溢流堰

§4-6.1 板式塔的结构特点

板式塔是另一类用于气液系统的传质设备，它与填料塔的不同之处在于气液两相为分级接触，结构如图4-24所示。板式塔的壳体为圆筒形，内部沿塔高装有若干块水平的塔板。液体在重力作用下，自上而下依次流过各层塔板，至塔底排出；气体在压力差推动下，自下而上依次穿过各层塔板，至塔顶排出。每块塔板上保持着一定深度的液层，气体通过塔板分散到液层中去，在塔板上，气液两相进行传热和传质过程。

§4-6.2 板式塔的塔板类型

塔板是板式塔的核心构件，其功能是使气、液两相保持充分的接触，使之能在良好的条件下进行传质和传热过程。工业生产对塔板的要求主要是：①通过能力要大，即单位塔截面能处理的气液流量大；②塔板效率要高；③塔板压力降要低；④操作弹性要大；⑤结构简单，易于制造。在这些要求中，对于要求产品纯度高的分离操作，首先应考虑高效率；对于处理量大的一般性分离，主要是考虑通过能力大。

板式塔类型的不同，关键在于其中的塔板结构不同。按照塔内气、液流动方式，可将塔板分为错流塔板和逆流塔板。

错流塔板如图4-25(a)所示，板间有专供液体流通的降液管（又称溢流管）。适当安排降液管的位置及堰的高度，可以控制板上液体流径及液层高度，从而获得较高的效率。然而

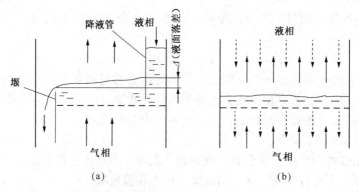

(a)   (b)

图 4-25 错流塔板与逆流塔板

由于降液管大约占去塔板面积的 20%，影响了塔的生产能力，而且液体横过塔板时要克服各种阻力，因而使板上液层出现位差，此位差称为落差。落差大时，能引起板上气体分布不均，降低分离效率。

逆流塔板如图 4-25(b) 所示，板上不设降液管，气液同时由板上孔道逆向穿流而过。这种塔板结构简单，板上无液面落差，气体分布均匀，板面利用充分，可增大处理量及减小压力降。但需要较高的气速才能维持板上液层，操作弹性差且效率较低，目前在工程上的气液传质操作的运用不及错流塔板使用广泛。

§4-6.3　几种典型的错流塔板

1. 泡罩塔板

泡罩塔板是很早就为工业蒸馏操作所采用的一种塔板，其操作状态和圆形泡罩的基本结构如图 4-26 所示。每层塔板上装有若干称为升气管的短管作为上升气体的通道。由于升气管高出液面，故板上液体不会从中漏下。升气管上盖以钟形的泡罩，泡罩下部周边开有许多齿缝，与板面保持一定距离。操作状况下，齿缝浸没在板上液层之中，形成液封。上升气体通过齿缝被分散成细小的气泡或流股进入液层。板上的鼓泡液层为气液两相提供了大量的传质界面。液体通过降液管流下，并依靠溢流堰以保证塔板上充有一定厚度的液层。

泡罩的型式不一，化工生产中应用最广泛的是圆形泡罩，圆形泡罩在塔板上作等边三角形排列，泡罩中心距为其直径的 $1\frac{1}{3} \sim 1\frac{2}{3}$ 倍。

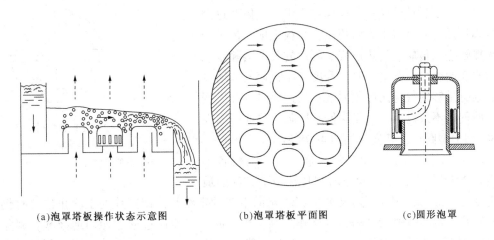

(a)泡罩塔板操作状态示意图　　(b)泡罩塔板平面图　　(c)圆形泡罩

图 4-26　泡罩塔板

泡罩塔操作稳定，不易发生漏液现象，有较好的弹性，即当气、液负荷有较大的波动时，仍能维持几乎恒定的板效率；塔板不易堵塞，对于各种物料的适应性强。但由于泡罩塔板的结构复杂，金属耗量大，造价高；且板上液层厚，气体流径曲折，塔板压力降大，雾沫夹带现象较严重；液流遇到的阻力大，液面落差大，气体分布不均，影响了板效率的提高，所以泡罩塔板已逐渐为其他型式的塔板所取代。

2. 筛板

筛板也是较早出现的一种塔板，但很长一段时间内被认为难以操作而未得到重视。第二次世界大战后，炼油和化学工业发展迅速，泡罩塔板结构复杂、造价高的缺点日益突出，而结构简单的筛板塔重新受到重视。通过大量的实验研究和工业实践，逐步掌握了筛板塔的操

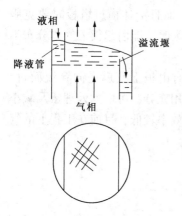

图 4-27　筛板结构

作规律和正确设计方法。因此，从 20 世纪 50 年代起，筛板塔迅速发展成为工业上广泛应用的塔型。

筛板结构如图 4-27 所示。它是在塔板上开有许多均匀分布的筛孔，操作状态下上升气流通过筛孔分散成细小的流股，在板上液层中鼓泡而出，与液体密切接触。筛孔在塔板上作正三角形排列，其直径一般为 3~8mm，孔心距与孔径之比常在 2.5~4.0 范围内。

塔板上设置溢流堰，以使板上维持一定深度的液层。在正常操作范围内，通过筛孔上升的气流，应能阻止液体经筛孔向下泄漏，液体通过降液管逐板流下。

筛板塔的突出优点是结构简单，金属耗量小，造价低，气体压力降小，板上液面落差也较小，其生产能力及板效率比泡罩塔高。主要缺点是操作弹性范围窄，小孔筛板容易堵塞。新开发的大孔径筛板采用气液错流方式，可以提高气速以及生产能力，而且不易堵塞。

3. 浮阀塔板

浮阀塔板是 20 世纪 50 年代开发的一种新型塔板。浮阀塔板的结构与泡罩塔板相似，但用浮阀代替泡罩，并且没有升气管。其特点是在带有降液管的塔板上开有若干阀孔（标准孔径为 39mm），每孔装有一个可以上、下浮动的阀片。操作过程中，气体通过阀孔将阀片托起并沿水平方向喷出，与板上横向流过的液体接触进行传质、传热过程。阀片的开度会随着气量的改变而改变。气量小时，开度变小，使气体通过时能维持足够的气速而避免漏液；气速大时，开度变大，使气速不致过高，从而降低了压降。目前国内大多采用 F1 型阀片，其型式如图 4-28 所示。

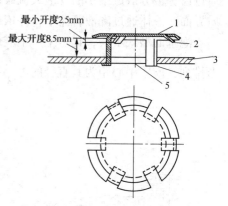

图 4-28　F1 型浮阀
1—阀片；2—定距片；
3—塔板；4—底脚；5—阀孔

F1 型阀片本身有三个支脚，插入阀孔后将各支脚扳转 90°角，用以限制操作时阀片在板上升起的最大高度（8.5mm），阀片周边又冲出三块略向下弯的定距片，使阀片处于静止位置时仍与塔板间留有一定的缝隙（2.5mm）。这样当气量很小时，仍能通过缝隙均匀地鼓泡，避免了阀片起、闭不稳的脉动现象，同时由于阀片与塔板面是点接触，可以防止阀片与塔板的粘着和腐蚀。

与泡罩塔板相比，浮阀塔板结构简单，制造方便，材料节省。浮阀安排比较紧凑，塔板的开孔面积大，其生产能力大；阀片可以自由升降以适应气量的变化，其操作弹性大；上升气体以水平方向吹入液层，故气液接触时间较长，而雾沫夹带量较小，板效率较高；除此之外，浮阀塔板还具有气体压力降及液面落差较小等优点，因此广泛用于化工及炼油生产中。但浮阀对材料的抗腐蚀性要求较高，一般采用不锈钢制造。

4. 喷射型塔板

泡罩、筛板及浮阀塔板都属于气体分散型塔板，在这类塔板上，气体分散于板上液层之中，在鼓泡状态下或泡沫状态下进行气液接触，雾沫夹带量较大。喷射型塔板是针对分散性

134

塔板的这一弱点开发的一种新型塔板。在这种塔板上，气体喷出的方向与液体流动方向一致，充分利用气体的动能来促进两相间的接触，提高了传质效果。气体不必再通过较深的液层，因而压力降显著减小，且因雾沫夹带量较小，故可采用较大的气速。

（1）舌形塔板

舌形塔板是在 20 世纪 60 年代初期提出的一种喷射塔板。塔板上冲出许多舌形孔，舌叶与板面成一定角度，向塔板的溢流出口侧张开，如图 4-29 所示。舌形孔的典型尺寸为：$\varphi = 20°$，$R = 25mm$，$A = 25mm$。

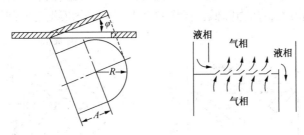

图 4-29　舌形塔板示意图

舌形塔板上设有降液管，但管的上口没有溢流堰。上升气流穿过舌形孔后，沿舌叶的张角向斜上方喷出，速度可达 $20 \sim 30 m \cdot s^{-1}$。从上层塔板降液管流出的液体，在板上从各舌叶的根部向尖端流动，被喷出的气流强烈搅动而形成泡沫体。这种喷射作用使两相的接触大为强化，从而提高了传质效率。由于气体喷出的方向与液体流动方向一致，气体对液体起到一定的推动作用，使液体流量加大而液面落差没有大的变化。由于板上液层薄，使塔板阻力减小，液沫夹带也少。舌形塔板开孔率较大，故可采用较大空速，生产能力比泡罩、筛板等塔型都大。

由于舌形塔板上供气量通过的截面积是固定的，当塔内气体流量较小、气体喷出的速度较小时，就不可避免会发生泄漏。所以舌形塔板操作弹性较小。

（2）浮动喷射塔板

浮动喷射塔板是综合舌形塔板上流体的并流喷射与浮阀塔板的气道截面积可变两方面的优点而提出的一种喷射塔板。其结构如图 4-30 所示。

这种塔板的主体由一系列平行的浮动板组成，浮动板支承在支架的三角槽内，可在一定角度内转动。由上一层塔板降液管流下来的液体，在百叶窗式的浮动板上面流过，上升气流则沿浮动板间的缝隙喷出，喷出方向与液流方向一致。由于浮动板的张开程度能随上升气体的流量而变化，使气流的喷出速度保持较高的适宜值，因而扩大了操作的弹性范围。

浮动喷射塔板的生产能力大，操作弹性大，压力降小。但塔板结构较复杂，浮动板易磨损脱落。

（3）浮舌塔板

浮舌塔板是综合浮阀和固定舌形塔板的长处而提出的又一种浮动喷射型塔板。浮舌结构如图 4-31 所示。这种塔板既可以让气体以喷射的方式进入液层，又可在负荷改变时，使舌

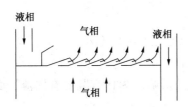

图 4-30　浮动喷射塔板示意图

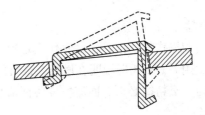

图 4-31　浮舌塔板示意图

阀的开度随着负荷的改变而使喷射速度大致维持不变。因此,其压力降比浮阀塔板及固定舌形塔板都低,而操作弹性范围较二者都大。在板效率及泄漏量方面,也优于固定舌形塔板。

5. 旋流塔板

旋流塔板如图 4-32 所示。中间是盲板,四周是固定的风车叶片状的旋流叶片,气流由下往上通过叶片时产生旋转和离心运动,由上层塔板的溢流管流下的液体汇集到塔板上的盲板后,被分配到各叶片形成薄液层,被旋转向上的气流喷成细小液滴,并甩向塔壁,液滴受重力作用而集流至液槽,通过溢流管流至下一塔板的盲板区。旋流板的气流通道大,允许高速气流通过,因而处理能力大,压力降低,操作弹性大。但因气液接触时间短,板效率较低。

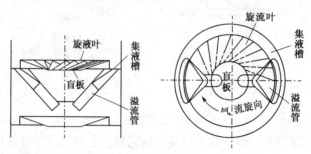

图 4-32 旋流塔板基本结构

6. 林德筛板

林德筛板是专为真空精馏设计的高效率、低压力降塔板。其结构如图 4-33 所示。这种塔板的结构特点是在整个筛板上设置一定数量的导向筛孔,井口方向与液流方向相同;在塔板入口处设置鼓泡促进装置,即把液流入口处的塔板翘起一定角度,避免低气速下在塔板入口处发生漏液现象。林德筛板利用部分气体的动量推动液体流动,以抵消液体流经塔板因受到流动阻力而形成的液面落差,均匀降低液层,减少气液两相在空间上的反向流动和不均匀分布,因此既降低塔板压力降,又提高塔板效率。

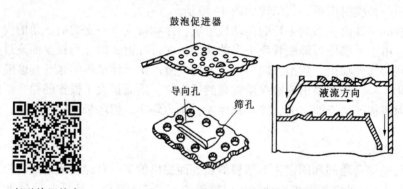

新型精馏技术

图 4-33 林德筛板结构示意图

思考题

1. 精馏操作的依据是什么?什么是挥发度?什么是相对挥发度?

2. 试用 t-x-y 相图说明在塔板上进行的精馏过程。

3. 为什么精馏必须有回流?说明回流比对精馏的影响。为什么既要有回流,而精馏塔又要保温?

4. 在精馏操作开始时,为什么要进行一定时间的全回流操作?

5. 什么是最小回流比？如何计算？

6. 精馏段和提馏段的基本作用是什么？

7. 说明精馏过程中操作线的物理意义，为什么用操作线和平衡线可以解出精馏所需的理论塔板数？

8. 求算精馏的理论塔板数有哪些方法？各有什么优缺点？

9. 进料状况对精馏有何影响？

10. 回流比的大小对精馏有何影响？

11. 如何进行逐板计算求理论塔板数？

12. 什么是恒摩尔流假设？假设的目的是什么？

13. 精馏操作线的图示有哪些主要步骤？

14. 理论塔板是如何定义的？说明板效率的定义及影响因素。

习题

1. 苯-甲苯混合液中 $x_{\text{苯}}=40\%$，在 101.3kPa 下加热至 100℃，试求此时的气液相平衡组成。
$(0.453, 0.256)$

2. 今有苯-甲苯的混合液，已知总压力为 101.33kPa，温度为 100℃时，苯和甲苯的饱和蒸气压分别为 176.7kPa 和 74.4kPa。若该混合液可视为理想溶液，试求此条件下该溶液的相对挥发度及气、液相的平衡组成。
$(2.38, 0.26, 0.45)$

3. 在连续精馏塔中分离苯-甲苯混合液，原料液中苯的摩尔分率为 0.35。要求塔顶产品中苯的摩尔分率不低于 0.93，而塔顶产品中苯的含量占原料液中苯含量的 96%。问塔顶产品量 D 为每小时多少千摩尔？釜液中易挥发组分的摩尔分率 x_W 又为多少？
$(36.1\text{kmol}\cdot\text{h}^{-1}, 0.022)$

4. 有一连续精馏塔用以分离甲醇-水混合液。已知：物系平均相对挥发度 $\alpha=5.0$；泡点温度下进料，料液的摩尔流量 $F=400\text{kmol}\cdot\text{h}^{-1}$，料液中甲醇的摩尔分率为 $x_F=0.30$；塔顶和塔底产品中甲醇的摩尔分率分别为 $x_D=0.90$ 和 $x_W=0.10$；实际回流比为最小回流比的 2 倍，试求：加料板上下的蒸气和液体的摩尔流量。
$(216\text{kmol}\cdot\text{h}^{-1}, 116\text{kmol}\cdot\text{h}^{-1}, 216\text{kmol}\cdot\text{h}^{-1}, 516\text{kmol}\cdot\text{h}^{-1})$

5. 在一个常压下操作的连续精馏塔中分离某理想混合液，若要求馏出液组成（摩尔分率）$x_D=0.94$，釜液组成（摩尔分率）$x_W=0.04$。已知此塔进料 q 线方程为 $y=6x-1.5$，采用回流比为最小回流比的 1.2 倍，混合液的相对挥发度为 2，试求：

（1）精馏段操作线方程；
$(y_{n+1}=0.7604x_n+0.2253)$

（2）当塔底产品的摩尔流量 $W=150\text{kmol}\cdot\text{h}^{-1}$ 时，进料的摩尔流量 F 和塔顶产品的摩尔流量 D；
$(210.9\text{kmol}\cdot\text{h}^{-1}, 60.94\text{kmol}\cdot\text{h}^{-1})$

（3）提馏段操作线方程。
$(y_{m+1}=1.5x_m-0.020)$

6. 用一个连续精馏塔分离某二元理想混合液。混合液中易挥发组分的摩尔分率 $x_F=0.40$，进料的摩尔流量 $F=100\text{kmol}\cdot\text{h}^{-1}$，并采用泡点温度下的液体加料，馏出液中易挥发组分的摩尔分率 $x_D=0.95$，釜残液中易挥发组分的摩尔分率 $x_W=0.03$，试求：

（1）塔顶产品的采出率（馏出液与料液的摩尔流量之比）和易挥发组分的回收率；
$(0.402, 95.5\%)$

（2）采用回流比为 3 时，精馏段与提馏段的蒸气与液体的摩尔流量；

（精馏段，上升蒸气 160.8kmol · h⁻¹，回馏液体 120.6kmol · h⁻¹；提馏段，上升蒸气 160.8kmol · h⁻¹，回馏液体 220.6kmol · h⁻¹）

（3）回流比增加到 4 时，精馏段与提馏段的蒸气与液体的摩尔流量。

（精馏段，上升蒸气 201.0kmol · h⁻¹，回馏液体 168.8kmol · h⁻¹；提馏段，上升蒸气 201.0kmol · h⁻¹，回馏液体 260.8kmol · h⁻¹）

7. 含苯的摩尔分率为 0.45 及甲苯的摩尔分率为 0.55 的混合溶液，在 0.1MPa 下的泡点为 94℃。求该混合液在 45℃ 时的 q 值及 q 线方程。该混合液的平均摩尔热容为 167.5J · mol⁻¹ · K⁻¹，平均摩尔汽化热为 $3.04×10^4$J · mol⁻¹。 （1.27，$y=4.70x-1.67$）

8. 某一连续精馏塔用来分离苯-甲苯混合液，塔顶为全凝器，进料中苯的摩尔分率为 0.30，进料量为 100kmol · h⁻¹，饱和蒸气进料，塔顶产品量为 45kmol · h⁻¹，物系相对挥发度为 2.4，精馏段操作线方程为 $y_{n+1}=0.75x_n+0.15$，试求提馏段操作线方程的具体表达式。
（$y_{m+1}=1.69x_m-0.0378$）

9. 在常压连续精馏塔内分离某双组分溶液，其相对挥发度为 2.50。原料中含轻组分的摩尔分率为 0.60，泡点温度下的液体进料，要求塔顶产品中轻组分的摩尔分率为 0.90，塔顶采出率为 5/8。操作回流比取最小回流比的 1.6 倍，塔釜为间接蒸汽加热。求：

（1）回流比； （0.94）

（2）自塔釜上升的蒸气组成及提馏段操作线方程。 （0.22，$y_{m+1}=1.309x_m-0.031$）

10. 有一板式精馏塔用以处理含苯的摩尔分率为 0.44 的苯-甲苯溶液。原料液在泡点温度下，以 172kmol · h⁻¹ 的摩尔流量被连续加入塔内。当操作回流比为最小回流比的 2.05 倍时，获得的塔顶产品中含苯的摩尔分率为 0.98，塔底产品中含甲苯的摩尔分率为 0.98。已知该物系的平均相对挥发度 $\alpha=2.46$。塔顶为全凝器，再沸器用间接蒸汽加热。试计算：

（1）精馏段的上升蒸气的摩尔流量和回流液的摩尔流量；

（301kmol · h⁻¹，226kmol · h⁻¹）

（2）塔内最底层的塔板流下的回流液中含苯的摩尔分率。 （0.04102）

（提示：塔釜可视为一块理论塔板。）

11. 由正庚烷的摩尔分率为 0.695 及正辛烷的摩尔分率为 0.305 组成的理想溶液，在常压下于一个连续精馏塔内进行分离，要求塔顶产品中含正庚烷的摩尔分率为 0.99，塔底产品中含正辛烷的摩尔分率也为 0.99。已知物料在泡点下进料，实际操作回流比为最小回流比的 2 倍，正庚烷对正辛烷的平均相对挥发度 $\bar{\alpha}=2.17$，试计算：

（1）最小回流比及实际操作回流比； （1.15，2.30）

（2）在塔顶使用全凝器情况下，从塔顶数起第二块理论塔板下降的液相组成。 （0.963）

12. 在一常压连续精馏塔内分离由 A 和 B 组成的混合液。原料液中含易挥发组分 A 的摩尔分率为 0.40，要求塔顶馏出液中含 A 的摩尔分率为 0.96，塔底产品中含 B 的摩尔分率为 0.90，塔顶采用全凝器，回流比为 3.0，在泡点温度下进料。试用图解法求所需理论塔板数及进料板位置。 （7，5）

A 和 B 混合液的蒸气-液体两相平衡组成数据表：

x_A	0.00	0.10	0.20	0.30	0.40	0.50	0.60	0.70	0.80	0.90	1.00
y_A	0.00	0.23	0.40	0.54	0.64	0.73	0.82	0.86	0.92	0.96	1.00

13. 某平均相对挥发度为 2.5 的理想溶液，其中易挥发组分的摩尔分率为 0.70，于泡点

温度下送入精馏塔中，并要求馏出液中易挥发组分摩尔分率不少于 0.95，残液中易挥发组分的摩尔分率不大于 0.025，试求：

(1) 每获得 1mol 馏出液所需的原料液量； (1.37mol)

(2) 实际回流比 R 为 1.5 时，实际回流比为最小回流比的多少倍。 (2.41 倍)

14. 在常压连续精馏塔中分离苯-甲苯混合液，原料液的摩尔流量为 1000kmol $\cdot$ h^{-1}，进料液中含苯的摩尔分率为 0.40，馏出液中含苯的摩尔分率为 0.90，苯在塔顶的回收率为 90%，泡点下的液体进料（$q=1$），回流比为最小回流比的 1.5 倍，物系的平均相对挥发度为 2.5，试求：精馏段和提馏段操作线方程。 （$y_{n+1}=0.647x_n+0.318$，$y_{m+1}=1.53x_m-0.0354$）

15. 某连续精馏塔用于分离双组分混合液。混合液中轻组分的摩尔分率为 0.250，料液在泡点温度下进料，在回流比为 R 时测得馏出液组成（摩尔分率）$x_D=0.980$，釜液组成（摩尔分率）$x_W=0.085$。改用回流比 R'，若单位加料的馏出液量（即塔顶产品采出率）及其他操作条件均维持不变，在此状况下测得釜液组成（摩尔分率）$x'_W=0.082$。试问：回流比改变后，塔顶产品中轻组分的回收率有何变化？回流比是大了还是小了？ （均为增大）

16. 某连续精馏塔在常压下分离甲醇水溶液。原料以泡点温度进塔，已知操作线方程如下：

精馏段：$y_{n+1}=0.630x_n+0.361$

提馏段：$y_{m+1}=1.805x_m-0.00966$

试求该塔的回流比及进料液、馏出液与残液的组成。 （1.70，0.975，0.0120，0.315）

17. 含轻组分的摩尔分率为 0.40 的双组分混合液在一常压连续精馏塔内进行分离。其操作线方程分别为：

精馏段：$y_{n+1}=0.8x_n+0.14$

提馏段：$y_{m+1}=1.273x_m-0.0545$

试求：

(1) 釜液组成 x_W； (0.2)

(2) 进料热状态参数 q。 (1.2)

18. 用一个连续精馏塔来处理组成为 40% 苯和 60% 甲苯的混合液，要求将混合液分离成含苯的摩尔分率为 0.99 的塔顶产品和含甲苯的摩尔分率为 0.95 的塔底产品。若在操作条件下苯对甲苯的平均相对挥发度 $\bar{\alpha}=2.46$，试计算全回流时所需的理论塔板数。 (8)

19. 如习题 12 的已知条件，用捷算法求理论板层数及加料板位置。 (7，5)

20. 在连续操作的板式精馏塔中，分离平均相对挥发度为 2.39 的苯-甲苯混合液。在全回流条件下测得相邻三块塔板的液相组成（以苯的摩尔分率表示）分别为 0.30、0.44 和 0.60，试求中间一块塔板的单板效率（请分别用气相和液相组成的变化来表示）。

(75%，75%)

21. 在精馏塔的研究中，以某二元理想溶液做试验，在全回流操作条件下，测得塔顶产品浓度为 0.90，塔釜产品浓度为 0.10（均为轻组分的摩尔分率），已知该二元溶液的平均相对挥发度为 3.0，塔内装有 5 块浮阀塔板，塔顶为全凝器，试求该精馏塔的全塔效率。又若同时取样分析，测得塔顶第一块板的回流液组成 $x_1=0.78$，问该块塔板的板效率为多少？

(60%，0.90)

第5章 化学反应工程与反应器

§5-1 概 述

§5-1.1 化学反应工程与化学反应器

化学反应工程学是一门研究化学反应工程问题的科学，它是使化学反应实现工业化的一门技术科学。其研究对象不仅涉及化学反应的特性，而且还涉及化学反应装置的特性。其任务是正确选择化学反应器的型式，合理设计反应器的结构和尺寸，确定最适宜的反应温度、浓度和流动状态等操作条件，使一个工业化的化学反应达到最优化，获得良好的经济效果。

化学反应器是一个化学反应发生的场所，是化学工业生产的核心设备。对它的研究广泛地应用了化工热力学、化学动力学、流体力学、传热、传质以及生产工艺和经济学等方面的理论和经验。简单地说来，在研究规定条件下化学反应在反应器中可能达到的最高转化率以及伴随的能量变化等问题需借助于化工热力学，而要研究在适当反应器中实际达到的产率及反应热的处理等问题则需借助化学动力学、传递工程等知识与经验。

§5-1.2 工业反应器的分类

1. 工业反应器分类

（1）按反应器的操作方式分类

① 间歇反应器 反应物料一次加入，在一定操作条件下，经过一定时间达到反应要求后，反应产物一次卸出，生产为间歇分批进行。由于分批操作，物料浓度及反应速率都是不断改变着，因而是一个非稳态过程。

② 半连续反应器（半间歇反应器） 一种或几种反应物一次加入反应器，而另外一种或几种反应物则连续加入反应器。这是介于连续和间歇之间的一种操作方式，反应器内物料参数随时间而变，也是一种非稳态过程。

③ 连续反应器 反应物和产物连续稳定地加入和引出反应器，反应器内物料参数仅是位置的函数而与时间无关。

（2）按反应器的结构型式分类

① 管式反应器 反应器的长（高）径比很大，反应器中物料混合作用较小，一般用于连续操作过程。

② 槽式（釜式）反应器 反应器高径比很小，一般接近于1。通常槽（釜）内装有搅拌装置，器内混合比较均匀，既可用于连续操作过程，又可用于间歇操作过程。

③ 塔式反应器 长（高）径比介于管式和槽式之间，一般用于连续操作过程。

（3）按反应物相态分类

① 均相反应器 反应物的相态相同，如气相反应器、液相反应器。

② 非均相反应器 反应物的相态不同，如气-固相反应器、液-固相反应器、气-液相反应器、气-固-液相反应器等。

（4）按操作温度条件分类

① 等温反应器　反应过程中，反应温度不随时间而变化的反应器。

② 非等温反应器　反应过程中，反应温度随时间而变化的反应器。

③ 绝热反应器　反应过程中，反应器与环境没有热量交换的反应器。

2. 常见工业反应器

表 5-1 是常见反应器的型式与特性。

表 5-1　反应器的型式与特性

类　型	适用的反应	优　缺　点	生产举例
搅拌槽,一级或多级串联	液相,液-液相,液-固相	适用性大,操作弹性大,连续操作时温度、浓度容易控制,产品质量均一,但高转化率时反应器容积大	苯的硝化,氯乙烯聚合,釜式法高压聚乙烯,聚合法顺丁橡胶等
管式	气相,液相	返混小,所需反应器容积小,比热面大,但对于慢速反应,管要很长,压降大	石脑油裂解,甲基丁炔醇合成,管式法高压聚乙烯
空塔或搅拌塔	液相,液-液相	结构简单,返混程度与高径比及搅拌有关,轴向温差大	苯乙烯的本体聚合,己内酰胺缩合,乙酸乙烯酯溶液聚合等
鼓泡塔或挡板鼓泡塔	气-液相,气-液-固(催化剂)相	气相返混小,但液相返混大,温度较易调节,气体压降大,流速有限制,有挡板可减少返混	苯的烷基化,乙烯基乙炔的合成,二甲苯氧化等
填料塔	液相,气-液相	结构简单,返混小,压降小,有温差,填料装卸麻烦	化学吸收,丙烯连续聚合
板式塔	气-液相	逆流接触,气液返混均小,流速有限制,如需传热,常在板间另加传热面	苯连续磺化,异丙苯氧化
喷雾塔	气-液相快速反应	结构简单,液体表面积大,停留时间受塔高限制,气流速度有限制	氯乙醇制丙烯腈,高级醇的连续磺化
湿壁塔	气-液相	结构简单,液体返混小,温度和停留时间易调节,处理量小	苯的氯化
固定床	气-固(催化或非催化)相	返混小,高转化率时催化剂用量少,催化剂不易磨损,传热控温不易,催化剂装卸麻烦	乙苯脱氢,乙炔法制氯乙烯,合成氨,乙烯法制乙酸乙烯酯等
流化床	气-固(催化或非催化)相,特别是催化剂失活很快的反应	传热好,温度均匀,易控制,催化剂有效系数大,粒子输送容易,但磨耗大,床内返混大,对高转化率不利,操作条件限制较大	萘氧化制苯酐,石油催化裂化,乙烯氧氯化制二氯乙烷,丙烯氨氧化制丙烯腈等
移动床	气-固(催化或非催化)相,催化剂失活很快的反应	固体返混小,固气比可变性大,粒子输送较易,床内温差大,调节困难	石油催化裂化,矿物的焙烧或冶炼
滴流床	气-液-固(催化剂)相	催化剂带出少,分离容易,气液分布要求均匀,温度调节较困难	焦油加氢精制和加氢裂解,丁炔二醇加氢等
蓄热床	气相,以固相为热载体	结构简单,材质容易解决,调节范围较广,但切换频繁,温度波动大,收率较低	石油裂解,天然气裂解
回转筒式	气-固相,固-固相,高黏液相,液-固相	粒子返混小,相接触界面小,传热效能低,设备容积较大	苯酐转位成对苯二甲酸,十二烷基苯磺化
载流管	气-固(催化或非催化)相	结构简单,处理量大,瞬间传热好,固体输送方便,停留时间有限制	石油催化裂化
喷嘴式	气相,高速反应的液相	传热和传质速率快,流体混合好,反应物急冷容易,但操作条件限制较严	天然气裂解制乙炔,氯化氢的合成
螺旋挤压机式	高黏度液相	停留时间均一,传热较困难,能连续处理高黏度物料	聚乙烯醇的醇解,聚甲醛及氯化聚醚的生产

§5-1.3 化学反应工程研究的方法

传统的单元操作研究是用经验归纳法，即将实验数据用因次分析法和相似方法整理而获得经验的关联式，其特点是影响参数相对简单。对于化学反应工程来说，由于涉及多种影响参数，以及参数间的相互作用错综复杂，传统的归纳法已不能准确反映化学反应工程规律的本质，其研究方法应采用数学模型为基础的数学模拟法。

数学模拟法是将复杂的研究对象合理地简化成一个与原过程近似等效的模型，然后对简化模型进行数学描述。数学模型是流动模型、传递模型、动力学模型的总和，其描述是各种形式的联立代数方程、微分方程或积分方程。在化学反应工程中，数学模型主要包含动力学方程式、物料衡算式、热量衡算式、动量衡算式和参数计算式，它们间的相互关系见图 5-1。

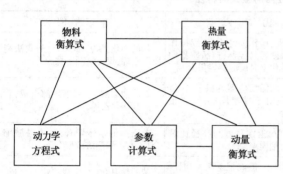

图 5-1　化学反应工程中各种衡算间的关系

实现数学模拟的关键在于建立数学模型，数学模型的建立关键在于对过程实质的了解和对过程的合理简化，这些都依赖于实验。同样，模型的验证和修改也依赖于实验，只有对模型进行反复修正，才能得到与实际过程等效的数学模型。

根据经验，化学反应工程处理问题的方法是实验研究与理论分析并举，在解决新过程时，可先建立动力学和传递过程模型，然后再综合整个过程的初步数学模型，根据数学模型所作的估计来制定实验，最后用实验结果来修正和验证模型，即按图 5-2 所示的步骤进行。

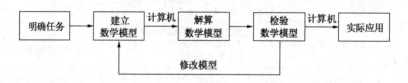

图 5-2　数学模拟放大法示意图

§5-2　均相反应动力学

均相反应是指在均一的液相或气相中进行的化学反应。

物理化学范畴的化学动力学是化学反应本身规律的表述，它不受传递过程的影响，称之为本征动力学或微观动力学。而在工业反应器中，它不仅受物料浓度、温度、催化剂等因素的影响，而且还受传递过程的影响，是物理过程和化学过程的结合，因而称为宏观动力学。宏观动力学可通过实测复杂过程的总结果来概括，也可通过本征动力学和传递过程规律来"合成"。

§5-2.1 化学计量式

化学计量学是研究化学反应系统中反应物和生成物组成改变的数学关系式。化学计量学的基础是化学计量式。化学计量式与化学反应式不同，前者表示参加反应的各组分的数量关系，而后者表示反应的方向。其通式为：

$$v_1 A_1 + v_2 A_2 + \cdots = \cdots + v_{n-1} A_{n-1} + v_n A_n \tag{5-1}$$

或

$$\sum_{i=1}^{n} v_i A_i = 0 \qquad (i = 1, 2, 3, 4, \cdots) \tag{5-2}$$

式中　A_i——组分 A_i（简称组分 i）；

v_i——组分 A_i 的计量系数。

在式(5-1)中左边表示反应物，右边表示生成物。

§5-2.2 反应程度

对于反应

$$aA + bB === rR$$

各组分起始时物质的量分别为 n_{A0}、n_{B0} 及 n_{R0}，反应终结时物质的量分别为 n_A、n_B 及 n_R，由化学计量关系可知

$$\frac{n_A - n_{A0}}{a} = \frac{n_B - n_{B0}}{b} = \frac{n_R - n_{R0}}{r} = \zeta = \frac{n_i - n_{i0}}{v_i} \tag{5-3}$$

式中，ζ 称为反应程度。

式(5-3)也可写为

$$n_i - n_{i0} = \Delta n_i = \zeta \cdot v_i \tag{5-4}$$

Δn_0 即 i 组分反应变化量，对反应物 Δn_0 为负值，对生成物 Δn_0 为正值。由式(5-4)可见，知道反应程度即可知反应物及生成物的反应变化量。

§5-2.3 转化率

某一反应物 A 的反应物质的量($n_{A0} - n_A$)与其初态物质的量 n_{A0} 之比称为转化率，即

$$x_A = \frac{n_{A0} - n_A}{n_{A0}} = \frac{-\Delta n_A}{n_{A0}} = -\frac{v_A \zeta}{n_{A0}} \tag{5-5}$$

§5-2.4 化学反应速率

化学反应速率是指反应系统中，某物质在单位时间、单位空间(体积)内物料数量的变化量。用数学形式表示

$$(-r_A) = -\frac{1}{V} \frac{dn_A}{dt} \tag{5-6}$$

式中，$(-r_A)$ 的负号表示反应物消耗的速率，若 A 为产物，则为

$$r_A = \frac{1}{V} \frac{dn_A}{dt} \tag{5-7}$$

若反应过程中物料体积的变化较小，则 V 可视为恒值，称之为恒容过程，此时 $\frac{n_A}{V} = c_A$，式(5-6)可写成

$$(-r_A) = -\frac{dc_A}{dt} \tag{5-8}$$

对于反应

$$aA + bB \longrightarrow pP + sS$$

如果没有副产物，则反应物与生成物的浓度变化应符合化学反应式的计量系数关系，即

$$-\frac{1}{a} \cdot \frac{1}{V} \frac{dn_A}{dt} = -\frac{1}{b} \cdot \frac{1}{V} \frac{dn_B}{dt} = \frac{1}{p} \cdot \frac{1}{V} \frac{dn_P}{dt} = \frac{1}{s} \cdot \frac{1}{V} \frac{dn_S}{dt} \qquad (5-9)$$

若为恒容过程，则

$$-\frac{1}{a} \cdot \frac{dc_A}{dt} = -\frac{1}{b} \cdot \frac{dc_B}{dt} = \frac{1}{p} \cdot \frac{dc_P}{dt} = \frac{1}{s} \cdot \frac{dc_S}{dt} \qquad (5-10)$$

对于连续过程，反应速率可表示为单位体积中某一反应物或产物的摩尔流率变化，即

$$r_i = \pm \frac{dF_i}{dV_R} \qquad (5-11)$$

式中　F_i——组分 i 的摩尔流率，$F_i = n_i/t$；

　　　V_R——反应体积，m^3。

对于气相反应，反应组分的量往往用分压 p_i 表示，此时反应速率可写成

$$(-r_A) = -\frac{dp_A}{dt} \qquad (5-12)$$

§5-2.5　化学反应动力学的表达式

根据实验研究，均相反应的速率不仅取决于物料的浓度，而且也取决于反应的温度，这种关系的定量表达式称为动力学方程式，其基本函数关系式是 $r=f(c, T)$。

对于均相不可逆反应

$$aA + bB \longrightarrow pP + sS$$

其动力学方程式可表示为

$$(-r_A) = kc_A^\alpha \cdot c_B^\beta \qquad (5-13)$$

式中，k 称为反应速率常数；α 和 β 是反应分级数；$\alpha+\beta$ 称为总级数。

§5-2.6　反应分子数和级数

在讨论分子数与级数前，有必要先区分单一反应和复杂反应、基元反应和非基元反应。

单一反应是指只用一个化学反应式和一个动力学方程式便能表达的反应，而复杂反应则是几个反应同时进行，因而就要用几个动力学方程才能加以描述的反应。复杂反应有连串反应、平行反应、可逆反应(对峙反应)等。

基元反应是指反应物分子在碰撞中一步直接转化为生成物分子的反应，对于基元反应，可以直接使用质量作用定律。而非基元反应是指反应物分子要经过若干步骤，即需经过几个基元反应才能转化为生成物分子的反应。

反应分子数是指在基元反应过程中参加反应粒子(分子、原子、离子、自由基等)的数目。根据反应分子数的多少可将化学反应分为单分子反应、双分子反应和三分子反应。

反应级数是指动力学方程式中浓度项的指数，如式(5-13)中的 α 和 β 分别称为反应对反应物 A 和 B 的分级数，所有浓度项的指数总和 $n=\alpha+\beta$ 称为反应的总级数。反应级数是根据实验结果确定的，并不能从化学计量方程式简单推得。对于基元反应来说，级数 α 和 β 即等于化学反应式的计量系数值。一般情况下，级数在一定温度范围内保持不变，其绝对值不

会超过 3，但可以是分数，也可以是负数和零。级数的大小反映了该物料浓度对反应速率的影响程度，级数愈高，影响愈显著。如果级数等于零，说明该物料浓度变化对反应没有影响；若为负值，说明该物料浓度的增加反而阻抑了反应。

§5-2.7　反应速率常数

反应速率常数 k 可理解为反应物浓度均为 1 时的反应速率，其数值大小直接决定了反应速率快慢和反应进行的难易程度。不同的反应有不同的反应速率常数。对于同一个反应，速率常数随温度、溶剂和催化剂的变化而变化。

反应速率常数是温度的函数，一般情况下，它与温度之间的关系可用 Arrhenius 关系式表示

$$k = A\exp\left(-\frac{E}{RT}\right) \tag{5-14}$$

式中　A——频率因子或指前因子，其单位与反应速率常数相同，它决定了反应物系的本质；

E——化学反应活化能，$J \cdot mol^{-1}$；

R——气体常数，其值为 $8.314J \cdot mol^{-1} \cdot K^{-1}$；

T——绝对温度，K。

活化能 E 是一个极为重要的参数，它的大小不仅决定着反应的难易程度，而且还是反应速率对温度敏感性的一种标志。

§5-3　均相等温等容反应的动力学方程式

动力学方程式的建立是以实验数据为基础的，测定数据的反应器可以是间歇操作的，也可以是连续操作的。在维持等温的条件下进行化学反应，然后利用化学分析方法对得到的数据进行数学处理就可得到动力学方程式。

§5-3.1　不可逆反应

1. 一级反应

凡是反应速率与反应物浓度的一次方成正比的反应称为一级反应。其速率方程式为

$$r = k_1 c \tag{5-15}$$

若某一级反应的化学计量方程式为

$$A \xrightarrow{k_1} P$$

则

$$r = -\frac{dc_A}{dt} = k_1 c_A \tag{5-16}$$

移项积分

$$-\int \frac{dc_A}{c_A} = \int k_1 dt$$

代入初始条件 $t=0$ 和 $c_A=c_{A0}$，得

$$t = \frac{1}{k_1}\ln\frac{c_{A0}}{c_A} \tag{5-17}$$

若用转化率表示，则式(5-17)可写成

$$t = \frac{1}{k_1} \ln \frac{1}{1 - x_A} \qquad (5-17a)$$

2. 二级反应

凡是反应速率与反应物的浓度平方(或两种物质浓度的乘积)成正比的反应称为二级反应,其速率方程式为

$$r = k_2 c_A c_B \qquad (5-18)$$

若 $c_A = c_B$

$$r = k_2 c_A^2 \qquad (5-19)$$

对某二级反应

$$A + B \xrightarrow{k_2} P$$

若 $c_{A0} = c_{B0}$,则

$$k_2 t = \frac{1}{c_A} - \frac{1}{c_{A0}} \qquad (5-20)$$

或

$$k_2 t = \frac{1}{c_{A0}} \left(\frac{x_A}{1 - x_A} \right) \qquad (5-20a)$$

若 $c_{A0} \neq c_{B0}$,则

$$k_2 t = \frac{1}{c_{D0} - c_{A0}} \ln \frac{c_B c_{A0}}{c_A c_{D0}} \qquad (5-21)$$

或

$$k_2 t = \frac{1}{c_{B0} - c_{A0}} \ln \frac{(1 - x_B)}{(1 - x_A)} \qquad (5-21a)$$

若 $c_{A0} \gg c_{B0}$ 或 $c_{A0} \ll c_{B0}$,二级反应则可转化为一级反应。

3. 三级反应

凡是反应速率与反应物浓度的三次方(或三种物质浓度的乘积)成正比的反应,称为三级反应。其速率方程式可表示为

$$r = k_3 c_A c_B c_C \qquad (5-22)$$

若 $c_A = c_B = c_C$,则

$$r = k_3 c_A^3 \qquad (5-23)$$

对于某三级反应

$$A + B + C \xrightarrow{k_3} P$$

若 $c_{A0} = c_{B0} = c_{C0}$,则

$$k_3 = \frac{1}{2t} \left[\frac{1}{c_A^2} - \frac{1}{c_{A0}^2} \right] \qquad (5-24)$$

4. 零级反应

凡是反应速率与反应物浓度无关的反应,称为零级反应。其反应速率方程式为

$$r = k_0 \qquad (5-25)$$

对于零级反应

$$A \xrightarrow{k_0} P$$

146

用反应物的消耗速率表示其反应速率时

$$-\frac{\mathrm{d}c_{A}}{\mathrm{d}t} = k_0 \qquad\qquad (5-26)$$

分离变量积分得

$$k_0 t = c_{A0} - c_A \qquad\qquad (5-27)$$

由式(5-27)可以看出,反应物浓度与时间是线性关系。

§5-3.2 可逆反应

当一个反应正向和逆向都可以进行时,这个反应就称为可逆反应,也称对峙反应。

为简明起见,我们通过一个正、逆两方向都是一级反应的例子来讨论可逆反应的一般规律。

$$A \underset{k'}{\overset{k_1}{\rightleftharpoons}} P$$

$t=0$ 时 c_{A0} 0

$t=t$ 时 c_A c_P

在反应过程中任一时刻,正向反应速率为 $r_1 = k_1 c_A$,逆向反应速率为 $r_2 = k'c_P$,而净速率(若 $c_{P0}=0$)为

$$(-r_A) = -\frac{\mathrm{d}c_A}{\mathrm{d}t} = k_1 c_A - k'c_P = k_1 c_A - k'(c_{A0} - c_A) \qquad (5-28)$$

若令 $K=k_1/k'$(称平衡常数),则式(5-28)的积分结果为

$$\ln\left[\frac{c_{A0}\left(\dfrac{K}{1+K}\right)}{c_A - \left(\dfrac{1}{1+K}\right)c_{A0}}\right] = k_1\left(1 + \frac{1}{K}\right)t \qquad (5-29)$$

当反应达到平衡时,反应的净速率为零,相应于此时的浓度称为平衡浓度,以 c_{Ae} 和 c_{Pe} 表示。

由计量关系 $c_{Pe} = c_{A0} - c_{Ae}$,故

$$-\frac{\mathrm{d}c_A}{\mathrm{d}t} = k_1 c_{Ae} - k'(c_{A0} - c_{Ae}) = 0 \qquad (5-30)$$

即

$$k_1/k' = K = (c_{A0} - c_{Ae})/c_{Ae} \qquad (5-31)$$

式(5-31)代入式(5-29)得

$$\ln\frac{c_{A0} - c_{Ae}}{c_A - c_{Ae}} = k_1\left(1 + \frac{1}{K}\right)t = (k_1 + k')t \qquad (5-32)$$

§5-3.3 复杂反应

1. 平行反应

反应物能同时分别进行两个或两个以上的反应称为平行反应。

为了便以讨论,现以简单的平行一级反应为例,讨论其一般规律。

$$A \xrightarrow{k_1} P$$

$$A \xrightarrow{k_2} S$$

三个组分的变化速率为

$$(-r_A) = -\frac{dc_A}{dt} = k_1 c_A + k_2 c_A = (k_1 + k_2) c_A \tag{5-33}$$

$$r_P = \frac{dc_P}{dt} = k_1 c_A \tag{5-34}$$

$$r_S = \frac{dc_S}{dt} = k_2 c_A \tag{5-35}$$

由于涉及的反应是简单的一级反应，所以对式(5-33)积分可得

$$-\ln\frac{c_A}{c_{A0}} = (k_1 + k_2) t \tag{5-36}$$

式(5-34)除以式(5-35)

$$\frac{r_P}{r_S} = \frac{dc_P}{dc_S} = \frac{k_1}{k_2} \tag{5-37}$$

积分得

$$\frac{(c_P - c_{P0})}{(c_S - c_{S0})} = \frac{k_1}{k_2} \tag{5-38}$$

由式(5-36)和式(5-38)可绘出图5-3。利用图5-3中直线的斜率可以求平行反应的速率常数。

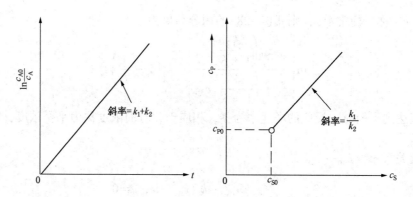

图5-3　平行反应速率常数的求取

把式(5-36)改写成

$$c_A = c_{A0}\exp[-(k_1 + k_2)t] \tag{5-39}$$

把式(5-39)代入式(5-34)和式(5-35)，得

$$c_P = \left(\frac{k_1}{k_1 + k_2}\right) c_{A0}\{1 - \exp[-(k_1 + k_2)t]\} \tag{5-40}$$

$$c_S = \left(\frac{k_2}{k_1 + k_2}\right) c_{A0}\{1 - \exp[-(k_1 + k_2)t]\} \tag{5-41}$$

由式(5-39)、式(5-40)和式(5-41)绘 c-t 图，可得到图5-4。利用图5-4可以分析反应过程中各个组分的浓度变化关系。

2. 连串反应

如果一个复杂反应需几个基元反应才能完成，其中前一个基元反应的产物为后一个基元反应的反应物，此连续进行的反应称为连串反应。

148

为了方便讨论，以简单形式的连串反应为例，

$$A \xrightarrow{k_1} P \xrightarrow{k_2} S$$

三个组分的速率方程为

$$(-r_A) = \frac{-dc_A}{dt} = k_1 c_A \qquad (5-42)$$

$$r_P = \frac{dc_P}{dt} = k_1 c_A - k_2 c_P \qquad (5-43)$$

$$r_S = \frac{dc_S}{dt} = k_2 c_P \qquad (5-44)$$

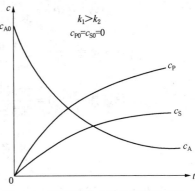

图 5-4 平行反应中组分浓度的变化

若反应物 A 的起始浓度为 c_{A0}，$c_{P0} = c_{S0} = 0$，则

$$c_A = c_{A0} \exp(-k_1 t) \qquad (5-45)$$

将式(5-45)代入式(5-43)，得

$$\frac{dc_P}{dt} + k_2 c_P = k_1 c_{A0} \exp(-k_1 t)$$

对这个一阶线性常微分方程，其解为

$$c_P = \left(\frac{k_1}{k_1 - k_2}\right) c_{A0} (e^{-k_2 t} - e^{-k_1 t}) \qquad (5-46)$$

若总物质的量没有变化，即 $c_{A0} = c_A + c_P + c_S$，则

$$c_S = c_{A0} \left[1 + \frac{1}{k_1 - k_2}(k_2 e^{-k_1 t} - k_1 e^{-k_2 t})\right] \qquad (5-47)$$

若 $k_2 \gg k_1$，$c_S = c_{A0}(1 - e^{k_1 t})$；若 $k_1 \gg k_2$，$c_S = c_{A0}(1 - e^{-k_2 t})$。

由此可见，在连串反应中，最慢的一步反应对反应总速率影响最大。如果作浓度-时间图，可得如图 5-5 所示的连串反应中组分浓度的变化。利用此图可分析各个组分在反应过程中的分布。

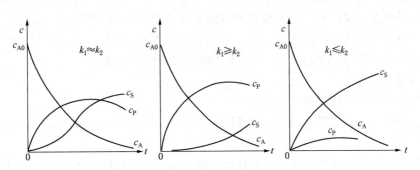

图 5-5 连串反应浓度分布

3. 复杂反应的收率及选择率

对单一反应来讲，反应物的转化率即产物的生成率；而对于复杂反应来讲则不然，它不仅存在反应物的转化率概念，而且还存在产物收率的概念。选择率分瞬时选择率和总选择率，收率也分瞬时收率和总收率，总定义如下：

$$瞬时收率(\varphi) = \frac{某生成物(P)生成的物质的量}{某反应物(A)反应掉的物质的量} = \frac{dc_P}{-dc_A} \qquad (5-48)$$

$$总收率(\Phi) = \frac{某生成物(P)生成的全部物质的量}{某反应物(A)反应掉的全部物质的量} = \frac{c_{Pf}}{c_{Ao} - c_{Af}} = \overline{\varphi} \quad (5-49)$$

$$瞬时选择率(S_P) = \frac{单位时间内生成物(P)生成的物质的量}{单位时间内生成物(S)生成的物质的量} = \frac{dc_P}{dc_S} \quad (5-50)$$

$$总选择率(S_o) = \frac{生成物(P)的全部物质的量}{生成物(S)的全部物质的量} = \frac{c_P}{c_S} \quad (5-51)$$

§5-4 均相反应器

讨论均相反应器的目的在于介绍均相反应器设计计算中的有关基本原理及方法，根据反应的特点和反应器的性能特征，选择反应器及操作方式。

§5-4.1 概述

1. 反应器中的流动

流体在反应器中的流动情况不仅影响着反应速率、反应选择率，而且影响着反应结果。研究反应器中的流动是反应器选择、设计和优化的基础。

物料在反应器中的流动与返混(停留时间不同的流体粒子之间的混合)因反应器的型式不同而不同，但在众多的反应器中，就流体的返混情况而言，可以抽象出两种极限情况：一种是没有返混的活塞流，另一种是返混达到极大值的全混流。

活塞流(又称平推流或理想排挤流)是指反应物料以一致的方向向前移动，在整个截面上各点的流速完全相等。其特点是所有物料粒子在反应器中的停留时间是相同的，不存在返混。长径比很大、流速较高的管式反应器中的流体流动可视为活塞流。

全混流是指刚进入反应器的新鲜物料与存留在反应器中的物料能达到瞬间的完全混合，以致在整个反应器内各处物料的浓度和温度完全相同，且等于反应出口处的浓度和温度，但物料质点在反应器中的停留时间参差不齐，有的很短，有的很长，形成一个停留时间分布。搅拌十分强烈的连续搅拌槽(釜)式反应器中的流体流动可视为全混流。

实际反应器中的流动状况介于上述两种流动状况之间，但在工程计算上，常常把接近于上述两种基本理想流动状况的过程，当作该种理想流动状况来处理。

2. 基本概念

(1) 反应时间与停留时间

从反应物料加入反应器后实际进行反应时算起至反应到某一时刻所需的时间称为反应时间，用符号 t 表示。

从反应物料进入反应器时算起至离开反应器时为止所经历的时间称为停留时间。在间歇反应器中，从加料、反应到反应完全和卸料，所有物料粒子的停留时间与反应时间都相等，在平推流管式反应器中的情况也相同。但对于非平推流的连续操作反应器，由于同时进入反应器的物料粒子在反应器中的停留时间有长有短，因而形成一个分布，称为停留时间分布。这时常用"平均停留时间"来表述，即不管同时进入反应器物料粒子的停留时间是否相同，其平均停留时间

$$\overline{t} = \frac{V}{v} = \frac{反应器容积}{反应器中物料的体积流量} \quad (5-52)$$

（2）空时与空速

在一定条件下，进入反应器的物料通过反应器体积所需的时间称为空时，用符号 τ 表示：

$$\tau = \frac{反应器容积}{进料的体积流量} = \frac{V}{v_0} \qquad (5-53)$$

在一定条件下，单位时间内进入反应器的物料体积相当于几个反应器的容积，或单位时间内通过单位反应器容积的物料体积，称为空速，用符号 SV 表示：

$$SV = \frac{v_0}{V} = \frac{1}{\tau} = \frac{F_{A0}}{c_{A0}V} \qquad (5-54)$$

一般情况下，空时和空速指的是标准状态下的值，故不必注明温度和压力，就可相互比较，空时与空速互为倒数关系，即 $\tau = 1/SV$。对于恒容过程，物料的平均停留时间也可以看作是空时，两者在数值上是相同的。而对于变容过程，情况就大不相同，因为变容过程中，在一定的反应器体积下，按初始物料的体积流量 v_0 计算时的平均停留时间，并不等于体积起变化时的真实平均停留时间，而且平均停留时间与空时也有差别。

3. 设计反应器的基本方程

在一个反应器中发生的过程实际上是质量、热量、动量传递过程与化学反应过程的综合，因此，在设计一个反应器时，其基本方程就包含了物料衡算、热量衡算与动量衡算方程。

（1）物料衡算

物料衡算是以质量守恒定律为基础，它主要用以计算反应组分浓度的变化。其基本式为

组分流入量 = 组分流出量 + 组分反应消耗量 + 组分积累量 　　(5-55)

式(5-55)对间歇和连续反应器均适用，在不同情况下，可简化。对于间歇反应器，由于分批加料、卸料，因而反应过程中组分流入量与组分流出量为零。对于连续反应器，在稳态下，累积量为零。对非稳态反应器，各项均不为零。

物料衡算式是计算反应体积的基本方程，对理想间歇反应器和全混流反应器，由于反应器内浓度均匀，可对整个反应器进行衡算。对反应器内浓度随时间在变的反应器，则需将反应器分成细小的微元，视微元中的浓度、温度相等，将这些微元加和，就构成了整个反应器。

（2）热量衡算

热量衡算是以能量守恒定律为基础的，它用于计算反应器中反应物料温度的变化。其基本式为

输入物料的焓 = 流出物料的焓 + 反应热 + 累积的热量 + 传向环境的热量 　　(5-56)

式(5-56)对间歇和连续反应器都适用。反应热项，放热反应时为负值，吸热反应时为正值。在不同情况下可以进行简化。对间歇反应器，反应过程中输入物料的焓与流出物料的焓为零。对连续反应器，在稳态下，累积的热量为零；对等温连续反应器，在稳态下，输入物料的焓与流出物料的焓相等。对绝热反应器，传向环境的焓为零。

（3）动量衡算

动量衡算是以动量守恒与转化定律为基础，它主要解决反应器中的压力变化，详细内容见第1章"流体流动与输送"。

§5-4.2 理想反应器

1. 间歇搅拌釜式反应器(BSTR)

(1) 结构与特点

图5-6是一种常见的间歇搅拌釜式反应器。反应物料按一定配料比一次加入反应器。

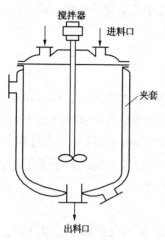

图5-6 间歇搅拌釜式
反应器示意图

顶部有一可拆卸的盖,以供清洗和维修,器内设置搅拌装置,使器内浓度均匀;反应器筒体一般都装有夹套或在器内设置蛇管,用来加热或冷却物料;顶盖上还有各种工艺接管,用于测量温度、压力和添加各种物料。经过一定的反应时间,达到规定转化率后,将物料卸出。

间歇搅拌釜式反应器的特点是:由于器内搅拌的作用,反应器内物料的浓度与温度均匀,釜内组分的浓度随时间而改变,但在同一时刻,反应器内各点的温度、浓度处处相等。

间歇搅拌釜式反应器的优点是:操作灵活,适应于不同操作条件与不同产品品种,适用于小批量、多品种、反应时间较长的产品生产;其缺点是:装料、卸料等辅助操作要消耗一定的时间,产品质量不易稳定。

(2) 间歇搅拌釜式反应器计算基本方程

以反应物 A 为基准,进行物料衡算

$$\begin{pmatrix} 单位时间进 \\ 入反应器的反 \\ 应物 A 的量 \end{pmatrix} = \begin{pmatrix} 单位时间排 \\ 出反应器的反 \\ 应物 A 的量 \end{pmatrix} + \begin{pmatrix} 单位时间内由于 \\ 反应而消耗的 \\ 反应物 A 的量 \end{pmatrix} + \begin{pmatrix} 单位时间内在 \\ 反应器中反应 \\ 物 A 的累积量 \end{pmatrix}$$

$$\qquad 0 \qquad\qquad\qquad 0 \qquad\qquad\qquad (-r_A)V \qquad\qquad\qquad dn_A/dt$$

$$0 = 0 + (-r_A)V + \frac{dn_A}{dt} \qquad\qquad (5-57)$$

整理式(5-57),得

$$(-r_A)V = -\frac{dn_A}{dt} = n_{A0}\frac{dx_A}{dt} \qquad\qquad (5-58)$$

式中　r_A——反应物 A 的反应速率,$kmol \cdot m^{-3} \cdot s^{-1}$;

V——反应混合物的体积,m^3;

t——反应时间,s;

n_A——反应物 A 的物质的量,kmol;

x_A——反应物 A 的转化率。

对式(5-58)整理并积分

$$t = n_{A0}\int_0^{x_A}\frac{dx_A}{(-r_A)V} \qquad\qquad (5-59)$$

式(5-59)是间歇搅拌釜式反应器计算的通式,其意义是为达到一定转化率所需的时间,它既适用于等温过程,也适用于非等温过程。

若为恒容过程(反应过程中不发生体积变化)

$$t = c_{A0} \int_0^{x_A} \frac{dx_A}{(-r_A)} = -\int_{c_{A0}}^{c_A} \frac{dc_A}{(-r_A)} \qquad (5-60)$$

从式(5-60)可以看出，间歇搅拌釜式反应器内为达到一定转化率所需时间的计算，实际上只是动力学方程式的直接积分。其可直接积分求解，也可图解法求解(见图5-7)。

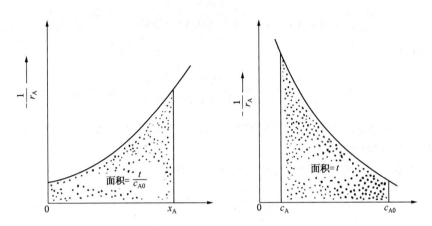

图 5-7　恒容情况间歇反应器的图解计算

一般来说，液相反应体积变化不大，气相反应物料充满整个反应空间，因而间歇反应过程大多为恒容过程。

间歇反应器一个操作周期的实际操作时间包括两部分：反应时间 t 和辅助时间 t'，t' 包括加料、出料、调温、清洗等时间，通常按生产实际确定。当单位时间平均处理的物料的体积为 v 时，反应器的有效体积 V_R 为

$$V_R = v(t + t') \qquad (5-61)$$

为了安全起见，实际反应器的体积 V_T 要比有效体积大，即

$$V_T = V_R/\varphi \qquad (5-62)$$

式中，φ 为装料系数，其值一般在 0.4~0.8 之间。

例 5-1 某厂生产醇酸树脂是用己二酸与己二醇以等摩尔比在 70℃ 下，在间歇釜中以 H_2SO_4 为催化剂进行缩聚反应而生产的，实验测得的动力学方程式为：

$$-r_A = kc_A^2 \quad kmol \cdot m^{-3} \cdot s^{-1}, \quad k = 3.3 \times 10^{-5} m^3 \cdot kmol^{-1} \cdot s^{-1}$$

求 $c_{A0} = 4 kmol \cdot m^{-3}$ 及己二酸转化率 x_A 分别为 0.5、0.6、0.8 和 0.9 时，所需的反应时间为多少？

若每天处理 2400 kg 己二酸，转化率为 80%，每批操作的辅助时间为 1h，计算反应器的体积为多少？已知装料系数 $\varphi = 0.75$。

解　(1) 达到需求转化率所需时间分别为

当 $x_A = 0.5$ 时

$$t = c_{A0} \int_0^{x_A} \frac{dx_A}{kc_A^2} = \frac{1}{kc_{A0}} \left(\frac{x_A}{1-x_A} \right) = \frac{1}{3.3 \times 10^{-5} \times 4} \times \frac{0.5}{(1-0.5)} \times \frac{1}{3600} = 2.1(h)$$

当 $x_A = 0.6$ 时

153

$$t = \frac{1}{3.3 \times 10^{-5} \times 4} \times \frac{0.6}{(1 - 0.6)} \times \frac{1}{3600} = 3.16(\text{h})$$

当 $x_A = 0.8$ 时

$$t = \frac{1}{3.3 \times 10^{-5} \times 4} \times \frac{0.8}{(1 - 0.8)} \times \frac{1}{3600} = 8.4(\text{h})$$

当 $x_A = 0.9$ 时

$$t = \frac{1}{3.3 \times 10^{-5} \times 4} \times \frac{0.9}{(1 - 0.9)} \times \frac{1}{3600} = 18.9(\text{h})$$

可以看出，随着 x_A 的增大，t 急剧增加，因而在确定最终转化率时应考虑这个因素。

（2）反应器体积计算

最终转化率为 0.8 时，每批所需反应时间为 8.4h。

每小时己二酸进料量 $\qquad F_{A0} = \dfrac{2400}{24 \times 146} = 0.684\,\text{kmol} \cdot \text{h}^{-1}$

$$v_0 = \frac{F_{A0}}{c_{A0}} = \frac{0.684}{4} = 0.171\ \text{m}^3 \cdot \text{h}^{-1}$$

每批生产的总时间 = 8.4+1 = 9.4（h）

反应器的体积 $V_R = 0.171 \times 9.4 = 1.61(\text{m}^3)$

考虑到装料系数，故反应器的实际体积 $V_T = V_R/\varphi = 1.61/0.75 = 2.15(\text{m}^3)$

2. 平推流反应器（PFR）

（1）结构与特点

平推流反应器也称活塞流反应器，它是指反应器内物料的流动状态满足平推流的假定，即通过反应器的物料沿同一方向以相同的流速向前流动，在流动方向上没有物料的返混，所有物料在反应器中的停留时间都相同。工业上将长径比大于 30 的管式反应器视为平推流反应器。其特点是：在连续操作条件下，反应器轴向不同截面上物料浓度、反应速率、转化率和温度等均不相同；在轴向指定的各个截面上，均有自己各自的参数值，且不随时间而改变；在同一截面上，各点的参数值均相同。

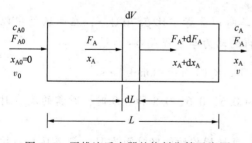

图 5-8　平推流反应器的物料衡算示意图

（2）平推流反应器计算基本方程

在进行等温反应的平推流反应器内，物料的组成沿反应器流动方向以一个截面到另一个截面而变化，现取长度为 dL、体积为 dV 的任一微元管段对物料 A 作物料衡算（见图 5-8）。

$$
\begin{array}{cccc}
\text{进入量} = & \text{排出量} & + \text{反应量} & + \text{累积量} \\
F_A & F_A + dF_A & (-r_A)dV_R & 0
\end{array}
$$

$$F_A = F_A + dF_A + (-r_A)dV_R \qquad (5-63)$$

$$dF_A = d[F_{A0}(1 - x_A)] = -F_{A0}dx_A$$

$$F_{A0}dx_A = (-r_A)dV_R \qquad (5-64)$$

对整个反应器而言，应将式(5-64)积分

$$\int_0^{V_R} \frac{\mathrm{d}V_R}{F_{A0}} = \int_0^{x_A} \frac{\mathrm{d}x_A}{(-r_A)}$$

$$\frac{V_R}{F_{A0}} = \frac{\tau}{c_{A0}} = \int_0^{x_A} \frac{\mathrm{d}x_A}{(-r_A)} \tag{5-65}$$

或

$$\tau = \frac{V_R}{v_0} = c_{A0} \int_0^{x_A} \frac{\mathrm{d}x_A}{(-r_A)} \tag{5-66}$$

若 x_{A1} 表示进入反应器物料 A 的转化率，x_{A2} 表示离开反应器物料 A 的转化率，由式(5-66)可得平推流反应器的基本方程

$$\tau = \frac{V_R}{v_0} = c_{A0} \int_{x_{A1}}^{x_{A2}} \frac{\mathrm{d}x_A}{(-r_A)} \tag{5-67}$$

或

$$\frac{V_R}{F_{A0}} = \frac{V_R}{c_{A0} v_0} = \int_{x_{A1}}^{x_{A2}} \frac{\mathrm{d}x_A}{(-r_A)} \tag{5-68}$$

对恒容过程

$$x_A = \frac{c_{A0} - c_A}{c_{A0}} \tag{5-69}$$

$$\mathrm{d}x_A = -\frac{\mathrm{d}c_A}{c_{A0}} \tag{5-70}$$

$$\tau = \frac{V_R}{v_0} = c_{A0} \int_0^{x_A} \frac{\mathrm{d}x_A}{(-r_A)} = -\int_{c_{A0}}^{c_A} \frac{\mathrm{d}c_A}{(-r_A)} \tag{5-71}$$

或

$$\frac{V_R}{F_{A0}} = \frac{\tau}{c_{A0}} = -\frac{1}{c_{A0}} \int_{c_{A0}}^{c_A} \frac{\mathrm{d}c_A}{(-r_A)} \tag{5-72}$$

式中　F_{A0}——进口摩尔流量，$kmol \cdot s^{-1}$；

V_R——反应器的有效体积，m^3；

c_{A0}——物料 A 的起始浓度，$kmol \cdot m^{-3}$；

τ——空时，对恒容过程又称停留时间，s；

v_0——反应混合物的流量，$m^3 \cdot s^{-1}$；

x_A——物料 A 在反应器内某位置的转化率；

c_A——物料 A 在反应器内某位置的浓度，$kmol \cdot m^{-3}$。

平推流反应器的基本计算方程关联了反应速率、转化率、反应体积和进料量等参数，为此，在使用时，应注意：① 反应是等温还是变温，若是变温反应时，则要结合热量衡算式建立 k 与 x_A 的关系；② 反应是恒容还是变容，若是变容过程，则需建立反应物料流量与转化率的关系。对于简单的动力学方程可用基本方程直接积分计算，对复杂的动力学方程可用

155

图解法，见图 5-9。等温、恒容反应过程，平推流反应器的计算详见表 5-2。

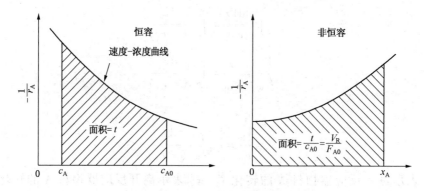

图 5-9　平推流反应器图解计算示意图

表 5-2　等温恒容活塞流反应器计算式

反应级数	反应速率	反应器体积	转 化 率
$n=0$	$-r_A = k$	$V_R = \dfrac{v_0}{k} c_{A0} x_A$	$x_A = \dfrac{k\tau}{c_{A0}}$
$n=1$	$-r_A = kc_A$	$V_R = \dfrac{v_0}{k} \ln \dfrac{1}{1-x_A}$	$x_A = 1 - e^{-k\tau}$
$n=2$	$-r_A = kc_A^2$	$V_R = \dfrac{v_0}{kc_{A0}} \left(\dfrac{x_A}{1-x_A} \right)$	$x_A = \dfrac{c_{A0}k\tau}{1+c_{A0}k\tau}$
	$-r_A = kc_A c_B$ $\left(S = \dfrac{c_{B0}-c_{A0}}{c_{A0}} \right)$	$V_R = \dfrac{v_0}{Skc_{A0}} \ln \dfrac{1+S-x_A}{(1+S)(1-x_A)}$	$x_A = \dfrac{(1+S)\left[\exp(c_{A0}k\tau)-1\right]}{(1+S)\exp(c_{A0}k\tau)-1}$
n 级	$-r_A = kc_A^n$	$V_R = \dfrac{v_0}{k(n-1)c_{A0}^{n-1}} \dfrac{\left[1-(1-x_A)^{n-1}\right]}{(1-x_A)^{n-1}}$	$x_A = 1 - \left[1+(n-1)c_{A0}^{n-1}k\tau\right]^{\frac{1}{1-n}}$

3. 全混流反应器(CSTR)

（1）结构与特点

如图 5-10 所示，全混流反应器是指反应器中流动状况满足全混流的假定，即在反应器内各点的浓度、温度都是相等的。化工中常用的连续操作搅拌釜式反应器可视为全混流反应器。其特点是：① 由于剧烈搅拌，反应物可达到分子尺度上的均匀，反应器内浓度处处都相等，因而排除了物质传递过程对化学反应的影响；② 由于反应器内各点温度处处相等，排除了热量传递过程对化学反应的影响；③ 反应器出口物料浓度等于反应器内各点物料的浓度。其优点是：操作安全，稳定性好，副反应少，易实现自动化控制。

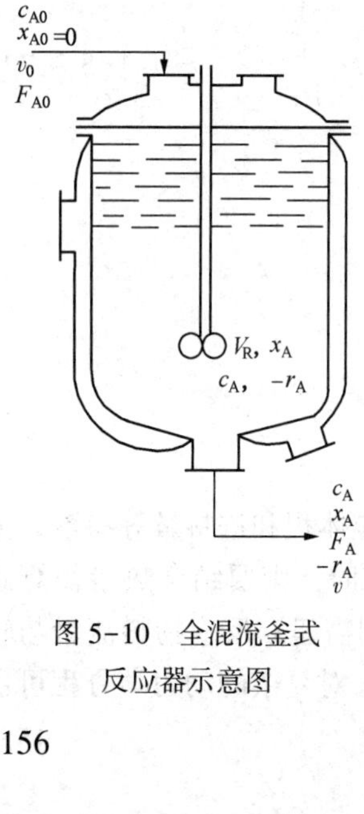

（2）全混流反应器计算的基本方程

$$进入量 = 排出量 + 反应量 + 累积量$$
$$F_{A0} \qquad F_A \qquad (-r_A)V_R \qquad 0$$

图 5-10　全混流釜式
反应器示意图

$$F_{A0} = F_A + (-r_A)V_R \qquad (5-73)$$

156

$$F_A = F_{A0}(1 - x_A)$$

$$\frac{V_R}{F_{A0}} = \frac{\tau}{c_{A0}} = \frac{x_A - x_{A0}}{(-r_A)} = \frac{x_A}{(-r_A)} \qquad (5-74)$$

对于恒容过程，$F_{A0} = v_0 c_{A0}$，$F_A = v_0 c_{A0}(1 - x_A)$，式(5-74)可写成

$$\tau = \frac{V_R}{v_0} = \frac{c_{A0} - c_A}{(-r_A)} \qquad (5-75)$$

或

$$\tau = \frac{V_R}{v_0} = \frac{c_{A0} x_A}{(-r_A)} \qquad (5-76)$$

式(5-74)和式(5-75)是全混流反应器计算(设计)基本方程。其求解既可按公式计算，也可用图解法，见图5-11。

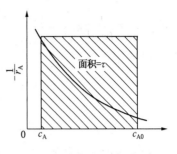

图 5-11　全混釜反应器图解计算示意图

(3) 平推流与全混流反应器反应结果比较

表5-3是平推流与全混流反应器反应结果的比较。不难看出，对于零级反应，其结果都相同，而对于非零级反应，其结果则存在很大差异，这对我们选择反应器具有很重要的参考价值。

表5-3　活塞流反应器和全混流反应器反应结果比较($\tau = V_R / v_0$)

反应级数	反应器类型	
	活塞流反应器	全混流反应器
零　级	$k\tau = c_{A0} x_A$ $\dfrac{c_A}{c_{A0}} = 1 - \dfrac{k\tau}{c_{A0}} \left(\dfrac{k\tau}{c_{A0}} \leqslant 1 \right)$	$k\tau = c_{A0} x_A$ $\dfrac{c_A}{c_{A0}} = 1 - \dfrac{k\tau}{c_{A0}} \left(\dfrac{k\tau}{c_{A0}} \leqslant 1 \right)$
一　级	$k\tau = \ln \dfrac{1}{1 - x_A}$ $\dfrac{c_A}{c_{A0}} = \exp(-k\tau)$	$k\tau = \dfrac{x_A}{1 - x_A}$ $\dfrac{c_A}{c_{A0}} = \dfrac{1}{1 + k\tau}$
二　级	$k\tau = \dfrac{1}{c_{A0}} \dfrac{x_A}{(1 - x_A)}$ $\dfrac{c_A}{c_{A0}} = \dfrac{1}{1 + c_{A0} k\tau}$	$k\tau = \dfrac{1}{c_{A0}} \dfrac{x_A}{(1 - x_A)^2}$ $\dfrac{c_A}{c_{A0}} = \dfrac{-1 + \sqrt{1 + 4 c_{A0} k\tau}}{2 c_{A0} k\tau}$

例 5-2　某液相反应 A+B→R+S，其反应动力学表达式为 $(-r_A) = k c_A c_B$。$T = 373K$ 时，$k = 0.24 m^3 \cdot kmol^{-1} \cdot min^{-1}$。今要完成一项生产任务，A 的处理量为 $80 kmol \cdot h^{-1}$，入口物料的浓度为 $c_{A0} = 2.5 kmol \cdot m^{-3}$，$c_{B0} = 5.0 kmol \cdot m^{-3}$，要求 A 的转化率达到80%，问：

(1) 若采用平推流反应器，反应器容积应为多少？

(2) 若采用全混流反应器，反应器容积应为多少？

解　已知 $F_{A0} = 80 kmol \cdot h^{-1}$，$c_{A0} = 2.5 kmol \cdot m^{-3}$，$c_{B0} = 5.0 kmol \cdot m^{-3}$

$$v_0 = \frac{F_{A0}}{c_{A0}} = \frac{80}{2.5} = 32 \ (m^3 \cdot h^{-1})$$

因为反应混合物中 B 过量，$c_{B0} = 2c_{A0}$，则当 A 的转化率为 x_A 时，$c_A = c_{A0}(1 - x_A)$，$c_B = c_{B0} - c_{A0} x_A = c_{A0}(2 - x_A)$

$$(-r_A) = k c_A c_B = k c_{A0}^2 (1 - x_A)(2 - x_A)$$

（1）平推流反应器

$$\tau = c_{A0} \int_0^{x_A} \frac{\mathrm{d}x_A}{(-r_A)} = c_{A0} \int_0^{x_A} \frac{\mathrm{d}x_A}{kc_{A0}^2(1-x_A)(2-x_A)} = \frac{1}{kc_{A0}} \int_0^{x_A} \left(\frac{1}{1-x_A} - \frac{1}{2-x_A} \right) \mathrm{d}x_A$$

$$= \frac{1}{kc_{A0}} \left[\ln \frac{2-x_A}{1-x_A} \right]_0^{x_A}$$

代入数据

$$\tau = \frac{1}{0.24 \times 2.5} [\ln 6 - \ln 2] = 1.83(\min)$$

$$V_R = v_0 \cdot \tau = 32 \times \frac{1.83}{60} = 0.976(\mathrm{m}^3)$$

（2）全混流反应器

$$(-r_A) = kc_A c_B = kc_{A0}^2(1-x_A)(2-x_A)$$

$$= 0.24 \times (2.5)^2 (1-0.8)(2-0.8) = 0.36(\mathrm{kmol \cdot m^{-3} \cdot min^{-1}})$$

$$\tau = \frac{c_{A0} x_A}{(-r_A)} = \frac{2.5 \times 0.8}{0.36} = 5.56(\min)$$

$$V_R = \frac{32 \times 5.56}{60} = 2.96(\mathrm{m}^3)$$

§5-5 反应器的组合

工业生产过程中，为了适应不同反应的不同需要，有时常常将各种反应器进行各种组合，来满足生产需求。

§5-5.1 平推流反应器与全混流反应器组合

平推流反应器与全混流反应器的组合形式主要有如图 5-12 中所示几种。现讨论等温下两个体积相同的理想反应器组合，进行一级不可逆反应的情况。假设进料流量为 v_0，起始反应物浓度为 c_{A0}，且各个反应器的体积为 V_R。

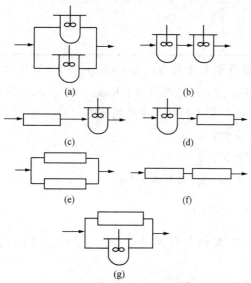

图 5-12 理想反应器的组合

（a）两个全混流反应器并联，每个全混流反应器出口浓度即为混合后的出口浓度

$$c_{Aa} = \frac{c_{A0}}{1 + k \dfrac{V_R}{v_0/2}} = \frac{c_{A0}}{1 + 2k\tau} \quad (5-77)$$

（b）两个全混流反应器串联，第二个反应器出口浓度为

$$c_{Ab} = \frac{c_{A1}}{1 + k \dfrac{V_R}{v_0}} = \frac{c_{A0}}{\left(1 + k \dfrac{V_R}{v_0}\right)^2} = \frac{c_{A0}}{(1 + k\tau)^2}$$

$$(5-78)$$

（c）平推流反应器与全混流反应器串联，第二个反应器出口浓度为

$$c_{\mathrm{Ac}} = \frac{c_{\mathrm{A1}}}{1 + k\dfrac{V_{\mathrm{R}}}{v_0}} = \frac{c_{\mathrm{A0}}\exp\left(-k\dfrac{V_{\mathrm{R}}}{v_0}\right)}{1 + k\dfrac{V_{\mathrm{R}}}{v_0}} = \frac{c_{\mathrm{A0}}\exp(-k\tau)}{1 + k\tau} \tag{5-79}$$

（d）全混流反应器与平推流反应器串联，第二个反应器出口浓度为

$$c_{\mathrm{Ad}} = c_{\mathrm{A1}}\exp\left(-k\frac{V_{\mathrm{R}}}{v_0}\right) = \frac{c_{\mathrm{A0}}\exp\left(-k\dfrac{V_{\mathrm{R}}}{v_0}\right)}{1 + k\dfrac{V_{\mathrm{R}}}{v_0}} = \frac{c_{\mathrm{A0}}\exp(-k\tau)}{1 + k\tau} \tag{5-80}$$

（e）两个平推流反应器并联，每个平推流反应器的出口浓度即为混合后的出口浓度

$$c_{\mathrm{Ae}} = c_{\mathrm{A0}}\exp\left(-k\frac{V_{\mathrm{R}}}{v_0/2}\right) = c_{\mathrm{A0}}\exp(-2k\tau) \tag{5-81}$$

（f）两个平推流反应器的串联，第二个反应器的出口浓度为

$$c_{\mathrm{Af}} = c_{\mathrm{A1}}\exp\left(-k\frac{V_{\mathrm{R}}}{v_0}\right) = c_{\mathrm{A0}}\exp\left(-2k\frac{V_{\mathrm{R}}}{v_0}\right) = c_{\mathrm{A0}}\exp(-2k\tau) \tag{5-82}$$

（g）平推流反应器与全混流反应器并联，此时平推流反应器出口浓度为 $c_{\mathrm{A0}}\exp\left(-k\dfrac{V_{\mathrm{R}}}{v_0/2}\right)$，全混流反应器出口浓度为 $\dfrac{c_{\mathrm{A0}}}{1 + k\dfrac{V_{\mathrm{R}}}{v_0/2}}$，混合出口浓度为

$$c_{\mathrm{Ag}} = 0.5\left[c_{\mathrm{A0}}\exp(-2k\tau) + \frac{c_{\mathrm{A0}}}{1 + 2k\tau}\right] \tag{5-83}$$

由上述结论可以看出：（c）与（d），（e）与（f）等效；$c_{\mathrm{Af}} = c_{\mathrm{Ae}} < c_{\mathrm{Ad}} = c_{\mathrm{Ac}} < c_{\mathrm{Ab}} < c_{\mathrm{Aa}}$；（a）的转化率最低，（b）的转化率次之，（d）和（c）的转化率相等，高于（a）和（b），而（e）和（f）的转化率最高。

例 5-3　两个等体积的 PFR 和 CSTR 按图 5-12 形成七种组合，在等温下进行一级不可逆反应，反应速率 $(-r_{\mathrm{A}}) = kc_{\mathrm{A}}$，$k = 1\mathrm{min}^{-1}$，$c_{\mathrm{A0}} = 1\mathrm{kmol \cdot m}^{-3}$，平推流反应器与全混流反应器的接触时间 τ 均为 1 min，计算其最终转化率。

解　（a）两个 CSTR 并联

$$c_{\mathrm{Aa}} = \frac{c_{\mathrm{A0}}}{1 + 2k\tau} = \frac{1}{3} \quad (\mathrm{kmol \cdot m}^{-3}) \qquad x_{\mathrm{Aa}} = \frac{c_{\mathrm{A0}} - c_{\mathrm{Aa}}}{c_{\mathrm{A0}}} = 0.67$$

（b）两个 CSTR 串联

$$c_{\mathrm{Ab}} = \frac{c_{\mathrm{A0}}}{(1 + k\tau)^2} = \frac{1}{4} \quad (\mathrm{kmol \cdot m}^{-3}) \qquad x_{\mathrm{Ab}} = \frac{c_{\mathrm{A0}} - c_{\mathrm{A}}}{c_{\mathrm{A0}}} = 0.75$$

（c）与（d），CSTR 与 PFR 串联

$$c_{\mathrm{Ac}} = c_{\mathrm{Ad}} = \frac{c_{\mathrm{A0}}\exp(-k\tau)}{(1 + k\tau)} = \frac{1}{2e} \quad (\mathrm{kmol \cdot m}^{-3}) \qquad x_{\mathrm{Ac}} = x_{\mathrm{Ad}} = 0.816$$

（e）与（f），两个 PFR 并联或串联

$$c_{\mathrm{Af}} = c_{\mathrm{Ae}} = c_{\mathrm{A0}}\exp(-2k\tau) = e^{-2} = 0.135 \quad (\mathrm{kmol \cdot m}^{-3}) \qquad x_{\mathrm{Ae}} = x_{\mathrm{Af}} = 0.865$$

（g）PFR 与 CSTR 串联

$$c_{\mathrm{Ag}} = \frac{1}{2}\left[c_{\mathrm{A0}}\exp(-2k\tau) + \frac{c_{\mathrm{A0}}}{1 + 2k\tau}\right] = \frac{1}{2}\left(e^{-2} + \frac{1}{3}\right) = 0.234 \quad (\mathrm{kmol \cdot m}^{-3}) \quad x_{\mathrm{Ag}} = 0.766$$

§5-5.2 *n* 个 CSTR 串联

在相同条件下，平推流反应器的推动力大于全混流反应器。在某些情况下（例如反应过程中要求温度均匀），既要采用 CSTR，还要提高其推动力，最有效的办法是多个 CSTR 串联。

现以 *n* 个 CSTR 串联（见图 5-13）为例来讨论：

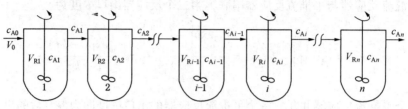

图 5-13　多个串联全混流反应器示意图

若对任意第 *i* 釜反应器的组分 A 进行物料衡算：

$$进入量 \quad = \quad 排出量 \quad + \quad 反应量 \quad + \quad 累积量$$
$$v_0 c_{Ai-1} = F_{Ai-1} \quad v_0 c_{Ai} = F_{A0}(1 - x_{Ai}) \quad (-r_A)_i V_{Ri} \quad\quad 0$$

若系统为常态流动，且为恒容过程，v_0 不变，

$$V_{Ri}/v_0 = \tau_i$$
$$v_0 c_{Ai-1} - v_0 c_{Ai} = (-r_A)_i V_{Ri} \tag{5-84}$$
$$v_0(c_{Ai-1} - c_{Ai}) = (-r_A)_i V_{Ri}$$
$$\tau_i = \frac{V_{Ri}}{v_0} = \frac{c_{Ai-1} - c_{Ai}}{(-r_A)_i} \tag{5-85}$$

式（5-85）既可用于各反应器体积与温度均相同的反应系统，也可用于计算各反应器体积与温度各不相同的情况。在计算到某一个反应器时，相应地采用该反应器的 V_R 和该温度下的反应速率即可。

对于一级反应，A→P

$$\tau_1 = \frac{V_{R1}}{v_0} = \frac{c_{A0} - c_{A1}}{(-r_A)_1} = \frac{c_{A0} - c_{A1}}{k_1 c_{A1}} \tag{5-86}$$

$$c_{A1} = \frac{c_{A0}}{1 + k_1 \tau_1} \tag{5-87}$$

同理

$$c_{A2} = \frac{c_{A1}}{1 + k_2 \tau_2} = \frac{c_{A0}}{(1 + k_1 \tau_1)(1 + k_2 \tau_2)} \tag{5-88}$$

$$c_{A3} = \frac{c_{A2}}{1 + k_3 \tau_3} = \frac{c_{A0}}{(1 + k_1 \tau_1)(1 + k_2 \tau_2)(1 + k_3 \tau_3)} \tag{5-89}$$

如果各反应器体积与温度均相等，则

$$c_{An} = \frac{c_{A0}}{(1 + k\tau)^n} \tag{5-90}$$

$$x_{An} = \frac{c_{A0} - c_{An}}{c_{A0}} = 1 - \frac{1}{(1 + k\tau)^n} \tag{5-91}$$

$$n = \frac{\ln\left(\frac{1}{1 - x_{An}}\right)}{\ln(1 + k\tau)} \tag{5-92}$$

对 n 个体积相同、温度也相同的 CSTR 串联，也可通过作图求解，其步骤如下：

① 在 $(-r_A)-c_A$ 图上描出动力学 $[(-r_A)=f(c_A)]$ 曲线，如图 5-14 中的 OM。

② 以初始浓度 c_{A0} 为起点，过 c_{A0} 作斜率为 $\left(-\dfrac{1}{\tau_i}\right)$ 的直线，交 OM 于 A_1，其横坐标 c_{A1}，即为第一反应器出口浓度。

③ 由于各个反应器的 τ_i 相等，过 c_{A1} 作 $c_{A0}A_1$ 的平行线，$c_{A1}A_2$ 与 OM 交于 A_2，A_2 点的横坐标 c_{A2} 为第二反应器出口浓度。如此下去，当最终浓度等于或略小于规定出口浓度时，所作平行线的根数就是反应器的个数。

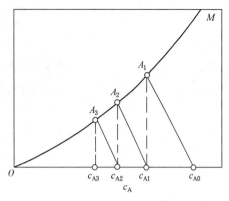

图 5-14　多级串联全混流反应器图解计算

如果各个反应器的反应温度不同，则需作出不同温度下的动力学曲线，按上述方法求算，如果各级体积不同，各条直线的斜率就不相等，上法仍可使用。

例 5-4　在 CSTR 中用乙酸与丁醇生产乙酸丁酯，反应为

$$CH_3COOH(A)+C_4H_9OH(B)\longrightarrow CH_3COOC_4H_9(C)+H_2O(D)$$

反应在 100℃ 等温下进行，动力学方程为 $(-r_A)=17.4c_A^2\ \mathrm{kmol\cdot L^{-1}\cdot min^{-1}}$，配料摩尔比为 $A:B=1:4.97$，以少量硫酸为催化剂，反应物密度为 $0.75\mathrm{kg\cdot L^{-1}}$，每天生产 2400 kg 乙酸丁酯，当乙酸的转化率为 $x_A=0.5$ 时，求：

(1) 用单个全混流反应器的体积。

(2) 计算(代数法)两个等体积串联的全混流反应器的体积。

(3) 用图解法计算三个等体积串联的全混流反应器的总体积。

解　(1) 已知 CH_3COOH 的相对分子质量为 60，C_4H_9OH 的相对分子质量为 74，$CH_3COOC_4H_9$ 的相对分子质量为 116，含 1kmol 乙酸的原料混合物的质量为

$$(60\times1)+(74\times4.97)=428\ (\mathrm{kg\cdot kmol^{-1}})$$

乙酸的初始浓度：

$$c_{A0}=\frac{0.75}{428}=0.00175\ (\mathrm{kmol\cdot L^{-1}})$$

每天生产 2400 kg 乙酸丁酯，平均每小时需处理的原料液量为

$$v_0=\frac{2400}{24\times116}\times\frac{1}{0.5}\times\frac{1}{0.00175}=985\ (\mathrm{L\cdot h^{-1}})$$

由已知条件可知

$$c_A=c_{A0}(1-x_A)=0.00175\times0.5=0.000875\ (\mathrm{kmol\cdot L^{-1}})$$

$$V_R=\frac{v_0(c_{A0}-c_A)}{kc_A^2}=\frac{985\times(0.00175-0.000875)}{17.4\times(0.000875)^2\times60}=1078\ (\mathrm{L})$$

(2) 两个等体积 CSTR 串联

$$V_{R1}=\frac{v_0(c_{A0}-c_{A1})}{kc_{A1}^2}\qquad V_{R2}=\frac{v_0(c_{A1}-c_{A2})}{kc_{A2}^2}$$

161

因为 $V_{R1} = V_{R2}$，则

$$\frac{v_0(c_{A0} - c_{A1})}{kc_{A1}^2} = \frac{v_0(c_{A1} - c_{A2})}{kc_{A2}^2}$$

解之得

$$c_{A1} = 0.001184 \ (\text{kmol} \cdot \text{L}^{-1})$$

$$V_{R1} = \frac{985 \times (0.00175 - 0.001184)}{17.4 \times 0.001184^2 \times 60} = 381 (\text{L})$$

$$V_R = V_{R1} + V_{R2} = 2V_{R1} = 2 \times 381 = 762 (\text{L})$$

(3) 根据动力学方程算出 $(-r_A)$ 和 c_A 值

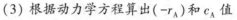

$c_A \times 10^3 / \text{kmol} \cdot \text{L}^{-1}$	2.0	1.8	1.6	1.4	1.2
$(-r_A) \times 10^5 / \text{kmol} \cdot \text{L}^{-1} \cdot \text{min}^{-1}$	6.95	5.64	4.45	3.41	2.50
$c_A \times 10^3 / \text{kmol} \cdot \text{L}^{-1}$	1.0	0.8	0.6	0.4	0.2
$(-r_A) \times 10^5 / \text{kmol} \cdot \text{L}^{-1} \cdot \text{min}^{-1}$	1.74	1.11	0.627	0.678	0.07

在 $(-r_A)$-c_A 图上作动力学曲线 OM，见图 5-15。假定每个釜的体积为 $V_{Ri} = 230L$，则斜率为

$$-\frac{1}{\tau_i} = -\frac{985}{60 \times 230} = -7.14 \times 10^{-2} (\text{min}^{-1})$$

过 c_{A0} 作斜率为 $-7.14 \times 10^{-2}\text{min}^{-1}$ 的直线，与动力学曲线相交于 A_1，A_1 的横坐标即为第一个反应器的出口浓度，……。当得到第三条线与动力学曲线的交点 A_3 时，其横坐标为 $c_{A3} = 0.000875\text{kmol} \cdot \text{L}^{-1}$，故假定 $V_{Ri} = 230L$ 正确，因此，总反应体积 $V_R = 3 \times 230 = 690L$。

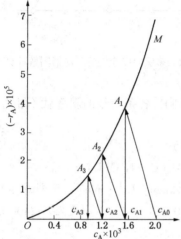

图 5-15　例 5-4 附图

§5-6　均相反应器的评比与选择

对于一定的生产任务，选择哪一种类型的反应器最为适宜，主要应从以下两个方面考虑：一是达到给定的生产能力而所需反应器的体积要小；二是用相同数量的原料所得到的目的产物要多，即收率要大。下面分别就简单的不可逆反应和几个复杂反应进行讨论。

§5-6.1　简单反应的反应器体积

对于简单反应来说，不存在产品分布问题，因此在比较反应器的性能时，只须考虑反应器的体积。表 5-4 是以己二酸和己二醇缩聚反应为例计算各种类型反应器所需的体积。

表 5-4　各种类型的均相反应器的比较 (二级反应)

反应器的类型	反应器有效体积/m³		反应器相对体积	
	$x = 0.8$	$x = 0.9$	$x = 0.8$	$x = 0.9$
平推流反应器	1.45	3.26	1	1
间歇釜式反应器	1.62	3.34	1.12	1.05
四个串联全混流反应器	2.34	5.62	1.61	1.72
二个串联全混流反应器	3.74	8.84	2.18	2.71
单个全混流反应器	7.25	32.4	5.0	10.0

从表5-4可以看出，为完成一定的生产任务并达到最终转化率所需的反应体积，以管式反应器最小，单个全混流反应器最大。在多个串联全混流反应器中，串联的反应器数愈多，所需反应器的总体积愈小。表中的间歇釜式反应器，因为辅助操作占去了一定时间，故其有效体积比平推流反应器的体积大，若辅助操作时间可以忽略不计，则所需的有效体积与平推流反应器相等。

此外，从表5-4中还可以看出，转化率愈高，全混流反应器比平推流反应器的体积增大的倍数愈多，因此对于要求转化率高的反应，使用平推流反应器或间歇釜式反应器更为有利。

单个全混流反应器、多个串联全混流反应器和平推流反应器的有效体积还可以借 $1/(-r_A)$ 对 x_A 的作图进行比较。

多个串联全混流反应器中的总体积介于单个全混流反应器与平推流反应器之间，随着串联反应器数的增多，其总体积也随之减少。当串联反应器的个数增至无限多时，其总体积则与平推流反应器体积相等。

全混流反应器和平推流反应器所需有效体积的比较，还可以直接利用其基本方程式得出。设 V_{Rm} 为连续全混流反应器所需体积，V_{Rp} 为平推流反应器所需体积，则两种反应器体积之比为：

$$\frac{V_{Rm}}{V_{Rp}} = \frac{v_0 c_{A0} \dfrac{x_A}{(-r_A)}}{v_0 c_{A0} \displaystyle\int_0^{x_A} \dfrac{\mathrm{d}x_A}{(-r_A)}} = \frac{\dfrac{x_A}{(-r_A)}}{\displaystyle\int_0^{x_A} \dfrac{\mathrm{d}x_A}{(-r_A)}} \qquad (5-93)$$

对于一级反应，$(-r_A)=kc_A=kc_{A0}(1-x_A)$，代入上式，得

$$\frac{V_{Rm}}{V_{Rp}} = \frac{x_A}{1-x_A} \bigg/ \ln\left(\frac{1}{1-x_A}\right) \qquad (5-94)$$

对于二级反应 A+A→R，$(-r_A)=kc_A^2=kc_{A0}^2(1-x_A)^2$，代入 $\dfrac{V_{Rm}}{V_{Rp}}$，得

$$\frac{V_{Rm}}{V_{Rp}} = \frac{x_A}{kc_{A0}^2(1-x_A)^2} \bigg/ \frac{x_A}{kc_{A0}^2(1-x_A)} = \frac{1}{1-x_A} \qquad (5-95)$$

对于 n 级反应

$$\frac{V_{Rm}}{V_{Rp}} = \frac{\dfrac{x_A}{(1-x_A)^n}}{\dfrac{(1-x_A)^{n-1}-1}{n-1}} = \frac{(n-1)x_A}{(1-x_A)^n[1-(1-x_A)^{n-1}]} \qquad (5-96)$$

利用上面的计算式进行计算，不难看出，当反应级数 $n>0$ 时，V_{Rm}/V_{Rp} 总是大于1，而且反应级数愈大，转化率愈高，比值 V_{Rm}/V_{Rp} 增加倍率愈大。只有零级反应是个特殊情况，因为零级反应($n=0$)的反应速率与反应物的浓度无关，故 $V_{Rm}/V_{Rp}=1$，即在进料速度相等、转化率相等时，两种反应器所需体积总是相等的。

§5-6.2 复杂反应的操作条件与反应器的选型

当化学反应为平行或连串反应等复杂反应时，反应的产物中，既有希望的目的产物，又有不希望的副产物。在选择反应器时，不仅要考虑反应器的体积大小，而且还要考虑如何才能得到更多的目的产物，尽量减少副产物的问题。而后一个问题常常占有更为重要的地位，

因为副产物多，原料消耗定额高，而原料消耗在产品成本中占很大比重。

为了描述在复杂反应中主产物与副产物的分布，常用选择率和收率来描述，见本章 §5-3.3。

1. 平行反应

设反应按以下两个途径进行

$$A \xrightarrow{k_1} R \qquad r_R = \frac{dc_R}{dt} = k_1 c_A^{n_1} \qquad 主反应$$

$$A \xrightarrow{k_2} S \qquad r_S = \frac{dc_S}{dt} = k_2 c_A^{n_2} \qquad 副反应$$

若 R 为目的产物，S 为副产物，则可以用主反应的反应速率与副反应的反应速率的比值来表示上述反应中主产物 R 的瞬时选择率，即

$$S_R = \frac{r_R}{r_S} = \frac{dc_R/dt}{dc_S/dt} = \frac{k_1 c_A^{n_1}}{k_2 c_A^{n_2}} = \frac{k_1}{k_2} c_A^{(n_1-n_2)} \tag{5-97}$$

而用主反应的反应速率与反应物的总耗速率的比值表示上述反应中主产物的瞬时收率，即

$$\varphi_R = \frac{r_R}{(-r_A)} = \frac{dc_R/dt}{-dc_A/dt} = \frac{k_1 c_A^{n_1}}{k_1 c_A^{n_1} + k_2 c_A^{n_2}} = \frac{1}{1 + \frac{k_2}{k_1} c_A^{n_2-n_1}} \tag{5-98}$$

主产物的选择率 S_R 愈大，说明所得到的目的产物比副产物愈多。从式(5-98)可以看出，在反应的温度条件不变时，φ_R 只决定于反应物的浓度 c_A。

① 当 $n_1 > n_2$ 时，即主反应的反应级数大于副反应的反应级数时，$(n_1 - n_2)$ 为正值，此时反应物的浓度 c_A 愈高，φ_R 的值愈大，故保持高的反应物浓度，有利于提高目的产物的收率。在连续操作釜式反应器中，反应物总保持在最终的低浓度，而管式反应器或间歇釜式反应器，至少在开始阶段反应物的浓度是高的，因此，选择管式反应器或间歇釜式反应器有利。如果由于其他原因，必须用连续操作釜式反应器，也应该采取多个反应器串联的形式。

② 当 $n_1 < n_2$ 时，$n_1 - n_2$ 为负值，此时反应物的浓度愈高，φ_R 愈低，易于生成较多的副产物。为了提高 φ_R 的值，应该选用连续操作釜式反应器。如果必须用管式反应器，应采取将生成物一部分循环或其他方法，以降低反应物的浓度。

③ 当 $n_1 = n_2$ 时，φ_R 的值与反应物的浓度无关，只由 k_1/k_2 的比值决定。此时，可以通过改变操作温度或选用催化剂等方法，来提高 k_1/k_2。例如，当主反应的活化能 E_1 大于副反应的活化能 E_2 时，提高反应温度有利于提高目的产物 R 的选择率和收率。

2. 连串反应

设反应为一级连串反应

$$(-r_A) = k_1 c_A$$

$$A \xrightarrow{k_1} R \xrightarrow{k_2} S \qquad r_R = k_1 c_A - k_2 c_R$$

$$r_S = k_2 c_R$$

R 的瞬时选择率可表示为

$$S_R = \frac{r_R}{r_S} = \frac{k_1 c_A - k_2 c_R}{k_2 c_R} \tag{5-99}$$

而 R 的瞬时收率则可表示为

$$\varphi_R = \frac{r_R}{(-r_A)} = \frac{k_1 c_A - k_2 c_R}{k_1 c_A} = 1 - \frac{k_2 c_R}{k_1 c_A} \qquad (5-100)$$

在连串反应过程中，在开始阶段，当反应物的浓度 c_A 高时，中间产物的生成速度大；而当中间产物的浓度 c_R 升高后，则将加大最终产物 S 的生成速度，因此中间产物的浓度 c_R 有一个最大值，相应地就有一个最佳时间，过了这个最佳时间，R 的浓度反而要下降。如果 R 是目的产物，则一方面要控制反应时间(或停留时间)，另一方面要提高 R 的选择率。从式(5-99)和式(5-100)可以看出，c_A 高和 c_R 低可以提高 R 的选择率和收率，因此选择反应物的浓度高而中间产物浓度低的操作条件。

在连续釜式反应器中，由于反应物的浓度在进入反应器后立即降至出口浓度，而目的产物 R 在反应器内总保持高的最终浓度，易于进一步反应生成副产物 S，从而使 r_R/r_S 降低，影响目的产物的收率。在管式反应器或间歇反应釜中，由于在开始阶段反应物的浓度高，而目的产物的浓度为 $c_R = 0$，到最后目的产物才逐渐达到高的最终浓度，因此与连续操作釜式反应器相比，是 c_A 高而 c_R 低。可见，在管式反应器中 r_R/r_S 的比值总高于连续操作釜式反应器，有利于提高目的产物 R 的收率。

反之，若最终产物 S 为目的产物，则希望 r_R/r_S 愈低愈好，此时应选择反应物浓度 c_A 低，而中间产物浓度 c_R 高的操作条件，因此应采用连续操作釜式反应器。

§5-6.3 反应器的选择

前面仅就影响反应器选型的有关化学动力学因素进行了分析，但是还有其他一些因素，如设备投资费用和由劳动力、动力、水蒸气等所构成的生产费用，温度控制和操作的难易，以及生产安全等因素。这些因素在反应器的选型中，有时也起着重要作用，因此在选择反应器时应从多方面综合考虑。概括来说，反应器的选择应遵循：

① 若反应的活化能大，即反应速度对温度非常敏感，则反应在等温条件下操作有利，此时应选用连续操作釜式反应器。

② 若反应物之一的浓度高时，反应非常激烈，甚至具有爆炸的性质(如硝化和氧化反应等)，则适于采用连续操作釜式反应器，因为反应物在进入反应釜后，其浓度立即降到反应器出口的浓度。

③ 若反应速率小，需要在反应器内有较长的停留时间，最好选用连续操作釜式反应器。

④ 对于平行反应，反应器的选择取决于主反应和副反应级数。若主反应比副反应的反应级数低，则应选用连续操作釜式反应器；反之，则应选用管式反应器。

⑤ 对于连串反应，若中间产物为目的产物，管式反应器一般较为适宜；若最终产物为目的产物，则应选用连续操作釜式反应器。

⑥ 若反应混合物为气体，一般用管式反应器。

⑦ 高压反应最好在管式反应器内进行，因为在壁厚相同的情况下，设备直径小能耐较高压力。

⑧ 强的吸热反应，需要在高温下进行，应选用管式反应器。

⑨ 从化学动力学的因素考虑，凡是适合于在管式反应器内进行的反应，若为小批量的生产，均可用间歇操作釜式反应器代替。

⑩ 凡是适合于在连续操作釜式反应器内进行的反应，若为小批量生产，则可采用半连

续操作的反应器。即采用将原料中的一种或几种连续而缓慢加入，最后将生成物一次放出的方法，这样可以使反应器内更接近于连续操作釜式反应器的反应条件。

§5-7　非均相反应器

非均相反应与均相反应的根本区别在于：均相反应物料之间无界面，因而也就不存在相际间的物质传递过程，其反应速率只与温度、浓度有关；而非均相反应物料之间存在相界面，因而必然存在相际间的物质传递过程，其反应速率不仅与温度、浓度有关，而且还与相界面的大小、相间传递速率大小有关。鉴于这些原因，非均相反应要比均相反应复杂得多，反映在反应器上的结构、操作等方面也相应地有许多特殊之处。

§5-7.1　气-固相催化反应器

气-固相催化反应是化工生产中最为常见的一类反应，例如二氧化硫的催化氧化、水煤气的变换、氨的合成、氨的催化氧化等，这些反应的反应器通常称为气-固相催化反应器。由于这类反应器在工业生产中是最为普遍的一种，在此，我们首先对它做简单介绍。

1. 固体催化剂的宏观结构及性质

绝大多数固体催化剂颗粒为多孔结构，即颗粒内部是由许许多多形状不规则互相连通的孔道所组成，形成一个几何形状复杂的网络结构。正是由于这种网状结构的存在，使催化剂颗粒内部存在着巨大的表面，化学反应便是在这些表面上发生的。通常以单位质量催化剂颗粒所具有的表面积，即比表面积来衡量催化剂表面的大小，以 $m^2 \cdot g^{-1}$ 为单位。固体催化剂的比表面积可高达 $200m^2 \cdot g^{-1}$ 以上。

多孔催化剂的比表面积显然与孔道的大小有关，孔道越细，则比表面积越大。然而，催化剂颗粒内的孔道又是粗细不一的，通常用孔径分布来描述，孔径分布则是通过由实验测定的孔容分布计算得到。孔容是指单位质量催化剂颗粒所具有的孔体积，常以 $cm^3 \cdot g^{-1}$ 为单位，如果孔径不太细(如大于 $100 \times 10^{-10}m$)，可以用压汞仪来测定不同大小的孔的体积，不同的压力相对于不同粗细的孔道；孔道太细时则需采用其他方法(如 N_2 吸附-脱附法)。如果不需要分别测定不同大小的孔体积，可用四氯化碳法测定催化剂的孔容，这时测得的孔体积包括所有孔的体积，或称总孔容，通常所说的孔容指的就是总孔容，用 V_g 表示。

除了用孔容来表示催化剂颗粒的孔体积外，还可用孔隙率(或简称孔率) ε_p 来表示。孔率等于孔隙体积与催化剂颗粒体积(固体体积与孔隙体积之和)之比，显然 $\varepsilon_p < 1$。

孔率与孔容的区别在于前者按单位体积催化剂计算孔体积，而后者则按单位质量催化剂计算孔体积，两者的关系为：

$$\varepsilon_p = V_g \rho_p$$

式中，ρ_p 为颗粒密度(或表观密度)，且 $\rho_p = \dfrac{\text{固体的质量}}{\text{颗粒的体积}}$。

要注意将床层空隙率 ε 与孔隙率 ε_p 区分开来。床层空隙率是对一堆颗粒而言，其定义为颗粒间的空隙体积与床层体积之比，即颗粒间的空隙体积占床层体积的分率；孔隙率则对单一颗粒而言，是颗粒内部的孔体积占颗粒体积的分率。

对于固体颗粒，尤其是形状不规则而又较细的颗粒，往往通过筛分来确定其粒度。例如 $60 \sim 80$ 目的颗粒，意指这些颗粒能通过 60 目筛，而不能通过 80 目筛，故目数越大，则颗粒越小(细)。同时,以这两种筛的筛孔净宽的算术平均值来表示颗粒的线性尺寸。

固体催化剂粒度的大小对催化剂的催化活性有显著影响,故对催化剂颗粒粒度进行设计计算也很重要。在实际的计算中,往往以与颗粒相当的球体直径来表示颗粒的粒度,具体做法有三:①以与颗粒体积相等的球体直径表示;②以与颗粒外表面积相等的球体直径表示;③以与颗粒的比外表面积相等的球体直径表示(指单位颗粒体积所具有的外表面积)。这三种表示方法在文献中均有采用,因此在实际应用时要特别注意,采用的是哪一种表示方法,尤其是对那些含有颗粒直径的关联式更应注意,以免引起错误。

2. 气−固相催化反应过程

气−固相催化反应过程一般包括以下几个步骤,见图 5-16:

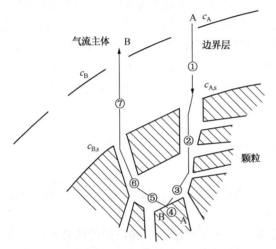

图 5-16 气−固相催化反应过程示意图

① 气相中的反应组分由气相主体通过气膜扩散到催化剂的外表面;

② 反应组分由催化剂的外表面通过微孔向内表面扩散;

③ 反应组分被吸附于催化剂内表面成为活化状态;

④ 被吸附的反应组分彼此之间或被吸附的反应组分与气相中的反应组分之间进行表面反应,而生成产物;

⑤ 生成的产物由催化剂的内表面脱附;

⑥ 脱附的生成物分子由催化剂颗粒的内表面经过微孔向外表面扩散;

⑦ 生成物分子从催化剂外表面经气膜扩散到气相主体。

在上述七个步骤中①和⑦称为外扩散过程,②和⑥称为内扩散过程,③、④和⑤称为化学动力学过程。其中外扩散过程、内扩散过程和化学动力学过程是连串进行的,而内扩散过程和化学动力学过程,则又能同时平行地进行。在连串进行的过程中最慢的一步称为过程速度的控制步骤。

(1) 外扩散控制

在催化剂颗粒的外表面周围包有一层滞流边界层(简称气膜)。若催化反应的速率常数很大,而通过气膜的扩散传质系数相对很小,则外扩散过程就成为整个过程的控制步骤。在铂网上进行的氨催化氧化反应即属于外扩散控制。为了降低外扩散阻力,以加快过程的速度,可以在空间速度 v/V_R 不变的前提下,设法增大气体通过催化剂层的线速度以减少气膜的厚度。

(2) 内扩散影响

因为内扩散过程与内表面上的催化反应同时进行,催化剂内不同位置的反应速率并不一致,越接近于颗粒的外表面,反应物的浓度越高,而生成物的浓度越低。若温度不变,则越接近于外表面,单位表面上的催化反应速率越大;反之,越靠近颗粒的中心,反应物的浓度越低,反应速率越小。当表面催化反应速率很大,而扩散速率相对地小时,反应物在扩散到颗粒中心以前,可能即已达到平衡,因此颗粒的中心区域已不能发挥催化作用(这个区域称为死区)。在催化剂颗粒上的实际反应速率与按颗粒外表面反应物的浓度、温度计算的假想反应速率之比,称为催化剂的有效系数或内表面利用率。

减少催化剂颗粒的粒径，缩短内扩散的距离以减少内扩散阻力，可以提高催化剂的内表面利用率。例如在氨合成塔催化剂层的上部，由于反应物的浓度高，表面催化反应速率大，内扩散阻力使催化剂有效系数降低，所以在催化剂的上层使用粒度较小的催化剂；又如在 SO_2 转化器的第一段，为了提高催化剂的内表面利用率，而不增大催化剂层的流体阻力，采用环形催化剂等，这些都是减小内扩散影响的有效措施。

（3）化学动力学控制

当外扩散阻力很小，且催化剂的内表面利用率接近于 1 时，或者当表面催化反应速率常数较小，内外扩散阻力可以忽略不计时，气-固相催化反应的速率将由表面催化反应速率决定，即化学动力学过程是控制步骤，提高表面催化反应的速率，即可提高整个过程的速率。化学动力学过程又包括吸附、表面反应和脱附三个连串的过程，其中最慢的一步是控制步骤，因此提高这一控制步骤的速率，就可以提高整个过程的速率。例如氮氢混合气在铁催化剂的存在下合成氨时，首先是氮被吸附于催化剂的表面并解离为氮原子，然后这些被解离吸附的氮原子再与氢进行表面反应。其中氮的解离吸附是控制步骤。因此适当提高氮氢混合气中氮所占的比例，可以加快氮的吸附过程，从而能使整个过程的速率得到提高。

3. 气-固相催化反应器

气-固相催化反应器主要分为固定床、流化床和移动床等。

（1）固定床催化反应器

固定床催化反应器是将催化剂颗粒填充于筒型或管型设备中，反应气体以一定的空间速度通过催化剂床层与催化剂颗粒接触而进行反应。

固定床气-固相催化反应的温度控制非常重要。对于不可逆反应和可逆的吸热反应，在催化剂活性允许的范围内，应尽可能提高反应温度，以保持大的反应速率，提高设备的生产能力。对于可逆的放热反应，则存在给定转化率下的最适宜温度，亦即反应速率最大的温度。最适宜温度一般随转化率升高而逐步降低，如果能使催化剂床层内的温度随着反应的进行沿着最适宜温度变化，就可以使反应达到较高的转化率，还可以使反应器保持大的生产能力。对于有副反应发生的复杂反应，还必须考虑避免发生副反应的温度条件。

温度对催化剂的活性及使用寿命有直接影响，当温度超过催化剂的耐热温度时，由于催化剂有效组分的升华、半融或烧结，而使其活性很快降低，影响催化剂的使用寿命。

根据反应器的温度调节方法，固定床催化反应器可分为绝热式、多段中间换热式、多段中间冷激式、对外换热式和自身换热式等多种。

1）绝热式催化反应器

绝热操作是在与外界断绝热量交换的条件下进行的，如图 5-17(a)所示。若为放热反应，则反应放出的热量将使反应混合物的温度升高。绝热式催化反应器结构简单，设备费用低，但只适用于放热量不大和反应混合物的热容量大的反应，因为催化剂床层进出口的温差较大，不适于温度允许变化范围窄的反应。

2）多段中间换热式和多段中间冷激式催化反应器

如图 5-17(b)和(c)所示，这种反应器是将催化剂床层分为若干段，在各段内进行绝热操作，而在段与段之间安装热交换器或冷激管，通过间接换热或喷入冷气体进行温度调节，使反应能在比较接近于最适宜温度的条件下进行。这种催化反应器适合于放热量不太大，而温度允许变化范围比较宽的反应。中间换热式还可用来回收热能。

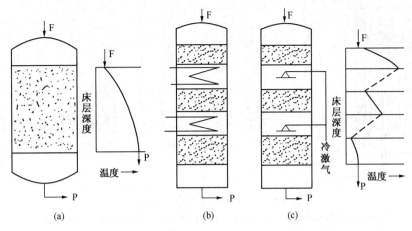

图 5-17　绝热式和多段中间换热式催化反应器

（a）绝热式；（b）多段中间换热式；（c）多段中间冷激式

3）对外换热式催化反应器

如图 5-18 所示，在列管的管内或管间填充催化剂，管的另一侧通过载热体调节并维持反应温度。填充催化剂的管子直径一般为 25～50mm。管径太大时，由于催化剂层的热阻一般较大，容易产生径向温度分布；直径太小时，则容易使催化剂填充不均匀，而使各管对流体的阻力产生差异，从而使气体通过各管的接触时间不均。接触时间短的，会降低转化率；接触时间长的，也会因发生副反应而影响目的产物的产率。对外换热式催化反应器适合于放热量大，而温度允许变化范围窄的反应。

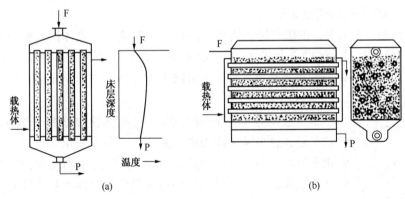

图 5-18　对外换热式催化反应器

（a）催化剂在管内；（b）催化剂在管间

4）自身换热式催化反应器

如图 5-19 所示，在催化剂床层内安装冷却管，管内通入冷的原料气体，与管外催化剂床层内的反应气体进行换热，使床层中的反应气体被冷却，同时将原料气体预热到催化剂床层进口的温度。自身换热式催化反应器有单管逆流式、双套管并流式和单管并流式等不同形式。其中单管逆流结构最简单，但与其他两者不同的是：①单管逆流式的催化剂最上部没有绝热段，因此床层温度上升得不够快，而双套管并流和单管并流式催化剂床层的上部有绝热段，温度上升得较快，能较早地达到最适宜操作温度；②单管逆流催化剂床层的下部被冷气体强烈冷却，使催化剂床层温度过低，偏离最适宜温度较远。

双套管并流虽然在绝热段温度能很快达到最适宜温度，但双套管上部环隙内气体的温度

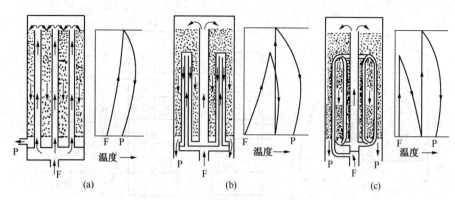

图 5-19 自身换热式催化反应器

(a) 单管逆流催化反应器；(b) 双套管并流催化反应器；(c) 单管并流催化反应器

较高，与管外温差较小，传热速率低，不能把催化床内已达到最适宜温度的反应气体在反应中所放出的热量及时地导出，因此床层内不同高度的温度与最适宜温度仍有一定距离。而单管并流由于在绝热段以下催化床受低温气体的冷却，温度比较接近于最适宜温度。

（2）流化床催化反应器

1）流态化现象

当流体自下而上通过由固体颗粒堆积的床层时，随着流速的增加，会发生如下现象：

① 当流速低时，固体颗粒保持静止不动，流体只是在固体颗粒之间的空隙流动，此时的床层称为固定床。在固定床阶段，流体通过床层时的压力降随流速的增大而增大。

② 当流速达到某一定值后，固体颗粒开始松动，床层开始膨胀，这是流态化的开始，此时流体的流速称为初始流化速度 u_{mf}。

③ 当流速进一步增大，则床层进入流态化阶段。此时流体对固体的摩擦力恰好与固体的重力相等，流体通过床层的压力降 Δp 与床层单位截面上固体的重力相等，即 $\Delta p = W/A$。

当流速继续增大时，压力降大体保持不变，而床层高度则相应地有所增高。

以液体为流化介质的流化床，固体颗粒分散比较均匀，运动比较平稳，这种床层称为散式流化床或称为液化流化床。以气体为流化介质时，随着气速的增大，床层内发生鼓泡现象，与水的沸腾相似。气速越高，床层内搅动得越激烈，固体颗粒运动越活跃，这种床层称为聚式流化床或沸腾床，也称气体流化床。

④ 当流速超过固体颗粒的终端速率 u_t 时，固体颗粒随着流体从床层带出，床层的上层表面已消失，此时的床层称为气（液）流输送床或稀相流化床。

流化床从现象上看，有许多方面表现出液体的性质。例如，它可以流动，床层表面保持水平，对器壁呈现压力，并具有浮力和黏度等，因此把这种现象称为"固体的流态化"。

2）流化床催化反应器的结构

流化床催化反应器广泛用于气-固相催化反应，其结构如图5-20所示。气体反应物由下方的气体分布板通入反应器，使器内的固体催化剂流态化。为防止催化剂颗粒被气体带出而受到损失，

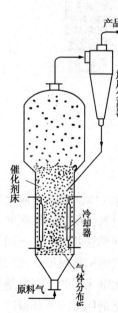

图 5-20 流化床催化反应器

一般在上方安装旋风分离器。在流化床内，由于气体通过时发生气泡的激烈搅动作用，使固体颗粒在床层内能均匀混合，温度分布也较均匀。为了导出反应所放出的热量，在床层内常安装冷却器，流化床层与冷却器表面的给热系数大，因此对于放热量大的反应也比较易于将热量导出，并保持反应温度均匀。为了防止床内气泡的集结增大，常需要安装网状或格子状挡板(图中未示出)。

3) 流化床催化反应器的特点

从催化反应器的角度来考虑，与固定床催化反应器相比，流化床反应器具有很多优点，具体表现在：

① 由于强烈的混合作用，床层内的温度及固体颗粒分布均匀；

② 流化床层与器壁之间，以及床层内固体颗粒与流体之间给热系数很大，对于激烈的放热反应或吸热反应的温度调节非常有利；

③ 可以使用小颗粒的催化剂，从而使内扩散阻力减小，有利于提高催化剂的内表面利用率；

④ 催化剂颗粒很容易连续地加入或导出，便于更换新的催化剂，适用于活性很快降低的催化剂；

⑤ 床层的压力降始终保持一定，在一定范围内，不随气速的改变而改变。

流化床催化反应器也存在诸多缺点，如：

① 在流化床中固体颗粒接近于理想混合流动，而流体的流动则又伴随着返混，因此反应速度慢和收率低；

② 为了保持适当的流化状态，流体流速和固体粒径要受一定限制；

③ 催化剂颗粒有磨损，而且有一部分小的颗粒容易被气流带出，致使流态化的特性发生变化；

④ 设备和管道等由于和固体颗粒的摩擦，磨损严重。

流化床催化反应器特别适用于放热量大且需要进行等温操作的反应，以及催化剂的使用寿命短而需要再生的反应。

(3) 移动床催化反应器

移动床催化反应器指在反应器顶部连续加入颗粒状或块状固体反应物或催化剂，随着反应的进行，固体物料逐渐下移，最后自底部连续卸出；流体则自下而上(或自上而下)通过固体床层，以进行反应。由于固体颗粒之间基本上没有相对运动，但却有固体颗粒层的下移运动，因此，也可将其看成是一种移动的固定床反应器。

目前，应用移动床反应器的重要化工生产过程有连续重整、二甲苯异构化等催化反应过程和连续法离子交换水处理过程等。

与固定床反应器及流化床反应器相比，移动床反应器的主要优点是固体和流体的停留时间可以在较大范围内改变，返混较小(与固定床反应器相近)，对固体物料性状以中等速度(以小时计)变化的反应过程也能适用。与此相比，固定床反应器和流化床反应器分别仅适用于固体物料性状变化很慢(以月计)和很快(以分、秒计)的反应过程。移动床反应器的缺点是控制固体颗粒的均匀下移比较困难。工业生产中有时采用模拟移动床以避免上述缺点。

§5-7.2 气液反应器

气液反应是化工、炼油等过程工业经常遇到的多相反应。根据使用目的不同可将气液反应分为两大类：一类是通过气液反应制备所需产品(如水吸收二氧化氮生产硝酸)；另一类是通过气液反应净化气体(如用碱溶液脱除煤气中的硫化氢)。这两类气液反应的基本原理没有什么不同，但在反应器的设计考虑及操作控制上，由于目的不同而有所区别。

1. 气液相反应过程

气液反应的进行以两相界面的传质为前提。由于气相和液相均为流动相，两相间的界面不是固定不变的，它由反应器的型式及反应器中的流体力学条件所决定。气液反应过程模型有多种，其中最为经典的为"双膜模型"。

设所进行的气液反应为：$A(g)+B(l)\longrightarrow R(l)$

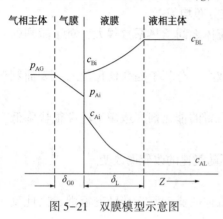

图 5-21　双膜模型示意图

根据双膜模型，气相反应物 A 在两相中的浓度变化情况如图 5-21 所示。该图还绘出了液相组分 B 在液相中的浓度变化(假定 B 不挥发，即相界面处的 B 不再向气相扩散)。气液反应过程步骤可概括为以下四步：

① 气相反应物 A 由气相主体通过气膜传递到气液相界面，其分压从气相主体的 p_{AG} 降至相界面处的 p_{Ai}；

② 组分 A 由相界面传递到液膜内，并在此与由液相主体传递到液膜的组分 B 进行化学反应，此时扩散与反应同时进行；

③ 未反应的 A 继续向液相主体扩散，并与 B 在液相主体中反应；

④ 生成的反应产物 R 向其浓度梯度下降的方向扩散。

2. 气液反应器

气液反应器主要有两类，一类为间歇搅拌釜式反应器(图 5-6)，另一类为塔式反应器。塔式反应器又可分为填料塔(图 3-12)、板式塔(图 4-24)、鼓泡塔及喷淋塔等四种主要类型，下面将分别对其做进一步介绍。

(1) 填料塔

填料塔反应器流体阻力小，适用于气体处理量大而液体处理量小的过程。液体沿填料表面自上向下流动，气体与液体成逆流或并流，视具体反应而定。填料塔内存液量较小。无论气相或液相，其在塔内的流动形式均接近于活塞流。若反应过程中有固相生成，不宜采用填料塔。

(2) 板式塔

板式塔反应器将气体分散于液体中，气体为分散相，液体为连续相。适用于动力学控制的气液反应过程，或液膜阻力和化学阻力均不能忽略的气液反应过程。板式塔还可用以进行生成沉淀或结晶的气液反应，如纯碱厂中由氨盐水与二氧化碳反应生产碳酸氢钠结晶就是采用板式塔。板式塔中气体与液体一般都是逆流流动，由于气体要穿过各塔板上的液层，因此其压力降要远大于填料塔。

(3) 鼓泡塔

鼓泡塔反应器内部不设置任何构件，塔内充满液体，气体自塔下方进入，通过气体分布器均布后，以气泡形式通过液层(见图 5-22)。

鼓泡塔反应器特别适用于动力学控制的气液反应过程，如各种有机化合物的氧化反应、各种石蜡和芳烃的氯化反应、各种生物化学反应、污水处理曝气氧化和氨水碳化生成固体碳酸氢铵等。

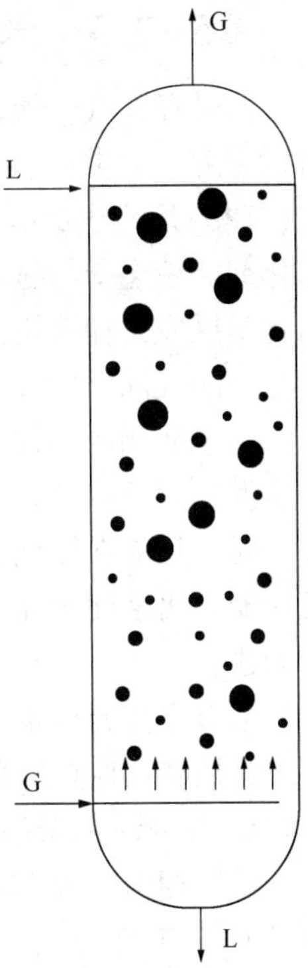

鼓泡塔反应器在实际应用中具有诸多优点：①气体以小的气泡形式均匀分布，连续不断地通过气液反应层，使气、液充分混合，反应良好；②反应器结构简单，容易清理，操作稳定，投资和维修费用低；③反应器具有极高的存液量和相际接触面积，传质和传热效率较高，适用于缓慢化学反应和强放热反应；④在塔的内、外都可以安装换热装置；⑤和填料塔相比较，鼓泡塔能处理悬浮液体。

同时，鼓泡塔在使用时也有一些很难克服的缺点，主要表现如下：①为了保证气体沿截面的均匀分布，鼓泡塔的直径不宜过大，一般在2~3m以内；②鼓泡塔反应器液相轴向返混很严重，在不太大的高径比情况下，可认为液相处于理想混合状态，因此较难在单一连续反应器中达到较高的液相转化率；③鼓泡塔反应器单位体积的相界面积较小，因此不适用于传质影响显著的气液反应。

（4）喷淋塔

喷淋塔与鼓泡塔反应器相反，液体分散成雾滴状分散于气体中，故液体为分散相，气体为连续相。

喷淋塔反应器结构也较为简单（见图5-23），该反应器具有相接触面积大和气相压降小等优点，适用于瞬间、界面和快速反应，也适用于生成固体的反应。但同时具有存液量小、液侧传质系数过小及气相和液相返混严重等缺点。

图5-22　鼓泡塔反应器

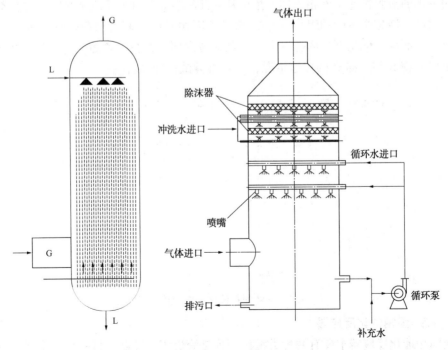

图5-23　喷淋塔反应器

173

§5-7.3　气-液-固反应器

同时存在气、液、固三种不同相态的反应过程，称之为气-液-固反应。气-液-固反应可以分为三大类：①气、液、固三相不是反应物，就是反应产物，如氨水(液相)和二氧化碳(气相)反应生成碳酸氢铵结晶(固体)等；②采用固体催化剂的气液反应，如以雷尼镍为催化剂，液态苯与氢气反应生成环己烷等；③气、液、固三相中，有一相为惰性物料，不参与化学反应，如采用惰性气体搅拌的液固反应、采用固体填料的气液反应、以惰性液体为传热介质的气固反应等。

由于液相的存在，三相反应的反应温度一般都较为温和，因此生成的目的产物不易于进一步发生副反应，目标产品的选择性较高，特别是对于热敏性高的产品生产更为显著。此外，对于只能在较低温度下应用的固体催化剂或载体，往往也采用三相反应。但气-液-固反应器的腐蚀问题往往十分严重，材质的选择要求较高，对催化剂的选用也应考虑到耐腐蚀的问题。

本节主要介绍第二类三相反应，即气-液-固相催化反应。工业上的气-液-固相催化反应多为加氢反应、氧化反应、加氢精制反应及乙炔化反应等。

1. 气-液-固相催化反应过程

设气相组分 A 与液相组分 B 在固体催化剂的作用下，进行如下反应，生成液相产物 R，并设 R 不挥发。

$$A(g)+B(l) \longrightarrow R(l)$$

反应过程步骤如图 5-24 所示。气相组分 A 从气相主体通过气膜传递至气液相界面，其浓度从 c_{AG} 降低至 c_{AG}^*，在相界面处，液相中 A 的浓度 c_{AL}^* 与 c_{AG}^* 成平衡。A 自相界面处通过气液相界面一侧的液膜传递至液相主体，浓度从 c_{AL}^* 降至 c_{AL}。由于反应是在固体催化剂的作用下进行，因此，液相主体中的组分 A 还需通过液固相界面一侧的液膜传递至固体催化剂的外表面上，进而穿过催化剂的内孔进入催化剂颗粒内部，并在内表面上与 B 反应生成 R。图中未绘出反应物 B 和产物 R 的传递情况，读者可尝试自行分析。

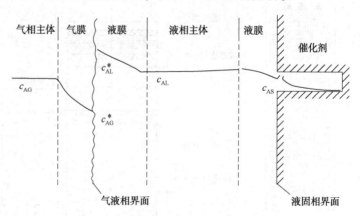

图 5-24　气液固相催化反应的传递步骤

2. 气-液-固相催化反应器

气液固相催化反应器主要有两种类型：一种是滴流床反应器，另一种是浆态反应器。

(1) 滴流床反应器

滴流床反应器与用于气-固相催化反应的固定床反应器相类似，区别在于固定床反应器

174

中只有单相流体在床层内流动，而滴流床反应器的床层内则为两相流(气体和液体)。显然，两相流的流动状况较单相流要复杂得多。原则上讲，气液两相可以呈并流，也可以呈逆流，但由于逆流时流速会受到液泛现象的限制，故实际上以并流操作居多。并流操作中还可分为向上并流和向下并流两种形式，流向的选择取决于物料处理量、热量回收及传质、化学反应的推动力等因素。

（2）浆态反应器

浆态反应器与滴流床反应器的区别主要在于，浆态反应器所采用的固体催化剂处于运动状态，而滴流床反应器中则处于静止状态；此外，浆态反应器的气相为分散相，而滴流床反应器的气相为连续相。浆态反应器广泛应用于加氢、氧化、卤化、聚合及发酵等反应过程。

浆态反应器的优点是空时收率高，传质阻力小，传热速率快，连续和半连续操作均可，催化剂可连续再生。缺点是返混严重，催化剂消耗多，需从产品中分离催化剂，由于液固比大，不宜于抑制液相均相副反应。

思考题

1. 试对反应 $2NO_2 + \frac{1}{2}O_2 \rightleftharpoons N_2O_5$，写出 NO_2、O_2 的消耗速率与 N_2O_5 生成速率之间的关系。

2. 化学反应方程式之前的计量系数变化，如 $\frac{1}{2}A + B \rightleftharpoons R + \frac{1}{2}S$，写成 $A + 2B \rightleftharpoons 2R + S$，反应速率表达式有何变化？

3. 说明复杂反应系统的选择率与收率的概念和表达式。

4. 动力学方程的构成要素是什么？

5. 说明反应热与活化能的区别与联系。

6. 简述活塞流反应器和全混流反应器的特点。

7. 写出零级、一级和二级不可逆反应在等温下，采用间歇釜式反应器、活塞流反应器及全混流反应器体积的计算公式。

8. 简述 PFR 和 CSTR 基本方程式中各项的意义。

9. 简述平行反应和连串反应的特点。

10. 工业反应器主要有哪些类型？

11. 为什么在反应器计算时要用物料衡算式？间歇反应釜的计算式如何把物料的转化率与反应时间、反应物体积关联起来？物料处理量和转化率与反应釜总容积如何关联起来？

12. 证明一级反应转化率达 99.9%时所需的反应时间是转化率为 50%时的 10 倍。

习题

1. 蔗糖在间歇操作的搅拌釜式反应器中水解为葡萄糖和果糖，动力学方程为 $(-r_A) = kc_A$，式中反应速度常数 $k = 0.0193min^{-1}$，若初始浓度 $c_{A,0} = 1mol \cdot L^{-1}$，求反应 119min 后蔗糖的浓度。

$(0.10mol \cdot L^{-1})$

2. 某液相反应的速度方程为 $(-r_A) = 0.35c_A^2$，$kmol \cdot m^{-3} \cdot s^{-1}$。当 A 的初始浓度分别为 $1kmol \cdot m^{-3}$ 与 $5kmol \cdot m^{-3}$，在间歇操作的理想搅拌釜式反应器中 A 的残余浓度均达到 $0.01kmol \cdot m^{-3}$ 时各需要多少时间？

$(283s, 285s)$

3. 试论证：一个一级反应的转化率做如下变化时：

$$x_A = 0 \sim 50\%，50\% \sim 75\%，75\% \sim 87.5\%，87.5\% \sim 93.75\%$$

所需反应时间均为半衰期 $T_{1/2} = \dfrac{0.693}{k}$。

4. 在全混流反应器（CSTR）中，进行等温等容反应：A+B $\longrightarrow$ R，反应物的初始浓度 $c_{A,0} = c_{B,0} = 8 \times 10^3 \, \text{mol} \cdot \text{m}^{-3}$，反应的动力学方程为 $(-r_A) = kc_A^2$，反应温度下的速度常数 $k = 1.97 \times 10^{-6} \, \text{m}^3 \cdot \text{mol}^{-1} \cdot \text{min}^{-1}$，反应物的体积流量 $q_{V,0} = 0.171 \, \text{m}^3 \cdot \text{h}^{-1}$，最终转化率 $x_{A,f} = 80\%$，试问反应器的有效容积 V 为多少立方米？　　　　　　　　　　（3.62m³）

5. 在理想间歇搅拌釜式反应器（IBR）中进行均相反应 A $\longrightarrow$ R，为防止产物 R 的高温分解，反应维持在 70℃ 等温下操作，已知反应速度方程为 $(-r_A) = kc_A$，其中 $k = 0.8 \, \text{h}^{-1}$。当反应物 A 的初始浓度为 $4 \, \text{kmol} \cdot \text{m}^{-3}$，转化率 $x_A = 80\%$ 时，该反应器平均每小时可处理 0.80kmol 的反应物，若把该反应改用在活塞流反应器（PFR）或全混流反应器（CSTR）中进行，其处理量及转化率仍保持不变，试求 PFR 和 CSTR 所需的有效容积。　　（0.402m³，1m³）

6. 在活塞流反应器（PFR）中进行 A $\longrightarrow$ R 的一级反应时，所需的有效容积为 V_{PFR}；在全混流反应器（CSTR）中进行此反应时，所需的有效容积为 V_{CSTR}。若转化率 $x_A = 60\%$，欲使 $V_{PFR} = V_{CSTR}$，那么，全混流反应器内的反应速度常数 k_{CSTR} 应为活塞流反应器内的反应速度常数 k_{PFR} 的多少倍？　　　　　　　　　　　（1.64 倍）

7. 在平推流反应器（PFR）和全混流反应器（CSTR）中分别进行同一简单二级液相反应，且初始体积流量 V_0 和初始浓度 $c_{A,0}$ 均相同，若最终转化率为 50%，求 CSTR 的容积效率 (V_{PFR}/V_{CSTR})。　　　　　　　　　　　　　　　（0.5）

8. 在全混流反应器（CSTR）中进行某液相一级反应 A $\longrightarrow$ R 时，转化率可达 50%，试计算：

（1）若将该反应改在一个 6 倍于原反应器有效容积（反应体积）的同类型反应器中进行，而反应温度、初始体积流量和初始浓度不变，转化率可达多少？

（2）若改在一个与原有效容积（反应体积）相同的活塞流反应器（PFR）中进行，而反应温度、初始体积流量和初始浓度不变，转化率又为多少？　　（85.71%，63.2%）

9. 在间歇操作的搅拌釜式反应器中进行液相反应 A+B $\longrightarrow$ R，反应温度为 75℃，实验测得的反应速度方程为 $(-r_A) = kc_A c_B$，式中，反应速度常数 $k = 2.78 \times 10^{-3} \, \text{m}^3 \cdot \text{kmol}^{-1} \cdot \text{s}^{-1}$，当反应物 A 和 B 的初始浓度均为 $4 \, \text{kmol} \cdot \text{m}^{-3}$，A 的转化率为 80% 时，该反应器的生产能力相当于平均每分钟处理 0.684kmol A。今若将该反应移到一个内径为 300mm 的活塞流反应器（PFR）中进行，其他条件不变，试计算所需活塞流反应器的长度。　　　　　　　　　（14.52m）

10. 在两级全混流反应器中进行苄基氯和乙酸钠的液相反应：

$$\text{C}_6\text{H}_5\text{CH}_2\text{Cl} + \text{NaAc} \xrightarrow{120℃} \text{C}_6\text{H}_5\text{CH}_2\text{Ac} + \text{NaCl}$$
$$\quad\quad\quad A \quad\quad\quad\quad B \quad\quad\quad\quad\quad C \quad\quad\quad\quad D$$

已知两个全混流反应器的容积均为 1920L，物料的体积流量为 $8 \, \text{L} \cdot \text{min}^{-1}$，反应物 A 的初始浓度 $c_{A,0} = 0.757 \, \text{kmol} \cdot \text{m}^{-3}$，反应速度方程为 $(-r_A) = kc_A$，其中 $k = 3.6 \times 10^{-6} \, \text{s}^{-1}$，试求每釜的出口转化率和出口浓度。　　（0.0493，0.0961；0.72kmol · m⁻³，0.68kmol · m⁻³）

11. 用全混流反应器进行拟一级不可逆反应——乙酐水解，其反应式为：

$$(\text{CH}_3\text{CO})_2\text{O} + \text{H}_2\text{O} \longrightarrow 2\text{CH}_3\text{COOH}$$

在 40℃ 时，反应速度常数 $k = 6 \times 10^{-3} \, \text{s}^{-1}$。若反应器的体积为 $1 \, \text{m}^3$，物料的初始体积流量为 $8 \times 10^{-3} \, \text{m}^3 \cdot \text{s}^{-1}$，试求：

（1）乙酐的转化率；　　　　　　　　　　　　　　　　　　　　（42.86%）

（2）若要使出口转化率增加 1 倍，其余条件不变，反应器的有效体积应为原来的多少倍？

（8 倍）

12. 在三级全混流反应器中进行二级液相反应 $2A \longrightarrow B+C$，已知：各釜容积均为 8L，物料的体积流量为 $2L \cdot s^{-1}$，A 的初始浓度为 $2mol \cdot L^{-1}$，该反应的动力学方程为 $(-r_A) = kc_A^2$，在操作条件下 $k = 0.2L \cdot mol^{-1} \cdot s^{-1}$，用图解法求各釜的出口浓度。

$(1.07mol \cdot L^{-1}, \ 0.69mol \cdot L^{-1}, \ 0.49mol \cdot L^{-1})$

13. 当反应温度 T、反应物 A 的起始浓度 $c_{A,0}$ 和反应物入口体积流量 $q_{V,0}$ 维持不变时，分别在全混流反应器（CSTR）和活塞流反应器（PFR）中进行一级不可逆液相反应或二级不可逆液相反应，试计算转化率 x_A 分别为 50% 和 80% 时，两种反应器所需的反应体积之比。从这两种反应器的计算结果可说明什么问题？　　　　　　　（一级：1.44，2.46；二级：2，5）

14. 有一液相反应 $A \longrightarrow R$，其动力学方程为 $(-r_A) = kc_A$，在有效容积为 V 的全混流反应器（CSTR）中生产，可得到 40% 的转化率。若改用总有效容积相等，且均为 $\dfrac{1}{2}V$ 的二级串联全混流反应器（2-CSTR）中生产，其他条件不变，问：

（1）第一釜出口转化率 $x_{A,1} = ?$　　　　　　　　　　　　　　（25%）

（2）第二釜出口转化率 $x_{A,2} = ?$　　　　　　　　　　　　　（43.75%）

15. 两个体积不同的反应器组合成二级串联全混流反应器，器内进行均相一级简单反应。在一定温度下，为了获得最大产率，试说明反应器以何种组合顺序为最优？在总体积一定的情况下，要想获得最大产率，应如何组合？　　　　　（相同，等体积串联）

16. 在体积为 $5 \times 10^{-3} m^3$ 的连续操作理想搅拌釜中进行不可逆液相反应：$A \longrightarrow 2R$，反应物以 $c_{A,0} = 1 \times 10^3 kmol \cdot m^{-3}$ 的浓度加入。此反应的反应速度方程为：$(-r_A) = 0.0036c_A mol \cdot s^{-1} \cdot m^{-3}$，试求：

（1）若进料的体积流量为 $2 \times 10^{-6} m^3 \cdot s^{-1}$，则出口处 R 的浓度为多少？

$(1.8 \times 10^3 mol \cdot m^{-3})$

（2）其他操作条件不变，反应改为在相同体积的活塞流管式反应器中进行，要求产物 R 的出口浓度为 $1.5 \times 10^3 mol \cdot m^{-3}$，则进料的体积流量可达到多少？　　　$(1.30 \times 10^{-5} m^3 \cdot s^{-1})$

17. 在二级串联全混流反应器中，进行液相反应 $A+B \longrightarrow C+D$，其动力学方程为 $(-r_A) = kc_A c_B = kc_A^2$，已知 $k = 1.00L \cdot mol^{-1} \cdot s^{-1}$，$c_{A,0} = c_{B,0} = 1mol \cdot L^{-1}$，物料经两釜总空时 $\tau = 1.00s$，且 $\tau_1 = \tau_2$，试求：

（1）经过两釜以后的最终转化率；　　　　　　　　　　　　　　（0.430）

（2）再串联一个同样体积的釜后的最终转化率（$\tau_3 = \tau_1 = \tau_2$）。　　　（0.537）

18. 生产中欲完成下列液相一级不可逆反应：

$$A \longrightarrow R \qquad r_A = kc_A$$

反应在等温条件下进行，已知在反应条件下的反应速率常数 $k = 0.8h^{-1}$，反应物 A 的初始浓度为 $c_{A,0} = 3.6kmol \cdot m^{-3}$，反应前后物料的密度均为 $900kg \cdot m^{-3}$，反应物的日处理量为 3216kg，要求最终转化率为 97%，试计算反应在下列反应器内进行时，各反应器的有效体积。

（1）间歇操作反应釜（辅助时间为 1h）；　　　　　　　　　　　（0.8m³）

（2）平推流反应器；　　　　　　　　　　　　　　　　　　　　（0.65m³）

(3) 全混流反应器；   （6.02m³）

(4) 两级等体积串联的全混流反应器；   （1.78m³）

(5) 四级等体积串联的全混流反应器。   （1.04m³）

19. 乙酐按下式水解为乙酸：

$$(CH_3CO)_2O+H_2O \longrightarrow 2CH_3COOH$$
$$\quad\quad A \quad\quad\quad B \quad\quad\quad\quad C$$

当乙酐浓度很低时，可按拟一级反应 $(-r_A)=kc_A$ 处理。在 288K 时，测得反应速度常数 $k=0.0806min^{-1}$，在 313K 时，测得 $k=0.380min^{-1}$。现设计一理想全混流反应器，每天处理乙酐稀水溶液 14.4m³，进料的乙酐初始浓度 $c_{A,0}=0.095mol \cdot L^{-1}$。

(1) 当乙酐最终转化率 $x_{A,f}=0.8$，反应温度为 288K，反应器有效容积为多少？

（0.49m³）

(2) 若改用两个等体积的全混流反应器串联组合，其他条件不变，反应器总体积为多少？

（0.307m³）

(3) 当温度提高到 313K 时，反应器容积取（1）所得容积，则乙酐的转化率为多少？

（0.95）

(4) 如改用 PFR 进行生产，反应温度为 288K，$x_{A,f}$ 为 0.8 和 0.9 时，反应器的容积各为多少？   （0.2m³，0.286m³）

20. 在连续流动反应器内进行液相反应 A $\longrightarrow$ P，$(-r_A)=kc_A$。已知 $k=4.5\times10^{-4}s^{-1}$，物料的体积流量 $q_{V,0}=1.5L \cdot s^{-1}$，反应器总体积为 5m³，试计算采用下列各种反应器时的最终转化率。

(1) 全混流反应器；   （60%）

(2) 二级串联全混流反应器；   （67.3%）

(3) 五级串联全混流反应器；   （73.1%）

(4) 活塞流反应器。   （77.7%）

计算结果说明什么？

21. 在全混流反应器中进行液相反应 2A $\longrightarrow$ R，其动力学方程为 $(-r_A)=kc_A^2$，转化率 $x_A=0.50$。试求：

(1) 如果反应器体积增大到原来的 6 倍，其他操作条件均保持不变，转化率 x_A 为多少？

（0.75）

(2) 如果用容积相同的活塞流反应器代替全混流反应器，其他操作条件均保持不变，转化率 x_A 为多少？   （0.67）

(3) 如果活塞流反应器体积增大到原来 6 倍，转化率 x_A 为多少？   （0.92）

22. 在全混流反应器中，反应物 A 与 B 在 343K 下以等摩尔进行反应。反应速度方程为 $(-r_A)=kc_Ac_B$。由实验测得反应速率常数 $k=3.28\times10^{-8}m^3 \cdot mol^{-1} \cdot s^{-1}$。已知 $c_{A,0}=c_{B,0}=4kmol \cdot m^{-3}$，每小时处理反应物 A 685mol。若要求 A 的转化率为 80%，试求该反应器的有效容积。若将此反应在一个管内径为 125mm 的活塞流反应器中进行，并维持温度、处理量和所要求的转化率均与全混流反应器相同，试求活塞流反应器的有效长度。

（7.25m³，118m）

23. 某一均相液相反应 A $\longrightarrow$ R，其动力学方程为：

$$(-r_A) = kc_A \qquad\qquad k = 0.20\,\text{min}^{-1}$$

当该反应在一个间歇操作的理想搅拌釜式反应器中进行时，反应物 A 的起始浓度 $c_{A,0} = 4.0 \times 10^3\,\text{mol} \cdot \text{m}^{-3}$，最终转化率 $x_A = 90\%$。该反应器有效容积为 1.0m^3，每天只能处理 3 釜料液。试求：

（1）现拟将搅拌釜由间歇操作改为连续操作，并使之达到全混流，试问每天处理物料液量将可增大多少倍？ （9.7 倍）

（2）若改造后的全混流反应器，每天处理物料液量增大到 36m^3，试问出口转化率将发生多大变化？A 的出口浓度将会多大？ （89%，$4.44 \times 10^2\,\text{mol} \cdot \text{m}^{-3}$）

第6章 合成氨

氮是蛋白质的基本元素，没有氮就没有生命。空气中虽然有大量的氮，但它呈游离状态，必须先将它转变为氮的化合物才能被动植物吸收。将游离态的氮转化为氮的化合物的过程称为固氮，工业合成氨就是固氮过程。

§6-1 概　述

氨是生产硫酸铵、硝酸铵、碳酸氢铵、氯化铵、尿素等化学肥料工业的原料，也是硝酸、染料、炸药、医药、有机合成、塑料、合成纤维、石油化工等工业的重要原料。因此，合成氨在国民经济中占有十分重要的地位。

§6-1.1 合成氨工业发展史

1898 年，德国人 A. 弗兰克等发现空气中的氮能被碳化钙固定而生成氰氨化钙，进一步与过热水蒸气反应得到氨

$$CaCN_2+3H_2O \longrightarrow 2NH_3+CaCO_3$$

1905 年，德国氮肥公司建成了世界上第一座生产氰氨化钙的工厂，这种方法称为氰化法。1909 年，德国物理化学家 F. 哈伯用锇催化剂将氮气与氢气在 17.5~20MPa 和 500~600℃下直接合成，反应器出口得到 6% 的氨。但是，① 在高温、高压及催化剂存在下，氮氢混合气每次经反应器仅有一少部分转化，为此，哈伯又提出了将未参加反应的气体返回反应器的循环方法；② 金属锇稀少，价格昂贵，为此在德国化学家 A. 米塔提议下，于 1912 年经过 6500 次实验，研制成功了含钾、铝氧化物作助催化剂的价廉易得的铁催化剂；③ 在高温下，氢气对钢材腐蚀很严重，碳钢制的合成塔仅有 80h 寿命，为此 C. 博施完善了高压反应器的结构。1917 年，巴登苯胺纯碱公司在德国奥堡建成了世界上日产 30t 的合成氨厂，人们称这种方法为哈伯-博施法。到了 20 世纪 30 年代，哈伯-博施法(合成氨法)已被广泛使用。

自从合成氨工业化后，其原料、装置经历了重大变化：

① 煤造气时期　第一次世界大战后，很多国家以焦炭为原料；20 世纪 20 年代，随着钢铁工业的发展，出现了焦炉气深冷分离制氢；1926 年德国法本公司采用温克炉直接气化褐煤获得成功；二次世界大战结束后，以焦炭煤为原料生产的氨约占世界产量一半以上。

② 燃料造气时期　20 世纪 20~30 年代，甲烷与水蒸气转化制氢获得成功；50 年代，以天然气为原料制氨方法得到广泛应用；60 年代，重质油制氢获得成功；到 1965 年，焦和煤在世界合成氨原料中的比例仅为 5.8%，合成氨工业原料由固体燃料转向了以气液态烃类燃料为主的时代。

③ 装置大型化　由于受高压设备尺寸的限制，20 世纪 50 年代以前，最大的合成氨厂生产能力不超过日产 200t；随着汽轮机驱动大型化，高压离心式压缩机的研制成功，为合成氨装置大型化提供了条件。1963 年美国凯洛格公司建成了日产 540t 的氨单系列装置，1966 年又建成了日产 900 t 的氨单系列装置，1972 年日本建成了日产 1540t 的氨厂。

在我国，合成氨工业 1949 年前全国年产仅为 46kt。新中国成立后，尤其是改革开放以后，我国氨合成工业发生了翻天覆地的变化。

§6-1.2　原料与流程

氨的合成，首先必须制得合格的氮气和氢气。氢气来源于水或含有烃的各种燃料，最简便的方法是电解水，但因耗电量大、成本高而受限制。现在工业上普遍采用的是以焦炭、煤、天然气和重油等燃料与水蒸气作用的气化法。氮气来源于空气，可将空气低温液化分离得到，也可使空气通过燃烧，将生成的 CO 和 CO_2 除去而得到。

原料不同，生产工艺线路也就不同，即使采用相同的原料，每个工艺的设备情况和操作参数也会有所差别。图 6-1 是以焦炭或煤为原料和以天然气为原料合成氨的原则流程。虽说原料不同，但合成氨的主要步骤是相同的，其原则流程如图 6-2 所示。

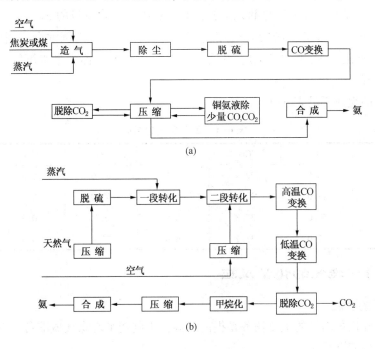

图 6-1　不同原料合成氨的原则流程

（a）以焦炭或煤为原料；（b）以天然气为原料

① 造气　制备含有氢、氮的原料气；

② 净化　不论采用何种原料和何种方法造气，原料气中都含有对合成氨过程有害的各种杂质，因而必须采用适当的方法将其除去；

③ 压缩合成　将合格的氢、氮混合气压缩到高压，在铁催化剂下合成氨；

④ 分离　将合成塔中出来的 N_2、H_2 和 NH_3 混合气分离，得到 NH_3；

⑤ 循环　将分离出来的 N_2 和 H_2 送回合成塔。

考虑到我国目前仍然以煤、焦炭为主要原料制氨，本书将重点介绍以煤、焦炭为原料采用固定床层气化法合成氨的生产线路及工艺流程。

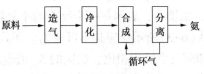

图 6-2　合成氨原则流程示意图

§6-2 原料气的制取

制备合格的氢气和氮气是工业合成氨的第一步。工业上通常是在高温下，将重质油、天然气、煤、焦炭等燃料与水蒸气作用制得含 H_2、CO 和 N_2 等组分的合成气，这个过程称为造气。若以固体燃料煤、焦炭为原料的造气过程所得的可燃性气体称为煤气，其组成取决于固体燃料和气化剂的种类以及气化条件。通常所用的气化剂有空气、富集空气、水蒸气或空气-水蒸气混合气等，气化所得的煤气可分为：

① 空气煤气 以空气为气化剂，含大量的 N_2，一定量的 CO 和少量 CO_2。

② 发生炉煤气 也称混合煤气，以空气为主要气化剂，与适量的蒸气混合进行气化制得含有一定量的 CO、N_2 和少量的 CO_2、H_2。

③ 水煤气 以水蒸气为气化剂，主要含 CO 和 H_2，只含少量的 N_2。

④ 半水煤气 是分阶段制的空气煤气和水煤气，按一定比例混合。当混合气中(H_2+CO)与 N_2 之比接近 3.1∶1～3.2∶1，即含 N_2 22%～21% 时，称为半水煤气，其气化剂为适量空气和水蒸气。

各种煤气的组成详见表 6-1。

表 6-1 工业煤气的组成   %

种　类	H_2	CO	CO_2	N_2	CH_4	O_2
空气煤气	0.9	33.4	0.6	64.6	0.5	—
发生炉煤气	11.0	27.5	6.0	53.0	0.3	0.2
水煤气	50.0	37.3	6.5	5.5	0.3	0.2
半水煤气	37.0	33.7	6.6	22.4	0.3	0.2

§6-2.1 造气的化学反应

1. 炭与氧的反应

以空气为气化剂制气的主要任务是提高炉温，为制造半水煤气做准备。在造气炉中炭与氧相互作用进行如下反应：

$$C + O_2 \mathrel{=\!=\!=} CO_2 \qquad \Delta H = -393.8 \text{kJ} \cdot \text{mol}^{-1} \qquad (6-1)$$

$$2C + O_2 \mathrel{=\!=\!=} 2CO \qquad \Delta H = -221.2 \text{kJ} \cdot \text{mol}^{-1} \qquad (6-2)$$

$$2CO + O_2 \mathrel{=\!=\!=} 2CO_2 \qquad \Delta H = -566.4 \text{kJ} \cdot \text{mol}^{-1} \qquad (6-3)$$

$$CO_2 + C \mathrel{=\!=\!=} 2CO \qquad \Delta H = +172.3 \text{kJ} \cdot \text{mol}^{-1} \qquad (6-4)$$

在上述反应中，前三者为放热反应，式(6-4)所示反应为吸热反应。

从平衡的角度来考虑，平衡常数 K_p 值愈大，表示在平衡状态时生成物浓度的乘积愈大，即正反应进行得愈完全。在 700～1000℃ 范围内，式(6-1)、式(6-2)和式(6-3)所示反应的 K_p 值很大，表示每一个反应的平衡组成中几乎都是生成物，故可认为式(6-1)、式(6-2)和式(6-3)所示反应是不可逆的。而式(6-4)所示反应在该温度范围内 K_p 值从 0.089 到 13.2，和前三个反应相比，反应的 K_p 值较小，即生成物的浓度和反应物浓度相比，并非占绝对优势，可以认为是可逆反应。图 6-3 表明了温度愈高，则 CO 相对含量愈高，而 CO_2 相对含量愈小。升高温度时，式(6-4)所示反应的平衡将向右移动，而降低温度时，平衡将向左进行，即可抑制式(6-4)所示的吸热反应的进行。但降低温度与吹入空气提高炉温的目的不符，所以不能采用平衡移动的方法抑制式(6-4)所示的吸热反应进行。

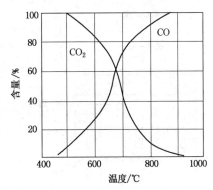

从反应速率角度来考虑，提高气化的温度，上述四个反应的速率均能加快，然而在一般煤气发生炉的操作温度下，式(6-1)、式(6-2)和式(6-3)所示反应的速率非常迅速，而式(6-4)所示反应的速率则较慢，因此，若提高空气流速，将加快式(6-1)、式(6-2)和式(6-3)所示反应的速率，而对式(6-4)所示反应来说，速率增长不显著。

图 6-3　碳与氧反应的产物与温度关系

以上从化学平衡和反应速率两个方面研究了炭与氧发生的四个反应，欲使式(6-1)、式(6-2)和式(6-3)所示的放热反应顺利地进行，同时尽量抑制式(6-4)所示吸热反应的进行，工艺上采用提高空气流速的方法即可达到目的。以上事实说明研究生产实际问题时，既要注意化学平衡，又要考虑反应速率。

2. 炭与水蒸气的反应

赤热的炭与水蒸气进行反应，主要是氢从水中还原出来，习惯上称为水蒸气分解。造气炉中的水蒸气分解反应为：

$$C + 2H_2O(g) \Longrightarrow CO_2 + 2H_2 \qquad \Delta H = +90.8 \text{ kJ} \cdot \text{mol}^{-1} \qquad (6-5)$$

$$C + H_2O(g) \Longrightarrow CO + H_2 \qquad \Delta H = +131.4 \text{ kJ} \cdot \text{mol}^{-1} \qquad (6-6)$$

$$CO + H_2O(g) \Longrightarrow CO_2 + H_2 \qquad \Delta H = -41.2 \text{ kJ} \cdot \text{mol}^{-1} \qquad (6-7)$$

$$C + 2H_2 \Longrightarrow CH_4 \qquad \Delta H = -74.9 \text{ kJ} \cdot \text{mol}^{-1} \qquad (6-8)$$

式(6-5)和式(6-6)所示反应是吸热反应，其 K_p 值随着温度的升高而增大，在相同温度下，式(6-6)所示反应的 K_p 值较式(6-5)所示反应的 K_p 值大，温度愈高，K_p 值相差愈大，可以认为在水煤气的生产反应中主要进行的是式(6-6)所示反应，故反应产物主要是一氧化碳与氢气。

式(6-7)和式(6-8)所示反应是放热反应，其 K_p 值随温度的升高而下降，即升高温度时，二氧化碳、氢气及甲烷的含量下降。

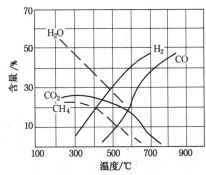

图 6-4　炭与水蒸气反应平衡时产物组成分布

上述反应是交错复杂的，很难严格区分哪一个反应是主要的。反应初期，因为炉温较高，一般认为式(6-6)所示反应是主要的；而在反应后期，由于有大量的一氧化碳存在，同时，反应温度下降，一般认为式(6-7)所示反应是主要的。

在不同温度下，炭与水蒸气反应达到平衡时的气体组成如图6-4所示。从图6-4可以看出，温度低时，二氧化碳和甲烷含量较多；温度高（900℃以上）时，当反应达到平衡时，气体中含有等量的氢气和一氧化碳，其他组分的含量接近于零。因此，造气炉温度愈高，

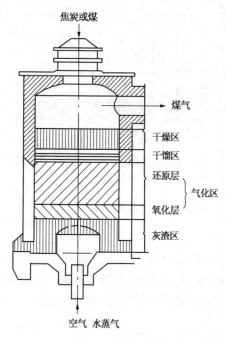

图 6-5 煤气发生炉中固体燃烧的分层

焦炭或煤

煤气

干燥区
干馏区
还原层
氧化层 }气化区
灰渣区

空气 水蒸气

愈有利于水蒸气的分解和获得优质的水煤气，但温度不能超过灰熔点，否则造气炉内的煤层将会结疤。

§6-2.2 固体燃料气化反应器

固体燃料气化属于非催化气-固相反应，这类反应器有移动床、流化床、固定床等。国内使用较多的是间歇式固定床层煤气发生炉，如图 6-5 所示。无烟煤或焦炭从炉顶加入，灰渣自炉底排出。气化剂为空气和水蒸气。在稳定的气化条件下，炉内燃料大致分为四个区。最上层因燃料与煤气接触，水分被蒸发，称为干燥区。燃料下移继续受热，放出烃类气体，这一区域称为干馏区。再继续下移为气化区，气化反应主要在这个区进行。以空气为气化剂时，在气化区的下部，主要进行的是炭与氧的燃烧反应，即式(6-1)、式(6-2)和式(6-3)所示反应，称为氧化层；其上主要进行炭与二氧化碳的反应，即式(6-4)所示反应，称为还原层。若以水蒸气为气化剂时，在气化区进行炭与水蒸气的反应，不再分氧化层和还原层。燃料层的底部为灰渣区。

固定床层煤气发生炉中燃料层的各层特性详见表 6-2。

表 6-2 固定床层煤气发生炉中燃料层的各层特性

分 区	发 生 过 程	化 学 反 应
灰渣区	灰渣冷却,气化剂预热,防止炉篦受高温,并使气化剂分布均匀	
氧化区	炭被氧化,剧烈散热而维持炉中反应温度	$C+O_2 \rightleftharpoons CO_2$ $2C+O_2 \rightleftharpoons 2CO$
还原区	二氧化碳被还原成一氧化碳,炭和一氧化碳与水蒸气作用	$C+CO_2 \rightleftharpoons 2CO$ $H_2O+C \rightleftharpoons CO+H_2$ $2H_2O+C \rightleftharpoons CO_2+2H_2$ $CO+H_2O \rightleftharpoons CO_2+H_2$
干馏区	燃料被热分解,分出水分及挥发分而成焦	
干燥区	燃料中的水分蒸发	
自由空间	聚积煤气	有时有反应:$CO+H_2O \rightleftharpoons CO_2+H_2$

§6-2.3 固定床间歇气化法的工作循环

间歇法生产半水煤气时，必须交替地进行吹风和制气。吹风的目的是送入空气，以提高炉温，待炉温达到一定程度，送入水蒸气，充分利用反应放出的热能来制气。目前工业生产采用较多的仍是五个阶段为一个工作循环的间歇操作法，如图 6-6 所示。

（a）吹风　空气从发生炉底部进入，并与燃料层中的炭发生氧化反应，生成吹风气。反应放出大量热能，使炉温升高到 1100~1400℃，为制造水煤气创造条件。吹送空气的初期，

184

炉温比较低，生成的气体主要是 CO_2 和 N_2，CO 含量很低，这部分气体往往送入烟囱，称为放空气。随后炉温上升，生成的 CO 含量显著升高，这部分气体称为吹风气，送入气柜，与随后生成的水煤气调和成半水煤气。

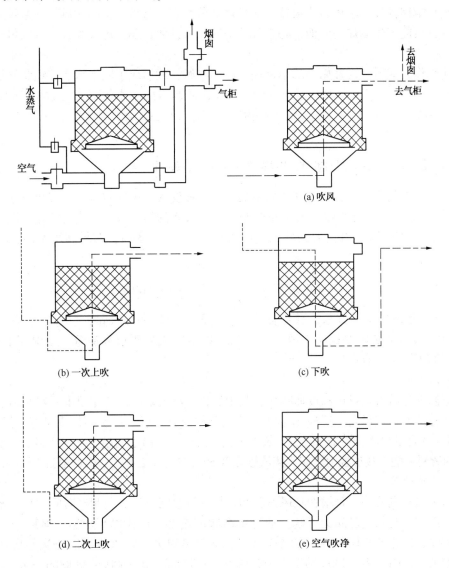

图 6-6　间歇式制半水煤气的工作循环

（b）一次上吹　水蒸气从发生炉底部进入，与燃料层中炽热的炭发生反应，生成水煤气，并送入气柜。这个阶段大多是吸热，随着制气时间延长，炉层温度逐渐上移，整体炉温下降。上吹初期和末期积累在炉层上空的 CO 和 N_2 含量较高，因此这部分气体也送入气柜。

（c）下吹制气　一次上吹后，由于反应吸热使炉温下降，但炉层上层温度还高，为了充分利用这部分热能，需将水蒸气改换方向，从上往下吹送，与炭反应，生成的水煤气从炉层底部导出，并送往气柜。

（d）二次上吹　发生炉燃料层温度经下吹后降到不能继续制取水煤气，此时，必须将炉层中的燃料层提温后才能继续制气，即需吹风。但是，下吹后，炉底充满水煤气，送入空气可能引起爆炸，故自炉底送入水蒸气，将炉中水煤气排出，为吹风做准备。二次上吹时，虽

185

说也可以制气，但因炉温较低，制得的水煤气质量不高，因而，二次上吹时间尽可能短一点。

(e) 空气吹净　二次上吹后，煤气炉上部与管道中尚有煤气存在，在吹风时，如果将部分水煤气从烟囱排掉，不仅造成浪费，而且这部分水煤气与带火星的吹风气一起排至烟囱与空气接触，可能产生爆炸。因而，将空气从炉底吹入，使这部分煤气和含氮的吹风气一起送入气柜。

上述工作完成后，再开始第二个循环，周而复始，就形成了固定床层连续制气过程。制气过程五个阶段为一循环，每一循环约 3~4min，而制得的半水煤气大约含 H_2 38%~42%，CO 27%~31%，N_2 19%~22%，CO_2 6%~9%，除此以外还含有微量 CH_4、O_2、H_2S、CS_2 和 COS 等。

§6-2.4　间歇法制半水煤气的工艺条件

选择生产工艺条件时，需要气化效率高，生产强度大，煤气质量好。气化效率是指制得的半水煤气所具有的热值与制气投入的热量之比。投入的热量包括气化所消耗的燃料热值和气化剂所带入的热值(后者主要指水蒸气的潜热)。气化效率高，燃料利用率高，生产成本就低。

$$气化效率\ \eta = \frac{Q_{半煤气}}{Q_{燃料} + Q_{水蒸气}} \times 100\% \qquad (6-9)$$

生产强度是指每平方米炉膛截面在单位时间内生产的煤气量，以标准状态下的体积(m^3)表示。煤气质量则根据生产要求以热值或以指定成分要求来衡量。为保证上述要求，气化过程的工艺条件有：

(1) 温度

反应温度是沿着燃料层高度而变化，其中氧化层温度最高。操作温度一般是指氧化层的温度，简称炉温。炉温高，反应速率快，蒸气分解率高，煤气产量高，质量好。但炉温高，吹风气中 CO 含量也高，燃烧发热少，热损失大。此外，炉温还受燃料及灰渣熔点限制，高温易使炉内燃料结疤，故炉温通常应比灰渣熔点低 50℃ 左右。工业上采用炉温为 1000~1200℃。

(2) 吹风速度

提高炉温的主要手段是增加吹风速度和延长吹风时间。后者使制气时间缩短，不利于提高产量，而前者对制气时间无影响。通过提高吹风速度，迅速提高炉温，缩短 CO_2 在还原层停留时间，以降低吹风气体中的 CO 含量，减少热损失。吹风速度以使炭层出现风洞为限。一般来说，内径为 2.74m 的发生炉，风量(标准状态)在 18000~28000$m^3 \cdot h^{-1}$；内径为 1.98m 的发生炉，风量(标准状态)在 8000~10000$m^3 \cdot h^{-1}$。

(3) 水蒸气用量

水蒸气用量是改善煤气产量与质量的重要手段之一，水蒸气流量越大，制气时间越长，则煤气产量越大，但受到燃料活性、炉温和热平衡的限制。当燃料活性好、炉温高时，加大水蒸气流量可以加快气化反应，煤气产率和质量也得到提高。一般来讲，水蒸气用量在内径 2.74m 的发生炉为 5~7t·h^{-1}，在内径 1.98m 发生炉为 2.2~2.8t·h^{-1} 为宜。

(4) 燃料层高度

在制气阶段，较高的燃料层将使水蒸气停留时间延长，而且燃料层温度较为稳定，有利于提高水蒸气分解率。但在吹风阶段，由于空气与燃料接触时间加长，吹风气中 CO 含量增加，更重要的是燃料层过高，阻力增大，使动力消耗增加。根据实践经验，对粒度较大、稳定性较好的燃料，可采用较高的燃料层，但对颗粒小、稳定性差的燃料，则不宜过高。

（5）循环时间

制气过程一个循环包括五个阶段，各个阶段的时间分配要根据燃料性质、气化剂配比和对煤气组成的要求而定，以 3min 一个循环为例，各个阶段时间分配所占百分比分别为：22%~26%、24%~26%、36%~42%、8%~9% 和 3%~4%。

（6）工艺流程

制气设备一般包括煤气发生炉、余热回收装置、煤气的除尘、降温和贮存等设备。由于是采用间歇方式制气，吹风气要放空，故备有两套管路轮流使用。其具体流程是：固体燃料由加料机从炉顶间歇加入炉内。吹风阶段，由鼓风机送来的空气从炉底进入燃料层，吹风气经燃烧室及废热锅炉回收热量后由烟囱放空。燃烧室中加入二次空气，将吹风气充分燃烧，吹风气的显热及燃烧热使燃烧室内蓄热砖的温度升高。上吹制气时，煤气经燃烧室、废热锅炉回收热量，再经洗气箱和洗涤塔进入气柜。下吹制气时，水蒸气首先进入燃烧室，预热后自上而下经燃料层制气，生成的煤气从炉底出来经洗气箱和洗涤塔进入气柜。二次上吹时，气流流向与上吹制气相同。空气吹净时，从炉上部出来的煤气经燃烧室、废热锅炉、洗气箱、洗涤塔进入气柜，此时燃烧室不必加入二次空气。在上吹、下吹制气时，如配入空气（含氮空气），则其送入时间应稍迟于水蒸气送入时间，并在水蒸气停送前切断，以免空气和煤气相遇而发生爆炸。燃料气化后，灰渣经旋转炉箅由刮刀带入灰箱，定时排出。

§6-2.5 氧-水蒸气连续气化法

间歇法制半水煤气虽说应用很广，但它存在着诸如对燃料的粒度、稳定性、特别是炉灰熔点要求高，阀门启闭频繁、部件易损坏、气化强度低等缺点。如果使用氧（或富氧空气）代替空气进行连续气化，就可以克服这些缺点。氧-水蒸气连续气化法主要有鲁奇法、温克勒法和科柏斯-托切克法，在此仅介绍鲁奇法。

鲁奇法是德国鲁奇煤和石油技术公司 1926 年开发的一种加压移动床煤气化设备。其优点：

① 生产能力高。因节省了吹气和切换阀门，延长了有效制气时间。加压使气化能力提高，比间歇式气化效率提高约一倍。

② 气化效率高。因气化层具有稳定的温度，减少了间歇操作时随吹风损失的热量，气化效率由间歇式的 50%~60% 提高到 80%~84%。

③ 操作管理简单。因取消了复杂的切换控制机构和部分附属设备，装置紧凑，易于机械化。如在 3MPa 下用鲁奇法比间歇法可节省动力 2/3。

④ 适应范围广。它可使用多种煤种，包括褐煤、弱粘接性煤和劣质煤。

其缺点：

① 加压操作的设备比较复杂，加压气化时耗用大量水蒸气。加压气化时有大量 CH_4 生成（8%~10%），必须增加甲烷分离和转化工序，使流程复杂化。

② CO_2 含量高，加压气化时煤气中 CO_2 含量较高，增加了脱除 CO_2 工序的负荷。

鲁奇炉为立式圆筒形结构，如图 6-7 所示。炉体由耐

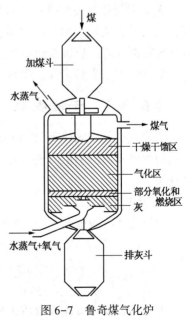

图 6-7 鲁奇煤气化炉

热钢板制成，有水夹套副产水蒸气，气化装置由气化炉(含有分布器、回转搅拌器、转动排灰炉等)和加煤用的煤锁和排灰用的灰锁组成。其气化流程为：从矿区来的煤经筛子筛分，4~50 mm 的煤送入气化炉，小于 4mm 的煤用于锅炉燃烧。煤经溜槽入煤斗并经自动操作的煤锁加入气化炉内。煤锁充煤后从常压充分加压到气化炉的操作压力，往炉内加完煤后，再卸压至常压以开始另一个加料循环。煤锁卸压放出的煤气最终收集于总燃料气柜中，流程见图 6-8。

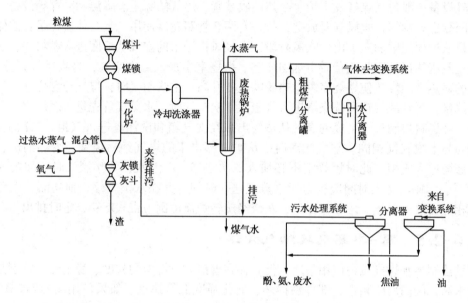

图 6-8　鲁奇加压气化流程简图

§6-3　脱　　硫

无论用何种方法生产的原料气，都会含有一定数量的硫化物。这些硫化物主要是硫化氢，其次是有机硫，如二硫化碳、氧硫化碳、硫醇、硫醚和噻吩。这些硫化物的存在能够使各种催化剂中毒，腐蚀管道设备，所以在进行下一步工艺前，必须先进行脱硫。

脱硫的方法多种多样，差异也比较大，根据脱硫剂的物理形态可分为干法和湿法。

§6-3.1　干法脱硫

干法脱硫是用固体吸收剂吸收原料气中的硫化物，一般只有当原料气(标准状态)中硫化物的含量不高(约在 $3 \sim 5g \cdot m^{-3}$) 才适用。常用的方法有氧化锌法、钴-钼加氢法和氢氧化铁法。

1. 氧化锌法

以氧化锌为脱硫剂的干法脱硫是广泛应用的脱硫方法，可以脱除无机硫和有机硫。

$$ZnO + H_2S \longrightarrow ZnS + H_2O$$

$$ZnO + C_2H_5SH \longrightarrow ZnS + C_2H_5OH$$

$$ZnO + C_2H_5SH \longrightarrow ZnS + C_2H_4 + H_2O$$

有氢存在时，有些有机硫化物先转化成硫化氢，再被氧化锌吸收。

188

$$CS_2 + 4H_2 \longrightarrow 2H_2S + CH_4$$

$$COS + H_2 \longrightarrow H_2S + CO$$

氧化锌与硫化氢的反应接近于不可逆反应，脱硫相对比较完全。氧化锌对某些有机硫具有催化作用，使之分解为碳氢化合物和硫化氢。多数有机硫化物在400℃以下就可发生热分解。氧化锌工业脱硫的温度在200~450℃，脱无机硫控制在200℃左右，脱有机硫控制在350~400℃。

脱硫反应主要在ZnO的微孔内表面上进行，除了温度、空速等操作条件影响脱硫效率外，氧化锌颗粒大小、形状和内部孔结构也影响脱硫效率。一般说来，ZnO颗粒的孔容积越大，内表面越发达，脱硫效果越好。

脱硫剂脱硫性能的好坏通常用硫容量来表示，即单位质量脱硫剂吸收硫的质量数。硫容量值越大，脱硫效率也就越高，ZnO的硫容量值平均为 $0.15 \sim 0.20 kg \cdot kg^{-1}$，最高可达 $0.3 kg \cdot kg^{-1}$。

2. 钴-钼加氢法

钴-钼加氢脱硫法是脱除含氢原料中有机硫的十分有效的预处理措施。首先将有机硫全部转化为 H_2S，然后再用 ZnO 吸收。

$$RCH_2SH + H_2 \longrightarrow RCH_3 + H_2S$$

$$RCH_2SCH_2R' + 2H_2 \longrightarrow RCH_3 + R'CH_3 + H_2S$$

$$H_2S + ZnO \longrightarrow ZnS + H_2O$$

钴-钼加氢催化的催化剂是以 Al_2O_3 为载体，由氧化钴和氧化钼所组成。钴-钼加氢的工艺条件根据原料烃性质、净化度要求以及催化剂的型号来决定。操作温度在340~400℃之间，加氢所需的氢量一般维持反应后气体中有5%~6%的 H_2。入口空速：气态烃为500~1500h^{-1}；液态烃为 $0.5 \sim 6 m^3 \cdot m^{-3}$（催化剂）$\cdot h^{-1}$。

3. 氢氧化铁法

氢氧化铁脱硫是用固体氧化铁（Fe_2O_3）来吸收原料气中的 H_2S，其反应

$$Fe_2O_3 \cdot xH_2O + 3H_2S \longrightarrow Fe_2S_3 + (x+3)H_2O$$

当氧化铁吸收的硫为本身质量的40%~60%时，脱硫剂需再生。在有充分水和空气的作用下，发生再生反应

$$2Fe_2S_3 + 2xH_2O + 3O_2 \longrightarrow 2Fe_2O_3 \cdot xH_2O + 6S$$

上述吸收和再生两个反应均为放热反应，必须严格控制过程的温度，以避免脱硫剂过热和硫黄燃烧。脱硫过程应在碱性环境中进行，否则会生成 FeS 和 FeS_2，这两种物质再生时变成没有脱硫能力的 $FeSO_4$，而不是 Fe_2O_3。

4. 活性炭法

使用活性炭既可以脱除无机硫又可脱除有机硫。当含有一定数量的氧和氨的原料气通过活性炭时，H_2S 被活性炭的活性表面所吸附，在氨的催化作用下，被氧化成单质硫，其反应

$$2H_2S + O_2 \longrightarrow 2H_2O + 2S$$

氧的加入量比理论值过量50%~100%，但也不能过量太大，脱硫后的原料气（标准状态）中氧含量不应大于0.2%~0.3%，氨含量为 $0.3 \sim 0.5 g \cdot m^{-3}$，脱硫温度应控制在35~50℃。

活性炭吸附硫的能力很大，硫容可为本身质量的40%~150%。在实际操作中，当硫容

达到活性炭质量的 70%~80% 时，须再生。再生时用 $(NH_4)_2S$ 溶液萃取活性炭中的硫。

$$(NH_4)_2S+(n-1)S \longrightarrow (NH_4)_2S_n$$

经再生后，活性炭可继续使用。

干法脱硫的优点是既能脱除有机硫，又能脱除无机硫，而且可以把硫脱至极精细的程度；其缺点是脱硫剂不能再生或再生困难，脱硫设备庞大，占地面积大，因此不适合脱除大量的无机硫。

§6-3.2 湿法脱硫

湿法脱硫是用液体吸收剂吸收原料气中的硫化物。根据其脱硫过程，可分为化学吸收法和物理吸收法。物理吸收法的吸收剂有：甲醇、碳酸丙烯酯、聚乙二醇二甲醚等；化学吸收法主要有氨水催化法和改良 ADA 法。

1. 改良 ADA 法

（1）改良 ADA 法的原理

改良 ADA 法即改良蒽醌二磺酸法（ADA 是蒽醌二磺酸英文缩写），是运用最为普遍的方法。

早期的 ADA 法所用的吸收剂是加了少量 2,6- 或 2,7- 蒽醌二磺酸钠的碳酸钠水溶液，pH 值为 8.9~9.5。这种吸收液的缺点非常明显，硫容低，动力消耗大，反应速率慢，设备庞大，操作条件苛刻，因而在应用上受到了很大限制。后来，在此溶液中添加了适量的偏钒酸钠、酒石酸钠及少量的三氯化铁和乙二胺四乙酸（EDTA），取得了良好的效果，故称改良 ADA 法。

改良 ADA 法脱硫的反应为：在脱硫塔中，用 pH 值为 8.5~9.2 的稀碱溶液吸收 H_2S

$$Na_2CO_3+H_2S \longrightarrow NaHS+NaHCO_3$$

液相中的 NaHS 与 $NaVO_3$ 反应，生成还原性焦偏钒酸盐，并析出硫

$$2NaHS+4NaVO_3+H_2O \longrightarrow Na_2V_4O_9+4NaOH+2S$$

氧化态的 ADA 与还原性的 $Na_2V_4O_9$ 反应，生成还原态的 ADA 和 $NaVO_3$

$$Na_2V_4O_9+2ADA(氧化态)+2NaOH+H_2O \longrightarrow 4NaVO_3+2ADA(还原态)$$

还原态的 ADA 被空气中的氧氧化成氧化态的 ADA，其后溶液循环使用

$$2ADA(还原态)+O_2 \longrightarrow 2ADA(氧化态)+2H_2O$$

当气体中含有 CO_2、HCN 和 O_2 时，还会发生副反应

$$2NaHS + 2O_2 \longrightarrow Na_2S_2O_3 + H_2O$$

$$Na_2CO_3 + CO_2 + H_2O \longrightarrow 2NaHCO_3$$

$$Na_2CO_3 + 2HCN \longrightarrow 2NaCN + H_2O + CO_2$$

$$NaCN + S \longrightarrow NaCNS$$

$$2NaCNS + 5O_2 \longrightarrow Na_2SO_4 + 2CO_2 + SO_2 + N_2$$

所以一定要防止硫以 NaHS 的形态进入再生塔，以免影响 ADA 的再生。

（2）改良 ADA 法的操作条件

① 溶液的 pH 值　提高溶液的 pH 值，是有利于硫化物的吸收，但 pH 值太大，吸收液中 $Na_2S_2O_3$ 的含量也增大，而 $Na_2S_2O_3$ 的存在降低了 $NaVO_3$ 和 Na_2CO_3 的溶解度，不利于硫化物吸收。综合考虑，实际操作时，pH 值控制在 8.5~9.2。

② 钒酸盐的含量　溶液中偏钒酸钠与硫氰化物的反应是相当快的，为了防止硫化氢局

部过量，生成"钒-氧-硫"的黑色沉淀，应使偏钒酸钠的量比理论值稍大，同时溶液中 ADA 的含量必须等于或大于偏钒酸钠含量的 1.69 倍，工业上实际采用 2 倍左右。

③ 温度　过高的温度会使大量的 $Na_2S_2O_3$ 产生（副反应），低温则使吸收和再生速率减慢，且生成的单质硫粒径较小不易分离，工业上实际采用吸收温度为 $40\sim50℃$。

④ 压力　压力加大可以提高设备的生产强度，提高气体的净化度；但压力过高又会增加氧在溶液中的溶解度，而加速副反应，因而工业上一般在常压和加压下进行。

⑤ 再生空气用量和再生时间　工业上一般再生塔空气流量（标准状态）控制在 $80\sim120\ m^3 \cdot m^{-2} \cdot h^{-1}$，溶液在再生塔中停留时间一般为 $30\sim40\ min$。

2. 氨水催化法

（1）氨水催化法的原理

氨水催化吸收 H_2S 是小型合成氨厂广泛采用的脱硫方法。其特点是：原料易得，操作方便，能回收硫。其吸收过程是：

原料气中的 H_2S 在脱硫塔中被氨吸收

$$NH_3 \cdot H_2O + H_2S \longrightarrow NH_4HS + H_2O$$

气体中的 CO_2 和 HCN 也会部分被吸收

$$2NH_3 \cdot H_2O + CO_2 \longrightarrow (NH_4)_2CO_3 + H_2O$$

$$NH_3 \cdot H_2O + CO_2 \longrightarrow NH_4HCO_3$$

$$NH_3 \cdot H_2O + HCN \longrightarrow NH_4CN + H_2O$$

当原料气含硫化氢小于 $0.5g \cdot m^{-3}$ 时，往吸收 H_2S 后的稀氨水中通入空气，就可将 H_2S"吹出"，溶液被再生

$$NH_4HS + H_2O \longrightarrow NH_3 \cdot H_2O + H_2S$$

这种方法称氨水中和法，回收得到 H_2S 气体。

氨水催化法是在吸收液（$NH_3 \cdot H_2O$）中添加对苯二酚（作为载氧体和催化剂）。对苯二酚在碱性溶液中被空气中的氧氧化为苯醌

$$HO-\langle\!\bigcirc\!\rangle-OH + \tfrac{1}{2}O_2 \longrightarrow O=\langle\!\bigcirc\!\rangle=O + H_2O$$

硫氢化铵在苯醌作用下被氧化成单质硫

$$NH_4HS + O=\langle\!\bigcirc\!\rangle=O + H_2O \longrightarrow NH_3 \cdot H_2O + HO-\langle\!\bigcirc\!\rangle-OH + S$$

总的氧化反应为

$$NH_4HS + \tfrac{1}{2}O_2 \xrightarrow{\text{催化剂}} NH_3 \cdot H_2O + S$$

同时发生的副反应有

$$2NH_4HS + 2O_2 \longrightarrow (NH_4)_2S_2O_3 + H_2O$$

$$NH_4CN + S \longrightarrow NH_4CNS$$

（2）氨水催化脱硫的工艺条件

① 液气比　吸收液中的氨与原料气中 H_2S 的质量比称为液气比。当进口气中含硫量低时，吸收的液气比为 $0.01\sim0.02$，当原料气中含 H_2S 为 $9\sim10g \cdot m^{-3}$ 时，液气比为 $0.05\sim0.08$ 或更高。进口气中含硫量越高，液气比越大。

② 对苯二酚含量　对苯二酚含量一般为 $0.1\sim0.5kg \cdot m^{-3}$。当超过 $0.5kg \cdot m^{-3}$ 时，易生

成 $Na_2S_2O_3$，增大了对苯二酚的损失。

③ 温度　夏季吸收液应控制在 30~35℃，冬季应控制在 20~25℃，再生温度与此相反。

④ 再生条件　再生时主要是控制吹入空气量和再生时间。一般情况下，实际生产中吹入的空气量控制在 80~120$m^3 \cdot m^{-3} \cdot h^{-1}$，再生时间控制在 30~45min。

§6-4 变　　换

不管用什么燃料制得的合成原料气都含有一定量的 CO。用固体燃料制得的水煤气中含 CO 35%~37%，半水煤气中含 CO 25%~34%，天然气制得的转化气中含 CO 12%~14%。CO 不仅不能作为合成氨的直接原料，而且对合成氨的催化剂还有影响。因此，必须在合成前对 CO 进行清除。清除的方法是利用反应

$$CO(g) + H_2O(g) \Longleftrightarrow CO_2(g) + H_2(g)$$

来进行，通常称为变换反应。利用 CO 与 H_2O（蒸气）进行变换反应，既可以使 CO 转变为易于处理的 CO_2，又可以得到等体积的原料气氢气。因而，对合成氨工业来讲，变换过程既是原料气的净化，又是原料气制备的继续，变换后的气体称为变换气。

§6-4.1　变换反应的热力学

变换反应为

$$CO(g) + H_2O(g) \Longleftrightarrow CO_2(g) + H_2(g)$$

这是一个可逆的放热反应，反应前后体积不变。其平衡常数随温度的升高而降低。

$$\lg K = \frac{2.183}{T} - 0.093611 \lg T + 0.632 \times 10^{-2} T - 1.08 \times 10^{-7} T^2 - 2.298 \quad (6-10)$$

利用式(6-9)可以计算各种温度下不同煤气成分经变换反应后的平衡组成（在压力不太高时，可以不考虑压力对平衡常数及反应热效应的影响）。

现以 1mol 湿原料气为基准，用 a、b、c 和 d 分别表示初始气体中 CO(A)、H_2O(B)、CO_2(C)和 H_2(D)的摩尔分率，x 表示 CO 变换反应的平衡转化率。当反应达到平衡时，各组分的平衡组成分别为($a-ax$)、($b-bx$)、($c+cx$)和($d+dx$)，反应的平衡常数为

$$K = \frac{p_C \cdot p_D}{p_A \cdot p_B} = \frac{(c+cx)(d+dx)}{(a-ax)(b-bx)} = \frac{(c+ax)(d+ax)}{a^2(1-x)(W-x)} \quad (6-11)$$

式中，$W=b/a$，称为水碳比。

由式(6-10)可以计算出各种温度和初始组成条件下的平衡转化率 x 及平衡组成。温度越低，平衡转化率越高，反应后变换气中 CO 残余量越少。

§6-4.2　变换反应的动力学

1. 动力学方程

在 CO 变换反应的动力学研究中，由于使用催化剂的性能和实验条件的差异，整理出的动力学方程式也不尽相同。在工艺计算中常用的有两类：

（1）一级反应

$$r_{CO} = k_0(a - a^*) \quad (6-12)$$

式中　a，a^*——CO 瞬时含量与平衡含量，摩尔分率；

　　　　k_0——反应速率常数，h^{-1}；

r_{CO}——反应速率，m^3（CO，标准状态）·m^{-3}（催化剂）·h^{-1}。

（2）二级反应

$$r_{CO} = k\left(b \cdot a - \frac{c \cdot d}{K}\right) \qquad (6-13)$$

式中　a，b，c，d——CO、H_2O、CO_2 和 H_2 的瞬时含量，摩尔分率；

　　　k——反应速率常数；

　　　K——平衡常数。

2. 催化剂

工业生产中，变换反应均是在有催化剂存在下进行的。20 世纪 60 年代以前，主要采用以 Fe_2O_3 为主体的催化剂，活化温度为 $350 \sim 550℃$。由于受操作温度限制，气体变换后仍有 3%左右的 CO 存在。60 年代以后，主要使用温度更低、抗毒更强的 CuO 催化剂，其活化温度为 $200 \sim 280℃$，残余 CO 含量可降至 0.3%。为了区别两者，前者称为中温变换催化剂，后者称为低温变换催化剂。

（1）中温变换催化剂

中温变换催化剂是以 Fe_2O_3 为主体，以 Cr_2O_3 为主要添加物的多成分铁-铬系催化剂。在此类催化剂中一般含 Fe_2O_3 80% ~ 90%，含 Cr_2O_3 7% ~ 11%，并含有 K_2O（K_2CO_3）、MgO 及 Al_2O_3 等成分。在各种添加物中，Cr_2O_3 主要是将活性组分 Fe_2O_3 分散，使之具有更细的微孔结构和较大的比表面积，防止 Fe_3O_4 的结晶成长，使催化剂的耐热性能提高，机械强度提高，延长使用寿命；K_2O 主要是提高催化剂的活性；MgO 及 Al_2O_3 主要是增加催化剂的耐热性和抗 H_2S 能力。Fe_2O_3 是催化剂，但其本身无催化作用，需还原成 Fe_3O_4 才具有活性。其还原过程是利用 CO 和 H_2 还原。

$$3Fe_2O_3 + CO \longrightarrow 2Fe_3O_4 + CO_2$$

$$3Fe_2O_3 + H_2 \longrightarrow 2Fe_3O_4 + H_2O$$

铁-铬催化剂是个系列产品，国产中温变换铁-铬催化剂详见表 6-3。

表6-3　国产铁-铬系列中温变换催化剂的性能

型　号	B104	B106	B109	B110
旧型号	C_{4-2}	C_6	C_9	C_{10}
成　分	Fe_2O_3,MgO,Cr_2O_3,少量 K_2O	Fe_2O_3,Cr_2O_3,MgO SO_3 含量<0.7%	Fe_2O_3,Cr_2O_3,K_2O SO_4^{2-} 含量≈0.18%	Fe_2O_3,Cr_2O_3,K_2O S 含量<0.06%
规格/mm	圆柱体，$\phi7\times5\sim15$	圆柱体，$\phi9\times7\sim9$	圆柱体，$\phi9\times7\sim9$	片剂，$\phi5\times5$
堆积密度/kg·L^{-1}	1.0	1.4 ~ 1.5	1.5	1.6
400℃还原后比表面积/$m^2 \cdot g^{-1}$	30 ~ 40	40 ~ 45	>70	55
400℃还原后孔隙率/%	40 ~ 50	~ 50		
使用温度范围/℃（最佳活性温度）	380 ~ 550（450 ~ 500）	360 ~ 520（375 ~ 450）	300 ~ 530（350 ~ 450）	300 ~ 530（350 ~ 450）
操作条件				
进口气体温度/℃	<380	<360	300 ~ 350	350 ~ 380
H_2O/CO 摩尔比	3 ~ 5	3 ~ 4	2.5 ~ 3.5	原料气含 CO13%时为 3.5 ~ 3.7
常压下干空气空速/h^{-1}	300 ~ 400	300 ~ 500	300 ~ 500 800 ~ 1500（1 MPa 以上）	原料气含 CO 13%时为 2000 ~ 3000（3 ~ 4 MPa）
H_2S 允许量/g·m^{-3}	<0.3	<0.1	<0.05	

（2）低温变换催化剂

低温变换催化剂是以 CuO 为主体，一般情况下含 CuO 15.2% ~ 31.2%，ZnO 32% ~ 62.2%，Al_2O_3 0~40.5%。在催化过程中，CuO 被还原成细小的铜结晶（微晶铜），微晶体再参与化学反应。为了防止在操作温度下微晶铜的烧结，使表面积减少、活性降低和缩短寿命，通常在催化剂中添加 ZnO 和氧化铝，使微晶铜有效被隔开不致长大，从而提高催化剂的活性和热稳定性。

CuO 的还原过程通常用 H_2 或 CO 还原

$$CuO + H_2 \longrightarrow Cu + H_2O$$

$$CuO + CO \longrightarrow Cu + CO_2$$

氧化铜还原是强烈的放热反应，因此必须严格控制还原条件。通常催化层温度控制在 230℃ 以下。

国产低温变换催化剂的性能详见表 6-4。

表 6-4　国产低温变换催化剂的性能

型号	B201	B202	B204
旧型号	0701	0702	0704
主要成分	CuO，ZnO，Cr_2O_3	CuO，ZnO，Al_2O_3	CuO，ZnO，Al_2O_3
规格/mm	片剂，$\phi 5\times 5$	片剂，$\phi 5\times 5$	片剂，$\phi 5\times(4\sim 4.5)$
堆积密度/kg·L^{-1}	1.5~1.7	1.3~1.4	1.4~1.7
比表面积/m^2·g^{-1}	63	61	69
操作条件			
使用温度/℃	180~260	180~260	210~250
水蒸气比例（摩尔比）	H_2O/CO，6~10	H_2O/CO，6~10	水蒸气/干气，0.5~1.0
干空气空速/h^{-1}	1000~2000（2MPa）	1000~2000（2MPa）	2000~3000（3MPa）

§6-4.3　变换工艺条件

1. 温度

变换反应是可逆的放热反应，因而必然存在最佳反应温度。在原始气体组成和催化剂一定的条件下，变换反应正向和逆向反应速率都随温度升高而增加，而平衡常数则随温度升高而减小。在低温阶段，反应远离平衡，增高温度使变换过程总速率增加。当达到某一温度时，反应速率达到最大，超过这一温度，由于受平衡和逆向反应的限制，增加温度使反应速率反而减小。对应最大反应速率时的温度就称为该条件下的最佳反应温度。随着反应的进行，气体组成也在变化，每一瞬间组成都相对于该组成的最佳温度。过程之初，CO 转化率低，最佳温度高；随着反应进行，CO 转化率增高，最佳温度逐渐下降，形成一定的最佳温度分布。把不同转化率下各个最佳温度点连接成曲线，就称为最佳温度分布曲线，见图 6-9。如果变换在按最佳温度分布曲线下进行速率最大，在相同生产能力下所需催化剂最少。

最佳温度 T_{opt} 与平衡温度 T_e 的关系为

$$T_{opt} = \frac{T_e}{1 + \dfrac{RT_e}{E_2 - E_1}\ln\dfrac{E_2}{E_1}} \tag{6-14}$$

2. 压力

变换反应是等体积反应，就热力学角度来讲，压力对反应没有多大影响。但从动力学角度来讲，加压可以加速反应速率，节省能耗，因而变换反应通常都是在一定压力下进行。一般小型厂操作压力为 0.7~1.2MPa，中型厂压力为1.2~1.8MPa，以煤为原料纯氧气化的大型厂压力可达 5.2MPa，以烃类为原料的大型厂压力可达 3.0MPa。

3. 水蒸气比例

水蒸气比例是指水蒸气与原料气中 CO 的摩尔比。改变水蒸气比例是变换反应最主要的调节手段，增大水蒸气用量，可以提高 CO 转化率，防止催化剂进一步被还原，避免一些副反应。但水蒸气过量，能耗增加，床层温度降低，不利于反应进行。通常水蒸气比例为 $H_2O/CO=3~5$。

4. 变换工艺流程

以多段变换为例，半水煤气进入饱和塔下部与水循环泵打来并经水加热器加热的热水逆流接触，使气体被加热至 160~190℃，水被冷却至 135~150℃，然后气体由塔顶逸出，在管道内与外供的高压水蒸气混合后，经换热器和中间换热器加热到400℃左右进入变换炉。一般在约有80%的 CO 被变换成 H_2 时，反应热可使气温升到 520℃ 左右，引出至中间换热器降温至420℃，进入变换二段。此时气体中 CO 含量降至 3.5%以下，温度约 430℃，由炉底逸

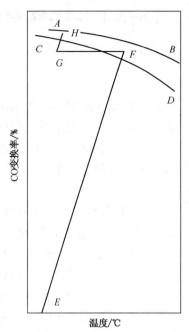

图 6-9 一氧化碳变换过程的 $T-x$ 图
AB—平衡温度线；CD—适宜温度线；
E—进入第一段催化剂层的状态；
F—离开第一段催化剂层的状态；
G—进入第二段催化剂层的状态；
H—离开第二段催化剂层的状态；
FG—中间冷却过程

出，依次经换热器、水加热器、热水塔降温至 160℃，送入下一工序处理。

§6-5 脱 碳

经过变换后的变换气中含有 26%~30%的 CO_2，CO_2 如果不清除，不仅会造成氨合成工艺中催化剂的中毒，而且会造成大量浪费。因为 CO_2 是制造尿素、纯碱、碳酸氢铵等产品的重要原料，工业上习惯把脱除和回收 CO_2 的过程称为脱碳。

脱碳的方法根据脱碳过程原理的不同可分为物理吸收法、化学吸收法和物理-化学吸收法。

物理吸收法是应用了 CO_2 可以溶解于不同溶剂中的性质进行吸收，其主要方法有加压水洗法、甲醇洗涤法、碳酸丙烯酯法、聚乙二醇二甲醚法等。其特点是净化度高、能耗低和 CO_2 回收纯度高。

化学吸收法是利用了 CO_2 与碱性物质反应而将其吸收的方法，其主要方法有乙醇胺法和催化热钾碱法。其特点是吸收效果好，再生容易。

物理-化学方法是吸收过程中既有物理吸收又有化学吸收，是物理与化学相结合的方法，主要方法是以乙醇胺和二氧化四氢噻吩（又称环丁砜）的混合溶液作吸收剂，又称为环砜法。

§6-5.1 二乙醇胺催化热钾碱脱碳法

二乙醇胺催化热钾碱脱碳法亦称苯菲尔法。其化学反应过程为

$$K_2CO_3 + H_2O + CO_2 \longrightarrow 2KHCO_3$$

为提高反应速率和增加 $KHCO_3$ 的溶解度，吸收通常在 $105 \sim 130℃$ 下进行，故称热碳酸钾碱法。在此温度下，吸收和再生温度基本相同，可节省吸收液再生时所消耗的热量，但在此温度下，CO_2 吸收速率太慢，且对设备腐蚀亦很严重，因此在 K_2CO_3 溶液中加入少量活化剂二乙醇胺 $[(CH_2CH_2OH)_2NH]$ 和缓蚀剂偏钒酸钾 (KVO_3) 和五氧化二钒 (V_2O_5)。

二乙醇胺简称 DEA，它的加入不仅可以加速 CO_2 的吸收速率，而且可以降低液面上 CO_2 的平衡分压，使脱碳气的净化度提高；偏钒酸钾和五氧化二钒的加入，使其与铁作用，在设备表面形成一层氧化铁保护膜，使设备免受热钾碱和 CO_2 的腐蚀。在实际操作中，考虑到高浓度 K_2CO_3 溶液对设备的腐蚀及低温下易析出结晶的特点，通常 K_2CO_3 浓度（质量分率）为 $25\% \sim 30\%$，DEA 浓度为 $2.5\% \sim 5\%$，KVO_3 浓度为 $0.6\% \sim 0.9\%$，并要求溶液中 V_2O_5 的含量为总钒的 20% 以上。此外溶液中还需加入微量的有机硅酮类、聚醚类及高级醇等有机化合物作为抑制发泡的消泡剂。

碳酸钾溶液吸收 CO_2 后，K_2CO_3 转化为 $KHCO_3$，溶液的 pH 值减小，吸收能力下降，所以需要再生，再生时释放出 CO_2，使溶液恢复吸收能力。再生反应为

$$2KHCO_3 \longrightarrow K_2CO_3 + H_2O + CO_2$$

为了使 CO_2 从溶液中充分解析出来，一般将溶液加热至沸点。

§6-5.2 低温甲醇脱碳法

低温甲醇脱碳法是利用了低温下甲醇可以溶解 CO_2 的性质而进行脱除 CO_2 的方法。研究表明，CO_2 在甲醇中的溶解度与压力、温度有关，通常是加大压力溶解度增大，温度降低溶解度增大。因而用甲醇吸收 CO_2 宜在高压低温下进行。

甲醇吸收 CO_2 的过程中，由于 H_2S、COS、HCN、N_2 和 H_2 在甲醇中也有一定的溶解度，因而 H_2S、N_2、H_2 等也被吸收。解决的办法通常是：① 对 N_2 和 H_2 的处理，利用 N_2 和 H_2 在甲醇中的溶解度小于 CO_2，在减压再生过程中，N_2 和 H_2 首先被解吸出来，通常用分级膨胀方法回收，这样不仅降低了 N_2 和 H_2 的损失，而且提高了 CO_2 的纯度；② 对 H_2S 的处理，利用了 H_2S 在甲醇中的溶解度比 CO_2 大的性质，吸收过程先吸收 H_2S，后吸收 CO_2，但在解吸再生时，控制压力，使 CO_2 先解吸，而使 H_2S 仍然留在溶液中，以后再用减压抽吸、汽提、蒸馏等方法回收 H_2S。

CO_2 在甲醇中的溶解是个放热过程，随着吸收的进行，溶液温度不断提高。为了维持吸收塔的操作温度（$-20 \sim -40℃$），在吸收塔内吸收大量 CO_2 的部位设有冷却器，用冷冻液（通常为液氨，控制其蒸发温度为 $-35 \sim -45℃$）不断冷却。而当气体解吸时，则要吸收同样多的热量，可使溶液的温度降到冷却液本身的温度以下，这样在能量的利用上非常合理。

CO_2 脱除的方法还有很多，详细情况见表 6-5。

表 6-5 变换气脱二氧化碳的方法

方法	吸收剂	吸收条件	耗气量/kg·m^{-3}	吸收效率	备注
加压水法	水	1.2~3MPa 常温	—	出口 CO_2 为 1%	简单,但净化度不高,耗能多,回收率低
碳酸丙烯酯法	碳酸丙烯酯	1.2~3MPa 常温	—	0.8%~1%或更高,可脱 H_2S	操作费用比水洗降低40%~50%,不需外热,设备少,CO_2 纯度高,脱部分有机硫
低温甲醇法	甲醇	2.8MPa ~40℃	—	$10×10^{-6}$,并可脱 H_2S,HCN 等	能耗少,溶剂吸收能力强,但流程复杂,溶剂损耗大,设备多
聚乙二醇二甲醚法	聚乙二醇二甲醚,二异丙醇胺	~2.8MPa ~40℃	—	0.1%	腐蚀性小,溶液稳定,溶剂成本高
甲基吡咯烷酮法	N-2-甲基吡咯烷酮	~4MPa 25℃	—	$3.5×10^{-5}$ 脱 H_2S	无腐蚀,溶剂成本高
环丁砜法	环丁砜,乙醇胺(二异丙醇胺),水	4MPa 40℃	3.1	0.3%	吸收能力强,水蒸气耗量低,但乙醇胺会变质
乙醇胺法	15%~20%乙醇胺溶液	~2.7MPa ~40℃	4.6	0.2%	乙醇胺会降解
氨水法	14%~16%氨水	0.8~1.2MPa 25~28℃	—	0.2%	设备大,有腐蚀,能利用 CO_2 生产固体肥料
含砷热钾碱(GV)法	K_2O 180~200kg·m^{-3} As_2O_3 120kg·m^{-3} As_2O_5 20kg·m^{-3}	~2.7MPa 60~70℃（上段）	2.1	0.3%~0.6%	设备大,吸收率高,回收 CO_2 浓度高,但耗水蒸气,吸收液有毒
氨基乙酸法	K_2O 250kg·m^{-3} 氨基乙酸 50kg·m^{-3} V_2O_5 2~3kg·m^{-3}	~2.7MPa 124℃		吸收效率较高,无毒
二乙醇胺热钾碱法	K_2CO_3 25% 二乙醇胺 3%~6% V_2O_5 0.2%~0.6%	~2.7MPa 60~70℃（上段）	1.7~2.1	0.2%	吸收容量略低于含砷热钾碱法,对碳钢有腐蚀
有机胺硼酸盐热钾碱法	K_2CO_3 25% 有机硼酸盐 5% V_2O_5 0.5%	~2.7MPa 80℃（上段）	2	0.1%	二乙醇胺热钾碱法的改进
碱液吸收法	NaOH 约 50kg·m^{-3}	对(1.00~2.00)×10^{-4} CO_2 在加压下常温吸收	—	$5×10^{-6}$	中小厂和老厂对气体的最后净制

§6-6 精 制

原料气经变换、脱碳后尚有少量的 CO 和 CO_2 等杂质存在，这些气体若进入合成塔，会使催化剂中毒，活性降低，寿命减短，因而在送入合成塔前必须对它们加以脱除。脱除少量 CO、CO_2 等杂质的过程称为原料气的精制。

原料气精制的方法主要有铜氨液吸收法、液氮洗涤法和甲烷化法。

§6-6.1 铜氨液吸收法

铜氨液吸收法是用亚铜盐的溶液在低温高压下洗涤原料气，以吸收 CO、CO_2 等气体，吸收液在减压升温下再生，再生的铜氨液循环使用。

铜氨液是由铜离子、酸根和氨组成的水溶液。为避免设备被腐蚀，工业上不用强酸，而

197

用甲酸、乙酸等弱酸，我国常用的是乙酸。

乙酸铜氨液是将乙酸铜和氨通过化学反应得到的含有氨及乙酸亚铜络二氨等有效成分的溶液，其反应为

$$2Cu + 4HAc + 8NH_3 + O_2 \longrightarrow 2Cu(NH_3)_4Ac_2 + 2H_2O$$

$$Cu(NH_3)_4Ac_2 + Cu \longrightarrow 2Cu(NH_3)_2Ac$$

第一步在 O_2 作用下生成高价铜，第二步在 Cu 的作用下还原成低价铜。这时在铜氨液中有高价铜与低价铜两种铜离子，高价铜以 $Cu(NH_3)_4^{2+}$ 形式存在，没有吸收能力，但必须存在，否则会有金属铜析出；低价铜以 $Cu(NH_3)_2^+$ 形式存在，是吸收 CO、CO_2 等杂质的活性组分。其吸收反应为

$$CO + Cu(NH_3)_2Ac + NH_3(游离) \underset{解吸}{\overset{吸收}{\rightleftharpoons}} [Cu(NH_3)_3CO]Ac + Q_1$$

$$2NH_3 + CO_2 + H_2O \underset{解吸}{\overset{吸收}{\rightleftharpoons}} (NH_4)_2CO_3 + Q_2$$

$$(NH_4)_2CO_3 + CO_2 + H_2O \underset{解吸}{\overset{吸收}{\rightleftharpoons}} 2NH_4HCO_3 + Q_3$$

铜氨液吸收是一个放热和体积缩小的可逆反应。高压、低温、高游离的氨和高浓度的亚铜离子有利于吸收，相反则有利于解吸。一般情况下，吸收过程温度控制在 8~12℃，压力控制在 12~15MPa，铜比(溶液中低价铜与高价铜浓度之比用 R 表示，低价铜和高价铜离子浓度的总和称总铜，用 T_{cu} 表示)控制在 5~8 范围内，总铜维持在 2.2~2.5mol·L^{-1}。

§6-6.2 甲烷化法

甲烷化法是 20 世纪 60 年代开发的方法。在镍催化剂存在下，使 CO 和 CO_2 加氢生成甲烷。

$$CO + 3H_2 \longrightarrow CH_4 + H_2O$$

$$CO_2 + 4H_2 \longrightarrow CH_4 + 2H_2O$$

由于甲烷化反应是个强放热反应，而镍催化剂不能承受很高的温度(300~400℃)，因此，对气体中 CO 和 CO_2 含量有限制(1%以下)。该法流程简单，可将原料气中碳的氧化物含量脱除到 10×10^{-6} 以下。但甲烷化反应中需消耗氢气，且生成对合成氨无用的惰性组分甲烷。

§6-6.3 液氮洗涤法

利用液态氮能溶解 CO 和 CH_4 等物质的物理性质，在深度冷冻的条件下，把原料气中少量残留的 CO 和 CH_4 等彻底除去。该法适用于没有空气分离装置的重质油、煤加压部分氧化法制原料气的净化流程，也可用于焦炉气分离制氢的流程。

经过净化的气体除 H_2 和 N_2(体积比 3:1)外，仅含有极少量的 Ar 和 CH_4。将这些气体送入冷却器冷却，再送入液滴分离器，分离出水分后，送入合成气压缩机压缩，加压后的气体送入合成塔合成。

§6-7 氨 的 合 成

物理化学课程中已经充分讨论过化学反应的理论基础，它不外乎热力学和动力学两方面，前者是研究反应进行的可能性和最大限度，后者是研究反应的速率及实现的方法。因此，将一个反应实现工业化，既要考虑其热力学因素，又要考虑其动力学因素，否则，就难以确定生产上所要求的最优工艺条件。

§6-7.1 氨合成反应的热力学基础

1. 化学平衡

氢和氮合成氨的反应如下

$$0.5N_2(g) + 1.5H_2(g) \Longrightarrow NH_3 + Q$$

此反应具有可逆、放热和体积缩小的特点，其平衡常数为

$$K_p = \frac{p_{NH_3}}{p_{N_2}^{0.5} \cdot p_{H_2}^{1.5}} \qquad (6-15)$$

实验测得的平衡常数值与温度、压力的关系见表6-6。

表6-6 $0.5N_2(g) + 1.5H_2(g) \Longrightarrow NH_3 + Q$ 反应的 K_p

压力/MPa	温 度/℃		
	400	450	500
0.1	0.129	0.0664	0.0382
10	0.137	0.072	0.0403
30		0.088	0.0498
60		0.130	0.0561
100		0.233	0.0985

表中列出的数据说明，温度愈高，平衡常数愈低；而压力增大，平衡常数增加不大。也就是说平衡常数的大小虽与温度、压力(高压)都有关系，但在一定的压力范围和确定的温度下，平衡常数随压力的变化不显著；而在压力相同的条件下，平稳常数随温度的变化较显著。

在1~100MPa 的范围内，氨合成反应平衡常数随温度变化的经验关系式为

$$\lg K_p = \frac{2074}{T} - 2.493\lg T + BT + 1.856 \times 10^{-7} + I \qquad (6-16)$$

式中，T 为绝对温度；B 和 I 为经验常数，与压力有关。

根据式(6-13)可以计算任意温度下的平衡常数值，进而可以计算不同温度和压力下的平衡氨含量，这就是为什么要讨论氨合成反应平衡常数的主要目的。

2. 平衡氨含量

平衡氨含量是在一定的温度、压力和氢氮比等条件下，反应达到平衡时，氨在气体混合物中的摩尔分率。

平衡氨含量即反应理论最大产量。通过计算可以找出实际产量与理论产量的差距，指导

生产和为选择最佳工艺条件提供理论依据。计算氨含量的公式推导如下：

设混合气体中含有 N_2、H_2、NH_3 和惰性气体，其摩尔分率分别用 x_{N_2}、x_{H_2}、x_{NH_3} 和 x_i 表示。

$$x_{N_2} + x_{H_2} + x_{NH_3} + x_i = 1 \qquad (6-17)$$

根据分压定律

$$p_{NH_3} = p \cdot x_{NH_3}$$
$$p_{H_2} = p \cdot x_{H_2}$$
$$p_{N_2} = p \cdot x_{N_2}$$

令 $r = x_{H_2}/x_{N_2}$，代入式(6-17)，整理后得

$$x_{H_2} = (1 - x_{NH_3} - x_i)\left(\frac{r}{r+1}\right) \qquad (6-18)$$

将式(6-18)代入 $p_{H_2} = p \cdot x_{H_2}$，得

$$p_{H_2} = p \cdot (1 - x_{NH_3} - x_i)\left(\frac{r}{r+1}\right) \qquad (6-19)$$

同理可得

$$p_{N_2} = p \cdot (1 - x_{NH_3} - x_i)\left(\frac{1}{r+1}\right) \qquad (6-20)$$

将式 $p_{NH_3} = p \cdot x_{NH_3}$ 与式(6-19)、式(6-20)代入氨合成反应的平衡常数表达式中，则

$$K_p = \frac{p \cdot x_{NH_3}}{\left[p \cdot (1 - x_{NH_3} - x_i)\left(\dfrac{1}{r+1}\right)\right]^{0.5}\left[p \cdot (1 - x_{NH_3} - x_i)\left(\dfrac{r}{r+1}\right)\right]^{1.5}}$$

整理后

$$K_p = \frac{1}{p} \cdot \frac{x_{NH_3}}{(1 - x_{NH_3} - x_i)^2} \cdot \frac{(r+1)^2}{r^{1.5}} \qquad (6-21)$$

当氢氮比 $r=3$ 时，则

$$\frac{x_{NH_3}}{(1 - x_{NH_3} - x_i)^2} = 0.325 K_p \cdot p \qquad (6-22)$$

若体系中无惰性气体，式(6-22)应为

$$\frac{x_{NH_3}}{(1 - x_{NH_3})^2} = 0.325 K_p \cdot p \qquad (6-22a)$$

为计算方便，设 $0.325 K_p \cdot p = L$

$$\frac{x_{NH_3}}{(1 - x_{NH_3})^2} = L \qquad x_{NH_3} = L(1 - 2x_{NH_3} + x_{NH_3}^2)$$

移项后得

$$L x_{NH_3}^2 - (2L + 1)x_{NH_3} + L = 0$$

这是一个一元二次方程，解此方程并取与实际相符的一个实根，即

$$x_{NH_3} = \frac{(2L + 1) - \sqrt{(2L + 1)^2 - 4L^2}}{2L} \qquad (6-23)$$

若 p 为已知，K_p 值可根据已知条件查表或按式(6-16)计算求得，进而可以计算式(6-23)中的 L 和 x_{NH_3}。

表 6-7 列出了不同温度和压力时平衡氨含量的数据。数据表明，压力一定时，平衡氨含量随着反应温度的升高而下降；温度一定时，平衡氨含量随着反应压力的增加而增大。所以理论上(从热力学观点来看)合成氨反应宜在高压、低温下进行。

表 6-7　H₂：N₂=3 时平衡氨含量　　　　　　　摩尔分率,%

温度/℃	压　力/MPa							
	10.1	15.2	20.3	30.4	32.4	40.5	60.8	81.0
360	35.10	43.35	49.62	58.91	60.43	65.72	75.32	81.80
381	29.00	36.84	43.00	52.43	54.00	59.55	69.94	77.24
400	25.37	32.83	38.82	48.18	49.76	55.39	66.17	73.94
424	20.63	27.39	33.00	42.04	43.60	49.24	60.35	68.68
440	17.92	24.17	29.46	38.18	39.70	45.26	56.43	65.03
461	14.43	19.94	24.71	32.80	34.24	39.57	50.62	59.42
480	12.55	17.51	21.91	29.52	30.90	36.03	46.85	55.67
504	10.55	14.39	18.24	25.10	26.46	31.12	41.44	50.13
520	8.82	12.62	16.13	22.48	23.66	28.14	38.03	46.55
552	6.71	9.75	12.62	17.97	18.99	22.90	31.81	39.73
600	4.53	6.70	8.80	12.84	13.63	16.72	24.01	30.92

3. 影响平衡氨含量的因素

将式(6-21)改写成以下形式

$$\frac{x_{NH_3}}{(1 - x_{NH_3} - x_i)^2} = K_p \cdot \frac{r^{1.5}}{(r + 1)^2} \cdot p \qquad (6-24)$$

不难看出，影响平衡氨含量的因素主要有总压力(p)、平衡常数(K_p)、氢氮比(r)和惰性气体含量(x_i)，而 K_p 又与温度有关，见表6-8。

表 6-8　500℃时在不同压力下不同氢氮比的平衡氨含量

H₂：N₂	平衡氨含量(体积分率)/%			
	10MPa	30MPa	60MPa	100MPa
6：1	9.2	22.22	32.5	38.2
5：1	9.8	24.2	36.4	47.8
4：1	10.4	25.8	40.2	53.8
3：1	10.6	26.4	42.1	57.5
5：2	—	10.1	25.0	39.0
1：1	7.9	18.8	28.0	35.0

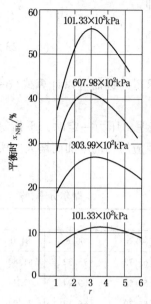

图 6-10 500℃平衡氨含量
与 r 的关系

关于压力、温度对平衡氨含量的影响，在物理化学课程中已经予以讨论，这里不再叙述，主要讨论氢氮比和惰性气体对平衡氨含量的影响。

（1）氢氮比对平衡氨含量的影响

式(6-24)表明，平衡氨含量 x_{NH_3} 与 r 有关。当温度和压力一定时，平衡常数必为定值，即方程式右端的 K_p 和 p 为定值；若惰性气体的含量为已知，则式(6-24)可视为 r 的二次方程，其图线为抛物线。在某一个 r 值时，平衡氨含量有一个最大值，如图 6-10 和表 6-8 所示。

从图上数据可以看出，不论在何种压力下，曲线的最大值均在 r=3 处，然而，实际上抛物线的最高点(即最大平衡氨含量)在高压时有略向 r<3 的方向偏移的倾向，这是由于压力很高时，气体偏离理想状态所致。

（2）惰性气体对平衡氨含量的影响

在氨合成反应中，习惯上把不参与反应的气体(CH4 和 Ar 等)称为惰性气体。它对平衡氨含量有明显的影响。式(6-22)可近似地表示为

$$\frac{x_{NH_3}}{(1 - x_{NH_3})^2} = 0.325 K_p \cdot p \cdot (1 - x_i)^2 \qquad (6-25)$$

式(6-25)表明平衡氨含量随着惰性气体含量的增加而减少。在氨合成反应中，由于惰性气体不参与反应，在循环过程中愈积愈多，对提高平衡氨含量极为不利。因此，在生产中往往要被迫放空一部分循环气体，使惰性气体量保持一个稳定值。

综上所述，提高平衡氨含量的途径为降低温度、提高压力和保持氢氮比 r=3 左右，并减少惰性气体的含量。

§6-7.2 氨合成反应的动力学基础

前面主要讨论了氨合成反应的热力学，在介绍平衡常数的基础上，着重讨论了计算平衡氨含量和影响平衡氨含量的因素。然而在实际生产中，不仅要求有较高的产率或转化率，还要求有较高的速率，以提高单位时间的产量。

对氨合成反应来说，若无催化剂存在，即使在几十兆帕的压力、几百度的温度下进行反应，其反应速率也极其缓慢，甚至测不出有氨的生成。在实际生产中，为了提高氨合成反应的速度，必须在催化剂存在的条件下进行反应。为此，有必要首先了解在有催化剂存在的条件下，氨合成反应的机理，进而研究其速率方程。

1. 催化剂

长期以来，人们对氨合成反应的催化剂做了大量的研究工作，发现对氨合成反应具有活性的一系列金属中，以铁为主体，并添加有关促进剂的铁系催化剂效果最好，而且价廉易得，使用寿命长，因而铁系催化剂获得了广泛应用。

铁系催化剂的主要成分是 FeO 和 Fe_2O_3，并加入少量的其他金属氧化物，如 Al_2O_3、K_2O 和 CaO 等为促进剂(又称助剂)。催化剂的活性组成是金属铁，而不是铁的氧化物。因

此，使用前在一定的温度下，用氢氮混合气使其还原，即氧化铁被还原为具有活性的 α 型纯铁。催化剂还原反应为

$$FeO \cdot Fe_2O_3 + 4H_2 \longrightarrow 3Fe + 4H_2O(g) \qquad \Delta H^\circ_{298} = -149.9 \text{kJ} \cdot \text{mol}^{-1}$$

加入 Al_2O_3 的作用是因为它能与氧化铁生成 $FeAl_2O_4$（或 $FeO \cdot Al_2O_3$）晶体，其晶体结构与 $Fe_2O_3 \cdot FeO$ 相同。当催化剂被氢氮混合气还原时，氧化铁被还原为 α 型纯铁，而 Al_2O_3 则不被还原，它覆盖在 α-Fe 晶粒的表面，防止活性铁的微晶在还原时及以后的使用中进一步长大。这样 α-Fe 的晶粒间出现了空隙，形成纵横交错的微型孔道结构，大大地增加了催化剂的表面积，提高了活性。

加入 MgO 的作用与 Al_2O_3 有相似之处。在还原过程中，MgO 也能防止活性铁的微晶进一步长大。但其主要作用是增强催化剂对硫化物的抗毒能力，并保护催化剂在高温下不致因晶体破坏而降低活性，故可延长催化剂寿命。

加入 CaO 的作用是为了降低熔融物的熔点和黏度，并使 Al_2O_3 易于分散在 $FeO \cdot Fe_2O_3$ 中，另外还可提高催化剂的热稳定性。

加入 K_2O 的作用是在于促使催化剂的金属电子逸出功降低，因为氮活性吸附在催化剂表面，形成偶极子时，电子偏向于氮。电子逸出功的降低有助于氮的活性吸附，从而使催化剂的活性提高。实践证明，只有在加入 Al_2O_3 的同时再加入 K_2O 才能提高催化剂的活性。

合成氨催化剂的活性不仅与化学组成有关，在很大程度上还取决于制备方法和还原条件。

确定还原条件的原则一方面是使 $FeO \cdot Fe_2O_3$ 充分还原为 α-Fe，另一方面是还原生成的铁结晶不因重结晶而长大，以保证最大的比表面积和更多的活性中心。为此，宜选取合适的还原温度、压力、空气和还原气组成。各种催化剂的性能详见表 6-9。

表 6-9　氨合成催化剂的一般性能

国别	型号	组　成	外　形	还原前堆积密度/kg·L⁻¹	推荐使用温度/℃	主　要　性　能
中国	A₆	FeO, Fe₂O₃, K₂O, Al₂O₃, CaO	黑色光泽，不规则颗粒	平均 2.9	400~520	380℃已还原很明显，550℃耐热20h，活性不变
	A₉	FeO, Fe₂O₃, K₂O, Al₂O₃, CaO, MgO, SiO₂	黑色光泽，不规则颗粒	2.7~2.8	380~500 活性低于 A₆	还原温度比 A₆ 型低 20~30℃，350℃已还原很明显，550℃耐热20h，活性不变
	A₁₀		黑色光泽，不规则颗粒	2.7~2.8	380~465	易还原，低温下活性较高
丹麦	KMI	FeO, Fe₂O₃, K₂O, Al₂O₃, CaO, MgO, SiO₂	黑色光泽，不规则颗粒	2.35~2.80	380~550	还原从390℃开始，耐热、耐毒性能较好，耐热温度550℃
	KMR	KM 型预还原催化剂	黑色光泽，不规则颗粒	1.83~2.18	380~550	室温至100℃，在空气中稳定，其他性能同 KMI，寿命不变
英国	ICI 35-4	FeO, Fe₂O₃, K₂O, Al₂O₃, CaO, MgO, SiO₂	黑色光泽，不规则颗粒	2.65~2.85	350~530	当温度超过530℃时，催化剂活性下降
美国	C73-1	FeO, Fe₂O₃, K₂O, Al₂O₃, CaO, SiO₂	黑色光泽，不规则颗粒	2.88±0.16	370~540	一般在570℃以下是稳定的，高于570℃很快丧失稳定性

2. 反应机理和动力学方程

对于氨合成反应的机理，已经研究了几十年，提出过许多不同的观点。目前较普遍采用的观点认为，在气相中，氢和氮首先扩散到催化剂表面，并被催化剂的活性表面所吸附，氮

203

分子离解为氮原子，氮原子与催化剂进行化学反应，生成某种中间产物，然后逐步地生成 NH、NH_2、NH_3，最后氨分子从催化剂表面解脱，再扩散到气相中。这一机理若用下列方程表示，则更为明确。

$$N_2 + [K-Fe] \longrightarrow N_2[K-Fe]$$

$$N_2[K-Fe] + [K-Fe] \longrightarrow 2N[K-Fe]$$

$$2N[K-Fe] + H_2 \longrightarrow 2NH[K-Fe]$$

$$2NH[K-Fe] + H_2 \longrightarrow 2NH_2[K-Fe]$$

$$2NH_2[K-Fe] + H_2 \longrightarrow 2NH_3[K-Fe]$$

$$2NH_3[K-Fe] \xrightarrow{\text{脱附}} 2NH_3 + 2[K-Fe]$$

式中，$[K-Fe]$ 表示铁催化剂的活性中心。

在这些步骤中，氮在催化剂表面的活性吸附是氨合成反应中最慢的控制步骤。因为根据大量的实验结果发现氮在铁催化剂上的吸附速率，在数值上很接近氨的合成速率，这可作为确定氮的活性吸附为控制步骤的一个根据。

根据这一观点，导出了氨合成反应的速率方程

$$r_{NH_3} = k_1 p_{N_2} \cdot \left(\frac{p_{H_2}^3}{p_{NH_3}^2} \right)^\alpha - k_2 \left(\frac{p_{NH_3}^2}{p_{H_2}^3} \right)^{1-\alpha} \tag{6-26}$$

式中，r_{NH_3} 为氨合成反应的净速率，是正向反应速率 $k_1 p_{N_2} \cdot \left(\dfrac{p_{H_2}^3}{p_{NH_3}^2} \right)^\alpha$ 与逆向反应速率 $k_2 \cdot$

$\left(\dfrac{p_{NH_3}^2}{p_{H_2}^3} \right)^{1-\alpha}$ 之差，其单位为 $kmol(NH_3) \cdot m^{-3}(催化剂) \cdot h^{-1}$；$k_1$、$k_2$ 分别为正逆反应速率常数；p_{N_2}、p_{H_2} 和 p_{NH_3} 分别为 N_2、H_2 和 NH_3 的分压。

α 为由实验测定的常数，与催化剂的性质及反应条件有关，通常 $0<\alpha<1$。对以铁为主的氨合成催化剂而言，α 为 0.5，此时式(6-26)可写成

$$r_{NH_3} = k_1 p_{N_2} \cdot \frac{p_{H_2}^{1.5}}{p_{NH_3}} - k_2 \cdot \frac{p_{NH_3}}{p_{H_2}^{1.5}} \tag{6-27}$$

反应速率达到平衡时，正、逆反应速率相等，$r=0$，则

$$k_1 \cdot p_{N_2} \cdot \frac{p_{H_2}^{1.5}}{p_{NH_3}} = k_2 \cdot \frac{p_{NH_3}}{p_{H_2}^{1.5}} \tag{6-28}$$

整理后，得

$$\frac{p_{NH_3}^2}{p_{N_2} \cdot p_{H_2}^3} = \frac{k_1}{k_2} = \left(\frac{p_{NH_3}}{p_{N_2}^{0.5} \cdot p_{H_2}^{1.5}} \right)^2 = K_p^2 \tag{6-29}$$

式(6-29)说明了 k_1、k_2 和平衡常数 K_p 之间的关系。若已知某温度和压力下的 K_p 值，即可知正、逆反应速率常数的比值；若已知 k_1 或 k_2 中任一个的值，则另一个 k 值即可算出。

式(6-26)只适用于常压和反应接近于平衡态的情况。当反应远离平衡态时，则不适用。特别是当 $p_{NH_3}=0$ 时，则 $r_{NH_3} \rightarrow \infty$，这是不合理的。

3. 影响反应速率的因素

在合成氨的反应中，影响反应速率的因素有温度、压力、气体组成和催化剂等，现分别讨论如下：

（1）温度的影响

合成氨反应是一个可逆放热反应，反应速率并不是随温度的升高而单调地增大，而是在较低的温度范围内，随着温度的升高，反应速率相应的增大，当温度继续升高到某一值时，反应速率达到了最大值，再继续升高温度，反应速率逐渐变小。因此，要想得到最高的反应速率，并不是温度愈高愈好，而是要有一个最适宜的温度（$T_{适}$）。

由速率方程式可进一步说明 $T_{适}$ 的存在。将式（6-29）代入式（6-27），可得

$$r_{NH_3} = k_1 \cdot p_{N_2} \cdot \frac{p_{H_2}^{1.5}}{p_{NH_3}}\left(1 - \frac{1}{K_p^2} \cdot \frac{p_{NH_3}^2}{p_{N_2} \cdot p_{H_2}^3}\right) \quad (6-30)$$

上式表明，当升高温度时，k_1 值增大，而 K_p 值减少。因此，只有在某一适宜温度时，这两个相反的影响因素相等，r_{NH_3} 值最大。

可逆放热反应的最适宜温度 $T_{适}$ 可用下式计算

$$T_{适} = \frac{T_e}{1 + \dfrac{RT_e}{E_2 - E_1}\ln\dfrac{E_2}{E_1}} \quad (6-31)$$

式中　$T_{适}$——最适宜温度，K；

　　　T_e——平衡温度，相应于物系平衡状态的温度，K；

　　　R——摩尔气体常数，其值为 8.319kJ·mol^{-1}·K^{-1}；

E_1，E_2——正、逆反应的活化能。

从式（6-31）出发，经移项整理后，可以看出最适宜温度与平衡温度两者之间的关系。

$$\frac{T_e - T_{适}}{T_e T_{适}} = \frac{R}{E_2 - E_1}\ln\frac{E_2}{E_1} \quad (6-32)$$

对合成氨反应来说，$E_1 > E_2$，故方程式右端为正值，方程式左端也必须为正值，因此只有 $T_e > T_{适}$，即最适宜温度比平衡温度低，如图6-11所示。

需要指出的是，只有可逆放热反应才有随转化率提高、反应温度由高到低的最适宜温度。不同的可逆放热反应，最适宜温度不同。同一反应由于催化剂不同，气体组成、压力以及所用催化剂的活性不同，则最适宜温度也不同。

（2）压力的影响

增大压力，氢氮气的分压也相应地增加，这样也必然增加它们相互碰撞的机会，导致净反应速率大大增大。从合成氨动力学方程

$$r_{NH_3} = k_1 \cdot p_{N_2} \cdot \frac{p_{H_2}^{1.5}}{p_{NH_3}} - k_2 \cdot \frac{p_{NH_3}}{p_{H_2}^{1.5}}$$

可以进一步理解压力对反应速率的影响。增大体系的压力时，对速率方程中的反应速率

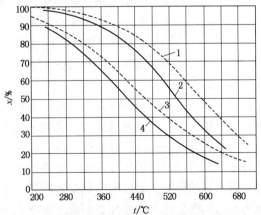

图6-11　最适宜反应温度与平衡反应温度
1,2—100MPa 平衡温度与最适宜温度；
3,4—30MPa 平衡温度与最适宜温度

常数 k_1 和 k_2 一般影响不大，但从各组成的分压来考虑，提高压力后，各组成的分压相应地增大。从速率方程不难看出，提高压力将使正向反应速率项增大，而使逆向反应速率项减小，其结果是净反应速率增大。例如在 500℃、氢氮比为 3 和空间速度为 $30000h^{-1}$ 条件下，当压力从 20MPa 增大到 60MPa 时，氨含量将由 14% 提高到 28%，即提高一倍。

（3）氢氮混合气体组成的影响

气体组成的选择也是一个重要因素，从化学平衡的角度来看，氢与氮的比例应为 3:1，但从动力学的角度来看，基于氨合成反应的机理为氮的活性吸附所控制。所以在氨的含量远离平衡时，反应速率与氮的浓度有关，即在氨的浓度较低时，可以适当提高氢氮混合气中氮的浓度（分压）。当氨含量接近平衡值时，最适宜的氢氮混合比趋近 3，但生产实践中控制进合成塔的循环气的氢氮比略低于 3，约为 2.9 或 2.8。

§6-7.3 氨的合成

氨的合成就是将脱硫、变换、净化后合格的氢氮混合气，在合成塔中，经高温、高压和催化剂存在的条件下，直接合成为氨。

1. 最佳工艺条件的选择

最佳工艺条件的选择是指在氨合成反应的热力学和动力学基础上，综合选择氨合成的最佳工艺条件，它主要包括温度、压力、空速和气体组成等。

（1）压力

工业上合成氨的各种工艺流程，一般都以压力的高低来分类。高压法压力为 70~100MPa，温度为 550~650℃；中压法压力范围高者可达 40~60MPa，低者也有 15~20MPa，一般采在 30MPa 左右，温度为 450~550℃；低压法压力为 10MPa，温度为 400~450℃。中压法是当前世界各国普遍采用的方法，它不论在技术方面还是在能量消耗和经济效益方面都较优越，我国中型合成氨厂一般采用中压法进行氨的合成，压力一般采用 32 MPa 左右。但从当前节省能源的观点出发，有向降低压力方向发展的趋势，如从国外引进的 $300kt \cdot a^{-1}$ 大型合成氨厂的压力为 15MPa。

从化学平衡和反应速率两方面综合考虑，提高压力可以提高生产能力。而且压力高时，氨的分离流程可以简化，如高压下分离氨，只需要冷却设备就足够了。但高压法对设备材质要求高，加工精度严，催化剂使用寿命相应地要缩短。

生产上选择压力的主要依据是能源消耗、原料费用、设备投资和技术投资等综合费用。综合分析，国内中型合成氨厂的压力一般采用 32MPa 左右，大型合成氨厂一般采用 16MPa 左右，引进的大型合成氨厂的压力为 15MPa。

（2）温度

催化剂只有在一定温度条件下才具有较高活性，温度过低，达不到活性温度，催化剂起不到加速反应作用；温度过高，又会使催化剂过早失去活性。因此，合成塔内催化剂层的温度首先应在催化剂的活性温度范围内。如前所述，为了保持高的反应速度，催化剂层内的温度分布应尽可能接近最适宜温度，即进入催化剂层的气体应保持较高的温度，随着反应的进行和氨含量的增加，温度则应相应地降低。然而，这种理想的温度分布是很难完全实现的，因为实际生产是将气体先预热到高于催化剂的活性温度下限后，送入催化剂层，在绝热的条件下进行反应，随着反应的进行，温度逐渐升高，当接近最适宜温度后，再采用冷却措施，使反应温度尽量接近于最适宜温度。在生产过程中，控制最适宜温度，是指控制"热点"温度。热点温度即在反应过程中催化剂层中温度最高的那一点。现以双套管型催化剂床层为例加以说明。图 6-12 中的左侧曲线表示床层内氨含量的变化，右侧曲线表示温度变化情况。

设气体进入催化剂层时的温度和氨含量分别为 t_1 和 Y_{NH_3}。要求 t_1 大于催化剂活性温度的下限。反应初期，不设冷管冷却(即图中 L_1 那一段)，故称绝热层。因反应远离平衡态，氨合成反应速率较快，放热多，为使温度迅速升至最适宜温度，这一段氨的浓度也迅速增加。在反应后期(图中 L_2 那一段)，由于冷管传热作用，温度上升的速度逐渐减缓，当温度达到最高点，由于反应速率逐渐下降，由冷管移走的热量超过了反应放出的热量，温度就随催化剂层深度的增加而降低。在催化剂层中温度最高的那一点称为热点温度($t_热$)。

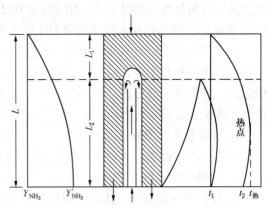

图 6-12 催化剂层不同高度的温度分布和氨含量的变化
L_1—绝热层高度；L_2—冷却层高度；
L—催化剂层高度；Y_{NH_3}—进口氨含量；
Y'_{NH_3}—出口氨含量；t_1—催化剂层进口温度；
t_2—出口温度；$t_热$—热点温度

从理想情况来看，希望从 t_1 至 $t_热$ 这一段进行得快一些，从 $t_热$ 到 t_2(气体出催化剂层的温度)则尽可能在图 6-12 中最适宜温度曲线附近进行。合成塔在操作时，要控制热点温度。不同型号的催化剂活性不同，同一种催化剂在不同使用时期，其活性也有差异，因此所控制热点的温度也不同。

(3) 空间速度

空间速度是在单位时间、单位体积催化剂床上通过气体的体积(通常用标准状态下气体的体积表示)，单位一般用 m³(气体)·m⁻³(催化剂)·h⁻¹ 或 h⁻¹ 表示。对于同一反应器空间速度的大小意味着处理气体量的大小。在一定的温度、压力条件下，增大空间速度，就加快了气体通过催化剂床的速度，缩短了气体与催化剂的接触时间，从而使出塔气中氨含量降低。

如空间速度为 SV[m³(气体)·m⁻³(催化剂)·h⁻¹]；合成塔出口氨分率为 a；单位体积催化剂单位时间的产量 G(kmol·m⁻³·h⁻¹) 为

$$G = \frac{SV \cdot a}{22.4} \tag{6-33}$$

增大空间速度时，虽然出塔气体中氨的含量有所降低，但由于反应距离平衡较远，反应速度较大，因此，氨含量 a 下降的幅度小，仍然使 $SV \cdot a$ 的乘积增大，总的结果是 G 值增大。因为合成氨的原料气体是循环使用的，因此可不追求单程转化率，而通过适当加大空速以提高生产能力，这是合成氨生产中的一个显著特点。对于半水煤气变换反应，因为原料不是循环使用的，为了保证较高的转化率，就不能采用加大空间速度的方法来提高生产能力。

增大空间速度也有一定限度，因为空间速度较大时，处理的气量大，气体通过合成塔的阻力也大，因而增大了动力消耗，使氨分离发生困难；空间速度过大，气体带走的热量多，不能维持正常的反应温度。压力为 30MPa 的中压法合成氨，空间速度在 20000~30000h⁻¹ 较适宜。

(4) 氢氮比与惰性气体含量

关于氢氮比对氨合成反应的化学平衡及反应速率的影响已在前面讨论过。实际生产中控制进塔气的氢氮比应略低于3，当压力为30MPa时，为2.6~2.9。但生成氨时，氢和氮是按3：1消耗的，故新鲜原料气中的氢氮比应为3：1。

新鲜原料气中惰性气体的含量一般仅为0.5%~0.7%。由于惰性气体不参与反应，在循环过程中逐渐积累增多，这对于化学平衡及反应速率均起不良影响。为了使循环气体含量不致过高，需要将一部分循环气放空，以降低其中惰性气体的含量。放空气量的多少可从物料衡算中求出。

2. 合成氨工艺流程

工业生产过程中，氨合成的工艺流程多种多样，但都包括以下基本过程：

① 原料气经过最终净制；

② 净制的氢氮混合气由压缩机压缩到合成所需的压力；

③ 净化的原料气升温并合成；

④ 合成后进行分离，分离出氨后的氢氮混合气经压缩机压缩后循环使用；

⑤ 弛放部分循环气以维持惰性气含量在规定值以下。

我国大多数合成氨厂主要采用图6-13所示的流程。该流程压力为32MPa，空速为20000~30000h⁻¹。从合成塔塔底出来的混合气中含NH₃约15%，温度在120℃以下。为了从混合气体中把NH₃分离出来，将混合气体通过淋洒式或套管式水冷却器，使混合气冷却至常温。从冷却器出来的混合气中，已经有部分NH₃冷凝成液氨，然后进入第一氨分离器，把其中的液氨分离出来。为了降低惰性气体含量，在氨分离器后，可以将少部分循环气放空。由于分离出一部分氨，再加上设备、管道的阻力，从第一氨分离器出来的气体压力有所降低，故将从第一氨分离器出来的混合气引入循环压缩机，提高压力后，进入油分离器分离出油雾，以除去气体中夹带的来自循环压缩机的润滑油。新鲜原料气也在此补充，进入冷交换器管内，与自液氨

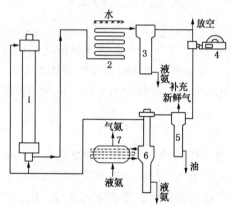

图6-13 中型合成氨厂流程

1—合成塔；2—水冷却器；3—第一氨分离器；
4—循环压缩机；5—油分离器；
6—冷交换及氨分离器；7—液氨蒸发冷却器

蒸发冷却器(简称氨冷器)上来的冷气(10~20℃)进行交换，降低温度后去氨冷器。在氨冷器内，气体走盘管内，由于管外液氨气化吸热，气体被冷却到0~8℃，其中大部分氨被冷凝下来，在冷交换器下部氨分离器中液氨被分出。分离出液氨后的低温循环气上升到冷交换器的上部走管外，与管内来自经油分离器的热气体，进行冷交换，使气体温度升至10~40℃进合成塔，完成循环过程。

3. 氨合成塔

合成塔是氨合成过程的关键设备。随着科学技术的发展，合成塔的结构尺寸越来越大型化，并且对合成塔的性质，特别是运转的可靠性提出了严格要求。具体来讲，合成塔应具有以下要求：

① 在正常操作下，反应维持自热，塔的结构有利于升温、还原，保证催化剂有较大的生产强度；

② 催化剂床层温度分布合理，充分利用催化剂的活性；

③ 气流在催化剂床层内分布均匀，塔的压力降小；

④ 热换器传热强度大，体积小，高压容器空间利用率(催化剂体积/合成塔总容积)高；

⑤ 生产稳定，调节灵活，具有较大的操作弹性；

⑥ 结构简单可靠，各部件连接与保温合理。

一般来讲，合成塔由筒体(外筒)和内件两部分组成。内件置于外筒之内，包括催化剂筐、热交换器和电加热器三部分(大型合成塔的内件一般不设电加热器，而由塔外加热炉供热)。进入合成塔的气体先经内件与外筒之间的环隙，内件外面设有保温层，以减少向外筒的散热，因而外筒只承受高压而不承受高温。外筒一般用普通低合金钢或优质低碳钢制成。内件虽在500℃左右高温下操作，但只承受环隙气流与内件气流的压差，一般仅为1.0～2.0MPa，因而内件一般用合金钢制成。

合成塔大致可分为连续换热式、多段间接换热式和多段冷激式三种。目前常用的主要有冷管式和冷激式。前者属于连续换热式，后者属于多段冷激式。

(1) 冷管式合成塔

冷管式合成塔是在催化剂床层中设置换热管(冷管)，管外是催化剂层，管内流过的是合成用的原料气。原料气吸收催化剂层中的反应热，使催化剂层维持在要求的温度，气体则被预热。冷管有单管、套管和U形管以及并流和逆流等形式，图6-14是我国常用的并流三套管和并流双套管合成塔示意图。

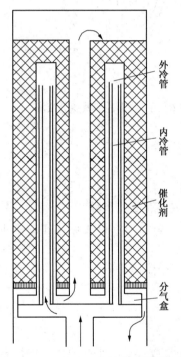

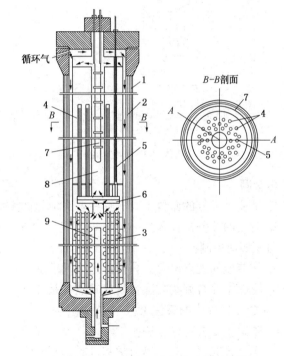

图6-14(a) 并流三套管合成塔示意图　　　　图6-14(b) 并流双套管合成塔示意图

1—外筒；2—催化剂；3—热交换器；4—冷却套管；
5—热电偶管；6—分气盒；7—电加热器；8—中心管；9—冷气管

(2) 冷激式合成塔

冷激式合成塔外筒形状为上小下大的瓶式，在缩口部位密封，以便解决大塔径造成的密封困难。内件包括四层催化剂、层间气体混合装置(冷激管和挡板)以及列管换热器。根据塔中气流流动方向又分为轴向(气流自上而下或自下而上)冷激式合成塔(图6-15)和径向(气流横向流动)冷激式合成塔(图6-16)。

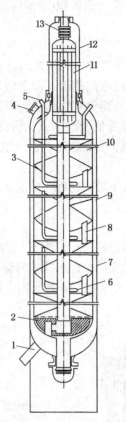

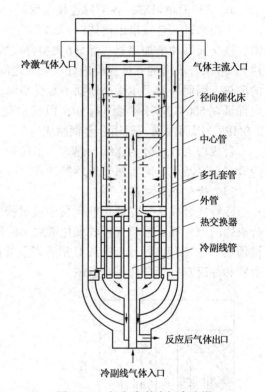

冷激气体入口　　　　气体主流入口

径向催化床

中心管

多孔套管

外管

热交换器

冷副线管

反应后气体出口

冷副线气体入口

图 6-15　轴向冷激式氨合成塔
1—塔底封头接管；2—氧化铝球；3—筛板；
4—人孔；5—冷激气接管；6—冷激管；
7—下筒体；8—卸料管；9—中心管；10—催化剂筐；
11—换热器；12—上筒体；13—波纹连接管

图 6-16　径向冷激式氨合成塔

思考题

1. 工业合成氨的原料主要有哪些？合成氨的生产过程主要有哪些步骤？

2. 造气的任务是什么？在造气炉内造气阶段主要进行哪些反应？欲生产优质的半水煤气，温度如何控制？

3. 从节能的观点出发，分析固定床间歇造气为什么分五个阶段进行？

4. 脱硫主要有哪些方法？其优缺点各是什么？

5. CO 变换反应的最佳工艺条件如何选择？

6. 脱碳主要有哪些方法？

7. 研究合成氨反应的热力学基础时，为什么要研究平衡常数？影响平衡氨含量的因素有哪些？

8. 氨合成反应的催化剂是什么？主要成分有哪些？如何用速率方程解释温度、压力对反应速率的影响？

9. 什么类型的反应需讨论最适宜温度，为什么？

10. 试比较氢氮比对化学平衡和化学反应速率有什么不同影响。

11. 空间速度的大小与转化率、产量之间有什么联系？

12. 铜氨洗液的主要成分是什么？写出铜氨液吸收 CO 的化学反应方程式。

第7章 煤化工

煤化工是指以煤为原料，经化学加工使煤转化为气体、液体和固体燃料以及化学品的过程。其加工主要包括煤的气化、液化、焦化以及焦油加工和电石乙炔化工等。

煤化工开端于18世纪中叶，19世纪形成了完整的工业体系。其中煤焦化是应用最早，至今仍然使用的重要方法，其主要目的是制取冶金用焦，同时得到副产品煤气和苯、甲苯、二甲苯、萘等芳香烃；煤气化主要制取城市煤气、各种燃料气和合成气；煤的液化主要生产液体燃料。

§7-1 概　述

煤是由高等植物经过生物化学、物理化学和地球化学作用转变而形成的固体有机可燃的矿产物。植物成煤的煤化序列经历了泥炭(腐泥)→褐煤→烟煤→无烟煤几个阶段。

§7-1.1 煤的组成和性质

煤是复杂化合物的混合物，成煤植物的组分均参与了煤的形成，其中主要有纤维素和木质素。煤的化学成分主要是碳，其次是氢，还有氧、氮和硫等元素。碳含量随煤化度的增高而增大，年轻褐煤碳含量约为70%左右，而无烟煤则在92%左右，与之相应的氧含量由30%左右降至2%左右，氢含量由8%左右降至4%左右。氮、硫的含量与煤化度无关，通常氮含量为0.5%~2%，硫含量为0.5%~3%。

从煤的结构来看，煤大分子是由若干结构相似、但又不完全相同的基本结构单元通过桥键连接而成。基本结构单元主体为缩合的芳香核。单元中非芳香碳为氢化芳环、环烷环、烷基侧链、含氧官能团和氮、硫等杂原子。

泥炭中缩合芳香环数小，侧链长，有较多的脂肪烃结构和含氧官能团。褐煤中有较多的—OH、—C═O、—COOH和—OCH₃。烟煤中只有较少的—OH、—C═O。煤中硫以噻吩、—SH、—S—形式存在，氮以氨基、吡啶和杂环形式存在。

联系基本结构单元之间的桥键是—CH₂—、—O—、—S—以及芳香C—C键，通过桥键形成了相对分子质量大小不一的大分子化合物。

大分子之间由交联键连接形成空间结构。交联键是—C—C—、—O—、化学键、范德华力和氢键。在煤大分子空间结构中有许多内表面积大的微孔。

煤的性质通常是指煤的物理性质、化学性质和工艺性质。物理性质包括煤的密度、表面性质(润湿性、表面积、孔隙度)、光学性质(折射率、反射率)、电性质(电导率、介电常数)、磁性质、热性质(比热容、热导率、热稳定性)和机械性质(硬度、脆度、耐磨性)。化学性质是指煤与各种化学试剂在一定条件下发生化学反应的性质，以及煤用不同溶剂萃取的性质。工艺性质包括黏结性、结焦性、发热量、反应性、焦油产率、可选性和灰熔点及熔融灰的黏度。

煤长期堆放在空气中易氧化，甚至导致自燃，放出热量，黏结性降低，这种现象称为风化。煤在氧化剂存在下，经轻度氧化生成腐植酸，深度氧化生成低分子有机酸，剧烈氧化生成 CO_2、CO 和 H_2O；煤在一定压力和氢气下加热，会发生氢化反应，使煤增加黏结性和结焦性；在有机溶剂和催化剂存在下可以得到液化油；和氯、溴等卤素可发生取代和加成反应；与浓硫酸作用可得磺化煤。

§7-1.2　煤的分类

煤从不同的角度出发有不同的分类方法。煤的工业分类是根据在实验室条件下测得的可燃性挥发物的产率及胶质层的厚度。可燃性挥发物产率决定煤化变质程度，而胶质层厚度则在一定程度上反映煤的黏结性。工业用煤主要类别见表7-1。

表7-1　工业用煤的类别

类　　别	可燃性挥发分产率/%	胶质层厚度/mm	黏　结　性
褐　煤	>40	—	不黏结
气　煤	>37	5~25	弱黏结性,焦炭收缩性大,块小易碎
肥　煤	26~37	>25	黏结性较好
焦　煤	18~26	12~25	强黏结性
瘦　煤	14~20	成块~12	弱黏结性
无烟煤	<10		不黏结

褐煤是煤化度最轻的煤，一种介于泥炭与沥青煤之间的棕黑色、无光泽的低级煤，主要用于造气和低温干馏。无烟煤是煤化程度最大的煤，碳含量高，挥发分产率低，密度大，硬度大，燃点高，燃烧时不冒烟，主要作为民用，也可用于生产水煤气。气煤、肥煤、焦煤和瘦煤为可挥发分和黏结性各不相同的烟煤，可用作锅炉燃料及炼焦。

§7-2　煤 的 气 化

§7-2.1　概述

煤气化是煤与气化剂在高温常压或高压下作用转化成气体混合物的过程，通过气化把煤完全转化为可燃气体。煤气化过程包含了煤的热解、半焦气化等。原料煤可以是褐煤、烟煤和无烟煤，生产的混合气中含有 CO、CO_2、H_2、CH_4 和水蒸气，若气化剂为空气时，还有 N_2。煤的气化剂及煤的用途见图7-1。

1. 煤气的分类

根据煤气的成分不同，可分为发生炉煤气和水煤气、合成气和还原气、城市煤气和焦炉煤气、富气和合成天然气。

水煤气是用水蒸气作气化剂而制得的煤气；发生炉煤气是同时往发生炉内吹送水蒸气和空气得到的产物。水煤气的组成，CO_2 5%、H_2 50%、CO 40% 和 N_2 5%，其热值为 10.5~12.2MJ·m^{-3}；发生炉煤气的组成：CO_2 5%，CO 29%、H_2 10.5% 和 N_2 55%，其热值为4.4~5.12MJ·m^{-3}。

合成气组成与用途有关，合成氨气主要是 N_2 和 H_2 的混合物，且 H_2/N_2 应是 3:1，硫含量小于 10^{-6}，O_2、CO、CO_2 和 H_2O 含量之和小于 $2×10^{-6}~10^{-5}$；而合成甲醇用气的 CO 含量较高，要求(H_2-CO_2)与($CO+CO_2$)之比介于 2~2.2，硫含量要小于 0.1×10^{-6}，其热值为 12.5MJ·m^{-3}。

还原气与合成气相似，气体中 H_2O、CO_2 含量应当少，其热值为 12.5MJ·m^{-3}。

城市煤气要求热值大于 14.6MJ·m⁻³，H_2S 含量小于 20mg·m⁻³，氧含量(体积分率)小于 1%。

富气和合成天然气热值为 25~37MJ·m⁻³。

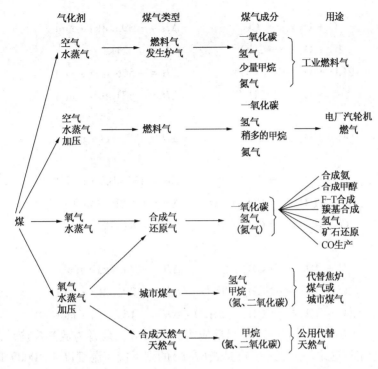

图 7-1　煤的气化剂和煤气用途

2. 原料煤对煤气化的影响

原料煤的性质对气化过程有明显的影响，因而在选择气化原料时应考虑：

① 水分　对逆流操作的固定床气化炉可以处理水分高的褐煤，而对于沸腾床气化炉煤的水分不能超过 10%~15%。

② 灰分和灰熔点　在逆流气化炉中操作灰分越小越好，其范围 2%~50%。在固定床固态排渣炉中，灰分以机械的方式由炉内排出，要求灰熔点高；而液态排渣时，灰分以熔融态排出，要求灰熔点低。

③ 挥发分　煤的挥发分在气化过程中首先变成煤气、焦油和水分。在逆流固定床炉中，这些成分混入了煤气；在气流床和沸腾床炉中，煤气中的烃类和焦油也发生反应，转化成气体成分。固定炭是煤除去水分、灰分和挥发分的残余物，它是气化反应的主要反应物，其多少和性质直接影响气化反应。

④ 黏结性　煤受热升温到 350~450℃左右时，形成胶质体，发生软化、熔融，有液相产物和煤粒粘在一起，在析出挥发物后固化，形成块状焦炭，这种性质称为黏结性。黏结性好的煤一般不作气化原料。

⑤ 粒度　固定床用块煤，气流床用细粉煤，流化床用粒度小于 6mm 的煤。

§7-2.2　气化原理

1. 气化反应

虽然不同的煤气化方法所采用的工艺各不相同，但它们的基本过程均包括煤料加工、气化反应和煤气净化几个部分。

煤的气化反应是比较复杂的，在气化炉内先后或同时发生氧化燃烧、还原、转化、甲烷化等反应，其基本方程式为

氧化燃烧

$$C + O_2 \longrightarrow CO_2 \qquad \Delta H = -393.8 kJ \cdot mol^{-1} \qquad (7-1)$$

$$2C + O_2 \longrightarrow 2CO \qquad \Delta H = -221 kJ \cdot mol^{-1} \qquad (7-2)$$

$$2CO + O_2 \Longrightarrow 2CO_2 \qquad \Delta H = -566.4 kJ \cdot mol^{-1} \qquad (7-3)$$

$$2H_2 + O_2 \longrightarrow 2H_2O \qquad \Delta H = -571.6 kJ \cdot mol^{-1} \qquad (7-4)$$

还原

$$C + CO_2 \longrightarrow 2CO \qquad \Delta H = 172.3 kJ \cdot mol^{-1} \qquad (7-5)$$

转化

$$C + H_2O \longrightarrow CO + H_2 \qquad \Delta H = 131.4 kJ \cdot mol^{-1} \qquad (7-6)$$

$$C + 2H_2O \longrightarrow CO_2 + 2H_2 \qquad \Delta H = 90.8 kJ \cdot mol^{-1} \qquad (7-7)$$

$$CO + H_2O \Longrightarrow CO_2 + H_2 \qquad \Delta H = -41.2 kJ \cdot mol^{-1} \qquad (7-8)$$

甲烷化

$$C + 2H_2 \longrightarrow CH_4 \qquad \Delta H = -74.9 kJ \cdot mol^{-1} \qquad (7-9)$$

$$CO + 3H_2 \Longrightarrow CH_4 + H_2O \qquad \Delta H = -206.2 kJ \cdot mol^{-1} \qquad (7-10)$$

$$CO_2 + 4H_2 \Longrightarrow CH_4 + 2H_2O \qquad \Delta H = -165.1 kJ \cdot mol^{-1} \qquad (7-11)$$

式(7-5)、式(7-6)和式(7-7)所示反应为吸热反应，余者为放热反应。式(7-6)所示反应是煤气化的主反应之一，式(7-7)是式(7-6)的副反应，温度高于1000℃时可忽略，式(7-8)所示反应为变换反应，只有在催化剂存在下才以显著速度进行。式(7-9)、式(7-10)和式(7-11)所示反应在加压气化条件下才重要。

在气化过程中，一部分干馏气相产物随着气化条件的不同，直接或经转化变为CO_2、CO、H_2、CH_4等气相产物。

在气化炉进行的气化反应，除部分是气相反应外，大多数是气-固相反应过程。因而气化反应速率与化学反应速率和扩散传质速率有关。

2. 气化方法

原料煤的性质包括煤中水分、灰分、挥发分的含量、黏结性、化学活性、灰熔点、成渣特性、机械强度和热稳定性，以及煤的粒度和粒度分布等，这些性质都对气化过程有不同程度的影响。因此，必须根据煤的性质对气体产物的要求选用合适的气化方法。

根据煤在气化炉中的运动方式可分为固定床、流化床(沸腾床)和气流床三种气化方式。

(1) 固定床气化法

采用一定块径范围的块煤(半焦、焦)或成型煤为原料，气化炉上部加料，料层缓慢下移，同时气化剂由下向上逆流通过。用反应残渣和生成气的显热，分别预热入炉的气化剂和煤，所以气化炉的热效率高。缺点是反应完了的热煤气经煤层时加热煤，使煤发生干馏，产生的焦油和酚等随煤气一同由气化炉出来，从而导致了煤气净化和酚水处理变复杂化。对于黏结性原煤，气化炉还需设置破黏装置。

固定床气化法有常压和加压两种方法，具有代表性的是鲁奇式固定床加压气化法。

鲁奇式固定床加压气化法的主要设备是鲁奇气化炉，它是德国鲁奇煤和石油技术公司在

1926年开发的一种加压移动床煤气化设备。其特点是煤和气化剂(水蒸气和氧气)在炉内逆流接触,煤在炉中停留时间1~3h,压力为2.0~3.0 MPa,能耗少,煤气热值高。其缺点是只能用一定粒度的原料,较低粒度的粒子会降低生产能力;气化的同时进行热解,生成的低温干馏产品需加以处理。

鲁奇气化炉为立式圆筒形结构(见图6-7),炉体由耐热钢板制成,有水夹套,副产水蒸气。煤自上而下移动,先后经历干燥、干馏、气化、部分氧化和燃烧等几个区域,最后变成灰渣由转动炉栅排入灰斗,再减压至常压排出。气化剂则由下而上通过煤床,在部分氧化和燃烧区与该区的煤层反应放热,达到最高温度点并将热量提供给气化、干馏和干燥用。粗煤气最后由炉顶引出炉外。煤层最高温度必须控制在煤的灰熔点以下。煤的灰熔点高低决定了气化剂 H_2O/O_2 比例的大小,高温区的气体含 CO_2、CO 和 H_2O,进入气化区进行吸热反应,再进入干馏区,最后通过干燥区出炉。粗煤气的出炉温度一般在250~500℃之间。粗煤气引出后要在洗冷塔中进行水洗冷却,以便除尘和脱除焦油。焦油和灰尘在焦油分离槽内分离出,粗煤气重新返回气化炉进行气化反应。煤气经变换之后达到要求的 CO:H_2 比例,最后进行甲醇洗炉气净化处理。粗煤气变换是根据 CO:H_2 的期望值进行的,为了减少变换反应水蒸气的消耗费用,可以利用出炉粗炉气中含有的水煤气,使热的粗煤气进行变换反应,其催化剂是钴、钼,在温度380~460℃下进行。经处理后的气体组成(体积分率)为:H_2 37%~39%、CO 17%~18%、CO_2 32%和 CH_4 8%~10%,经过加工处理后可用作城市煤气和合成气。

(2)沸腾炉气化法

采用一定粒度范围的细粒煤(粒径0.5~3 mm)为原料,进入炉内的气化剂使煤粒呈悬浮(流化)状态。流化床中混合、传热都很快,所以整个床层温度分布均匀。其优点是可连续生产,温度分布均匀,温度调节快,炉子结构简单,投资低。缺点是反应过程中有返混现象,反应温度受原料灰熔点的限制。因此,该法只用于褐煤及反应性好的年轻烟煤气化。黏结性煤在加热时易黏结形成块团,因而也不能使用该炉气化。

沸腾床气化法的主要设备是温克勒气化炉,它是以德国人 F.温克勒命名的一种煤气化炉,1926年在德国工业化。其特点是用气化剂(氧和水蒸气)与煤以沸腾床方式进行气化。原料煤要求粒径小于1mm 的在15%以下,大于10mm 的在5%以下,并具有较高的活性,不黏结,灰熔点高于1100℃。常压操作温度为900~1000℃,煤在炉中停留时间0.5~1.0h,生成气中不含焦油,但带出的飞灰量很大。

温克勒炉是立式圆筒形结构,见图7-2。炉体用钢板制成,煤用螺旋加料器从气化炉沸腾床中部送入,气化剂从下部通过固定炉栅吹入,在沸腾床上部二次吹入气化剂,干灰从炉底排出。整个床层温度均匀,但炉灰中未能转化的碳含量较高。改进的温克勒炉将炉底改为无栅锥形结构,气化剂由多个喷嘴射流喷入沸腾床内,改善了流态化的排灰工作状况。

温克勒炉的优点是炉气生产能力弹性大,氧气耗量低,气化炉起停作业简单,运行可靠,原料煤处理费用低,粉煤可全部利用,即使灰分为40%的

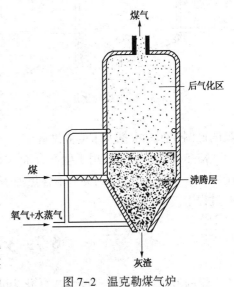

图7-2 温克勒煤气炉

煤也可使用。缺点是由于低压生产与高压比不经济，难以用黏结性煤，气化温度必须低于灰熔点，难以气化低灰熔点煤，灰中含碳量高。

温克勒炉以高活性煤为原料，生成气的组成（体积分率）为：H_2 35%~46%、CO 30%~40%、CO_2 13%~25%和CH_4 1%~2%。目前多用于制备H_2、氨原料气和燃料煤气。

（3）气流床气化法

采用粉煤为原料，同气化剂一起喷入气化炉内，反应温度很高，灰分呈熔融状排出。与固定床气化法相比，其优点：利用粉煤为原料比块煤价格低廉；可以使用各种煤，不受黏结性限制；无焦油、酚、脂肪酸等副产物，因而不需进行处理；可以用液态或气态烃代替煤为原料。缺点是对灰熔点高的煤，为了液态排渣，气化温度较高，难以选择炉的内衬材料；由于燃料中灰分高，气化率与固定床相比要低；粉煤的加入和排渣技术要求比较复杂。

气流床气化法的主要气化设备同样是气化炉，目前主要有K-T气化炉和德士克气化炉，在此仅介绍K-T气化炉。

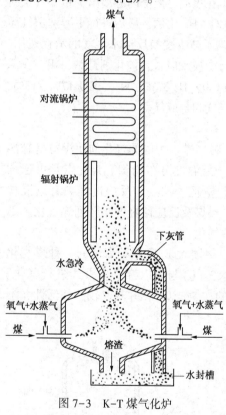

图7-3　K-T煤气化炉

K-T煤气化炉是德国克虏伯-柯柏斯公司和工程师F.托策克1952年开发的一种高温气流床熔融排渣煤气化设备，采用气-固相并流接触，煤和气化剂在炉内停留仅几秒钟，压力为常压，温度大于1300℃。

K-T煤气化炉的结构为卧式橄榄形，见图7-3。其上部有废热锅炉，利用余热生产副产水蒸气。壳体由钢板制成，内衬耐火材料。煤粉通过螺旋加料或气动加料与气化剂混合，从炉子两侧或四侧水平方向以射流形式喷入炉内，立即着火进行火焰反应。中心温度可达2000℃，炉内最低温度控制在煤的灰熔点以上，以保证顺利排渣。进料射流速度必须大于火焰传播速度，以防回火。灰渣中一半以熔渣形式从炉底渣口排入水封槽，另一半随生成气带出炉外。生成气出炉口时，先用水或水蒸气急冷到熔渣固化点（1000℃）以下，防止黏结在炉出口的炉壁上，然后进入对流锅炉进一步回收废热，最后去除尘和净化系统。

K-T法对原料煤要求条件少，粉煤粒度小于0.1mm，对不同原料煤可以允许一定数量的大粒子煤。粉煤用氮气送入加料前粉煤槽，用给料机并吹入氧气和水蒸气把煤送入反应室。氧气、水蒸气与原料煤的比例控制是根据要求的温度确定。

K-T煤气化炉主要用于生产合成气。生成气的组成（体积分率）大致为：CO 58%、CO_2 10%、H_2 31%和CH_4 0.1%，不含焦油等干馏产物，适宜作合成氨和甲醇等原料气和其他还原过程用气。

§7-3　煤 的 液 化

煤的液化是指煤经化学加工转化为液体燃料的过程。煤的液化方式主要分为直接液化和间接液化两大类。

煤的直接液化是根据煤与石油烃相似、组成中碳多氢少的特点，采用加氢的方法由煤直接制取液态烃。这些液态烃中主要含芳烃，其次是环烷烃以及部分脂肪族烃化合物，可作为化工原料和动力燃料。加氢反应通常是在高温高压和有催化剂作用的条件下进行。氢气通常由煤或液化残煤的气化制取。各种直接液化方法的区别在于加氢深度和供氢方法不同。

煤的间接液化是指以煤气化产物合成气（CO+H₂）为原料在催化剂存在下合成液体燃料或化学品的过程。由 CO 和 H₂ 可以合成各种产品，产品的构成主要取决于催化剂的选择性和相应的反应条件。间接液化的产物主要是脂肪族烃化合物，可作柴油和航空涡轮机燃料。间接液化过程是强放热过程，因此各种间接液化方法的区别在于催化剂的选择与反应热移除方式的不同。

§7-3.1 煤的直接液化

煤的直接液化是将煤在氢气和催化剂作用下通过加氢裂化转化为液体燃料的过程。因过程主要采用加氢手段，故又称煤的加氢液化法。

煤的直接液化技术早在 19 世纪就开始了研究。1869 年，M. 贝特洛用碘化氢在温度 270℃下与煤作用得到了烃类油和沥青状物质。1914 年德国化学家 F. 柏吉斯研究在氢加压下煤的液化，并获得专利。1926 年德国法本公司用柏吉斯法建成了一座由褐煤高压加氢液化制液体燃料的工厂。随后许多国家都对煤的直接液化进行了研究，直到 1973 年受石油价格的影响，煤的直接液化研究才取得了巨大突破，开发出了溶剂精炼煤法、埃克森供氢溶剂法、氢煤法等方法。

1. 埃克森供氢溶剂法

简称 EDS 法，是美国埃克森研究和工程公司 1976 年开发的技术。原理是借助供氢溶剂的作用，在一定温度和压力下，将煤加氢液化成液体燃料。其工艺流程主要包括原料混合、加氢液化和产物分离等几个部分，流程见图 7-4。首先将煤、循环溶剂和供氢溶剂（即加氢后的循环溶剂）制成煤浆，与氢气混合后进入反应器。反应温度 425～450℃，压力 10～

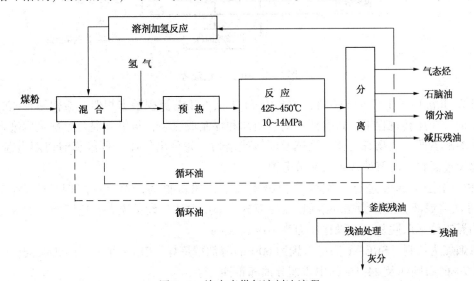

图 7-4　埃克森供氢溶剂法流程

14MPa，停留时间 30~100 min。反应产物经蒸馏分离后，残油一部分作为溶剂直接进入混合器，另一部分在另一个反应器进行催化加氢以提高供氢能力。

溶剂和煤粉分别在两个反应器加氢是 EDS 法的特点。在上述条件下，气态烃和油品总产品为 50%~70%（对原料煤），其余为釜底残油。气态烃和油品中 C_1~C_4 约占 22%，石脑油约占 37%，中油（180~340℃）约占 37%。石脑油可用作催化重整原料或加氢处理后用作汽油调和组成。中油可作为燃料使用，用于车用柴油机时需进行加氢处理以减少芳烃含量。减压残油通过加氢裂化可得到中油和轻油。

2. 溶剂精炼煤法

简称 SRC 法，是将煤用溶剂制成浆进入反应器，在高温和氢压下，裂解和解聚成较小的分子。根据加氢深度的不同可分为 SRC-Ⅰ 和 SRC-Ⅱ 两种。

SRC-Ⅰ 的流程见图 7-5，它是以生产固体、低硫、无灰的溶剂精炼煤为主，其产品用作锅炉燃料，也可用作炼焦配煤的黏合剂、炼铝工业的阳极焦、生产碳素材料的原料或进一步加氢裂化生产液体燃料。

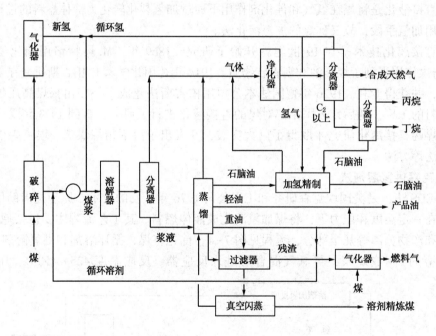

图 7-5 SRC-Ⅰ 法流程

SRC-Ⅱ 法用于生产液体燃料，与 SRC-Ⅰ 方法的工艺流程基本相似。最初用石油的重质油作溶剂，在运转过程中以自身产生的重质油和煤制成煤浆，与氢气混合，预热后进入溶解器，从溶解器所得产物有气体、液体及固体残余物。先分出气体，再经蒸馏切割出馏分油，釜底物经过滤将未溶解的残煤及灰分分离。

SRC-Ⅰ 法将滤液进行真空闪蒸分出重质油，残留物为产品——溶剂精炼煤（SRC）。SRC-Ⅱ 法将滤液直接作为循环溶剂。固-液分离采用过滤，设备庞大，速度慢。近些年来采用超临界流体萃取脱灰法，操作压力为 10~14 MPa。

以烟煤为原料，SRC-Ⅰ 法可得到约 60% 的溶剂精炼煤。SRC-Ⅱ 法可得到 10.4% 的气态烃、2.7% 的石脑油及 24.1% 的中质馏分油和重油。

§7-3.2 煤的间接液化

煤的间接液化是以煤为原料，先气化制成合成气，然后通过催化剂作用将合成气转化成烃类燃料、醇类燃料和化学品的过程。

煤的间接液化工艺流程主要包括煤气化、气体净化、合成及产品分离、改质等部分（见图7-6）。其中，煤气化部分投资占总投资的70%~80%，同时，高选择性催化剂及与其匹配的反应器的选择，对提高过程热效率、增加目的产物收率和改善经济效益起着重要作用。其特点：可以利用任何廉价的碳资源制取 CO 和 H_2；可以根据油品市场的需求调节产品结构；生产灵活性较强，可以独立解决其一特定地区（无石油炼厂地区）各种油品的要求；工业过程中的各单元与石油炼制工艺相似，有丰富的操作运行经验可借鉴。

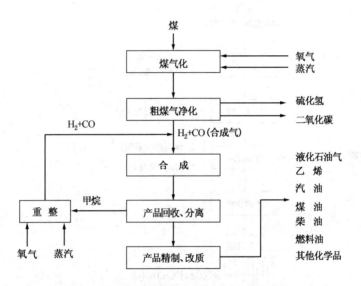

图7-6 典型的煤间接液化流程

煤间接液化比较成熟的技术是费托合成技术，它是 1923 年才开发成功的。采用这一将 CO 与 H_2 合成烃类燃料的技术，20 世纪 50 年代先后建成了 SASOL-Ⅰ、SASOL-Ⅱ和 SASOL-Ⅲ 大型合成厂（SASOL——South African Cool，Oil & Gas Crop）。

1. 费托合成工艺

费托合成工艺流程如图7-7所示。在气化过程中，由煤或焦炭生成合成气，气化剂是氧气和水蒸气。在煤气加工过程和煤气净化过程中，调整 H_2/CO 摩尔比，并脱去硫。在合成反应过程中，由于反应放热，可产生大量水蒸气。合成产物经分离、洗涤和精制得到各种产品。

2. 反应原理

费托合成基本反应是 CO 与 H_2 的加成反应

$$n\text{CO}+2n\text{H}_2 \longrightarrow \text{·}\!\!\!-\!\!\text{CH}_2\!\!-\!\!\text{·}_n +n\text{H}_2\text{O} \qquad \Delta H=-158\text{kJ}\cdot\text{mol}^{-1}(250℃) \qquad (7-12)$$

工业上用铁作催化剂，在催化剂作用下，生成的水蒸气与未反应的 CO 进行下述反应

$$\text{H}_2\text{O}+\text{CO} \longrightarrow \text{CO}_2+\text{H}_2 \qquad \Delta H=-39.5\text{kJ}\cdot\text{mol}^{-1}(250℃) \qquad (7-13)$$

3. 催化剂

费托合成用的催化剂主要有铁、钴、镍和钌等。目前用于工业上的只有铁催化剂。铁催化剂的最佳反应条件为：温度 200~350℃，压力 1~3MPa。铁催化剂加锰和钒对合成低分子烃类具有良好的选择性；铁催化剂加钾（K_2CO_3），在合成低分子产品时，可在较高温度（320~340℃）下进行；碱性催化剂有利于生成高级烯烃和含氧化合物。

铁催化剂是通过磁铁矿与助熔剂熔化，然后用氢进行还原制成。在反应过程中，铁分解成氧化物（Fe_3O_4）和各种碳化物（Fe_3C、Fe_2C 和 FeC）。碳化物与析出的游离炭，可以导致催化剂失活，因而催化剂上炭的析出就形成了一定产品选择性控制的极限条件。铁催化剂的一个明显特点是反应温度高（220~350℃），与镍、钴和钌催化剂相比，在此温度范围内表现出对 C—C 键裂解的氢解活性较小。

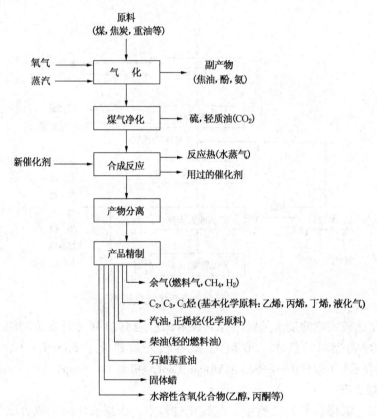

图 7-7　费托合成工艺框图

煤的费托间接液化产物与反应条件密切相关，若提高反应温度，增加合成气的 H_2/CO 比，降低铁催化剂的碱性，减小总压力，将使产物分布向低碳烃推移；提高反应温度，提高 H_2/CO 比值，将使链分叉程度增大；合成气中 CO 含量高，空速大，合成气转化率低，使用碱性催化剂能使反应产物中烯烃含量增加；采用固定床、碱性铁催化剂和中压低温，则产物主要为固体蜡；采用气流床时汽油是主要产品；以铁为催化剂，在采用高温低压和较弱碱性催化剂和富氢原料时，可生成富 CH_4 和 $C_2~C_4$ 烃组分的产物。

综上分析，费托合成反应产物组成完全由动力学控制，催化剂的性质和反应条件具有决定性作用。

220

§7-4 煤 的 焦 化

煤在焦炉内隔绝空气加热到1000℃，可获得焦炭、化学产品和煤气。此过程称为高温干馏或高温炼焦，一般简称炼焦。

炼焦所得化学品种类很多，芳香族化合物几乎全有，主要成分为：硫胺、吡啶碱、苯、甲苯、二甲苯、酚、萘、蒽和沥青等。炼焦工业不仅能为化肥、农药、合成纤维、塑料、炸药和医药工业提供不同的原料，而且其主产品焦炭还是钢铁工业的主要原料。

§7-4.1 煤的成焦过程

烟煤是复杂的高分子有机化合物的混合物，它的基本结构单元是聚合芳核，在芳核的周边带有侧链。年轻的烟煤芳核侧链多，年老的少。煤在炼焦过程中，随着温度的升高，连在核上的侧链不断脱落分解，芳核本身则缩合并稠环化，反应最终形成煤气、化学产品和焦炭。在化学反应的同时，伴有煤软化形成胶质体，胶质体固化黏结，以及膨胀、收缩和裂纹等现象。

煤的成焦过程可分为煤的干燥预热（<350℃），胶质体形成（350～480℃），半焦形成（480～650℃）和焦炭形成（650～950℃）四个阶段。

1. 煤的黏结与成焦

煤经过胶质体状态转变为半焦的过程称为黏结过程。而由煤形成焦炭的过程称为成焦过程。黏结过程是成焦过程的必经步骤。

研究表明，颗粒状煤的黏结过程发生于煤粒之间的交界面上，煤在热分解过程中形成的胶质体，在煤粒的界面上进行扩散，使分散的煤粒间因缩合力作用而黏结在一起形成半焦。煤粒间的黏结过程既是一个物理过程又是一个化学过程。

将半焦由550℃加热到1000℃时，半焦继续热分解，放出气体使重量减轻。在这个阶段形成的挥发分的数量几乎占煤挥发分总产率的50%，减轻的重量可占原煤重量的20%～30%，但半焦体积减小引起的收缩不能与重量减轻相适应，从而使得整块半焦碎裂和形成焦炭块。焦炭的质量取决于裂纹和气孔的多少、气孔壁的厚度及焦炭的强度。焦炭的强度取决于煤的黏结性和气孔壁的结构强度。

2. 焦炭裂纹与气孔的形成

焦炭裂纹的生成，除重量减轻与体积减小不相适应、产生内应力的作用外，煤料在炼焦炉中的结焦过程是一层一层地进行，收缩速率是渐增的，当达到最大值后，则收缩速度减小。因而处在结焦过程的不同阶段的相邻各层的收缩速度不同；另外炭化室中温度是分布不均匀的，产生了温度梯度，使层间收缩不同，造成了收缩梯度。由于收缩速度不同，在相应各层中产生了应力，而使焦炭形成裂纹。煤的结焦性和炉内温度梯度是影响裂纹的主要因素。

煤种不同，性质不同，制得的半焦及焦炭在进一步加热时收缩动态也不相同。气煤制得的半焦开始收缩温度最低，并且在刚开始形成很薄的半焦时（500℃）就达到最大收缩速度，加热至1000℃时的最终收缩量也最大。故气煤焦炭的裂纹最多、最宽也最深，焦块细长而易碎。肥煤的半焦裂纹生成情况类似气煤半焦，不同之处在于，当收缩速度最大时，半焦层已较厚，气孔壁也厚些，韧性也好些，故裂纹少些、窄些也浅些，焦炭的块度和强度也大些。焦煤的半焦在600~700℃才达到最大收缩速度，此时半焦层已较厚，其气孔壁也厚，韧性也大，加之最大收缩速度和最终收缩量也小，故焦煤半焦的裂纹少、块大和强度高。瘦煤半焦的收缩类似焦煤半焦，故焦炭裂纹少、块大。但瘦煤因黏结，致使熔融不好，造成焦炭耐磨性差。

气孔率、气孔大小和气孔壁的厚度对焦炭的影响较大，一般情况下，气孔愈多和愈大，气孔壁愈薄，焦炭强度就愈差。

3. 煤在炼焦过程中的形态变化

煤在隔绝空气下进行高温热解时，随着温度的升高而引起一系列形态变化。

① 干燥和预热　在100℃左右开始水分蒸发，温度继续上升，在100~200℃，放出吸附在煤中的CH_4和CO_2等气体。

② 开始分解　当温度上升到200~350℃时，煤中某些组分开始分解，生成H_2O、CO、CO_2和CH_4等气体，同时还有少量焦油逸出。

③ 生成胶质层　当温度升高到350~480℃时，煤进一步分解，生成焦油状的黏稠液体，由这种液体与固体的煤粒及气泡所构成的混合体称为胶质体。由于胶质体的出现使煤料软化并具有可塑性，同时由于胶质体的产生才使固相颗粒黏结，最后形成一定强度的块状焦炭。因此，在焦化过程中，能否形成胶质体是作为炼焦原料煤的必要条件。此外，胶质体的热稳定性和黏度也因原料煤的种类不同而有所不同，这些对生产焦炭的质量都有直接影响。在这个阶段，随着温度的升高继续分解，生成大量的煤气和焦油。

④ 胶质体的固化　当温度达480~550℃时，胶质体固化成半焦，此时继续产生大量煤气，而焦油的逸出逐渐减少。

⑤ 半焦收缩形成焦炭　当温度升高到550℃以上时，焦油停止逸出，而仍然继续分解放出气态产物，同时半焦开始收缩并产生裂纹；当温度达到800℃时，分解反应基本停止；当温度达到950~1000℃时，一部分炭变成石墨结晶而得到坚硬的焦炭。

在实际生成过程中，上述过程是在炼焦炉内的炭化室两侧高温炉壁之间进行的。装入炭化室的原料煤与高温炉壁接触的部分，首先急剧受热干燥，并软化形成胶质体；接着胶质体受热分解放出大量气体；随着时间的延长，胶质体逐渐向中心移动，而胶质层外侧与炉壁之间的胶质固化形成多孔性半焦，半焦进一步受热成为焦炭。由于胶质体和半焦的导热系数很小，胶质层内侧至炭化室中心升温较慢，当靠近炉壁的煤料已变成焦炭时，中心部分的煤料尚处于被预热和干燥阶段。随着胶质层向中心移动，煤的干燥预热区逐渐缩小，最后两侧胶质层在炭化室的中心会合，并依次转变成半焦和焦炭。

4. 炼焦过程中的化学变化

煤的焦化过程，由于加热温度不同，所得煤气、焦油和焦炭等产品的数量和组成也不相同。在500~600℃的低温热解过程中，煤分解生成的焦油主要由烷烃、烯烃、环烷烃、芳烃类以及酚类构成；煤气中主要是甲烷、乙烷、乙烯及一氧化碳，氢的含量相对比较少；分解后的残渣固体为半焦。在高于800℃的高温炼焦过程中，焦油中含较多的苯、萘、蒽和菲等芳烃；煤气中主要含CH_4、H_2、CO和C_nH_m。

习惯上将煤在500~600℃下热分解所得的产物称为一次热解产物，在800℃以上热分解所得的产物称为二次热解产物。一次热解产物与二次热解产物在产量和组成上有很大不同，其原因是二次热解是在一次热解基础上进行的，一次热解产物在穿过灼热的焦炭层时，又进一步发生了化学反应。这些化学反应可归纳为：

222

① 烃类裂解和脱氢

$$CH_3CH_2CH_2CH_2CH_2CH_3 \longrightarrow CH_3CH_3 + CH_3CH_2CH=CH_2$$

$$CH_3CH_2CH_2CH_3 \longrightarrow CH_4 + CH_3CH=CH_2$$

$$CH_3CH_2CH_3 \longrightarrow CH_3CH=CH_2 + H_2$$

$$CH_3CH_3 \longrightarrow CH_2=CH_2 + H_2$$

$$CH_2=CH_2 \longrightarrow C + CH_4$$

$$CH_4 \longrightarrow C + 2H_2$$

② 烃类的环烷化

$$CH_3CH_2CH_2CH_2CH=CH_2 \longrightarrow \bigcirc$$

③ 环烷烃的芳构化

$$\bigcirc \longrightarrow \bigcirc +3H_2$$

④ 芳环的侧基脱除

$$HO-\bigcirc-CH_3 \longrightarrow \bigcirc-CH_3 + H_2O \ , \ \bigcirc-CH_3 \longrightarrow \bigcirc +CH_4$$

⑤ 多环芳烃的形成

$$2\ \bigcirc \longrightarrow \bigcirc-\bigcirc +H_2$$

§7-4.2 配煤及焦炭质量

1. 配煤

我国煤炭资源十分丰富，遍及全国各地，但对这些资源分析不难发现我国煤炭资源具有如下特点：

① 高挥发分黏结煤储量较多，灰分和硫分较低，易洗选；但挥发分高，收缩大不利于炼焦。

② 肥煤有一定的储量，黏结性好，但不少肥煤灰分高，含硫量大，难于洗选。

③ 焦煤具有提高焦炭强度的作用，但储量不大，灰分高，难洗选。

这些特点决定了我国很少用某一种煤进行炼焦，而是采用多种煤配合炼焦，因而配煤就成为炼焦的一个重要环节。

目前根据研究表明，由高挥发分弱黏结煤形成的焦炭，具有较大的气孔，气孔壁薄，反应性强，在焦炉内变脆龟裂而生成大量粉末；由强黏结性煤形成的焦炭，其气孔均匀且致密，呈现网状和纤维状结构，反应性适中，焦炭具有较好的机械强度；此外，炼焦煤料中黏结组分与瘦化组分的配比失调，易形成裂纹中心，焦炭易碎裂，因此，要得到高质量的焦炭，选择合适的炼焦煤料十分重要。

目前我国炼焦配煤指标一般要求配合煤干燥、无灰基，挥发分在28%~32%，胶质层厚度约为16~20 mm，配煤指标可按单种煤的指标采用加权平均进行推算，也可将配合煤直接测定。

确定配煤比的同时，应注意：

① 应根据本地区煤炭资源的特点，炼制使用部门所要求的焦炭。

223

② 考虑煤炭的供需平衡和运输条件，充分利用肥煤和焦煤，适当地配入瘦煤，尽可能地扩大气煤使用量。

③ 选用的配煤在炼焦时不应产生过大的膨胀力。

④ 尽量使用本地区煤炭，缩短运输距离，降低成本。

⑤ 应选择低硫分和灰分的煤。

配煤的主要指标有：灰分、硫分、挥发分产率、胶质层厚度。

① 配煤的灰分　配煤中的灰分在炼焦时几乎全部残留在焦炭中，所以配煤的灰分是炼焦的重要质量指标。在炼焦过程中，如果要求焦炭灰分不大于 12.5%，则配煤灰分应小于 9.4%（一般配煤成焦率在 75% 左右）。此外，大颗粒灰分易使焦炭产生裂纹，耐磨性降低。在生产过程中，一般要求配煤的灰分小于 10%。

② 配煤的硫分　硫在煤中主要以黄铁矿、硫酸盐及硫的有机化合物三种形式存在，通过一般的洗选只能除去黄铁矿和硫酸盐中的硫，硫的有机物仍然留在煤中。通过炼焦约有 20% 的硫残留在焦炭中，因而要求炼焦配煤的硫分应小于 1.0%。

③ 配煤的挥发分产率　工业炼焦配煤的挥发分产率可控制在 28%~32%。

④ 配煤的胶质层厚度　工业炼焦生产中，胶质层最大厚度多选用 10~20 mm，有的厂也选用 13~14 mm 的配煤。

在选择配煤方案时，应充分考虑煤的膨胀力不能超过安全限度，以免炼焦炉被胀坏。另外，焦炭的机械强度除了由配煤性质决定外，还与配煤在炭化室中的堆积密度和炼焦工艺条件有关。

2. 焦炭质量

焦炭主要用于冶金工业，它的质量好坏对冶金产品影响很大。为此，衡量焦炭质量好坏的指标主要体现在可燃性好、发热值高、化学成分稳定、灰分低、硫磷杂质少、粒度均匀、机械强度高、耐磨性好、气孔率高等。

（1）化学成分

焦炭的化学成分除碳外，还含有灰分、硫分、挥发分、水分和磷分。用途不一样，含量要求也不一样，见表 7-2。

表 7-2　焦 炭 质 量

类　别	灰　分/%	硫　分/%	挥发分/%	水　分/%	磷　分/%
高　炉	<15	<1	<1.2	<6	<0.005
铸　造	<12	<0.8	<1.5	< 5	—

灰分越低越好，灰分每降低 1%，炼铁焦比可降低 2%，渣量减少 2.7%~2.9%，高炉增产 2.0%~2.5%。硫分在冶炼过程中转入生铁中，使生铁变脆，同时加速铁的腐蚀，大大降低铁的质量。一般来讲，硫分每增加 0.1%，熔剂和焦炭的用量将分别增加 2%，高炉的生产能力则降低 2%~2.5%。挥发分是鉴别焦炭成熟度的一个重要指标，成熟焦炭的挥发分为 1% 左右，挥发分高于 1.5% 则为生焦。焦炭的水分一般为 2%~6%，焦炭的水分要稳定，否则将引起高炉的炉温变动。焦炭中的碱性成分对焦炭在高炉中的形状影响很大，严重影响焦炭的强度，因而要求控制焦炭中的碱性（K_2O 和 Na_2O）成分含量。

（2）机械强度

焦炭的机械强度包括耐磨强度和抗碎强度，通常用转鼓测定。我国采用米库姆转鼓试验方法测定，并用 M_{40} 和 M_{10} 来表示。当转鼓焦样大于 60 mm，50 kg，以鼓内大于 40 mm 焦块百分数作为抗碎强度，用 M_{40} 表示；以鼓外小于 10 mm 焦粉的百分数为耐磨强度，用 M_{10} 表示，详见表 7-3。

表 7-3　焦炭强度与等级

	级　　别			
	I	II	III_A	III_B
M_{40}	≥ 76.0	≥ 68.0	≥ 64.0	≥58
M_{10}	≤ 8.0	≤ 10.0	≤ 11.0	≤ 11.5

（3）焦炭反应性与气孔率

焦炭在冶金过程中劣化的过程可以描述为：从冶金炉下部开始，强度发生变化，反应性逐步增高；到炉中部，粒度明显变小，含粉量增多。其劣化的原因是气化反应

$$CO_2 + C \longrightarrow 2CO$$

这个反应不仅消耗炭，使气孔壁变薄，而且使焦炭强度下降，粒度变小。因此，焦炭的反应性与它在冶金炉中性状的变化有密切关系。焦炭反应性的测定方法有许多种，目前国内使用的是用 CO_2 测定焦炭的反应性法，即用 200g 尺寸为 20mm±3mm 的焦样，在 1100℃ 的温度下，与 5L·min^{-1} 的 CO_2 反应 2h，用焦炭失重的百分数作为反应性的指标，其反应性指标为 36% 左右。影响焦炭反应性的因素主要有三个：一是原煤的性质，如煤种和煤灰成分等；二是炼焦工艺因素，如焦饼中心温度、结焦时间和炼焦方式等；三是高炉冶炼条件，如温度、时间和碳含量等。

3. 煤气燃烧和焦炉热平衡

（1）煤气燃烧

焦炉加热所用的燃料可以是焦炉煤气、高炉煤气、发生炉煤气和脱氢焦炉煤气等，究竟选择何种，应从煤气综合利用和具体条件出发，少用焦炉煤气，多用贫气。

焦炉煤气主要可燃成分有 H_2 和 CH_4，其中 H_2 占 50%~60%，CH_4 占 22%~30%，其热值为 16.73~19.25MJ·m^{-3}。焦炉煤气热值较高，是优质的气体燃料，因而多用于必须使用高热值燃料的工业加热炉和作为民用燃料。

高炉煤气的主要可燃成分是 CO，其含量为 26%~30%，热值为 3.35~4.18 MJ·m^{-3}。由于其热值较低，故主要用于焦炉、热风炉和冶金炉的加热。

煤气和空气在焦炉中是分别进入燃烧室的。在燃烧室中进行混合与燃烧，由于混合过程远比燃烧过程慢，因此，燃烧的速度和燃烧的完全程度取决于混合过程。煤气和空气的混合主要是以扩散方式进行的，所以该燃烧也称扩散燃烧。扩散燃烧有火焰出现，火焰是煤气燃烧析出的游离炭颗粒的运动途径，当一边燃烧和一边混合时，在有的煤气流中含有碳氢化合物而没有氧，由于高温作用热解生成游离炭。此炭受热发光，所以在燃烧颗粒运动的途径上，看到光亮的火焰，火焰可以表示燃烧混合过程。

由于炼焦过程要求加热均匀，希望火焰长，即扩散过程进行得越慢越好，所以空气和煤气进入火道后，应尽量减小气流扰动，也可以在燃烧时采用废气循环，增加火焰中的惰性成分，使扩散速度降低，以求拉长火焰。

在加热用的炉气中，可燃成分主要为 H_2、CO 和 CH_4 等，其燃烧过程为

$$H_2 + 1/2O_2 \Longrightarrow H_2O + 10.78MJ·m^{-3}$$

$$CO + 1/2O_2 \Longrightarrow CO_2 + 12.63MJ \cdot m^{-3}$$

$$CH_4 + 2O_2 \Longrightarrow CO_2 + 2H_2O + 35.87MJ \cdot m^{-3}$$

由上述反应方程式可以看出,可燃成分燃烧后,碳生成了 CO_2, H_2 生成了 H_2O,氧气来自空气,所以根据反应方程式可以进行燃烧过程的物料衡算,来确定燃烧所需的空气量、生成的废气量及废气组成。

燃烧所需的理论氧量

$$O_T = 0.01\{0.5[H_2+CO]+2[CH_4]+3[C_2H_4]+7.5[C_6H_6]-[O_2]\} \quad m^3 \cdot m^{-3}(煤气)$$

$$(7-14)$$

式中,$[H_2]$、$[CO]$ 等符号分别代表该成分在煤气组成中占有的体积分率,%。

相应于理论氧量 O_T 的理论空气量

$$L_T = O_T \times \frac{100}{21} \tag{7-15}$$

实际燃烧时,空气供应量大于理论空气量 L_T,空气是过量的。假定空气过量系数为 α,则实际空气量为

$$L_P = \alpha L_T \tag{7-16}$$

废气中各成分可按下式计算

$$V_{CO_2} = 0.01\{[CO_2] + [CO] + [CH_4] + 2[C_2H_4] + 6[C_6H_6]\} \tag{7-17}$$

$$V_{H_2O} = 0.01\{[H_2] + 2[CH_4 + C_2H_4] + 3[C_6H_6] + [H_2O]\} \tag{7-18}$$

$$V_{N_2} = 0.01[N_2] + 0.79L_P \tag{7-19}$$

$$V_{O_2} = 0.21L_P - O_T \tag{7-20}$$

式中,$[CO_2]$、$[CH_4]$ 等符号代表该成分在煤气组成中的体积分率,%;V_{CO_2} 等是 $1 \ m^3$ 煤气燃烧生成该成分的体积,m^3。

$1m^3$ 煤气燃烧生成的废气量为

$$V_W = V_{CO_2} + V_{H_2O} + V_{N_2} + V_{O_2} \tag{7-21}$$

(2)焦炉的热量平衡

炼焦炉热量消耗很大,通过炼焦炉热量平衡可以了解炼焦炉的热量分布,分析操作条件,提供炼焦炉设计数据。

炼焦炉热量衡算的原则基于热量守恒,即燃料燃烧供给的热量等于物料带走的热量和散失的热量之和。因此,在衡算之前,首先要进行炼焦炉物料衡算和煤气燃烧计算,并了解炼焦炉的尺寸和操作条件。

热量项目中多数是热含量计算,有的项目还包括相变化的潜热,其计算公式为

$$Q = W(ct + r) \tag{7-22}$$

式中 W——物料数量;

c——比热容;

t——温度,℃;

r——潜热。

226

若以 1t 湿煤和 0℃为计算基准，其热平衡见表 7-4。

表 7-4　炼焦炉热平衡

供　　热				耗　　热			
项　次	名　称	热量/MJ	%	项　次	名　称	热量/MJ	%
Q_1	煤气燃烧热	2663	97.9	Q_5	焦炭热含量	1020.9	37.6
Q_2	煤气热含量	15.6	0.57	Q_6	化学产品热含量	101.7	0.37
Q_3	空气热含量	15.1	0.56	Q_7	煤气热含量	384.9	14.2
Q_4	湿煤热含量	26.3	0.97	Q_8	水分热含量	435	16.0
				Q_9	废气热含量	506	18.6
				Q_{10}	散失热量	272	10.0
	共　计	2720	100		共　计	2720	100

在炼焦过程中，赤热的焦炭从焦炉带出约 38%的热量，焦炭的温度约为 1000℃。为了回收这部分热能通常采用干法熄焦方法，即用 200℃惰性气体冷却焦炭，使焦炭温度降至 250℃。焦炭的显热被惰性气体吸收，成为温度达 800~850℃的高温惰性气体，作为热载体加热锅炉，热能重新被利用。

衡量一个炼焦炉热工好坏的指标是焦炉的热效率和热工效率。

焦炉热效率是指焦炉除去废气带走的热量外所放出的热量，占供给总热量的百分数。由表 7-4 可计算

$$\eta = \frac{Q_1 + Q_2 + Q_3 - Q_9}{Q_1 + Q_2 + Q_3} \times 100\% \qquad (7-23)$$

焦炉热工效率是指传入炭化室的炼焦热量占供给总热量的百分数。由表 7-4 可计算

$$\eta_T = \frac{Q_1 + Q_2 + Q_3 - Q_9 - Q_{10}}{Q_1 + Q_2 + Q_3} \times 100\% \qquad (7-24)$$

§7-4.3　炼焦炉的结构及操作

1. 炼焦炉的结构

炼焦炉的形式有多种多样，但不论形式如何，它们原则上都应满足：生产能力大，生产强度高，消耗燃料少，生产的焦炭质量高，炉体坚固，便于控制和检修等要求。一般来说，炼焦炉主要由炭化室、燃烧室和蓄热室等几部分构成。每座炼焦炉有几十个窄长的炭化室平行排列，炭化室与炭化室之间为燃烧室，煤气在燃烧室燃烧时将炭化室外加热。因为炭化室壁必须加热到高温，故由燃烧室导出的高温烟道气要带走大量的热量，为回收这部分热量，在炼焦炉的下方设有蓄热室。

（1）炭化室

炭化室为长 10~17 m、宽 0.4~0.5 m 和高 4~8 m 的窄长通道。炭化室的两端有炉门，在装煤和炼焦过程中将炉门封闭，在出焦时将炉门打开。炭化室在推焦机的一侧称为机侧，出焦侧称为焦侧。为了使焦炭易于推出，炭化室的机侧比焦侧约宽 50 mm，在炭化室的拱顶上有数个装煤口和一至二个煤气上升管，各个炭化室的煤气上升管与纵跨炉顶的集气总管相连，焦化所产生的煤气通过集气总管送到煤气处理车间。

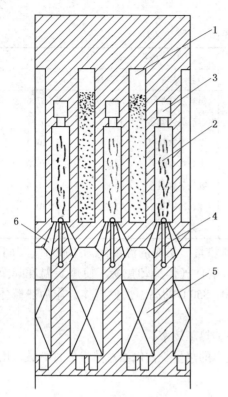

图 7-8 煤气在竖直火道的燃烧情况
1—炭化室；2—燃烧室竖直火道；3—水平火道；
4—煤气道；5—蓄热室；6—斜道

（2）燃烧室

炭化室外的前后为燃烧室。为了使煤气燃烧加热均匀和保持炉体坚固，燃烧室用耐火砖隔成22~32个竖直火道。可燃气体和空气由火道底部送入，在火道内燃烧而将炉壁加热到高温。

（3）蓄热室

蓄热室位于炭化室和燃烧室的下部，一般和炭化室平行布置。通过斜道和燃烧室相连（见图7-8）。蓄热室内砌有多孔格子砖，在下降气流时，高温废气将热量传递给格子砖。转为上升气流时，又将格子砖所蓄热量传给进入的冷空气，以达到回收废热和预热空气和煤气的目的。

2. 炼焦炉的操作

炼焦用原料煤经粉碎后，利用其中杂质的密度大于煤的特点，经过水选以降低其灰分和硫含量，而后按一定的比例配合。进炉原料煤的粒度在 3 mm 以下，含水量在 7%~9%。

原料煤由装煤车经装煤口加入炭化室，用装在推焦机上方的平煤杆从炉门上方的平煤口伸入炭化室将煤扒平。装煤结束后，将装煤口用盖紧闭，打开炭化室煤气上升管与集气管之间的阀门，便进入炼焦过程。

现代炼焦每炼一炉炭需 15~18h，焦化完成后，即进行出焦和熄焦。在出焦前，先将炭化室上升管与集气总管之间的阀门关闭，而后将两侧的炉门打开，用推焦机将赤热的焦炭从机侧推向焦侧，使其落入熄焦车内，而后将熄焦车拖到熄焦塔下进行熄焦。熄焦有湿法（用水）和干法两种。

虽然炼焦时每一个炭化室是一个间歇过程，但对整个炼焦过程来说，每隔 15~20 min 出一次焦，因此是个连续过程。

§7-4.4 炼焦挥发物的回收

炼焦所得挥发产物在离开炭化室时温度为 650~700℃，它是气体混合物。每吨原料煤焦化可得 300~350m³ 的标准干煤气，标准干煤气中带出的各种气体含量为：

水蒸气	200~300g·m⁻³
粗苯蒸气	25~40g·m⁻³
焦油蒸气	80~120g·m⁻³
氨	8~12g·m⁻³
H_2S	6~30g·m⁻³

从炼焦炉出来的气体和水蒸气混合物经冷却后，其中的煤焦油蒸气和水蒸气便冷凝下来。氨的一部分也溶解于冷凝水中而与煤气分离。但是苯、甲苯、二甲苯等沸点比较低的物质和氨在煤气中仍有较大的蒸气分压，不可能借冷却完全与气体分离。为此，氨和苯等物质

228

的回收还需采取一些特殊方法。

1. 煤气的冷却和焦油冷凝

为了尽可能更完全地除去煤焦油和水，要将出炉煤气从700℃冷却到接近常温，冷凝的过程首先是在桥管(上升管与集气总管之间的连接管)和集气总管中的初步冷却，冷却后经气液分离器与煤气分离并导入澄清槽，(在槽内)氨水和煤焦油分层，密度小的氨水构成上层水，密度大的焦油在下层。由气液分离器分出的煤气进一步采用直接混合式冷却法进行冷却，通过直接式冷却，从冷却塔中出来的煤气中一般含有 $10~g\cdot m^{-3}$ 的焦油雾滴，可以用焦油除净器或电滤器除去。除净焦油的煤气用鼓风机送去进行氨的回收。

由集气总管、冷却塔和电滤器冷凝分离出来的煤焦油与上层水分离后都送去加工。

2. 氨的回收

出炉煤气中所含的一部分氨(30%)在冷却过程中溶解于冷凝水而与煤气分离，而其余部分的氨仍留在煤气中，需进一步回收。氨回收的方法有两种：一种是用硫酸吸收直接制硫酸铵；另一种是用水吸收得稀氨水，再加工成浓氨水。当采用硫酸吸收法时，应先将煤气预热到适当温度(约60~70℃)，然后鼓泡通入饱和器中的硫酸溶液中。煤气冷却所得的氨水通过氨蒸馏塔，蒸出的氨气与煤气一起混合，通过饱和器。饱和器中硫酸浓度保持在6%~8%，并为硫酸铵溶液饱和，温度维持在60℃左右。在这种条件下，煤气中的氨与硫酸反应生成的硫酸铵呈粗大的结晶颗粒。硫酸铵结晶与母液由饱和器的下部导出，经离心分离，得硫酸铵，而母液则送回饱和器。由饱和器导出的煤气再用冷却器冷却以便于下一步苯的回收。

3. 粗苯回收

经过冷却的煤气中，苯和甲苯等低沸点物的蒸气仍然有较大的分压。为了回收这部分低沸点物，通常采用选择吸收法来吸收(回收所得的苯和甲苯等低沸混合物称粗苯)，即用焦油洗油为吸收剂，将冷却到20~25℃的煤气送入苯吸收塔，逆流喷淋，煤气中的粗苯被焦油洗油吸收，粗苯在洗油中的含量达2.5%左右。吸收了粗苯的洗油称富油。富油送入脱苯塔(蒸馏塔)用水蒸气蒸馏，粗苯与水蒸气从塔顶导出，经冷却分离得粗苯，脱苯后的洗油(称贫油)经冷却后再送入脱苯塔重复使用。

4. 粗苯加工

粗苯中主要含有苯系碳氢化合物，此外还含有不饱和碳氢化合物、含硫化合物、酚类和吡啶类。由于这些化合物之间的沸点相差较大，因此，可以用精馏的方法进行分离。而其中某些不饱和化合物及含硫化合物等杂质与相应的芳烃的沸点相近，且含量较少，单用精馏难以分开，通常采用化学方法分离。

粗苯在加工之前，首先要将其蒸馏分离成"轻苯"(150℃以下馏出物，其中含硫化物和部分不饱和化合物)和"重苯"(150℃以上馏出物，其中包含苯乙烯、茚和古马隆等高沸点不饱和化合物)，轻苯和重苯需分别加工。

轻苯加工的流程是：轻苯先通过初馏塔分离45℃以前的初馏分(苯头分)，其中主要含

CS_2 和环戊二烯(⬡)。而后通过酸、碱洗涤，即先加入浓硫酸洗涤，使不饱和烯烃酯化和聚合，使噻吩等含硫化合物磺化或与不饱和化合物聚合。反应生成物有的溶于硫酸形成酸焦油而析出，有的成为高沸点聚合物溶解于粗苯中，在下一步蒸馏过程中除去。酸洗后再经碱洗和中和，送入吹苯塔。在吹苯塔内采用水蒸气蒸馏，将沸点在180℃以前的馏分蒸出，而与高沸物分离。

已除去初馏分和高沸点馏分的混合物连续通过纯苯塔和纯甲苯塔分离出纯苯和纯甲苯。分离出纯苯和纯甲苯的残液，其中含有二甲苯和三甲苯，因其产量较小，可以在间歇精馏塔中精馏。

5. 煤焦油加工

煤焦油在常温下是黑褐色黏稠物，是成分异常复杂的多种化合物的混合物，目前已分离确认的化合物就有400余种。在生产上根据需要可以回收近百种化合物，在这些化合物中，萘主要用于制造邻苯二甲酸酐，以供增塑剂、醇酸树脂合成纤维及染料生产；粗蒽主要用于生产橡胶工业所需的炭黑，精蒽经氧化后是蒽醌系列染料的原料；酚类主要用于塑料工业、合成纤维及医药工业；沥青主要用于铺路和建筑材料。

煤焦油加工的第一步是将其蒸馏分离成几个具有一定沸点范围的馏分，见表7-5。

表7-5　煤焦油的馏分及组成

馏　分	沸点范围	产率/%	组　成
轻　油	180℃以下	0.5~1.0	苯及其同系物、酚
酚　油	180~210℃	2~4	酚类、萘、茚、古马隆
萘　油	210~230℃	9~12	萘、甲基萘
洗　油	230~270℃	6~9	甲基萘、二甲基萘、酚类
蒽　油	270~360℃	18~25	蒽、菲、咔唑
沥　青	360℃以上	55~60	高分子芳香稠环化合物

煤焦油各馏分的进一步加工是用部分结晶法或化学方法处理，如为了分出酚类，将含酚馏分用10%~12%的NaOH液处理，则酚类形成酚钠溶于水中。

$$C_6H_5OH + NaOH \longrightarrow C_6H_5ONa + H_2O$$

用CO_2或硫酸分解酚钠，而后将酚类混合物精馏得到苯酚、甲酚和二甲酚等纯品。分离萘和蒽则采用结晶法，在结晶槽内析出的粗萘和粗蒽结晶，离心过滤后，再用压榨机过滤，得粗产品。

通过上述处理，炼焦过程中的化学产品即可得到相应的回收，其回收率见表7-6。

表7-6　化学产品回收率

基　准	焦　油	粗　苯	氨	硫化氢	氰化氢	吡　啶	萘
对干煤气/(g·m⁻³)	80~120	25~40	7~12	3~15	1~2	0.5~0.7	10~15
对干煤/%	2.5~4.5	0.7~1.4	0.25~0.35	0.1~0.5	0.05~0.07	0.015~0.025	—

思考题

1. 煤转化的方法主要有哪些？各自有何优缺点？
2. 煤气化的原理是什么？根据原料在气化炉中的状态可分为哪些气化方法？
3. 原料煤的性质对气化有何影响？
4. 煤的液化有什么方法？
5. 费托合成的催化剂主要有哪些？
6. 煤的成焦过程可分为哪几个阶段？
7. 焦炭的强度取决于什么？
8. 为炼出合格的冶金焦炭，如何配煤？
9. 什么是焦炉热效率？什么是焦炉热工效率？写出各自计算公式。
10. 简述鲁奇加压气化炉的结构及优缺点。

第8章 苯　　胺

苯胺为无色透明油状液体，暴露在空气中或见光会逐渐变成棕色，其相对密度1.02，凝固点-6.2℃，沸点184.4℃，自燃点620℃（空气中）、530℃（氧气中），蒸气压133.3Pa（34.8℃），蒸气相对密度3.22。苯胺能随水蒸气挥发，能与醇、醚、苯、硝基苯及多种有机溶剂混溶，在储存和运输过程中采用氮气作为保护气。

苯胺是一种用途十分广泛的有机化工中间体，广泛应用于MDI（二苯基甲基二异氰酸酯）、染料、医药、橡胶助剂、农药及精细化工中间体的生产，尤其作为MDI的主要原料，具有很大的市场潜力。

§8-1 概　　述

§8-1.1 苯胺生产基本原理

苯胺生产所需的主要原料有苯、硝酸、氢气，辅助材料有硫酸、烧碱、催化剂等。在硝基苯单元，苯硝化后经分离、酸洗、碱洗后获得粗硝基苯，粗硝基苯进一步精制得精硝基苯。精硝基苯与氢气同时进入苯胺单元，经汽化混合、加氢还原，获得粗苯胺，粗苯胺经废水处理、精制，生产出合格的苯胺产品。

硝基苯制备反应：

$$C_6H_6 + HNO_3 \longrightarrow C_6H_5-NO_2 + H_2O$$

苯胺制备反应：

$$C_6H_5-NO_2 + H_2 \longrightarrow C_6H_5-NH_2 + O_2$$

§8-1.2 硝基苯制备

目前硝基苯生产主要采用混酸硝化法。一般采用两种方法：一种是传统的等温硝化法，另一种是绝热硝化法。

1. 传统等温硝化法

传统等温硝化法是将苯和混酸（硫酸和硝酸配制）在釜式硝化器（硝化锅）中进行硝化，所用硝化器一般为带有强力搅拌的耐酸铸铁或碳钢釜。硝化器内装有冷却蛇管，以导出硝化反应热。

硝基苯生产采用连续化生产工艺技术。硝化时苯和混酸同时进料，硝化器串联操作，硝化温度控制在68~78℃。

因硝化反应是强放热反应，及时有效地排除热量，是硝化反应的关键。当反应体系温升过高时会引起副反应，使硝基酚类副产物增加，而这些酚类副产物是造成硝基苯生产发生爆炸事故的主要原因。因此硝化器应设有充分的搅拌和冷却装置，严格控制反应温度和搅拌效果。为保证安全操作，需设有自控仪表及安全联锁系统。

在连续硝化生产工艺中，硝化器除釜式串联形式外，还有环形硝化器形式。

环形硝化器是将两个列管式硝化器串联，在一侧硝化器上用立式轴流泵进行强制循环，用冷却水移出反应热。

等温硝化法的优点：投资省，设备要求相对较低；酸油比大，因硫酸比热容大，能吸收硝化反应中放出的热量，传热效率高，可使硝化反应平稳地进行；产品纯度较高，不易发生氧化等副反应。

等温硝化法的缺点：对于硝化设备要求具有足够的冷却面积，必须在硝化锅中装置蛇管，耗用大量冷却水，使公用工程费增高。特别是当规模达到50kt/a以上时，反应散热不均匀，易导致副反应增加，不仅增加了中和、水洗的负荷，而且给精制带来安全隐患，同时也提高了三废处理的投资和费用。

2. 绝热硝化法

绝热硝化法有三个主要阶段：硝化、废酸浓缩、产品分离。其反应过程是将过量的苯预热到100℃后与混酸一同加到硝化器中，在一定压力下进行反应。由于反应产生大量的热，物料的出口温度120~140℃。反应物经分离后，分出的废酸进入闪蒸器，利用本身热量将废酸浓度提高到70%，与60%的硝酸混合后循环使用。有机相经酸洗、碱洗、水洗及分离后，得粗硝基苯。粗硝基苯经汽提后，蒸出未反应的过量苯，可得到精硝基苯。

绝热硝化的优点：绝热硝化突破了硝化反应必须在低温下恒温操作的观念，取消了冷却装置，充分利用混合热和反应热来使物料升温，通过控制混酸组成以确保反应的安全顺利进行。绝热硝化的硝化温度高于等温硝化，有利于提高反应速度，缩短反应时间。

绝热硝化的缺点：采用稀酸为原料，腐蚀性较强，对设备、管道材质要求高。

3. 传统硝化法与绝热硝化法比较

从经济和环保方面看，绝热硝化由于取消冷却装置，利用反应器热量在真空闪蒸提浓器中提浓废酸，与等温硝化法相比，可以节能；绝热硝化反应是在封闭系统和压力下进行的，可以避免芳烃的挥发，有利于环境保护和降低芳烃的消耗定额；绝热硝化时采用过量的苯和高含水量的混酸，有利于提高产品质量，成本降低；由于绝热硝化系统密闭，苯和氧化氮气体排放均经洗涤，污染物排放较少。

从装置投资方面看，由于等温硝化法的反应部分和废酸提浓是分开的，而绝热硝化法的废酸提浓系统与反应部分是整体的，这节省了强酸的贮存而带来的设备费用和占地空间，也节省了土木费用和建筑费用。从反应器的设备投资看，绝热硝化的反应器不需要像等温硝化反应器所需要的热交换面积，所以设备费用降低，而且设备密封，原料消耗少。

从装置操作的安全性方面看，绝热硝化法硝酸和硫酸在进入硝化反应器之前就混合好，而且循环利用的硫酸在过程中充当了一个热吸收器，因此既没有热交换的问题也没有热聚危险的发生；绝热硝化未反应物质的滞留和积存量很少，停留时间也少，这就减少了因为无法控制反应时间而产生的潜在危险；绝热硝化过程控制比较简单，仅仅需要控制两股原料进料的流量和硫酸的浓度，这意味着操作具有较高的安全性；绝热硝化虽然反应温度高，但可以通过调节混酸组成加以控制，同时设置了紧急排料系统，生产工艺安全可靠；绝热硝化采用稀酸，腐蚀性比较强，对设备的密封和材质要求比较高。

§8-1.3　苯胺制备

生产苯胺所采用的工艺技术主要有硝基苯铁粉还原法、苯酚氨化法和硝基苯催化加氢法等，还原后的粗苯胺经进一步精制得到精苯胺。

1. 硝基苯铁粉还原法

采用间歇操作的方法，将反应物投入反应釜中，盐酸作为介质，约100℃下，硝基苯用铁粉还原生产苯胺和氧化铁。产品经蒸馏得到粗苯胺，再经精馏得到成品。一般收率在95%~98%，铁粉质量的好坏直接影响到苯胺的产率。此法为苯胺的经典生产方法，但由于具有设备复杂、污染环境、能量消耗大、分离产品困难等缺点，逐渐被淘汰。

2. 苯酚氨化法

氨经混合、汽化、预热后，进入反应器中，温度370℃，压力1.7MPa，催化剂为氧化铝-硅胶。制得苯胺，同时联产二苯胺。该法工艺简单，催化剂价格低，寿命长，产品质量优。不足之处，基建投资大，能耗高。

3. 硝基苯催化加氢法

硝基苯催化加氢法是目前工业生产苯胺的主要方法，有固定床气相催化加氢法、流化床气相催化加氢法和液相加氢三种方法。

（1）固定床气相催化加氢

固定床气相催化加氢法是在200~300℃、1~3MPa条件下，经预热的氢和硝基苯反应生产粗苯胺，然后经脱水、精馏制得苯胺。该工艺具有技术成熟、反应温度低、设备及操作简单、投资少和产品质量好等优点。缺点，压力较高，易发生局部过热而引起副反应和催化剂失灵，需定期更换催化剂。

（2）流化床气相催化加氢

流化床气相催化加氢制硝基苯的转化率>99.5%，苯胺总收率>98%，产品凝固点>-6.2℃。该法有效改善了传热状况，较好控制了反应温度，避免了局部过热，减少了副反应，延长了催化剂寿命，并可在不中断生产条件下由反应器中取出一批部分失活的催化剂和补充新鲜的催化剂，同时还可以在反应器内部加装废热交换等装置，以充分利用反应热。其缺点是操作比较复杂，加上流态化复杂性和反应器结构复杂，致使操作维费用比较高。

流化床气相催化加氢以 Cu/SiO_2（其中 Cu 质量分率为15%）为催化剂，以锌和钡为助催化剂，在过量氢气存在下，温度250~300℃，压力400~1000kPa进行加氢反应，氢气和硝基苯摩尔比为10∶1，由反应器底部充入混合气体，再送入装有催化剂的流化床，此时反应温度为270℃左右。另外在反应器的一些关键不稳处安装管式网络，这样热交换流体在此网络中循环流动除去反应热，一般6个月更新一次催化剂，由反应器排出的废气中含有苯胺和水，可将其送入产物冷凝器，从冷凝器中排出的氢气，经过浓缩后再循环送至反应系统中。

（3）硝基苯液相催化加氢

硝基苯液相催化加氢反应温度和压力分别为90~200℃，100~600kPa，一般使用淤浆和流化床反应器，英国化学工业公司的液相加氢技术使用大量苯胺作为溶剂，通过反应压力将反应混合物进行浓缩，从而去除反应热。该工艺采用的催化剂为以硅藻土为载体的镍催化剂。杜邦公司的液相加氢技术使用以炭为载体的铂/钯催化剂，以铁为改性剂，使用改性剂可以延长催化剂使用寿命，提高活性，并使之不受芳环的加氢反应引起的损害，反应在一个活塞式流动床反应器内进行。

§8-1.4 苯胺工业制备流程

由主原料苯、硝酸、氢气，辅助原料硫酸、烧碱、催化剂等，通过硝化、还原反应制苯胺的工业生产流程见图8-1。

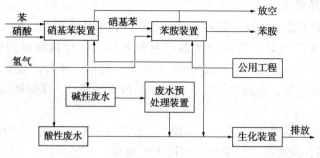

图 8-1　苯胺工业化生产工艺流程图

§8-2　苯硝化的反应原理

§8-2.1　硝化反应机理

向有机物分子的碳原子上引入硝基，生成 C—NO$_2$ 键的反应称硝化反应。

$$Ar—H+HO—NO_2 \longrightarrow Ar—NO_2+H_2O$$

苯的硝化反应符合芳环上亲电取代反应的一般规律，其反应历程如下：

$$2HNO_3 \rightleftharpoons H_2NO_3^+ + NO_3^- \rightleftharpoons NO_2^+ + NO_3^- + H_2O$$

反应第一步是硝化剂离解，产生硝基阳离子 NO^{2+}；第二步是亲电活泼质点 NO^{2+} 向苯环上电子云密度较高的碳原子进攻，生成 π 络合物，然后转变成 σ 络合物，最后脱除质子得到硝化产物。在浓硝酸或混酸硝化反应过程中，转变成 σ 络合物这一步的速度最慢，因而是整个反应的控制步骤。

§8-2.2　硝化剂及其硝化活泼质点

1. 硝化剂

硝化剂是能够生成硝基阳离子(NO^{2+})的反应试剂。工业上常见的硝化剂有各种浓度的硝酸、混酸、硝酸盐和过量硫酸、硝酸与乙酸或乙酐的混合物等。常用的浓硝酸是具有最高共沸点的 HNO$_3$ 和水的共沸混合物，沸点为 120.5℃，含 68% 的 HNO$_3$，其硝化能力不是很强。

混酸是浓硝酸与浓硫酸的混合物，常用的比例为(质量比)1∶3，具有硝化能力强、硝酸的利用率高和副反应少的特点，它已成为应用最广泛的硝化剂。其缺点是酸度大，对某些芳香族化合物的溶解性较差，从而影响硝化结果。硝酸钾(钠)和硫酸作用可产生硝酸和硫酸盐，它的硝化能力相当于混酸。硝酸和乙酐的混合物也是一种常用的优良硝化剂。乙酐对有机物有良好的溶解度，作为去水剂十分有效，而且酸度小，所以特别适用于易被氧化或易为混酸所分解的芳香烃的硝化反应。此外，硝酸与三氟化硼、氟化氢或硝酸汞等组成的混合物也可作为硝化剂。

2. 硝化剂的活泼质点

硝基具有两性的特征，既是酸又是碱，硝酸对强质子酸如浓硫酸等起碱的作用，对水、乙酸起酸的作用。当硝酸起碱的作用时，硝化能力增强；反之起酸的作用时，硝化能力减弱。

$$2HNO_3 \rightleftharpoons NO_2^+ + NO_3^- + H_2O$$

$$2HNO_3 \rightleftharpoons H_2NO_3^+ + NO_3^-$$

若把少量硝酸溶于硫酸中（即混酸作硝化剂时），将发生如下反应：

$$HNO_3 + 2H_2SO_4 \rightleftharpoons NO_2^+ + H_3O^+ + 2HSO_4^-$$

实验表明，在混酸中硫酸浓度增高，有利于NO_2^+的离解。硫酸浓度在75%～85%时，NO_2^+浓度很低；当硫酸浓度增高至89%或更高时，硝酸全部离解为NO_2^+，从而硝化能力增强。

硝酸、硫酸和水的三元体系作硝化剂时，其NO_2^+含量可用一个三角坐标图来表示，如图8-2所示。由图可见，随着混酸中水的含量增加，NO_2^+的浓度逐渐下降，代表NO_2^+可测出极限的曲线与可发生硝化反应所需混酸组成极限的曲线基本重合。除NO_2^+正离子是主要的硝化活泼质点外，还有$H_2NO_3^+$也是有效的活泼质点。稀硝酸硝化时还可能有NO^+、N_2O_4或NO_2作为活泼质点，但反应历程有所不同。

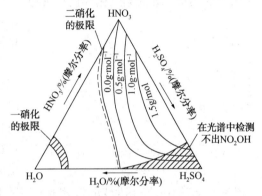

图 8-2 H_2SO_4-HNO_3-H_2O 三元系统中 NO_2^+ 的浓度（mol/1000g 溶液）

§8-2.3 硝化反应的影响因素

1. 被硝化物的性质

硝化反应是苯环上的亲电取代反应，苯的硝化反应的难易程度，与苯环上取代基的性质有密切关系。当苯环上存在给电子基团时，硝化速度较快，在硝化产品中，常以邻、对位产物为主；反之，当苯环上连有吸电子基时，硝化速度降低，产品中，常以间位异构体为主。然而卤代芳烃例外，引入卤素虽然使苯环钝化，但得到的产品几乎都是邻、对位异构体。单取代苯的硝化反应速度按以下顺序递增：

$$—NO_2 < —SO_3H < —CO_2H < —Cl < —H < —Me < —OMe < —OEt < —OH$$

2. 硝化剂

不同的硝化剂具有不同的硝化能力。通常，对易于硝化的有机物可选用活性较低的硝化剂，以避免过度硝化和减少副反应的发生，而难于硝化的有机物则宜选用强硝化剂进行硝化。此外，对相同的被硝化物，若采用不同的硝化剂，常常会得到不同的产物组成，因此在进行硝化反应时，必须合理地选择硝化剂。混酸硝化时，混酸的组成是重要的影响因素，硫酸浓度越大，硝化能力越强。对于极难硝化物质，可采用HNO_3-SO_3作硝化剂，以便提高硝化反应速度和大幅度降低硝化废酸量。混酸中硫酸的浓度还影响产物异构体的比例。混酸中加入某些添加剂也能改变产物异构体的比例。

3. 硝化温度

对于均相硝化反应，温度直接影响反应速度和生成物异构体的比例。一般易于硝化和易于发生氧化副反应的芳烃(如酚、酚醚等)可采用低温硝化,而含有硝基或磺基等较稳定的芳烃则应在较高温度下硝化。

对于非均相硝化反应,温度还将影响芳烃在酸相中的物理性能(如溶解度、乳化液黏度、界面张力)和总反应速度等。由于非均相硝化反应过程复杂,因而温度对其影响呈不规则状态,需视具体品种而定。

温度还直接影响生产安全和产品质量。硝化反应是一个强放热反应。混酸硝化时,反应生成水稀释硫酸并将放出稀释热,这部分热量约相当于反应热的 $7.5\% \sim 10\%$。这样大的热量若不及时移走,会发生超温,造成多硝化、氧化等副反应,甚至还会发生硝酸大量分解,产生大量红棕色 NO_2 气体,使反应釜内压力增大;同时主副反应速度的加快,还将继续产生更大量的热量,如此恶性循环使得反应失去控制,将导致爆炸等生产事故。因此在硝化设备中一般都带有夹套、蛇管等大面积换热装置,以严格控制反应温度,确保安全和得到优质产品。

研究表明,搅拌在硝化反应起始阶段尤为重要(见图8-3)。特别是在间歇硝化反应的加料阶段,停止搅拌或桨叶脱落,将是非常危险的!因为这时两相快速分层,大量活泼的硝化剂在酸相积累,一旦重新搅拌,就会突然发生激烈反应,瞬时放出大量的热,导致温度失控,以至于发生事故。因此,要求在硝化设备上设置自控和报警装置,采取必要的安全措施。

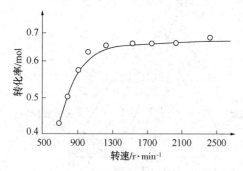

图 8-3　转速对甲苯-硝化转化率的影响

4. 相比与硝酸比

相比是指混酸与被硝化物的质量比,有时也称酸油比。相比过大,设备的负荷加大,生产能力下降,废酸量大大增多;相比过小,反应初期酸的浓度过高,反应过于剧烈,使得温度难以控制;实际工业生产中,常采用向硝化釜中加入适量废酸的方法来调节相比,以确保反应平稳和减少废酸处理量。

硝酸与被硝化物的摩尔比称为硝酸比。按照化学方程式,硝化时的硝酸比理论上应为1,但是在工业生产中硝酸的用量常常高于理论量,以促使反应进行完全。当硝化剂为混酸时,对于易被硝化的芳烃,硝酸比为 $1.01 \sim 1.05$;而对于难被硝化的芳烃,硝酸比为 $1.1 \sim 1.2$ 或更高。

5. 硝化副反应

硝化副反应主要是多硝化、氧化和生成络合物。避免多硝化副反应的主要方法是控制混酸的硝化能力、硝酸比、循环废酸的用量、反应温度和采用低硝酸含量的混酸。

氧化是影响最大的副反应,主要是在芳环上引入羟基。硝化后分离出的粗品硝基物异构体混合物必须用稀碱液充分洗涤,除净硝基酚类,否则,在粗品硝基物脱水和用精馏法分离异构体时有发生爆炸的危险。研究表明,二氧化氮和亚硝酸的存在是造成芳烃侧链氧化的原因,其他一些副反应也与氮的氧化物有关。因此,生产中应严格控制硝化条件,防止硝酸分解,以阻止或减少副反应的发生。必要时可加入适量的尿素将硝酸分解产生的二氧化氮破坏掉,可以抑制氧化副反应。

$$3N_2O_4 + 4CO(NH_2)_2 \longrightarrow 8H_2O + 4CO_2 \uparrow + 7N_2 \uparrow$$

同时,为了使生成的二氧化氮气体能及时排出,硝化器上应配有良好的排气装置和吸收二氧化氮的装置。另外，硝化器上还应该有防爆孔以防意外。

硝化过程中另一重要副反应是生成一种有色络合物。这种络合物是由烷基苯与亚硝基硫酸和硫酸形成的。其结构式如下：

$$C_6H_5CH_3 \cdot 2ONOSO_3H \cdot 3H_2SO_4$$

由于这种络合物的生成，使硝化过程中，尤其是反应后期接近终点时，出现硝化液颜色变深、发黑发暗的现象。其原因往往是硝酸用量不足，故可在 45~55℃下，及时补加硝酸，则很容易将络合物破坏。但温度若大于65℃，络合物将自动沸腾，使温度上升到85~90℃，此时再补加硝酸也无济于事，最终成为深褐色树脂状物质。络合物的形式与已有取代基的结构、个数、位置等因素有关。长链烷基苯最容易生成此络合物，短侧链的稍差，苯则最难生成，而带有吸电子基的苯系衍生物则介于两者之间。

§8-2.4 硝化反应的特点

硝化反应的特点：

① 反应是不可逆的；

② 反应速率快，放热量大；

③ 非均相，互溶性差，硝基化合物在反应体系中的溶解度小，常分为有机层、酸层，因此，搅拌就显得特别重要；

④ 亲电反应，反应的质点为硝鎓离子 NO^{2+}。

§8-2.5 硝化反应动力学

1. 均相硝化动力学

动力学研究指出，均相硝化反应与所使用的溶剂关系非常紧密。苯在硝酸中的硝化，硝酸既是硝化剂，又是溶剂，当硝酸过量使其浓度在硝化过程中可视为常数时，其动力学方程表现为一级反应。

$$r = k[ArH]$$

在硫酸存在下的硝化，当加入的硫酸量较少时，硝化反应仍为一级反应，但硝化反应速率明显提高。

当加入硫酸量足够大时，硫酸起到溶剂作用，硝酸仅作为硝化剂，此时表现为二级反应。

$$r = k[ArH][HNO_3]$$

式中，k 是表观反应速率常数，其大小与硫酸的浓度密切相关。当硫酸浓度在90%左右时，k 值为最大。

2. 非均相硝化动力学

混酸硝化是非均相反应，除受化学反应规律影响外，还受传质规律的影响。研究表明，非均相硝化反应主要在两相的界面处或酸相中进行，在有机相中反应极少（<0.001%），可以忽略。根据传质和硝化反应两者的相对速率，其动力学可分为三种类型：缓慢型、快速型和瞬间型。

（1）缓慢型

缓慢型也称动力学型。化学反应的速率是整个反应的控制阶段，硝化反应主要发生在酸相中。其反应速率与酸相中芳烃的浓度和硝酸的浓度成正比。甲苯在 62.4%~66.6% H_2SO_4 中的硝化属于这种类型（见图8-4）。

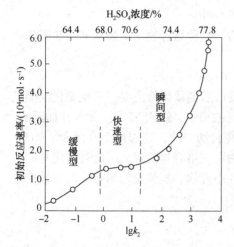

图 8-4 在无挡板容器中甲苯的
初始反应速率与 lg*k* 的变化关系
（25℃，2500r·min⁻¹）

（2）快速型

快速型也称慢速传质型。其特征是反应主要在酸膜中或两相的边界层上进行，此时，芳烃向酸膜中的扩散速率成为整个硝化反应过程的控制阶段，即反应速率受传质控制。

反应速率与酸相容积的交换面积、扩散系数和酸相中芳烃的浓度成正比。甲苯在 66.6%～71.6%H_2SO_4 中硝化属于这种类型（见图 8-4）。

（3）瞬间型

瞬间型也称快速传质型。其特征是反应速率快，以致使处于液相中的反应物不能在同一区域共存，即反应在两相界面上发生。甲苯在 71.6%～77.4%H_2SO_4 中硝化时属于这种类型（见图 8-4），其反应总速率与传质速率和化学反应速率都有关。

硝化过程中硫酸浓度不断被生成的水稀释，硝酸不断参与反应而消耗，因而对于每一个硝化过程来说，不同的硝化阶段可归属于不同的动力学类型。

例如，甲苯混酸硝化生产一硝基甲苯采用多釜串联操作时，第一硝化釜酸相中的硫酸、硝酸浓度都比较高，反应速率受传质控制；而在第二釜中，由于硫酸浓度降低，硝酸含量减少，反应速率受动力学控制。

一般来说，芳烃在酸相中的溶解度越大，反应速率受动力学控制的可能性越大。

§8-2.6 混酸硝化反应

1. 混酸的硝化能力

对于每个具体硝化过程用的混酸都要求具有适当的硝化能力。硝化能力太强，虽然反应快，但容易产生多硝化副反应；硝化能力太弱，反应缓慢，甚至硝化不完全。工业上通常利用硫酸脱水值（*DVS*）和废酸计算浓度（*FNA*）来表示混酸的硝化能力（混酸的硝化能力，只适用于混酸硝化，不适用于在浓硫酸介质中的硝化）。

（1）硫酸脱水值

硝化终了时，废酸中硫酸和水的质量比称为脱水值，用 *DVS* 表示。

$$DVS = \frac{\text{废酸中含 } H_2SO_4 \text{ 质量}}{\text{废酸中含 } H_2O \text{ 质量}} = \frac{\text{混酸中 } H_2SO_4 \text{ 质量}}{\text{混酸中含 } H_2O \text{ 质量} + \text{硝化生成 } H_2O \text{ 质量}}$$

硝酸比 *Φ*：硝酸和被硝化物的摩尔比。

以 100 份质量废酸为计算基准：

当 *Φ* > 1 时（被硝化物完全反应）

$$DVS = w(H_2SO_4) / [100 - w(H_2SO_4) - (7\Phi - 2)w(HNO_3)/7\Phi]$$

当 *Φ* ≤ 1 时（硝酸完全反应）

$$DVS = w(H_2SO_4) / [100 - w(H_2SO_4) - 5w(HNO_3)/7]$$

DVS 越大，表示废酸中硫酸含量多，水含量少，混酸的硝化能力强。

（2）废酸计算浓度（质量分率）

硝化终了时，废酸中的硫酸计算浓度（质量分率），用 FNA 表示：

以 100 质量份废酸为计算基准：

$\Phi \gg 1$ 时，$FNA = w(H_2SO_4)/[100-5w(HNO_3)/7\Phi]\times100\%$

当 $\Phi \leqslant 1$ 时，硝酸完全反应生成水，相当于 $\Phi=1$

$FNA = w(H_2SO_4)/[100-5w(HNO_3)/7]\times100\%$

§8-2.7 硝化反应器

间歇过程的硝化锅（釜）通常是用铸铁、钢板或不锈钢制成，有时也用搪瓷锅（釜）；连续硝化设备则常用不锈钢或钢板制成；浓度低于68%的硫酸对钢材具有强烈的腐蚀作用，因此要求硝化后废酸的浓度不应低于68%~70%。

硝化时的热量多用夹套、蛇管或列管传出。蛇管和列管的冷却效率比夹套大得多，而搪瓷锅（釜）的夹套冷却效率则最小。

常用的搅拌器有推进式、涡轮式或桨式三种，转速都较高，一般为 $100~400r\cdot min^{-1}$。

硝化反应设备的结构型式很多，如图8-5所示。

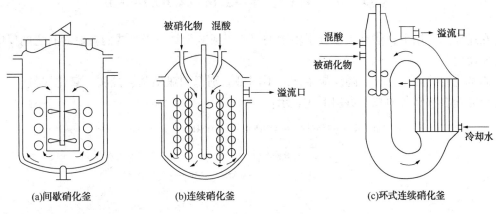

(a)间歇硝化釜 (b)连续硝化釜 (c)环式连续硝化釜

图8-5 硝化反应设备

§8-2.8 硝基苯生产工艺流程

苯硝化生产工艺主要为塔釜串联的混酸制硝基苯。因此，以四釜串联混酸法生产硝基苯为例，其生产工艺流程为：将98%硝酸、98%硫酸和68%硝化稀硫酸按一定比例在配酸釜中配制成合格的混酸，将混酸与酸性的苯及循环稀硫酸连续地送入 1# 硝化釜，通过溢流依次流向 2#、3# 和 4# 硝化釜继续进行反应，反应后的物料溢流至硝化分离器，经过重力沉降以实现连续分离酸性硝基苯和硝化稀硫酸。硝化稀硫酸其中的大部分用于系统内循环，少部分进入萃取釜，经萃取分离器分离出酸性苯和稀硫酸，萃取后的稀硫酸被用于混酸配制装置、稀酸提浓装置和硫基肥装置。酸性硝基苯经中和、水洗、分离等操作，得到中性粗品硝基苯。

粗硝基苯经初馏塔除去轻组分（包括苯和水）后进入精馏塔除去重组分（主要是硝基酚、硝基酚钠、二硝基苯、硫酸钠和硝酸钠等杂质），最终可得到成品的硝基苯产品。硝基苯生产工艺中产生的废水用汽提塔回收其中的有机物（主要为硝基苯）后，剩下的废水物料被送往生化处理站集中处理后达标排放。苯硝化工艺流程见图8-6。

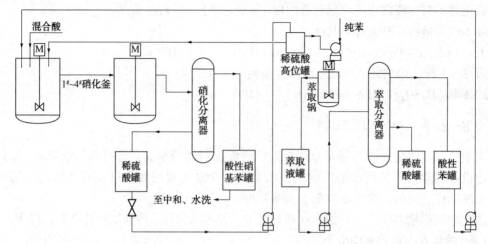

图 8-6　苯硝化生产硝基苯工艺流程示意图

§8-3　硝基苯还原反应原理

在还原剂作用下，使有机物分子中增加氢原子或减少氧原子，或两者兼而有之的反应称为还原反应。

硝基化合物在还原时，随反应条件的不同可分别得到亚硝基、羟胺、氧化偶氮、偶氮、氢化偶氮化合物和芳伯胺，可用下式表示：

$$ArNO_2 \longrightarrow ArNO \longrightarrow ArNHOH \longrightarrow ArNH_2$$
$$\downarrow \text{强碱性介质}$$
$$ArN = NAr \longrightarrow ArN = NAr \longrightarrow ArNHNHAr$$
$$\overset{|}{O}$$

因此，适当选择还原剂和严格控制过程，也即控制系统的还原电动势，可使还原反应停留在不同阶段，从而得到各种产物。例如：

§8-3.1　铁屑还原硝基苯

铁屑还原硝基苯大都采用间歇法生产。将苯胺废水和部分铁粉与盐酸投入还原釜中，用直接蒸汽加热，经一段时间后分批加入硝基苯和铁粉，反应直至回流冷凝物无硝基苯为止。产物经蒸馏，获得粗苯胺，再经精馏获得成品，铁泥经处理后排放。

铁屑还原硝基苯具有工艺简单、适用面广、副反应少、对设备要求低等优点。近年来，虽然加氢还原获得很大发展，但铁屑还原仍有相当的重要性。铁屑还原法的最大缺点是生成大量含芳胺的铁泥和废水，体力劳动繁重，因此一些产量较高或毒性较大的苯胺生产正逐步改为加氢还原法。

铁屑还原过程是在有效搅拌下，向含有电解质的水溶液中分批交替地加入硝基化合物和铁屑，维持在沸腾温度下进行反应，还原反应方程式如下：

$$4ArNO_2+9Fe+4H_2O \longrightarrow 4ArNH_2+3Fe_3O_4$$

铸铁是铁和碳化铁的固态溶液（固溶体），其组成中还含有锰、磷、硅和硫等元素，当铸铁和水溶液接触时，这些元素和化合物能够与铁组成微电池，而且一般都是铁为负极，其他元素为正极，铁被氧化为带正电荷的铁离子：

负极：$Fe \longrightarrow Fe^{2+}+2e$

正极：$2H^++2e \longrightarrow 2H$

如果溶液中没有去极剂，则正极上由于下列反应而放出氢气。

$$2H \rightleftharpoons H_2$$

这样就存在着一定的氢超电压，阻碍了氢气的进一步生成，同时也延缓或中止了腐蚀过程的进行；反之，如有去极剂（如硝基化合物）的存在，则在正极表面将发生硝基化合物被还原的各步反应，例如：

$$ArNO_2+2H^++2e \longrightarrow ArNO+H_2O$$
$$ArNO+2H+2e \longrightarrow ArNHOH$$
$$ArNHOH+2H^++2e \longrightarrow ArNH_2+H_2O$$

而在负极，则生成亚铁离子，进而生成氢氧化铁，甚至四氧化三铁。

§8-3.2　加氢还原硝基苯

加氢还原硝基苯技术分为气相法和液相法，但工业生产多采用气相法。

硝基苯气相催化加氢所用的反应器有流化床和固定床两种。其工艺是将新鲜氢和循环氢一起送至预热器中预热，预热器内保持一定压力。经预热的氢和硝基苯进入蒸发器，调整配料比后进入反应器。反应产物与进料氢换热，经冷凝、分离获得粗苯胺，粗苯胺进入脱水塔脱水，再经精馏塔脱除高沸物，由塔上部出成品苯胺。固定床反应器为列管式，管内装铜-铬催化剂，必要时可掺入瓷环。管间用载热体带出反应热，该热量用于副产蒸汽。

加氢还原硝基苯是以硝基苯为原料，氢气为还原剂，铜/硅、镍或铂/钯为催化剂，将硝基苯还原生成苯胺，理论产率为99%。该法的硝化环节很关键，硝基苯催化加氢生产主要采用混酸硝化法，可采用等温或绝热硝化工艺。等温硝化工艺能耗大，反应时间长，副产物多，收率低，产品质量差；绝热硝化工艺突破了反应必须在低温下恒温操作的传统观念，物料停留时间短，副反应少，是当前最有前途的一种硝化技术。胺化过程包括固定床气相加氢、流化床气相加氢以及硝基苯液相催化加氢工艺。

主反应：$C_6H_5NO_2+3H_2 \longrightarrow C_6H_5NH_2+2H_2O$

副反应：$C_6H_5NO_2+4H_2 \longrightarrow C_6H_6+NH_3+2H_2O$

$C_6H_5NH_2+H_2 \longrightarrow C_6H_6+NH_3$

1. 加氢还原的基本过程

加氢还原和一般催化反应一样，包括以下三个基本过程：反应物在催化剂表面的扩散、物理和化学吸附；在催化剂表面形成化学吸附络合物；吸附络合物的解析和扩散，离开催化剂表面。

由于在催化剂表面上的加氢还原反应速率很快，所以催化反应速率往往由化学吸附络合物的生成速率所决定。

氢的吸附过程（催化剂：Ni：$3d^8 4s^2$）：

$$H_2(气) \rightleftharpoons H_2(吸附) \rightleftharpoons 2H \rightleftharpoons 2H^+ + 2e \rightleftharpoons (H^+ + Ni^-)$$
活化氢

加氢还原反应中，氢的化学吸附为离解吸附，氢分子在催化剂表面吸附时离解为氢原子，它的 s 电子与催化剂的空的 d 轨道成键：

$$H_2 + 2* \rightleftharpoons \begin{array}{c} 2H \\ | \\ * \end{array}$$

硝基苯在 50%乙醇-水中，用铂黑、骨架镍、钯黑催化的加氢反应以及酸、碱介质的影响，认为可能有三种反应途径生成苯胺：

① 氢还原硝基苯生成苯胺，可能的中间产物是亚硝基苯和苯基羟胺，但这些中间物在反应过程中并没有积累，而是继续还原成苯胺；

② 中间产物亚硝基苯与苯基羟胺相互作用生成氧化偶氮苯，再通过氢化偶氮苯的途径生成苯胺；

③ 中间产物苯基羟胺直接生成氢化偶氮苯后，再生成苯胺。

这三种不同的反应途径与催化剂的性质、溶剂以及介质有关。

2. 催化剂

催化加氢还原法合成芳香胺类化合物的关键在于研制出具有高活性和高选择性的催化剂，常用的加氢还原催化剂是过渡元素的金属、氧化物、硫化物以及甲酸盐等，如铂、钯、铑、铱、锇、钌等贵金属和镍、钼、铬、铁等一般金属。

当金属原子有空 d 轨道时，则可接受电子，反应物分子中的电子即可填入此轨道，反应物分子与催化剂表面发生化学吸附形成共价键，过渡金属所以有催化作用，即是由于电子层中有未填满的 d 轨道。因此，加氢还原催化剂的活性与其最外层电子的空 d 轨道有关，一个优良的催化剂要求其 d 轨道有一定的电子占有程度。

当 d 轨道有 8~9 个电子时，最为合适，如铂、铑、镍。

当 d 轨道占有的电子较少时，如 Fe（$4s^2 3d^6$），则反应物与催化剂结合的键能达到较大数值，结合十分牢固，使吸附物不易解析，从而使催化剂失去活性。

当 d 轨道已全部被电子占有而无空轨道存在时，如铜（$4s^1 3d^{10}$），则结合键能太弱，因而活化程度较小；而钯（$4d^{10}$）的 d 轨道虽已被占据，但由于其 4d 轨道的电子容易转移至 5s 轨道而变成 $4d^9 5s^1$ 态，故而仍具有较好的活性。

（1）骨架镍

骨架镍又称雷尼（Raney）镍，由铝镍合金制成。从两组分的合金中，用溶解的方法，去除其中不需要的组分，形成具有高度孔隙结构的骨架，称为骨架型催化剂。常采用含镍50%的铝镍合金为原料，用氢氧化钠溶液处理，溶去合金中的铝：

$$2Al + 2NaOH + 2H_2O \longrightarrow 2NaAlO_2 + 3H_2$$

骨架镍是最常用的液相加氢催化剂，它能使含硝基、氰基、芳环的化合物和烯烃发生加氢反应。镍系催化剂对硫化物敏感，可造成永久中毒，无法再生。

（2）铜-硅胶载体型催化剂

铜-硅胶（Cu-SiO₂）载体型催化剂是由沉积在硅胶上的铜组成，硅胶必须具有大的表面积和孔隙度，催化剂以浸渍法制备；硅胶放入硝酸铜、氨水溶液中浸渍、干燥、进行灼烧，使用前用氢气活化，得到含 14% ~ 16% 的金属态铜。

铜-硅胶催化剂具有成本低、选择性好、机械强度高等优点，因而用于流化床硝基苯气相加氢中，但抗毒性、热稳定性较差，原料中微量的有机硫化物(如噻吩)，就极易引起催化剂中毒。

在硝基苯气相加氢中，为改进 $Cu-SiO_2$ 催化剂性能，制备了 $Cu-Al_2O_3$ 催化剂，具有较长的使用寿命和增强活性。

（3）有机金属络合型催化剂——均相催化剂

这类催化剂是近年来发展的新催化剂，具有反应活性大、条件温和、选择性较好、不易中毒等优点，但因催化剂溶解于溶液中，使分离和回收较困难。均相催化剂主要是过渡金属铑、钌、铱的三苯膦络合物，如氯化三苯膦络铑(Ph_3P)$_3RhCl$、氯氢三苯膦络钌(Ph_3P)$_3Ru-ClH$、氢化三苯磷络铱(Ph_3P)$_3IrH$ 等，其催化作用是由于中心铑(或其他金属)原子以 d 轨道与 H_2、反应物形成配位络合物而引起。

加氢还原反应的速率、选择性主要决定于催化剂的类型，但与加氢反应的条件亦有密切关系。加氢还原反应中，应控制硝基苯的纯度，因硝基苯中的微量杂质易引起催化剂中毒，活性下降；通常加氢还原的温度愈高，反应速率愈快；但在液相加氢反应中，在某一温度范围内，反应速率会随着温度的上升而显著加快，若再提高温度，则反应速率的变化不大；压力对加氢反应有很大的影响，在气相加氢时，提高压力相当于增大氢的浓度，因此反应速率可按比例加快；催化加氢经历了反应物分子扩散、吸附于催化剂表面、进而在催化剂表面发生化学反应的过程。当选用高活性催化剂时，加氢还原的化学反应速率要比反应物扩散速率大得多，这时加强传质对加快反应速率有决定意义。

§8-4 苯胺生产工艺

苯胺的生产工艺分为硝基苯单元和苯胺单元。

§8-4.1 硝基苯单元

1. 反应工序

在硝基苯单元中，硝化部分采用的是苯绝热硝化工艺技术。由罐区苯贮罐来的石油苯沿外管架送入苯中间罐，经输送泵打入硝化器中，与泵打入的混酸进行绝热硝化反应，反应后的反应液进入分离罐，分离出的酸性硝基苯经冷却后去精制工序，废酸进入蒸发器利用自身带的热量进行废酸浓缩。浓缩后的废酸浓度可达 70%，再循环使用。浓缩过程中产生的废气进入精制工序的苯回收塔进一步回收。硝化和废酸浓缩工艺流程见图 8-7。

2. 精制工序

自硝化分离器来的酸性硝基苯流入酸洗槽中，用废酸浓缩分离出的废水进行洗涤，洗涤后的酸性废水排掉；酸性硝基苯再进入碱洗槽中进行碱洗，碱洗后的碱性废水排掉；硝基苯进入水洗槽中进行水洗，水洗后的废水循环使用。水洗至中性的硝基苯进入苯提取塔，在真空的条件下将苯从塔顶蒸出，进入苯水分层器，经分层器将苯、水分离，水作为硝基苯的洗水用，苯回反应工序循环使用。分层器出来的气体与废酸浓缩过程产生的废气一并进入苯回收塔，用精硝基苯回收苯，其他不凝气去尾气处理工序。提取塔塔釜得合格的精硝基苯，作为苯胺单元的原料。硝基苯精馏工艺流程见图 8-8。

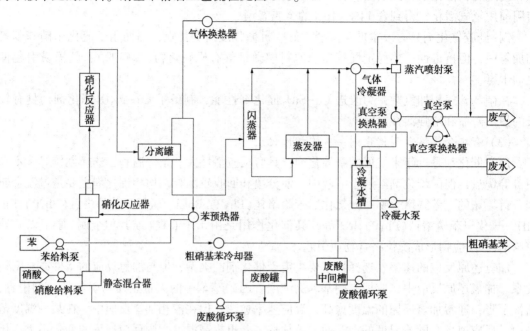

图 8-7　硝化和废酸浓缩工艺流程示意图

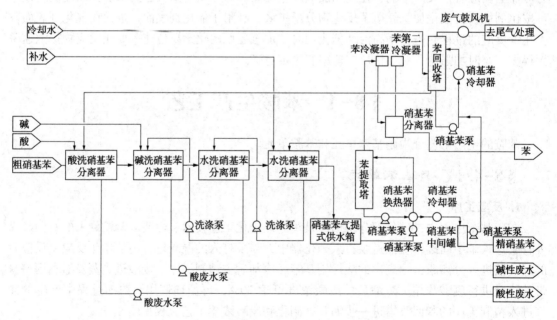

图 8-8　硝基苯精馏工艺流程示意图

3. 尾气处理工序

来自硝化反应的尾气经压缩机升压后进入氮氧化物气体吸收塔，被用泵送来的脱盐水吸收成稀硝酸，在吸收过程中，吸收塔用冷却水冷却，塔顶未被吸收的不凝气经升压后进入催化氧化器内处理，处理合格后排入大气。塔釜的稀硝酸浓度达到 50%~55% 后被送至反应工序循环使用。尾气处理工艺流程见图 8-9。

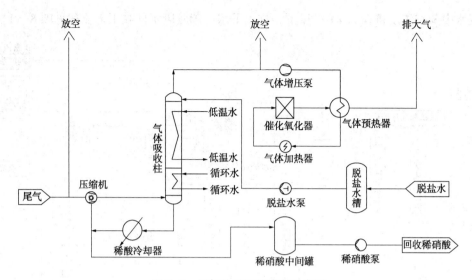

图 8-9 尾气处理工艺流程示意图

§8-4.2 苯胺单元

1. 加氢还原工序

来自氢气球罐的新鲜氢气与氢压机升压的循环氢在氢气缓冲罐混合之后进入氢气第一、第二换热器,在此与来自流化床的反应气体进行两次热交换后,进入硝基苯汽化器和混合气体加热器。硝基苯在汽化器被热氢气流所汽化,混合气体继续升温至190℃,送入流化床内。硝基苯在此进行气相催化加氢反应,反应在245~295℃进行。加氢反应所放出的热量被汽包送入流化床内换热管的软水带出。水被汽化副产1.0MPa(G)蒸汽,该蒸汽量除满足装置需用量外,剩余部分送入装置外的蒸汽管网。

流化床反应器的气体经第二氢气换热器和第一氢气换热器,被由氢气缓冲罐来的混合氢气在换热器中进行间接冷却至120℃后,进入第一、二冷凝器,苯胺与水被冷凝为液体。在催化剂沉降槽中除去液体中的催化剂颗粒,再经冷却器冷却至30℃后流入苯胺-水分层器静止分层。未被冷凝的反应气体经捕集器后回收,含氢气90%(体积分率)的气体作为循环氢使用。从冷凝器出来的循环氢压力为3.92~6.86kPa(G),经捕集器进行两次捕集,再经管式除尘器过滤后,气体进入氢压机升压至160kPa(G),与新氢在氢气缓冲罐混合。

由硝基苯精制工序制取的纯度为99.94%硝基苯,由泵送入加热器升温至170~180℃后,进入硝基苯汽化器。

从分层器上部流出来的水(含苯胺3.6%)进入苯胺水贮槽,从分层器下部流出的粗苯胺(含水5%),贮存于粗苯胺贮槽内,去苯胺单元精馏工序。

流化床所用冷却水系中压膨胀槽和低压膨胀槽蒸汽冷凝后产生的105℃的冷凝水,由热水给水泵送至汽包后,利用热水循环泵打入流化床换热管内。硝基苯加氢还原工艺流程见图8-10。

2. 苯胺废水处理工序

苯胺废水罐内的废水用泵以一定流量送入一级萃取的静态混合器内,同时用泵打入萃取剂精硝基苯,在静态混合器中进行液-液传质后,进入分层器中进行分层,上层萃余相进入贮罐,作为下一级萃取的萃取剂,下层的物料去加氢还原单元,作为加氢原料。经三级萃取后，废水中苯胺浓度将在 $50×10^{-6}$ 以下，排入下水。苯胺废水回收工艺流程见图 8-11。

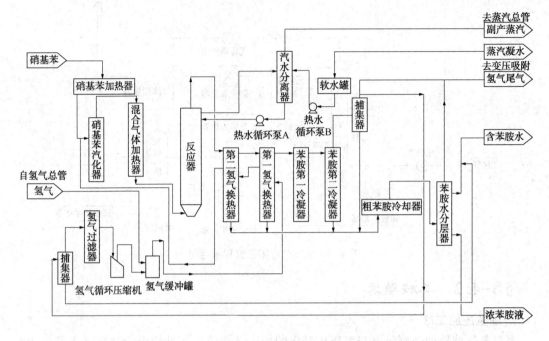

图 8-10 硝基苯加氢还原工艺流程示意图

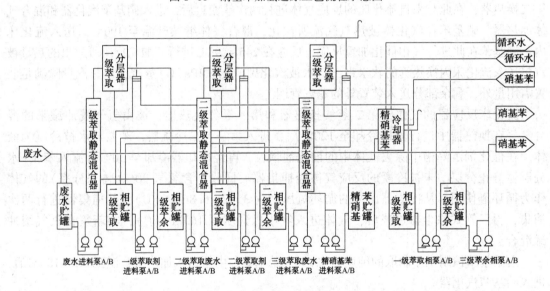

图 8-11 苯胺废水回收工艺流程示意图

3. 苯胺精馏工序

粗苯胺罐内的粗苯胺用粗苯胺泵以一定流量输送到脱水塔内，控制脱水塔顶温、釜温和塔顶压力，进行精馏，塔顶蒸出物经共沸物冷凝器冷凝后流入苯胺水分层器内进行分层，塔釜高沸物进入精馏塔内。在一定的顶温、釜温及真空下进行精馏，塔顶蒸出物（苯胺）经精馏塔冷凝器冷凝后，一部分以一定的回流比从塔顶送入精馏塔内作为回流，其余再经冷凝器进一步冷凝后进入苯胺成品罐。苯胺精制工艺流程见图 8-12。

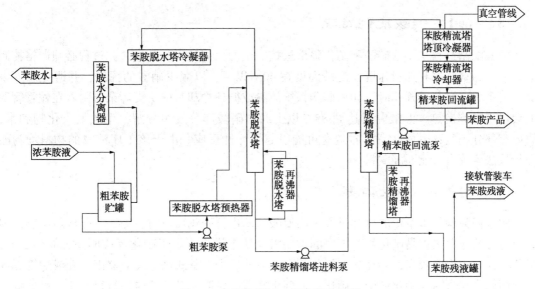

图 8-12　苯胺精制工艺流程示意图

§8-5　苯胺产品质量

工业苯胺产品质量如果执行 MDI 级苯胺标准,其规格见表 8-1。

表 8-1　MDI 级苯胺产品质量标准

序号	指标名称		指标	
			优等品	一等品
1	外观		无色至浅黄色透明液体,贮存时颜色允许变深	
2	色度(铂-钴号)	≤	60	60
3	热稳定性(铂-钴号)		150	
4	水分/%	≤	0.05	0.1
5	硝基苯含量/%	≤	0.0001	0.0002
6	环己醇含量/%	≤	0.0020	0.0025
7	环己胺含量/%	≤	0.0005	0.0010
8	甲苯胺含量/%	≤	0.0040	0.0050
9	甲苯含量/%	≤	0.0003	
10	苯含量/%	≤	0.0005	
11	乙苯含量/%	≤	0.0003	
12	二甲苯含量/%	≤	0.0003	
13	纯度/%	≥	99.99	99.95

§8-6　工艺过程危险性分析

苯胺的工业化生产主要包括:混酸配制、苯硝化、中和水洗、脱水精制、废水处理、硝基苯还原、苯胺精馏以及配套的罐区管理等过程。

§8-6.1 混酸配制过程

混酸配制过程是将浓硝酸和硝化稀硫酸按一定的比例送入配酸釜，此过程必须严格控制原料酸的加料顺序和加料速度，配酸温度在40℃以下，以减少硝酸的挥发，并避免意外事故的发生。混酸装置开车时，如果监测系统故障或循环冷却水中藻类等杂质附着在蛇管管壁上会严重影响换热。混酸温度达到85℃以上时，硝酸部分发生分解，生成氮氧化物和水，假如有部分硝基物生成，高温时就有可能引起爆炸性反应。由于该工序涉及的物料均为酸类，故法兰等有可能泄漏酸料。

§8-6.2 苯硝化过程

此过程为硝基苯生产的核心过程，当混酸与苯进行硝化反应时，为一个强放热反应，因此及时有效地散热，是硝化生产工序的重要安全防范措施。由于硝化反应剧烈，放热量大，工艺过程反应温度较高，存在深度氧化等副反应的发生。釜式硝化反应器因夹套或蛇管焊缝腐蚀而使冷却水漏入硝化液中，硝化液遇到水则温度急剧上升，反应进行得很快，可分解产生气体物质而引起爆炸的危险。同时，也会使稀释硫酸增加对釜内构件的腐蚀程度从而使搅拌装置出现故障，使反应急剧发生，造成潜在危险。

§8-6.3 中和水洗过程

中和过程是将酸性硝基苯与10%左右的氢氧化钠溶液进行酸碱中和反应，除了与夹带的硫酸和硝酸液滴反应生成无机盐之外，还会与反应生成的副产物硝基酚发生反应生成易溶于水的钠盐。水洗的过程是将中和过程中生成的酚钠盐和无机盐溶于水而与硝基苯实现分离。硝化液在分离出稀硫酸后，剩下的酸性硝基苯(包括硝化产物硝基苯，副产物二硝基苯及硝基酚以及少量的未反应物苯和夹带的无机酸)通过中和、一级水洗和二级水洗工序(有的也采用水洗、中和及水洗工序)，除去其中的无机酸和酚类化合物，使得粗硝基苯中硝基酚钠控制在工艺指标范围内。目前，很多厂中和、水洗工序采用釜式设备，碱洗和洗水用量大，酚类化合物洗涤效果不是很理想，流入精馏系统的酚类化合物，由于受蒸汽加热，控制或操作不当极易发生热分解爆炸事故。

§8-6.4 脱水精制过程

苯硝化工艺的精制工序过程是将水洗后的中性粗品硝基苯通过预热器加热后送入初馏塔，塔顶下物料轻组分(苯和水)除少部分回流外，大部分物质将被采出系统。塔釜物料则全部进入精馏塔，进行再次蒸馏，塔顶硝基苯下料进入回流罐，除少部分用于回流之外，大部分硝基苯则被输送至硝基苯成品罐。对于塔釜积聚的高沸物(二硝基苯、硝基酚盐等)则定期采出精馏塔外进行集中处理利用。对于初馏系统，进料预热器和塔釜再沸器采用低压蒸汽加热，由于进料中含有酚钠盐和无机盐，因此加热后析出的晶体会黏附在预热器管壁上，积累到一定程度时，分解挥发与漏入的空气形成爆炸性混合物，达到极限时就可能发生爆炸。同时，进入精馏系统的物料硝基苯(含有二硝基苯和钠盐)在异常高温时易发生剧烈的放热分解。

§8-6.5 硝基苯还原过程

流化床反应器是苯胺生产的主要设备的核心设备，硝基苯和氢气在流化床中遇到催化剂瞬间反应产生大量热，反应物料有毒有害、易燃易爆，属带压高温操作。一旦反应失控，轻者超温烧毁催化剂，重则物料泄漏酿成大祸。

§8-6.6 苯胺精馏过程

该过程是纯物理加工系统，无化学反应，脱水精馏采用负压操作，物料基本对设备无腐蚀，回收系统常压操作，物料主要含苯胺，生产过程中发生最多的事故是残液蒸得过干，引起堵管和溢料，污染环境及造成人员中毒。

§8-6.7 罐区管理

硝基苯生产过程中离不开贮罐罐区的配套设施，这些贮罐贮存有硝酸、硫酸、稀硫酸、苯、硝基酚、碱液以及物料废水等。一旦生产区域着火爆炸，将会引爆毗邻的罐区，大量物料流到地面上，同时在爆炸热的影响下，大量硝基化合物的蒸气和粉尘毒性物质挥发至空气中，吸入后不仅能渗入人体内，而且还能透过热的皮肤进入人体，严重中毒时，会使人失去知觉。更严重的是罐区很有可能引起连环性爆炸，大量物料泄漏，这对于化工密集区来说，所造成的后果极有可能是毁灭性的。

思考题

1. 苯胺的工业化生产主要包括哪两个过程？各过程的基本原理是什么？试写出各过程的化学反应方程式。

2. 硝基苯生产的主要方法有哪些？各有哪些优缺点？

3. 苯胺生产所采用的工艺技术主要有哪些？各技术有哪些优缺点？

4. 简述苯硝化生产硝基苯的工艺流程。

5. 什么是硝化反应？硝化反应有哪些特点？

6. 硝化反应的影响因素有哪些？

7. 工业上混酸的硝化能力用什么进行表示？

8. 简述硝基苯催化加氢法制备苯胺的工艺流程。

9. 硝基苯催化加氢法制备苯胺的催化剂有哪些？各有哪些优缺点？

10. 试对苯胺生产工艺过程进行危险性分析。

第9章 化工基础实验

实验一 伯努利方程实验

一、实验目的

（1）通过实验，加深对伯努利方程式及能量之间转换的了解。

（2）观察水流沿程的能量变化，并了解其几何意义。

（3）观察流动流体的阻力表现，并了解压头损失大小的影响因素。

二、实验原理

在流体流动过程中，用带小孔的测压管可测量管路中各点的能量变化（毕托管测速原理）。

当转动活动测压头，使测压管的小孔正对着流体的流动方向时，此时测得的是管路中各点的动压头和静压头的总和，即 $h_A = \dfrac{u^2}{2g} + \dfrac{p}{\rho g}$；而当测压管的小孔垂直于流体的流动方向时，此时测得的是管路中各点的静压头的值，即 $h_B = \dfrac{p}{\rho g}$。

将在同一流量下测得的 h_A、h_B 值描绘在坐标上，可以直观看出流速与管径的关系。比较不同流量下的 h_A 值，可以直观看出沿程的能量损失，以及总能量损失与流量、流速的关系。通过 h_B 的关系曲线，可以得出在突然扩大、突然缩小处动能与静压能的转换。

三、实验装置

实验装置参见图9-1。

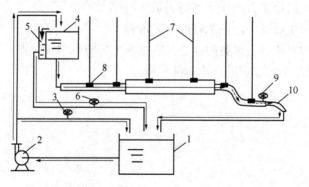

图9-1　伯努利方程实验装置示意图

1—水箱；2—水泵；3—调节阀；4—高位槽；5—溢流管；6—回流阀；7—测压管；
8—活动测压头；9—出口阀；10—摆头（活动弯头）

设备参数：玻璃管大管内径，21.2mm；左小管内径，12.9mm；右小管内径，13.4mm。

四、实验步骤

（1）准备工作：

① 水箱中加水至80%。

② 检查水泵转动是否灵活（可采用扳动风叶的办法转动水泵），感觉灵活后，合上水泵电源。如未检查，合上电源开关后水泵不动，应立即停电检查。

③ 检查零流速时，观察各水位计高度是否一致，如不一致，可能是水位计或活动测头内有气泡，应用吸耳球吸除；如吸气后仍不一致，则是标尺高矮不一所致，应调整标尺固定螺钉。实验现场不便调整时，则应记下零位误差，在数据中扣除。

④ 当阀门全开时，检查上水箱是否有溢流，若无溢流应适当关小回流阀门，使上水箱保证有溢流。

⑤ 检查摆头是否灵活。

（2）准备工作完毕后，启动循环水泵，开启出水阀至一定开度大小，待水流稳定后，进行如下操作：

① 将活动测压头转到正对水流方向，观察并记录各测压管的液位高度。

② 在出水阀开度不变的情况下，将活动测压头旋转至与水流垂直方向，观察液位变化并记录各测压管的液位高度。

③ 在出水阀开度不变的情况下，用量筒、秒表测定水的体积，以此为依据，计算体积流量。

（3）继续开大出水阀，操作同前，记录各液位管的液位高度及体积流量值。

五、实验注意事项

（1）测记压头读数时，必须保持高位槽水位恒定。

（2）注意测压管内无气泡时，方可开始读数。读取测压管液面高度时，眼睛要和液面水平，读取凹液面下端的值。

（3）测流量时，至少测两次，要求两次测得的数据误差在2%以内。

（4）注意实验开始和实验结束时水泵和出口阀的操作先后顺序。

六、实验数据记录

序号	测头指向	各测压头水位/mmH$_2$O						体积/L	时间/s	流量/L·s^{-1}
		1	2	3	4	5	6			
1	正对									
	垂直									
2	正对									
	垂直									
3	正对									
	垂直									

序号	测头指向	各测压头水位/mmH₂O						体积/L	时间/s	流量/L·s⁻¹
		1	2	3	4	5	6			
4	正对									
	垂直									
5	正对									
	垂直									

七、数据处理

画出能量变化曲线(横坐标为各测压头编号,纵坐标为各测压头水位高度),并讨论下列问题:

(1) 同一管径下,不同流量时的动能比较;

(2) 同一流量时不同管径上动能比较;

(3) 总压头线沿管程的变化;

(4) 总压头损失与流量的关系;

(5) 突然扩大、突然缩小处的能量转换。

实验二 离心泵性能曲线的测定

一、实验目的

(1) 了解离心泵的结构特点,熟悉并掌握离心泵的工作原理和操作方法。

(2) 掌握离心泵的特性曲线的测定方法。

二、实验原理

离心泵是一种液体输送机械,它借助于泵壳内叶轮的高速旋转,使叶片间的液体在离心力的作用下,从叶轮的中心被甩至边缘,在此过程中液体获得能量,并以高速进入蜗形泵壳。在蜗壳中,随着流道的逐渐扩大,部分动能转化为静压能,最后液体以较高的压力流入排出管路。在液体由叶轮中心甩向外缘时,叶轮中心形成真空,在贮槽液面上方与泵吸入口压力差的作用下,液体被连续压入叶轮中。因此,只要叶轮不断转动,液体便不断地吸入和排出。

离心泵在启动前必须进行灌泵,即在离心泵的泵壳内灌满所输送的液体。因为离心泵输送流量的大小不仅取决于离心泵的结构和转速,而且与泵壳内流体的密度有关。当泵壳内存在大量空气时,因空气的密度远比液体的小,故叶轮旋转产生的离心力小,形成的真空度也小,在贮槽液面上方与泵吸入口不足以形成所需的压力差,液体不能输送,该现象称为气缚现象。

离心泵的主要性能参数是扬程(H)、流量(Q)、轴功率(N)和效率(η)。在一定的转速下,离心泵的 H、N、η 均随 Q 的大小改变,即 H-Q,N-Q,η-Q 线。它们与离心泵的设计、加工情况有关，必须由实验进行测定。

实验中，N 可由功率表直接读取，Q、H（即 H_e）和 η 需进行测定。下面介绍具体测定方法。

1. 流量的测定

（1）使用涡轮流量计对离心泵的流量 Q 测定，可用以下计算式：

$$Q = (f/\xi) \times 10^{-3} \quad \mathrm{m^3 \cdot s^{-1}}$$

式中　f——涡轮流量计显示仪读数，Hz；

　　　ξ——涡轮流量计的流量系数。

LW-25 型：$\xi_1 = 327.85$，$\xi_2 = 337.22$

LW-40 型：5 档　$\xi = 78.56$；10 档　$\xi = 77.33$

（2）为方便计算，也可在实验前首先作涡轮流量计显示仪读数 f 与流量 Q 的关系曲线（f-Q）。正式实验开始后，通过数显 f 的大小便可直接从 f-Q 曲线中读取 Q。具体步骤为：在一定阀门开度下，用量筒、秒表测定水的体积，计算出流量 Q_1，并读取当前阀门开度下的数显 f_1；改变阀门开度大小，按前述方法依次测得 Q_2、Q_3、Q_4、Q_5、Q_6…及相应数显 f_2、f_3、f_4、f_5、f_6、…；最后将测得的 f 和 Q 值绘制在二维坐标系中，得到 f-Q 曲线。

2. H（即 H_e）的测定

不同流量下，H 的大小可通过伯努利方程式进行推导计算（见图 9-2）。

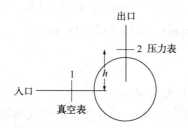

图 9-2　离心泵 H 计算示意图

以离心泵入口处为 1 截面，离心泵出口处为 2 截面，以入口水平面为基准面，在 1、2 截面间以单位重量的流体为研究对象，列伯努利方程可得：

$$\frac{u_1^2}{2g} + \frac{-p_1}{\rho g} + H_e = \frac{u_2^2}{2g} + \frac{p_2}{\rho g} + h + H_f$$

因两测压点之间的管路阻力损失在总压头中所占的比例很小，故可忽略，则上式整理后可变形为：

$$H_e = H_{压力表} + H_{真空表} + h + \frac{u_2^2 - u_1^2}{2g}$$

式中，$H_{压力表}$ 和 $H_{真空表}$ 的大小可通过压力表和真空表的读数进行换算，h 大小可测，当流量一定时，根据进、出管路的管径可求得相应流速 u_2、u_1 的大小，故 H_e 可求。

3. 效率的测定

$$N_e = Q H_e \rho g \text{（单位为 W）}$$

式中，Q、H_e 均可根据前述测定方法求出，故 N_e 可求。

　　则

$$\eta = \frac{N_e}{N}$$

三、实验装置

实验装置参见图9-3。

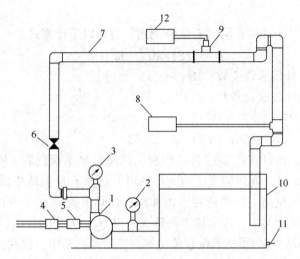

图 9-3 离心泵性能测定实验装置示意图

1—离心泵；2—真空表；3—压力表；4—变频器；5—功率表；6—流量调节阀；
7—实验管路；8—温度计；9—涡轮流量计；10—实验水箱；11—放水阀；12—频率计

设备参数：进口管径，$\phi40\text{mm}$；出口管径 $\phi25\text{mm}$。

四、实验步骤

（1）打开上水阀门，水箱充水至80%。

（2）首先打开引水阀引水灌泵，并打开泵体上的排气阀排除泵内的气体，确认泵已灌满且其中的空气已排净，关闭引水阀和泵的排气阀（注：如图9-3所示，若泵的安装高度低于水箱内液面高度，则液体在重力作用下自动流入离心泵的泵壳内，此时无须进行灌泵操作）。

（3）在启动前，要关闭出口控制阀门和显示仪表电源开关，以使泵在最低负荷下启动，避免启动脉冲电流过大而损坏电机和仪表。

（4）启动泵并打开显示仪表开关，然后将出口控制阀开至最大以确定实验范围，在最大的流量范围内合理布置实验点。

（5）将流量调至某一值，待系统稳定后，读取并记录所需数据（包括流量为零时的各有关参数）。

（6）实验结束时，先将出口控制阀门关闭，再关闭电机电源开关和总电源。

五、实验注意事项

（1）泵内无水时，禁止启动泵。

（2）在启动泵前，要关闭出口控制阀门和显示仪表电源开关，以使泵在最低负荷下启动。

（3）启动离心泵，判断泵是否运转正常，正常后再打开功率表开关。

六、实验数据记录

序号	流量计显示仪读数	压力表读数/kPa	真空表读数/kPa	功率/W
1				
2				
3				
4				
5				
6				
7				
8				
9				
10				

七、数据处理

序号	扬程/m	流量/$m^3 \cdot s^{-1}$	功率/W	效率/%
1				
2				
3				
4				
5				
6				
7				
8				
9				
10				

（1）列出一组数据的计算过程作为计算示例。

（2）根据数据处理结果，绘制 $H\text{-}Q$，$N\text{-}Q$，$\eta\text{-}Q$ 三条曲线。

实验三　流体流动阻力的测定

一、实验目的

（1）掌握测定流体阻力的实验方法。

（2）测定流体流经直管的摩擦阻力和流经管件的局部阻力，计算直管阻力系数与局部阻力系数，确定直管的摩擦阻力系数与雷诺数之间的关系。

（3）熟悉压差计和流量计的使用方法。

二、实验原理

流体流动过程中的阻力分为直管阻力和局部阻力两种。

其中，流体在直管中流动产生的机械能损失称为直管阻力损失，其计算公式为：

$$h_{f直管} = \frac{\Delta p_{直管}}{\rho} = \lambda \cdot \frac{l}{d} \cdot \frac{u^2}{2}$$

流体通过管件、阀门等局部障碍产生的机械能损失称为局部阻力损失，其计算公式为：

$$h_{f局部} = \frac{\Delta p_{局部}}{\rho} = \xi \cdot \frac{u^2}{2}$$

因此，相应的直管阻力系数 λ 和局部阻力系数 ξ 可通过下式进行计算：

$$\lambda = \frac{2d}{l} \cdot \frac{\Delta p_{直管}}{u^2}$$

$$\xi = \frac{2\Delta p_{局部}}{u^2}$$

式中，$\Delta p_{直管}$、$\Delta p_{局部}$ 可通过液柱压差计读数测得，且 $\Delta p = (\rho_0 - \rho)gR$；由涡轮流量计读出流量后，根据管路直径计算流速 u，即可求出直管阻力系数 λ 及局部阻力系数 ξ。

三、实验装置

实验装置参见图 9-4。

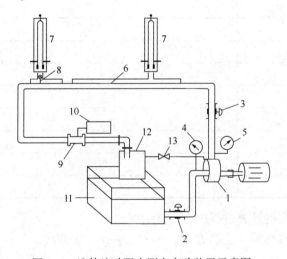

图 9-4　流体流动阻力测定实验装置示意图

1—离心泵；2—入口阀；3—出口阀；4—真空表；5—压力表；6—直管；7—倒 U 形管压差计；
8—闸阀；9—涡轮流量计；10—显示仪表；11—水槽；12—计量槽；13—灌水阀

设备参数：被测管长，2m；管径，0.021m；被测管件，3/4 闸阀。

四、实验步骤

（1）水箱充水至 80%。

（2）实验开始前，关闭流体出口控制阀门，打开水银压差计上平衡阀。

（3）灌泵，启动离心泵。

256

（4）分别进行管路系统、引压管、压差计的排气工作，排出可能积存在系统内的空气，以保证数据测定稳定、可靠。

① 管路系统排气：打开出口调节阀，让水流动片刻，将管路中的大部分空气排出，然后将出口阀关闭，打开管路出口端上方的排气阀，使管路中的残余空气排出。

② 引压管和压差计排气：依次打开并迅速关闭压差计上方的排气阀，反复操作几次，将引压管和压差计内的空气排出。排气时要注意严防 U 形管压差计中的水银冲出。

（5）排气结束后，关闭平衡阀。

（6）将出口控制阀缓慢开到最大，观察最大流量范围或最大压差变化范围，据此确定合理的实验布点。

（7）根据实验布点调节流量，读出每一流量下的 Δp 值。注：流量调节后，须稳定一段时间，方可测取有关数据。

（8）实验结束时，先打开平衡阀，关闭出口控制阀门，再关泵和电源。

五、实验注意事项

（1）检查应开、应关的阀门。

（2）排气中，严防 U 形管压差计中的水银冲出。

（3）待流动稳定后才能测取数据，每经过一次流量调节需 3~5min 稳定。

（4）在最大流量范围内，合理进行实验布点。

六、实验数据记录

序号	流量/L·s^{-1}	直管阻力压差读数/mmHg		局部阻力压差读数/mmHg	
		左读数	右读数	左读数	右读数
1					
2					
3					
4					
5					
6					
7					
8					
9					
10					

七、数据处理

序号	流速/m·s^{-1}	Re	λ	ξ
1				
2				
3				

序号	流速/m·s^{-1}	Re	λ	ξ
4				
5				
6				
7				
8				
9				
10				

（1）列出一组数据的计算过程作为计算示例。

（2）在双对数坐标纸上绘制 λ-Re 关系曲线，并与经验值进行比较。

实验四　流量计的流量校正

一、实验目的

（1）学会流量计的校正方法。

（2）通过孔板流量计孔流系数的测定，了解孔流系数的变化规律。

二、实验原理

工程上利用测定流体的压差来确定流体的速度，从而来测量流体的流量，孔板流量计就是最常用的一种。

根据伯努利方程式，管路中流体的流量与压差计读数的关系为

$$V_s = C_0 A_0 \sqrt{\frac{2(p_a - p_b)}{\rho}} = C_0 A_0 \sqrt{\frac{2(\rho_A - \rho)gR}{\rho}} \tag{1}$$

式中，V_s 为流体流量；C_0 为孔流系数；A_0 为小孔面积；$p_a - p_b$ 为孔板前后压差，且根据流体静力学原理，$p_a - p_b = (\rho_A - \rho)gR$；$\rho_A$ 为指示液（水银）密度；ρ 为被测流体（水）密度。

流量计的孔流系数确定以后，就可根据上式，由压差计读数来确定流量。流量计的校正就是要确定孔板流量计的孔流系数。

影响孔板流量计孔流系数的因素很多，如流动过程的雷诺数、孔口面积与管道面积比、测压方式、孔口形状及加工光洁度、孔板厚度和管壁粗糙度等。对于测压方式、结构尺寸、加工状况等均已规定的标准孔板，孔流系数（C_0）与雷诺数（Re）和孔口面积与管道面积比（m）有关，即

$$C_0 = f(Re, \ m) \qquad m = \frac{孔口面积}{管道面积}$$

当实验装置确定时，m 确定，则 $C_0 = f(Re)$。

C_0 测定过程中，用量筒、秒表记录单位时间内水的体积或通过基准流量计测定管路中的流量，用压差计测定孔板前后的压差，即可通过式（1）求出 C_0 值。

孔板流量计结构简单，易于制造，但其缺点是能量损失大。

258

用 U 形管压差计可以测定通过孔板的能量损失，这个损失称为永久能量损失。由伯努利方程式可知，永久能量损失 h_f 可用下式进行计算：

$$h_f = \frac{p_1 - p_2}{\rho} = \frac{(\rho_0 - \rho)gR}{\rho} \tag{2}$$

三、实验装置

实验装置参见图 9-5。

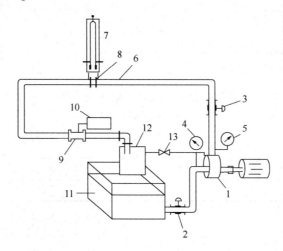

图 9-5 流量计流量校正实验装置示意图

1—离心泵；2—入口阀；3—出口阀；4—真空表；5—压力表；6—直管；7—倒 U 形管压差计；
8—孔板流量计；9—涡轮流量计；10—显示仪表；11—水槽；12—计量槽；13—灌水阀

设备参数：管道直径，0.027m；孔板直径，0.018m。

四、实验步骤

（1）水箱充水至 80%。

（2）实验开始前，关闭流体出口控制阀门，打开水银压差计上平衡阀。

（3）灌泵、启动离心泵。

（4）分别进行管路系统、引压管、压差计的排气工作，排出可能积存在系统内的空气，以保证数据测定稳定、可靠。具体排气步骤见实验三"流体流动阻力的测定"。

（5）排气结束后，关闭平衡阀。

（6）缓慢将出口控制阀开到最大，观察最大流量范围或最大压差变化范围，据此确定合理的实验布点。

（7）根据实验布点调节流量，读出每一流量下的 Δp 值。注：流量调节后，须稳定一段时间，方可测取有关数据。

（8）实验结束时，先打开平衡阀，关闭出口阀门，再关泵和电源。

五、实验注意事项

（1）检查应开、应关的阀门。

（2）排气中，严防 U 形压差计中的水银冲出。

(3) 待流动稳定后才能测试数据，每经过一次流量调节需 3~5min 稳定。

(4) 在最大流量范围内，合理进行实验布点。

六、实验数据记录

序号	流量/L·s⁻¹	孔板前后压差读数/mmHg		永久损失压差读数/mmHg	
		左读数	右读数	左读数	右读数
1					
2					
3					
4					
5					
6					
7					
8					
9					
10					

七、数据处理

序号	流速/m·s⁻¹	Re	C_0	永久损失
1				
2				
3				
4				
5				
6				
7				
8				
9				
10				

(1) 列出一组数据的计算过程作为计算示例。

(2) 在半对数坐标纸上作 C_0-Re 关系曲线。

实验五　传热系数的测定

一、实验目的

(1) 熟悉传热设备，了解传热原理和强化传热途径。

(2) 掌握间壁式换热器总传热系数的测定方法。

（3）掌握对流传热系数的测定方法，加深对其概念和影响因素的理解。并尝试采用线性回归分析方法，确定对流传热系数准数关联式 $Nu = ARe^m Pr^n$ 中常数 A、m 的值。

二、实验原理

1. 总传热系数 K 的测定

传热过程按其方式可分为传导传热、对流传热、辐射传热。工业生产中的传热过程，按冷流体和热流体的接触方式可分为直接换热、间壁式换热和蓄热式换热。换热器是工业上常用的换热设备，间壁式换热器是工业上常用到的一种换热器类型。在间壁式换热器中，热流体借助于传热面，将热量传递给冷流体，以满足工艺的要求。本实验中的间壁式换热器为套管换热器，其中热流体为热空气，冷流体为水，二者逆流换热。热空气与水在套管换热器中的传热速率可用下式表示：

$$q = K \cdot A \cdot \Delta t_m$$

式中 q——传热速率，W；

K——总传热系数，$W \cdot m^{-2} \cdot K^{-1}$；

Δt_m——传热平均温度差，K，为冷热流体进出口温度的对数平均值，

$$\Delta t_m = \frac{(T_{进} - t_{出}) - (T_{出} - t_{进})}{\ln \dfrac{(T_{进} - t_{出})}{(T_{出} - t_{进})}}；$$

A——传热面积，m^2，$A = \dfrac{\pi}{4} \cdot d^2$。

另外，单位时间内冷、热流体传递的热量称为热负荷，即

$$q_h = M_h c_{ph}(T_{进} - T_{出})$$
$$q_c = M_c c_{pc}(t_{出} - t_{进})$$

稳态传热过程中，热流体放出的热量等于冷流体吸收的热量，也等于冷热流间的传热速率，即：

$$q_h = q_c = q$$

实验过程中测出冷热流体的进出口温度 $T_{进}$、$T_{出}$、$t_{进}$、$t_{出}$，测出流体的流量，查出流体的比热容，就能计算出 q_h 或 q_c，从而可计算出传热系数 K。

$$K = \frac{q}{A \cdot \Delta t_m}（注：K \text{ 的大小与传热面积 } A \text{ 的选取有关}）$$

2. 空气对流传热系数的测定

间壁式换热器的传热过程，包括冷流体与壁面间的传热、壁面内的传热以及壁面与热流体间的传热，其传热热阻可表示为

$$\frac{1}{KA} = \frac{1}{\alpha_o A_o} + \frac{\delta}{\lambda A_m} + \frac{1}{\alpha_i A_i}$$

式中，A_o、A_i、A_m——传热（套管）外表面积、传热（套管）内表面积、传热（套管）对数平均面积，m^2；

α_o、α_i——壳程（管外）流体和管程（管内）流体的对流传热系数，$W \cdot m^{-2} \cdot K^{-1}$；

δ——管壁厚度，m；

λ——管壁材料的导热系数，$W \cdot m^{-1} \cdot K^{-1}$。

本实验中热空气走管程，冷水走壳程，故上式可表示为

$$\frac{1}{KA} = \frac{1}{\alpha_c A_o} + \frac{\delta}{\lambda A_m} + \frac{1}{\alpha_h A_i}$$

式中，α_h、α_c 分别为热空气与水的对流传热系数，$W \cdot m^{-2} \cdot K^{-1}$。

因换热器内管为紫铜管，其导热系数 λ 很大，故管壁的导热热阻可忽略；同时水的对流传热系数 α_c 要远大于空气的对流传热系数 α_h，故水侧的热阻也较小，可忽略不计。上式可进一步化简为

$$\frac{1}{KA} \approx \frac{1}{\alpha_h A_i}$$

当选取内表面积 A_i 为研究对象时，

$$\frac{1}{K_i A_i} \approx \frac{1}{\alpha_h A_i}$$

故 $\alpha_h \approx K_i$，K_i 为基于内表面积计算的总传热系数，$W \cdot m^{-2} \cdot K^{-1}$。

3. 对流传热系数准数关联式的实验确定

流体在圆管内作强制湍流时，对流传热系数准数关联式的形式为

$$Nu = ARe^m Pr^n$$

式中　Nu——努塞尔准数，表达式为：$Nu = \alpha \cdot \dfrac{d}{\lambda}$；

Re——雷诺准数，表达式为：$Re = \dfrac{d \cdot u \cdot \rho}{\mu}$；

Pr——普兰特准数，表达式为：$Pr = \dfrac{c_p \cdot \mu}{\lambda}$；

A——比例系数；

m、n——雷诺准数和普兰特准数的指数。

应用范围：$Re > 10000$，管长与管径之比大于 60（$L/d_i > 60$）。且 n 值视热流方向而定，当流体被加热时，$n = 0.4$；当流体被冷却时，$n = 0.3$。

特征尺寸：Nu、Re 准数中的 d 取管内径 d_i。

物性数据：λ、c_p、ρ、μ 可通过定性温度 $T_m = \dfrac{T_进 + T_出}{2}$ 查得。

在本实验条件下，热空气被冷却，故 $n = 0.3$，同时考虑 Pr 变化很小，可认为是常数，故上述准数关联式可简化为：$Nu = B \cdot Re^m$。

上式两边取对数，得：$\lg Nu = m \lg Re + \lg B$

在实验过程中测量得到不同流量下的总传热系数 K_i，得出 α_h，从而求出一系列 Nu；同时根据不同流量大小可求出一系列的 Re。以 $\lg Re$ 为横坐标，$\lg Nu$ 为纵坐标作图，可得到一条直线，直线斜率为 m，截距为 $\lg B$，从而得到 B 值，进而求出 A 值，即可确定准数关联式 $Nu = ARe^m Pr^n$ 中 A、m 的值。

三、实验装置

实验装置参见图 9-6。

设备参数：列管长，1000mm；管径，ϕ12mm×1mm。

四、实验步骤

（1）打开冷流体源，由调节阀门调节冷流体流量。

（2）开通风源，调节流量，在智能温度调节表上设定控制温度 100~120℃。

（3）维持冷流体流量不变，热空气进口温度在一定时间内（约 10min）基本不变时，可记录有关数据。

（4）测定总传热系数 K。在维持冷流体流量不变的情况下，根据实验布点要求，改变热空气流量若干次，待温度平衡时，记录流体的流量和流体的进出口温度。

（5）实验结束，关闭加热电源，待热空气温度降至 50℃ 以下时，关闭冷热流体调节阀，并关闭冷热流体源。

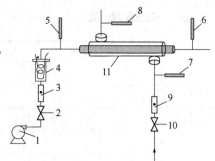

图 9-6　传热实验装置示意图
1—风机；2、10—调节阀；3、9—转子流量计；
4—加热器；5、6、7、8—温度计；
11—套管式换热器

五、实验注意事项

（1）加热时设定温度在 100~120℃ 为宜。

（2）气源不可在零流量下工作，流量大小可通过旁路阀来调节。

六、实验数据记录

序号	热流体			冷流体		
	流量/m³·h⁻¹	温度/℃		流量/m³·h⁻¹	温度/℃	
		$T_{进}$	$T_{出}$		$t_{进}$	$t_{出}$
1						
2						
3						
4						
5						
6						
7						
8						
9						
10						

序号	V_s	u	Re	$\lg Re$	q_h	$T_进-t_出$	$T_出-t_进$	Δt_m	K	α_h	Nu	$\lg Nu$	m	B	A
1															
2															
3															
4															
5															
6															
7															
8															
9															
10															

（1）列出一组数据的计算过程作为计算示例。

（2）在坐标纸上作 $\lg Nu = m\lg Re + \lg B$ 的关系曲线，并求解 $Nu = ARe^m Pr^n$ 中 A、m 的值。

实验六 填料式精馏塔的操作

一、实验目的

（1）了解精馏塔的结构及精馏流程。

（2）掌握精馏塔的操作方法。

（3）掌握连续精馏过程中理论板层数的计算方法。

二、实验原理

精馏是利用液体混合物中各组分的挥发度的不同使之分离的一种单元操作，精馏过程在精馏塔内进行，精馏塔为气液两相的传热和传质提供场所。精馏塔分为板式塔和填料塔两种，板式塔中气液两相分级接触，填料塔中气液两相连续接触。本实验装置为填料塔。

精馏过程中，塔底的再沸器对塔釜液体加热使之沸腾汽化，上升的蒸气与下降的液体逆流接触，进行传热和传质。塔顶的蒸气经冷凝器冷凝后，部分作为塔顶产品，部分冷凝液作为回流，与上升蒸气接触进行传热传质。

精馏操作的目的指标包括质量指标和产量指标。质量指标是塔顶和塔底产品都要达到一定的分离要求，产量指标是指在规定的时间内要获得一定数量的合格产品。操作过程的目的是要根据精馏过程的原理，采用相应的控制手段，调整某些工艺参数，保证生产过程能稳定连续地进行，并能满足过程的质量指标和产品指标。

在进料条件和工艺分离要求确定后，要严格维持塔内的总物料平衡和组分物料平衡，即

$$F = W + D \tag{1}$$

$$Fx_F = Wx_W + Dx_D \tag{2}$$

当总物料不平衡时，若进料量大于出料量，就会引起淹塔；若出料大于进料量，则会导致塔釜干料，最终都会破坏精馏塔的正常操作。

由式（1）和式（2）

$$\frac{D}{F}=\frac{x_F-x_W}{x_D-x_W}$$

$$\frac{W}{F}=1-\frac{D}{F}$$

式中，$\frac{D}{F}$、$\frac{W}{F}$分别称为塔顶、塔底的采出率。

精馏过程中，连续不断加料，连续不断取样，加料板以上塔段为精馏段；加料板以下塔段为提馏段。

精馏段操作线方程为

$$y=\frac{R}{R+1}x+\frac{x_D}{R+1}$$

提馏段操作线方程为

$$y=\frac{L'}{L'-W}x+\frac{x_W}{L'-W}$$

精馏段与提馏段操作线的交点轨迹方程为

$$y=\frac{q}{q-1}x-\frac{x_F}{q-1}$$

式中　R——回流比，$R=\frac{L}{D}$；

　　　q——进料状况参数。

$$q=\frac{1\text{kmol 原料汽化所需的热量}}{1\text{kmol 原料的汽化潜热}}$$

全回流时，$R=\infty$，此时精馏段操作线与提馏段操作线重合，为对角线。全回流时，在平衡线与对角线之间画梯级，可求得全回流时的理论板层数。回流比为 3 时，在平衡线与精馏段操作线及提馏段操作线之间画梯级，可得回流比为 3 时的理论板层数。

三、实验装置

实验装置参见图 9-7。

四、实验步骤

（1）配制约 20% 的酒精水溶液，由供料泵注入蒸馏釜内至液位上的标记为止。

（2）在供料槽内配制 15%～20% 的酒精水溶液。

（3）通电启动，调节电压到 220V，对釜内料液加温，仔细观察塔内气液两相活动，控制加热量，开启冷水阀。

（4）进行全回流操作，控制蒸发量，这时灵敏板温度在 80℃左右。当达到稳定后，在塔顶与塔底取样，测其折射率。

（5）开泵，控制一定的加料量，维持回流比为 3，进行部分回流操作。当达到稳定后，在塔顶与塔底取样，测其折射率，并取原料进行折射率测定。

（6）调节塔顶、塔底采出率，测定样品的浓度直至合格。

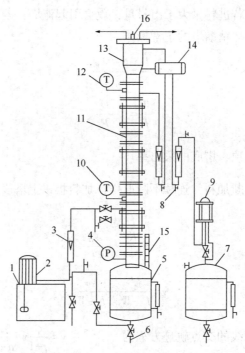

图 9-7 精馏实验装置示意图

1—供料槽；2—输液泵；3—转子流量计；4—塔釜压力计；5—蒸馏釜；6—塔釜取样口；7—贮槽；
8—塔顶取样口；9—比重测量仪；10—灵敏板温度计；11—筛板塔；12—塔顶温度计；13—蛇管式冷凝器；
14—回流分配器；15—塔釜温度计；16—排气阀

五、精馏塔操作过程的调节

操作条件的变化或外界的扰动，会引起精馏塔操作的不稳定。在操作过程中必须及时予以调节，否则将影响分离效果，使产品不合格。

1. 塔顶采出率过大所引发的现象及调节方法

在操作过程中，如果塔顶采出率过大，则必 $Dx_D>Fx_F-Wx_W$，随着过程的进行，塔内轻组分将大量从塔顶馏出，塔内各点的轻组分的浓度将逐渐降低，重组分则逐渐积累，浓度不断增大。最终导致塔顶产品浓度不断降低，产品质量不合格。

由于采出率的变化所引起的现象可以根据塔内的温度分布来分析判断。当操作压力一定时，塔内各点的气液相组成与温度存在着对应关系。若 $\dfrac{D}{F}$ 过大，随着轻组分的大量流失，塔内各点重组分的浓度逐渐增大，因而各点的温度也随之升高。由于塔釜中物料绝大部分为重组分，因而塔釜温度没有塔顶温度升高得明显。

对于 $\dfrac{D}{F}$ 过大所造成的不正常现象，在操作过程中应及时发现并采取有效的调节措施予以纠正。通常的调节方法是：保持塔釜加热负荷不变，增大进料量和塔釜出料量，减小塔顶采出量，使得精馏塔在 $Dx_D<Fx_F-Wx_W$ 的条件下操作一段时间，以迅速弥补塔内的轻组分量，使之尽快达到正常的浓度分布。待塔顶温度迅速下降至正常值时，再将进料量和塔顶、塔底出料量调节至正常操作数值。

2. 塔底采出率 $\dfrac{W}{F}$ 过大所引发的现象及调节方法

塔底采出率 $\dfrac{W}{F}$ 过大所引发的现象和产生的后果恰与 $\dfrac{D}{F}$ 过大的情况相反。由于重组分大量从塔釜流出，塔内各板上的重组分浓度逐渐减小，轻组分逐渐积累，最终使得塔釜液体中轻组分的浓度逐渐升高。如果精馏的目的产品是塔底液体，那么这种不正常的结果将导致产品不合格；如果目的产品是塔顶馏出物，则由于 $\dfrac{W}{F}$ 过大，将有较多的产品从塔底流失。

由于 $\dfrac{W}{F}$ 过大使塔内的重组分大量流失，塔内各板的温度会随之降低，但塔顶温度变化较小，塔釜温度将有明显下降。

对于 $\dfrac{W}{F}$ 过大的情况的调节方法是：增大塔釜加热负荷，同时加大塔顶采出量（回流量不变），使过程在 $Dx_D < Fx_F - Wx_W$ 的条件下操作。同时，可视具体情况适当减少进料量和塔釜采出量。待釜温升至正常值时，再调节各有关参数，使过程在 $Dx_D = Fx_F - Wx_W$ 的正常情况下操作。

六、实验数据记录

1. 标准曲线测定

$V_{乙醇} : V_水$	10 : 0	9 : 1	8 : 2	7 : 3	6 : 4	5 : 5	4 : 6	3 : 7	2 : 8	1 : 9	0 : 10
样品摩尔分率											
折射率											

2. 全回流时取样分析

样品	塔顶	塔底
折射率		

3. 回流比为 3 时取样分析

样品	塔顶	原料	塔底
折射率			

七、数据处理

（1）绘制标准曲线。

（2）作图求解全回流时理论板层数。

（3）试列出回流比为 3 时理论板层数的计算过程。［注：计算过程中如需其他物性参数，请查阅课本附表或其他化工数据手册。若查阅后无果，可用相应专业符号代替，如 c_p（比热容）、r（汽化热）、t（温度）等。］

附表一　常压下乙醇-水溶液的气液平衡数据

液相中乙醇摩尔分率 x	气相中乙醇摩尔分率 y	液相中乙醇摩尔分率 x	气相中乙醇摩尔分率 y
0.000	0.000	0.450	0.635
0.010	0.110	0.500	0.657
0.020	0.175	0.550	0.678
0.040	0.273	0.600	0.698
0.060	0.340	0.650	0.725
0.080	0.392	0.700	0.755
0.100	0.430	0.750	0.785
0.140	0.482	0.800	0.820
0.180	0.513	0.850	0.855
0.200	0.525	0.894	0.894
0.250	0.551	0.900	0.898
0.300	0.575	0.950	0.942
0.350	0.595	1.000	1.000
0.400	0.614		

附表二　乙醇-水气液平衡组成（摩尔）与温度关系

温度/℃	液相	气相	温度/℃	液相	气相
100	0	0	81.5	0.3273	0.5926
95.5	0.019	0.17	80.7	0.3965	0.6122
89	0.0721	0.3891	79.8	0.5079	0.6564
86.7	0.0966	0.4375	79.7	0.5198	0.6599
85.3	0.1238	0.4704	79.3	0.5732	0.6841
84.1	0.1661	0.5089	78.7	0.6763	0.7385
82.7	0.2337	0.5445	78.4	0.7472	0.7815
82.3	0.2608	0.5580	78.2	0.8943	0.8943

实验七　甲醇制芳烃（MTA）综合实验

一、实验目的

（1）掌握绝热式固定床反应器的操作流程。

（2）了解工业催化剂的制备原理及制备方法。

（3）掌握气相色谱操作方法，会根据产物特性建立产品分析方法。

（4）了解有机化学、计算化学、物理化学、无机化学、胶体与界面化学、仪器分析、分析化学等相关学科在化工生产中的作用。

二、实验原理

甲醇制烃(MTH)反应分为动力学诱导期和反应稳定期两个阶段(图9-8)。

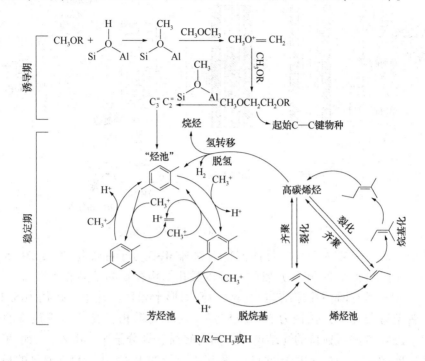

图9-8　HZSM-5沸石上甲醇制烃反应机理示意图

在反应诱导期，主要为"烃池物种"的生成过程，该过程主要发生如下反应：第一，甲醇脱水生成二甲醚；第二，甲醇/二甲醚在酸中心催化作用下，进一步催化转化生成低碳烯烃；第三，低碳烯烃通过齐聚、烷基化、环化、裂化、脱氢、氢转移等反应生成不同碳数芳烃，芳烃一部分作为反应产物，另一部分可吸附在分子筛孔道内作为"烃池物种"，从而引发烃池机理的进行。

"烃池物种"一旦生成，反应随即进入稳定期，在反应稳定期，甲醇制烃反应遵循"双循环催化转化机制"，即芳烃基催化循环和烯烃基催化循环，且反应产物中的各类烃主要通过反应稳定期生成。

注：各反应步骤具体反应机理可扫描二维码自主学习。

三、实验装置

实验装置参见图9-9。

甲醇制烃反应机理

四、实验过程

1. 催化剂的选取

甲醇分子极为活泼，在反应温度为400~600℃的条件下，甲醇转化率高于95%。因此，甲醇制烃反应的关键在于提高产物中目标烃的选择性，而实现这一目标的关键在于研发高选择性的MTH催化剂。

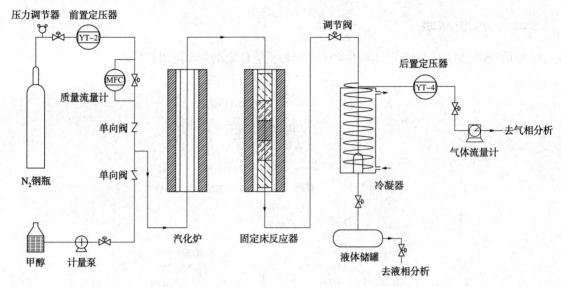

图 9-9　甲醇制芳烃(MTA)实验装置示意图

研究表明，最适宜 MTA 反应的母体催化剂为 ZSM-5 分子筛催化剂。ZSM-5 分子筛是美国 Mobil 公司于 20 世纪 70 年代开发的一种以微孔结构存在的结晶硅铝酸盐。如图 9-10 所示，ZSM-5 沸石具有两种孔道结构：一种为椭圆形十元环直孔道，孔径为 5.3Å×5.6Å；另一种为正弦型弯曲孔道，孔径为 5.1Å×5.5Å，两种孔道相互交叉形成独特的三维孔道（MFI 构型）。ZSM-5 沸石独特的孔结构一方面对轻质芳烃分子苯、甲苯、二甲苯（BTX）有着特殊的择形催化效应；另一方面也抑制了焦炭大分子的生成(孔道允许通过的最大芳烃分子为四甲基苯)，从而很大程度上增加了催化剂的催化寿命。

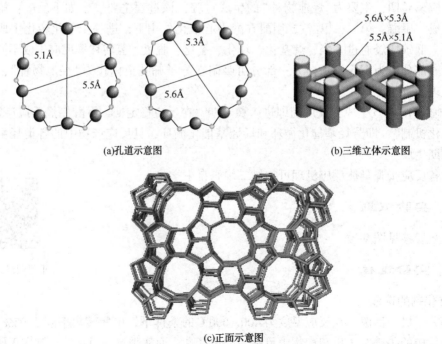

(a)孔道示意图　　　　　　　　　　(b)三维立体示意图

(c)正面示意图

图 9-10　ZSM-5 沸石孔道及结构示意

(1Å=0.1nm)

即便如此，母体 HZSM-5 沸石在 MTA 反应中仍展现出较低的 BTX 选择性，其技术指标远不能达到工业应用要求。为此，常常采用 Zn、Ga、La、Ag、Sn 等金属物种对母体 HZSM-5 沸石进行改性处理，从而提高母体 HZSM-5 沸石的脱氢芳构化反应性能，提升 BTX 的选择性。

2. 催化剂的制备

实验中采用商业化的 HZSM-5 分子筛催化剂(天津南化催化剂有限公司)。HZSM-5 分子筛催化剂的制备及改性方法可扫描二维码自主学习。

HZSM-5 分子筛
催化剂的制备
及改性方法

3. 催化性能测试

甲醇制芳烃(MTA)催化性能测试在如图 9-9 所示的绝热式固定床反应器上进行。液相甲醇经计量泵输送至汽化炉中，计量泵及汽化炉中间设有液体单向阀，防止液体回流至平流泵中；液相甲醇经汽化炉汽化后，甲醇蒸气随之被输送至固定床反应器(反应炉)中，在催化剂的作用下进行甲醇催化转化(气固相催化反应)；产物经反应炉下部排出后，随之进入冷凝器和气液分离器进行冷凝、气液分离；被冷凝的水及液态烃(C_5^+ 以上烃类)进入液体储罐、不凝气体(CO、CO_2、H_2、$C_1 \sim C_4$ 烃)经后置定压器和气体流量计排空。

气路主要用于活化催化剂及催化剂再生。气体流量大小可通过质量流量计进行调节，与质量流量计并联设有旁通阀，可对质量流量计起到保护作用；气路中同样设有单相阀，以防止气体回流。

4. 产物分析、计算方法及活性评价指标

1) 产物分析方法

甲醇转化制芳烃的反应产物经冷阱分离为气相和液相两部分，其中液相产物又分为油相和水相两部分(经分液漏斗分离)。因此，MTA 的反应产物分为气、水、油三相，且均采用离线分析方法。

气相组成及含量分析采用上海海欣色谱仪器有限公司生产的 GC-920 型气相色谱仪，色谱柱为：5A 分子筛[热导(TCD)检测器]，碳分子筛[氢火焰离子(FID)检测器]及改性氧化铝(FID 检测器)，分别测定 H_2、O_2、N_2、CH_4、CO、CH_4、CO_2 及 CH_4、C_2H_6、C_2H_4、C_3H_8、C_3H_6、iC_4H_{10}、C_4H_{10}、C_4H_8($C_1 \sim C_4$)烃类物质，三根色谱柱所测气相组分含量通过甲烷进行关联，归一化处理后得到气相产物全组成。

油相产物采用上海海欣色谱仪器有限公司生产的 GC-950 型气相色谱仪进行分析。色谱柱为 Rtx-1 型毛细管柱(柱长 60m×内径 0.25mm×膜厚 0.5μm)，FID 检测器。油相组分成分复杂，主要为 $C_5 \sim C_{10}$ 的烃类物质，包括烷烃、烯烃、芳烃三大类，本实验主要关注轻质芳烃苯、甲苯、二甲苯的变化情况。

水相产物分析主要用于计算甲醇转化率。水相产物中主要成分为未反应的甲醇，其他烃类组分含量微小，可忽略不计。采用 GC-950 型气相色谱仪对水相组分进行分析，FFAP 毛细管柱，氢火焰离子(FID)检测器。

2) 产物计算方法

产物计算方法必须以物料守恒及碳平衡作为计算基础。物料守恒即单位时间内甲醇进料量等于相应时间内生成的气、水、油三相质量之和。甲醇的进料量可以通过已设平流泵的流量计算而得，本实验中为了增加实验数据的准确性，采用天平对单位时间内甲醇的进料量进行校正，且采用差减法计算所得的甲醇进料量与通过平流泵的流量计算所得的甲醇进料量两者之间的误差在 1% 以内。

液相产物(油相及水相)的质量可以通过天平测量而得。气相产物的总体积通过湿式气体流量计测得，然后通过理想气体状态方程 $pV=nRT$ 可推算出气相产物的总物质的量，最后通过 GC-920 所测气相组成及含量可得单一气态组分的物质的量 n_i，从而通过公式 $\sum n_i M_i$（M_i 为组分 i 的摩尔质量），计算得到气相组分的总质量。在所有实验过程中，实验数据均满足甲醇消耗量≈气相产物质量+液相产物质量，证明整个装置气密性良好，反应遵循物料守恒。

为了进一步验证分析方法的准确性，反应过程的碳平衡被作为另一衡量指标。即单位时间消耗甲醇的碳物质的量=单位时间生成产物的总碳物质的量。而产物中的总碳物质的量又可分为气、水、油三相。气相及水相的成分简单，通过色谱分析可得单一组分的物质的量，从而可得单一组分的碳物质的量。油相组分相对复杂，要对单一组分进行一一定性并不容易。在本实验中，主要采用估算的方法，即对所有芳烃分子进行准确定性及定量，从而得到芳烃中总碳物质的量；而烯烃及烷烃的总碳物质的量通过公式 $m \cdot x\%/14$ 推算得到，其中，m 为油相总质量，$x\%$ 为油相中非芳烃的质量分数，14 为 CH_2 的摩尔质量。在整个反应过程中，碳平衡维持在 95%~105% 之间，证明产物分析及计算方法准确，达到实验要求。

3）催化剂活性评价指标

催化剂活性评价指标主要包括甲醇转化率及 i 烃的选择性，具体计算方法如下：

甲醇转化率（$X_{甲醇}$）：

$$X_{甲醇} = \frac{已转化甲醇的碳物质的量}{进料甲醇的碳物质的量} = \frac{C_{IM} - C_{OM}}{C_{IM}}$$

式中，C_{IM} 指进料中甲醇的碳物质的量；C_{OM} 指产物中（主要为水相中）甲醇的碳物质的量。

i 烃选择性（S_i）：

$$S_i = \frac{产物中 i 烃的碳物质的量}{已转化甲醇的碳物质的量} = \frac{n_i N_i}{C_{IM} - C_{OM}}$$

式中，n_i 指产物中 i 烃的物质的量；N_i 指 i 烃的碳数。

5. 工艺条件优化

本实验中，对反应工艺条件的优化主要包括反应温度（T）、反应压力（p）、反应空速（WHSV）三个方面。

反应温度可通过温度控制仪进行调节；反应压力可通过后置定压器进行调节；反应空速可通过甲醇进料流量进行调节。

五、数据记录

实验日期	甲醇起始量/g	取样时间	反应运转时间/h
环境压力/kPa	室温/℃	反应炉控温/℃	反应炉中心温度/℃
油相质量/g	水相质量/g	甲醇剩余量/g	尾气测量体积/L
气相分析色谱图/组成	液相分析色谱图/组成		水相分析色谱图/组成
注：由气相色谱仪导出	注：由气相色谱仪导出		注：由气相色谱仪导出

六、数据处理

（1）绘制甲醇转化率随反应时间$(X-t)$变化曲线。

（2）绘制芳烃(苯、甲苯、二甲苯)选择性随反应时间$(S-t)$变化曲线。

（3）根据$X-t$和$S-t$曲线，试分析该反应的最佳工艺条件。

附　表

一、单位换算

（一）一些物理量的单位

物 理 量	国 际 制	工 程 制	cgs 制
质　量	kg	公斤(力)·秒²/米	克
密　度	$kg \cdot m^{-3}$	公斤(力)·秒²/米⁴	克/厘米³
相对密度	—	(无量纲)	克(力)/厘米³
比　容	$m^3 \cdot kg^{-1}$	米⁴/公斤(力)·秒²	厘米³/克
力	$m \cdot kg \cdot s^{-2}$(N, 牛顿)	公斤(力)	克·厘米/秒²(达因)
压　力	$kg \cdot m^{-1} \cdot s^{-2}$($N \cdot m^{-2}$=Pa, 帕)	公斤(力)/米², 或公斤(力)/厘米²	克/厘米·秒²
功(能量)	$m^2 \cdot kg \cdot s^{-2}$($N \cdot m$=J, 焦耳) 1000J=1kJ	公斤(力)·米	克·厘米²/秒²(达因·厘米)
功　率	$m^2 \cdot kg \cdot s^{-3}$($J \cdot s^{-1}$=W, 瓦) 1000W=1kW	公斤(力)·米/秒	克·厘米²/秒³
黏　度	$Pa \cdot s$($kg \cdot m^{-1} \cdot s^{-1}$)	公斤(力)·秒/米²	泊P 或厘泊 cP

（二）流体流动过程的一些单位换算

物 理 量	国 际 制	工 程 制	cgs 制		
力	N($m \cdot kg \cdot s^{-2}$)	公斤(力)	达因(克·厘米/秒²)		
	1	0.102	10^5		
	9.81	1	9.81×10^5		
压力(压强)	Pa($kg \cdot m^{-1} \cdot s^{-2}$)	公斤(力)/厘米²	绝对大气压	毫米汞柱	米 水 柱
	101.3×10^3	1.033	1	760	10.33
	133.3	1.36×10^{-3}	1.32×10^{-3}	1	1.36×10^{-2}
	98.1×10^3	1	0.968	735.7	10
	100×10^3	1.02	0.987	750	10.2
功(能量)	J($m^2 \cdot kg \cdot s^{-2}$)	公斤(力)米	尔格(达因·厘米)		
	1	0.102	10^7		
	9.81	1	9.81×10^7		
功　率	W($J \cdot s^{-1}$)	公斤(力)·米/秒	马　力	尔格/秒	
	1	0.102	1.36×10^{-3}	10^7	
	9.81	1	1.33×10^{-2}	9.81×10^7	
	7.35×10^2	75	1	7.35×10^9	
黏　度	$Pa \cdot s$($kg \cdot m^{-1} \cdot s^{-1}$)	公斤(力)·秒/米²	泊P(克/厘米·秒)	厘泊 cP	
	1	0.102	10	10^3	
	10^{-3}	0.102×10^{-3}	10^{-2}	1	

(三) 有关热量的单位换算

物理量	国 际 制		工 程 制	cgs 制	SI 基本单位表示
热量 Q	kJ	J	kcal	cal	$J = m^2 \cdot kg \cdot s^{-2} = N \cdot m$ （牛顿·米）
	1	1000	0.2389	238.9	
	4.187	4187	1	1000	
热传速率 （热流量） $\Phi = Q/\tau$	KW	W	$kcal \cdot h^{-1}$	$cal \cdot s^{-1}$	$W = J \cdot s^{-1} = m^2 \cdot kg \cdot s^{-3}$ $kJ \cdot s^{-1} = kW$（千瓦）
	1	1000	860	238.9	
	1.163×10^{-3}	1.163	1	0.2778	
传热强度 （热流密度） q	$kW \cdot m^{-2}$	$W \cdot m^{-2}$	$kcal \cdot m^{-2} \cdot h^{-1}$	$cal \cdot cm^{-2} \cdot s^{-1}$	$W \cdot m^{-2} = kg \cdot s^{-3}$
	1	1000	860	2.389×10^{-2}	
	1.163×10^{-3}	1.163	1	2.778×10^{-5}	
焓 （或相变热等） Q/m	$kJ \cdot kg^{-1}$	$J \cdot kg^{-1}$	$kcal \cdot kg^{-1}$	$cal \cdot g^{-1}$	$J \cdot kg^{-1} = m^2 \cdot s^{-2}$ $J \cdot kg \cdot K^{-1} = m^2 \cdot s^{-2} \cdot K^{-1}$ 用 mol(摩尔) 为基准时换算相似 $J \cdot mol^{-1}$ 即摩尔能量
	1	1000	0.2389	0.2389	
	4.187	4187	1	1	
比热容 c	$kJ \cdot kg^{-1} \cdot K^{-1}$	$J \cdot kg^{-1} \cdot K^{-1}$	$kcal \cdot (kg \cdot \text{℃})^{-1}$	$cal \cdot (g \cdot \text{℃})^{-1}$	
	1	1000	0.2389	0.2389	
	4.187	4187	1	1	
导热系数 λ	$kW \cdot m^{-1} \cdot K^{-1}$	$W \cdot m^{-1} \cdot K^{-1}$	$kcal \cdot (m \cdot h \cdot \text{℃})^{-1}$	$cal \cdot (cm \cdot s \cdot \text{℃})^{-1}$	$W \cdot m^{-1} \cdot K^{-1}$ $= J \cdot m^{-1} \cdot K^{-1} \cdot s^{-1}$ $= m \cdot kg \cdot K^{-1} \cdot s^{-3}$
	1	1000	860	2.389	
	1.163×10^{-3}	1.163	1	2.778×10^{-3}	
	0.4187	418.7	360	1	
传热系数 （给热系数） α, K	$kW \cdot m^{-2} \cdot K^{-1}$	$W \cdot m^{-2} \cdot K^{-1}$	$kcal \cdot (m^2 \cdot h \cdot \text{℃})^{-1}$	$cal \cdot (cm^2 \cdot s \cdot \text{℃})^{-1}$	$W \cdot m^{-2} \cdot K^{-1}$ $= J \cdot m^{-2} \cdot K^{-1} \cdot s^{-1}$ $= kg \cdot K^{-1} \cdot s^{-3}$
	1	1000	860	2.389×10^{-2}	
	1.163×10^{-3}	1.163	1	2.778×10^{-5}	
	41.87	4.187×10^4	3.6×10^4	1	

二、水的物理性质

(一) 水的物理性质

温度 t/ ℃	密度 ρ/ $kg \cdot m^{-3}$	蒸汽压 p/ kPa	比热容 c_p/ $kJ \cdot kg^{-1} \cdot K^{-1}$	黏度 μ/ $mPa \cdot s$	导热系数 λ/ $W \cdot m^{-1} \cdot K^{-1}$	膨胀系数 $\beta \times 10^4$/ K^{-1}	表面张力 σ/ $g \cdot s^{-2}$	普兰德数 Pr
0	999.9	0.61	4.209	1.792	0.553	0.63	75.6	13.67
10	999.7	1.22	4.188	1.301	0.575	0.70	74.2	9.52
20	998.2	2.33	4.180	1.005	0.599	1.82	72.7	7.02
30	995.7	4.24	4.175	0.801	0.618	3.21	71.2	5.42
40	992.2	7.37	4.175	0.656	0.634	3.87	69.7	4.31
50	988.1	12.33	4.175	0.549	0.648	4.49	67.7	3.54
60	983.2	19.92	4.176	0.469	0.659	5.11	66.2	2.98
70	977.8	31.16	4.184	0.406	0.668	5.70	64.4	2.55
80	971.8	47.34	4.192	0.357	0.675	6.32	62.6	2.21
90	965.3	71.00	4.205	0.317	0.680	6.95	60.7	1.95
100	958.4	101.3	4.217	0.286	0.683	7.52	58.9	1.75
110	951.0	143.3	4.230	0.259	0.685	8.08	56.9	1.36
120	943.1	198.6	4.247	0.237	0.686	8.64	54.8	1.47

温度 t/°C	密度 ρ/kg·m^{-3}	蒸汽压 p/kPa	比热容 c_p/kJ·kg^{-1}·K^{-1}	黏度 μ/mPa·s	导热系数 λ/W·m^{-1}·K^{-1}	膨胀系数 $\beta \times 10^4$/K^{-1}	表面张力 σ/g·s^{-2}	普兰德数 Pr
130	934.8	270.2	4.264	0.218	0.686	9.19	52.9	1.36
140	926.1	361.5	4.284	0.201	0.685	9.72	50.7	1.26
150	917.0	476.2	4.310	0.186	0.684	10.3	48.7	1.17
160	907.4	618.3	4.343	0.174	0.683	10.7	46.6	1.10
170	897.3	792.5	4.377	0.163	0.679	11.3	44.3	1.05
180	886.0	100.4	4.414	0.153	0.675	11.9	41.3	1.00
190	876.0	1255	4.456	0.144	0.670	12.6	40.0	0.96
200	863.0	1554	4.502	0.136	0.663	13.3	37.7	0.93
250	799.0	3978	4.841	0.110	0.618	18.1	26.2	0.86
300	712.5	8593	5.732	0.0912	0.540	29.2	14.4	0.97
370	450.5	22070	40.29	0.0569	0.337	264	4.70	6.79

（二）水的蒸汽压

温度/°C	p/kPa	p/mmHg	温度/°C	p/kPa	p/mmHg
0	0.61	4.58	50	12.23	92.5
2	0.71	5.29	52	13.61	102.1
4	0.81	6.10	54	15.00	112.5
5	0.87	6.54	55	15.73	118.0
6	0.93	7.01	56	16.51	123.8
8	1.07	8.05	58	18.15	136.1
10	1.23	9.21	60	19.92	149.4
12	1.40	10.5	62	21.84	163.8
14	1.60	12.0	64	23.90	179.3
15	1.71	12.8	65	25.00	187.5
16	1.81	13.6	66	26.14	196.1
18	2.07	15.5	68	28.56	214.2
20	2.33	17.5	70	31.16	233.7
22	2.65	19.9	72	33.94	254.6
24	2.99	22.4	74	36.96	277.2
25	3.17	23.8	75	38.54	289.1
26	3.36	25.2	76	40.18	301.4
28	3.79	28.4	78	43.64	327.3
30	4.24	31.8	80	47.34	355.1
32	4.76	35.7	82	51.32	384.9
34	5.32	39.9	84	55.57	416.8
35	5.63	42.2	85	57.81	433.6
36	5.95	44.6	86	60.11	450.9
38	6.63	49.7	88	64.94	487.1
40	7.77	55.3	90	71.00	525.8
42	8.20	61.5	92	75.59	567.0
44	9.11	68.3	94	81.45	610.9
45	9.59	71.9	96	87.67	657.6
46	10.09	75.7	98	94.30	707.3
48	11.16	83.7	100	101.33	760

三、一些液体的物理性质

物质	分子式	摩尔质量 M/ g·mol^{-1}	密度 ρ/ kg·m^{-3}	黏度 μ (20℃)/ mPa·s	比热容 c_p (20℃)/ kJ·kg^{-1}·K^{-1}	沸点 (101325Pa)/ ℃	汽化热 (101325Pa)/ kJ·kg^{-1}	膨胀系数 $\beta \times 10^4$/ K^{-1}	表面张力 (20℃)/ g·s^{-2}	导热系数 λ/ W·m^{-1}·K^{-1}
水	H_2O	18.02	998	1.005	4.18	100	2256.9	1.82	22.7	0.599
盐水 (25%NaCl)		—	1180	2.3	3.39	107		(4.4)	65.6	(0.57)
盐水 (25%CaCl$_2$)			1228	2.5	2.89	107		(3.4)	64.6	0.57
盐酸(30%)	HCl	36.47	1149	2	2.55	(110)	—	—	65.7	0.42
硝酸	HNO_3	63.02	1513	1.17(10°)	1.74	86	481.1	—	42.7	
硫酸	H_2SO_4	98.08	1813	25.4	1.47	340(分解)	—	5.6	55.1	0.384
甲醇	CH_3OH	32.04	791	0.597	2.495	64.6	110.1	12.2	22.6	0.212
三氯甲烷	$CHCl_3$	119.38	1489	0.58	0.992	61.1	253.7	12.6	27.1	0.14
四氯化碳	CCl_4	153.82	1594	0.97	0.85	76.5	195		26.8	0.12
乙醛	CH_3CHO	44.05	780	0.22	1.884	20.4	573.6		21.2	
乙醇	C_2H_5OH	46.07	789	1.200	2.395	78.3	845.2	11.6	22.3	0.172
乙酸	CH_3COOH	60.03	1049	1.31	1.997	117.9	406	10.7	27.6	0.175
乙二醇	$C_2H_4(OH)_2$	62.05	1113	23	2.349	197.2	799.7	—	4.77	—
甘油	$C_3H_5(OH)_3$	92.09	1261	1490	2.34	290(分解)	—	5.3	61.0	0.593
乙醚	$(C_2H_5)_2O$	74.12	714	0.233	2.336	34.5	360	16.3	17.0	0.14
乙酸乙酯	$CH_3COOC_2H_5$	88.11	901	0.455	1.922	77.1	368.4	—	23.9	0.14
戊烷	C_5H_{12}	72.15	626	0.240	2.244	36.1	357.5	15.9	15.2	0.113
糠醛	$C_5H_4O_2$	96.09	1160	1.29	1.59	161.8	452.2	—	43.5	—
己烷	C_6H_{14}	86.17	659	0.326	2.311	68.7	335.1	—	18.4	0.119
苯	C_6H_6	78.11	879	0.652	1.704	80.1	393.9	12.4	28.9	0.148
甲苯	C_7H_8	92.13	867	0.590	1.70	110.6	363.4	10.9	28.4	0.138
邻二甲苯	C_8H_{10}	106.16	880	0.810	1.742	144.4	346.7	—	29.6	0.142
间二甲苯	C_8H_{10}	106.16	864	0.620	1.70	139.1	342.9	10.1	28.4	0.168
对二甲苯	C_8H_{10}	106.16	861	0.648	1.704	138.4	340	—	27.5	0.129

四、水的饱和蒸汽表

温度 t/ ℃	压力 p (SI) kPa	压力 p (cgs制) 绝对大气压	压力 p (工程制) 工程大气压	密度 ρ/ kg·m^{-3}	比容 v/ m^3·kg^{-1}	焓/kJ·kg^{-1} 液体	焓/kJ·kg^{-1} 蒸汽	汽化热/ kJ·kg^{-1}
0	0.61	0.0060	0.0062	0.00484	206.5	0	2491.1	2491.1
10	1.22	0.0121	0.0125	0.0094	106.4	41.9	2510.4	2468.5
20	2.33	0.0230	0.0238	0.0172	57.8	83.7	2530.1	2446.4
30	4.24	0.0418	0.0433	0.0304	32.93	125.6	2549.3	2423.7
40	7.37	0.0728	0.0752	0.0511	19.55	167.5	2568.6	2401.1
50	12.33	0.1217	0.1258	0.083	12.054	209.3	2587.4	2378.1
60	19.92	0.1966	0.2031	0.130	7.687	251.2	2606.3	2355.1

温度 t/ ℃	压力 p			密度 ρ/ kg·m^{-3}	比容 v/ m^3·kg^{-1}	焓/kJ·kg^{-1}		汽化热/ kJ·kg^{-1}
	(SI) kPa	(cgs制) 绝对大气压	(工程制) 工程大气压			液 体	蒸 汽	
70	31.16	0.3075	0.3177	0.198	5.052	293.1	2624.3	2331.2
80	47.34	0.4672	0.483	0.293	3.414	334.9	2642.3	2307.4
90	71.00	0.7008	0.724	0.423	2.365	376.8	2659.8	2283.0
100	101.3	1.000	1.033	0.597	1.675	418.7	2677.0	2258.3
105	120.9	1.193	1.232	0.704	1.421	440.0	2685.0	2245.0
110	143.3	1.414	1.461	0.825	1.212	461.0	2693.3	2232.3
115	169.1	1.669	1.724	0.964	1.038	482.3	2701.3	2219.0
120	198.6	1.960	2.025	1.120	0.893	503.7	2708.8	2205.1
125	232.2	2.292	2.367	1.296	0.7715	525.0	2716.4	2191.4
130	270.2	2.667	2.755	1.494	0.6693	546.4	2723.9	2177.5
135	313.1	3.090	3.192	1.715	0.5831	567.7	2731.0	2163.3
140	361.5	3.568	3.685	1.962	0.5096	589.1	2737.7	2148.6
145	415.7	4.103	4.238	2.238	0.4469	610.9	2744.4	2133.5
150	476.2	4.700	4.855	2.543	0.3933	632.2	2750.7	2118.5
160	618.3	6.102	6.303	3.252	0.3075	675.7	2762.8	2087.1
170	792.5	7.822	8.080	4.113	0.2431	719.3	2773.3	2054.0
180	1004	9.910	10.236	5.145	0.1944	763.2	2782.5	2019.3
190	1255	12.39	12.80	6.378	0.1568	807.6	2790.0	1882.4
200	1554	15.34	15.85	7.840	0.1276	852.0	2795.5	1943.5
250	3978	39.26	40.55	20.01	0.04998	1081.4	2790.0	1708.6
300	8593	84.81	87.6	46.93	0.02525	1352.5	2708.0	1355.5
350	16540	163.2	168.6	113.2	0.00884	1636.2	2516.7	880.5
374	22070	217.8	225.0	322.6	0.00310	2098.0	2098.0	0
99.1	98.1	0.968	1.00	0.579	1.727	414.9	2675.3	2260.4
119.6	196.2	1.836	2.00	1.107	0.903	502.0	2721.0	2221.0
132.9	294.3	2.904	3.00	1.618	0.618	558.5	2728.1	2169.6
142.9	392.4	3.872	4.00	2.120	0.4718	601.6	2741.9	2140.3
151.1	490.4	4.840	5.00	2.614	0.3825	637.2	2751.9	2114.7
158.1	588.5	5.808	6.00	3.104	0.3222	667.4	2760.3	2092.9
164.2	686.6	6.776	7.00	3.591	0.2785	693.7	2767.0	2073.3
169.6	784.7	7.744	8.00	4.075	0.2454	716.6	2772.9	2055.3
174.5	882.8	8.712	9.00	4.556	0.2195	739.4	2777.5	2038.1
179.0	980.9	9.68	10.00	5.037	0.1985	759.1	2781.7	2022.6
197.4	1471	14.52	15.00	7.431	0.1346	840.3	2794.2	1953.9
211.4	1962	19.36	20.00	9.83	0.1017	903.5	2800.0	1896.5
232.8	2943	29.04	30.00	14.70	0.06802	1001.1	2799.3	1798.2
262.7	4904	48.40	50.00	24.96	0.04007	1141.7	2777.5	1635.8
309.5	9809	96.8	100.0	55.11	0.01815	1376.2	2681.6	1305.4
100	101.3	1.00	1.033	0.597	1.675	418.7	2677.0	2258.3
121.35	202.7	2.00	2.066	1.166	0.8562	510.0	2606.6	2196.6
134.00	304.0	3.00	3.099	1.674	0.5974	564.0	2724.0	2160.0
144.11	405.3	4.00	4.132	2.192	0.4562	607.1	2736.1	2129.0
152.36	506.6	5.00	5.165	2.658	0.3762	642.7	2762.7	2120.0
159.37	608.0	6.00	6.198	3.215	0.3110	627.8	2753.6	2080.8
165.5	709.3	7.00	7.231	3.624	0.2759	699.2	2760.3	2061.1
171.0	810.5	8.00	8.264	4.223	0.2368	722.6	2765.3	2042.7
176.05	911.9	9.00	9.297	4.729	0.2115	744.6	2770.4	2025.8
180.5	1013.3	10.00	10.33	5.095	0.1920	763.7	2773.3	2009.6

五、一些有机物的蒸气压

（一）有机物的蒸气压   kPa

物　　质	温度/℃						沸　点
	0	20	40	60	80	100	
氟利昂-12	307	562	948	1504	2277	3334	-29.8
正丁烷	103.2	208	380	642	1018	1536	-0.5
氯乙烷	61.0	132	261	461	760	1185	12.2
乙　醚	24.7	59.1	122.6	229.9	374	644	34.5
正戊烷	24.5	56.6	115.8	214.2	367	587	36.1
溴乙烷	21.7	51.4	107.2	202.1	369	612	38.3
甲酸乙酯	9.6	25.9	60.0	123.4	230.3	390	54.2
丙　酮	9.4	24.6	56.2	114.8	214.2	373	56.2
乙酸甲酯	8.4	23.0	54.1	112.3	211.4	369	56.9
三氯甲烷	8.1	21.1	48.1	97.6	180.7	311	61.6
甲　醇	4.0	12.8	34.7	84.6	181.1	354	64.6
正己烷	6.0	16.2	37.3	76.4	142.4	244.5	68.7
四氯化碳	4.5	12.2	28.4	59.2	111.8	195.5	76.5
乙酸乙酯	3.4	10.1	25.4	56.0	111.0	201.5	77.1
乙　醇	1.6	5.9	17.9	46.8	108.2	223.6	78.3
苯	3.5	10.0	24.4	52.2	101.0	180.0	80.1
异丙醇	—	4.4	14.2	38.8	92.6	198.0	82.2
正庚烷	1.5	4.7	12.4	28.1	57.1	106.1	98.4
甲　酸	—	4.7	11.4	25.8	52.8	99.6	100.6
甲基环己烷	1.6	4.8	12.2	27.0	53.9	98.6	100.9
甲　苯	—	2.9	7.9	18.5	38.8	74.2	110.8
乙　酸	—	1.5	4.6	12.1	27.6	57.0	117.9
正辛烷	0.4	1.4	4.2	10.5	23.3	46.8	125.7
氯　苯	0.3	1.2	3.5	8.9	19.7	39.5	131.7
乙　苯	—	0.9	2.9	7.4	16.8	34.3	136.1
对二甲苯	—	—	2.7	6.9	15.6	32.1	138.4
间二甲苯	—	—	2.5	6.6	15.1	31.2	139.1
邻二甲苯	—	—	2.1	5.5	12.7	26.5	144.4
壬　烷	—	—	1.4	4.0	9.7	21.0	150.8
异丙苯	—	0.5	1.5	4.0	9.7	20.7	152.4
糠　醛	—	—	0.7	2.2	5.7	13.2	161.8
癸　烷	—	—	—	1.5	4.1	9.6	174.1
顺丁二烯酸	—	—	—	0.3	1.4	3.7	196.6

279

物　　质	临界温度 T_c/K	临界压力 p_c/MPa	临界密度 ρ_c/ kg·m^{-3}	ANT A	NNT B	ANT C
氟利昂-11	471.2	4.41	554	13.8366	2401.61	-36.3
四氯化碳	556.4	4.56	558	13.8592	2808.19	-45.99
甲　醛	408.2	6.59	266	14.4625	2204.13	-30.15
三氯甲烷	536.4	5.47	499	14.9732	3599.58	-26.09
甲　醇	512.6	8.10	272	16.5725	3626.55	-34.29
氯乙烯	429.7	5.60	370	12.9451	1803.84	-43.15
乙　醛	461.2	5.57	286	14.2331	2465.15	-37.15
乙　酸	594.4	5.79	351	14.7930	3405.57	-56.34
乙二醇	645.2	7.70	334	18.2351	6022.13	-28.25
乙　醇	516.2	6.38	276	14.8819	3803.98	-41.68
丙　酮	508.1	4.70	278	14.6363	2940.46	-35.93
正丙醇	536.7	5.17	275	15.5289	3166.38	-80.15
异丙醇	508.3	4.76	273	16.6779	3640.20	-53.54
丙三醇	726.2	6.69	361	15.2242	4487.04	-140.2
乙酸乙烯酯	425.2	4.36	325	14.0853	2744.68	-56.15
正丁醇	562.9	4.42	270	15.2010	3137.02	-94.43
乙　醚	466.7	3.64	265	14.0678	2511.29	-41.95
苯	562.1	4.90	302	13.8858	2788.51	-52.36
环己烷	553.4	4.07	273	13.7377	2766.63	-50.50
甲　苯	591.7	4.11	292	13.9987	3096.52	-53.67
邻甲酚	697.6	5.01	383	13.8998	3305.37	-108.0
间甲酚	705.8	4.56	349	15.2728	4274.42	-74.09
对甲酚	704.6	5.15	343	14.1839	3479.39	-111.3
甲基环己烷	572.1	3.47	267	13.6995	2926.04	-51.75
正己烷	507.4	2.97	233	13.8216	2697.55	-48.78
正庚烷	540.2	2.74	232	13.8587	2911.32	-56.51
苯乙烯	647.2	3.99	282	14.0043	3328.57	-63.72
邻二甲苯	630.2	3.73	288	14.1006	3395.57	-59.46
间二甲苯	617.0	3.54	282	14.1240	3366.99	-58.04
对二甲苯	616.2	3.51	280	14.0813	3346.65	-57.84
乙　苯	617.1	3.61	284	14.0045	3279.47	-59.95
正辛烷	568.8	2.49	232	13.9572	3120.29	-63.63
异丙苯	613.0	3.21	280	139572	3363.00	-63.37
正壬烷	594.6	2.31	236	13.9521	3291.45	-71.33
正癸烷	617.6	2.10	236	13.9964	3455.80	-78.67

六、一些气体的物理性质

（一）干空气的物理性质

101.3kPa(1绝对气压)

温度 t/ °C	密度 ρ/ kg·m^{-3}	比热容 c_p/ kJ·kg^{-1}·K^{-1}	导热系数 $\lambda \times 10^2$/ W·m^{-1}·K^{-1}	黏度 μ/ μPa·s	普兰德数 Pr
-50	1.584	1.013	2.04	14.6	0.728
-40	1.515	1.013	2.12	15.2	0.728
-30	1.453	1.013	2.20	15.7	0.723
-20	1.392	1.009	2.28	16.2	0.716
-10	1.342	1.009	2.36	16.7	0.712
0	1.293	1.005	2.44	17.2	0.707
10	1.247	1.005	2.51	17.7	0.705
20	1.205	1.005	2.59	18.2	0.703
30	1.165	1.005	2.68	18.6	0.701
40	1.128	1.005	2.76	19.1	0.699
50	1.093	1.005	2.83	19.6	0.698
60	1.060	1.005	2.90	20.1	0.696
70	1.029	1.009	2.97	20.6	0.694
80	1.000	1.009	3.05	21.1	0.692
90	0.972	1.009	3.13	21.5	0.690
100	0.946	1.009	3.21	21.9	0.688
120	0.898	1.009	3.38	22.9	0.686
140	0.854	1.013	3.49	23.7	0.684
160	0.815	1.017	3.64	24.5	0.682
180	0.779	1.022	3.78	25.3	0.681
200	0.746	1.026	3.93	26.0	0.680
250	0.674	1.038	4.27	27.4	0.677
300	0.615	1.047	4.61	29.7	0.674
350	0.566	1.059	4.91	31.4	0.676
400	0.524	1.068	5.21	33.1	0.678
500	0.456	1.093	5.75	36.2	0.687
600	0.404	1.114	6.22	39.1	0.699
700	0.362	1.135	6.71	41.8	0.706
800	0.329	1.156	7.18	44.3	0.713
900	0.301	1.172	7.63	46.7	0.717
1000	0.277	1.185	8.07	49.1	0.719
1100	0.257	1.197	8.50	51.2	0.722
1200	0.239	1.210	9.15	53.5	0.724

名　　称	分子式	摩尔质量 M/ g·mol^{-1}	密度 (标态)/ kg·m^{-3}	比热容c_p/ kJ·kg^{-1}·K^{-1}	黏度(0℃) $\mu \times 10^6$/ kg·m^{-1}·s^{-1}	沸　点 (101.3kPa)/ ℃	蒸发热/ kJ·kg^{-1}	导热系数 λ (0℃, 101.3kPa)/ W·m^{-1}·K^{-1}
氢	H$_2$	2.016	0.090	14.268	8.42	-252.8	454.3	0.16
氦	He	4.00	0.1785	5.275	18.8	-268.9	19.51	0.144
氨	NH$_3$	17.03	0.771	2.219	9.18	-33.4	1373	0.021
一氧化碳	CO	28.01	1.250	1.047	16.6	-191.5	211.4	0.022
氮	N$_2$	28.02	1.251	1.047	17.0	-195.8	199.2	0.023
空　气	—	(28.95)	1.293	1.009	17.2	-195	196.8	0.0244
氧	O$_2$	32	1.429	0.913	20.3	-183	213.1	0.0240
硫化氢	H$_2$S	34.08	1.539	1.059	11.6	-60.2	548.5	0.0131
氩	Ar	39.94	1.782	0.532	20.9	-185.9	162.9	0.0173
二氧化氮	NO$_2$	46.01	—	0.804	—	21.2	711.7	0.0400
二氧化碳	CO$_2$	44.01	1.976	0.837	13.7	-78.2	573.6	0.0137
二氧化硫	SO$_2$	64.07	2.927	0.632	11.7	-10.8	393.6	0.0077
氯	Cl$_2$	70.91	3.217	0.482	12.9	-33.8	305.4	0.0085
甲　烷	CH$_4$	16.04	0.717	2.223	10.3	-161.6	510.8	0.0300
乙　炔	C$_2$H$_2$	26.04	1.171	1.683	9.35	(-83.7)	829.0	0.0184
乙　烯	C$_2$H$_4$	28.05	1.261	1.528	9.85	-103.7	481.5	0.017
乙　烷	C$_2$H$_6$	30.07	1.357	1.729	8.50	-88.5	485.7	0.0186
丙　烯	C$_3$H$_6$	42.08	1.914	1.633	8.10	-47.7	439.6	—
丙　烷	C$_3$H$_8$	44.1	2.020	1.863	7.47	-42.1	427.0	0.0148
正丁烷	C$_4$H$_{10}$	58.12	2.673	1.918	8.10	-0.5	386.4	0.0135
正戊烷	C$_5$H$_{12}$	72.15	—	1.717	8.74	36.1	360.1	0.0128
苯	C$_6$H$_6$	78.11	—	1.252	7.2	80.2	393.6	0.0088

七、B 型水泵性能表（摘录）

型号	流量		扬程/ m	转数/ r·min^{-1}	功率/kW		效率/ %	吸上 高度/ m	叶轮 直径/ mm	泵净重/ kg	与BA型 对照
	m^3·h^{-1}	L·s^{-1}			轴	电机					
2B19	11	3	21		1.10		56	8.0			
	17	5.5	18.5	2900	1.47	2.2(2.8)	68	6.8	127	36	2BA-9
	22	7	16		1.66		66	6.0			
2B19A	10	2.8	16.8		0.85		54	8.1			
	17	4.7	15	2900	1.06	1.5(1.7)	65	7.3	117	36	2BA-9A
	22	6.1	13		1.23		63	6.5			
2B31	10	2.8	34.5		1.87		50.6	8.7			
	20	5.5	30.8	2900	2.60	4(4.5)	64	7.2	162	35	2BA-6
	30	8.3	24		3.07		63.5	5.7			
2B31A	10	2.8	28.5		1.45		54.5	8.7			
	20	5.5	25.2	2900	2.06	3(2.8)	65.6	7.2	148	35	2BA-6A
	30	8.3	20		2.54		64.1	5.7			

型号	流量		扬程/	转数/	功率/kW		效率/	吸上高度/	叶轮直径/	泵净重/	与BA型对照
	m³·h⁻¹	L·s⁻¹	m	r·min⁻¹	轴	电机	%	m	mm	kg	
3B19	32.4	9	21.5		2.5		76	6.5			
	45	12.5	18.8	2900	2.88	4(4.5)	80	5.5	132	41	3BA-13
	52.5	14.5	15.6		2.96		75	5.0			
3B33	30	8.3	35.5		4.60		62.5	7.0			
	45	12.5	32.6	2900	5.56	7.5(7.0)	71.5	5.0	168	50	3BA-9A
	55	15.1	28.8		6.25		68.2	3.0			
3B57	30	8.3	62		9.3		54.5	7.7			
	45	12.5	57	2900	11	17(20)	63.5	6.7	218	116	3BA-6
	60	16.7	50		12.3		66.3	5.6			
	70	19.5	44.5		13.3		64	4.4			
3B57A	30	8.3	45		6.65		55	7.5			
	40	11.1	41.5	2900	7.30	10(14)	62	7.1	192	116	3BA-6A
	50	13.9	37.5		7.98		64	6.4			
	60	17.7	30		8.80			5.9			
4B15	54	15	17.5		3.69			7.0			
	79	22	14.8	2900	4.10	5.5(4.5)		7.8	126	44	4BA-25
	99	27.5	10		4.00		67	5			
4B20	65	18	22.6		5.32		75				
	90	25	20	2900	6.36	10	78	5	143	59	4BA-18
	110	30.6	17.1		6.93		74				
4B35	65	18	37.7		9.25		72	6.7			
	90	25	34.6	2900	10.8	17(14)	78	5.8	178	108	4BA-12
	120	33.5	28		12.3		74.5	3.3			

八、一些固体材料的导热系数(常温下)

金属	密度ρ/	导热系数λ/	比热容c/	绝热材料和建筑材料	密度ρ/	导热系数λ/	比热容c/
	kg·m⁻³	W·m⁻¹·K⁻¹	kJ·kg⁻¹·K⁻¹		kg·m⁻³	W·m⁻¹·K⁻¹	kJ·kg⁻¹·K⁻¹
银	2700	423	0.24	硅藻土	350	0.093	0.84
铜 99.9%	8900	398	0.42	绝热砖	600~1400	0.163~0.372	0.84
99.5%	8890	185	0.42	干砂	1600	0.42	0.80
黄铜 20%Zn	8650	248	0.39	黏土	1700	0.50	0.75
30%Zn	8600	126	0.39	建筑砖	1800	0.63	0.92
铝	2700	218	0.92	耐火砖	1800	0.7~1.05	0.96
青铜 10%Al	7500	71	0.43	混凝土	2200	1.4	0.84
10%Sn	8800	48	—	软木	160	0.046	0.96
镍	8900	58	0.46	锯屑	200	0.052	2.51
球墨铸铁	≈7500	50	0.50	松木	600	0.093	2.30
钢 0.6%C	7800	49	0.48	橡胶	1200	0.163	1.38
铅	11300	37	0.13	聚氯乙烯	1400	0.163	1.84
灰铸铁	≈7500	29	0.50	玻璃	2400	0.74	0.67
18-8不锈钢	7900	16	0.50	耐酸陶瓷	2300	1.05	0.80
汞	13600	8	0.14	冰	900	2.33	2.14

九、扩 散 系 数

(根据实验数据换算)293K

气体间的扩散系数 $D \times 10^4 / m^2 \cdot s^{-1}$		一些物质在水中的扩散系数 $D' \times 10^9 / m^2 \cdot s^{-1}$	
体 系	D	物 质	D'
空气-二氧化碳	0.153	氢	5.0
空气-氢	0.644	空 气	2.5
空气-水	0.257	CO	2.03
空气-乙醇	0.129	氧	1.84
空气-正戊烷	0.071	CO_2	1.68
二氧化碳-水	0.183	乙 酸	1.19
二氧化碳-氢	0.160	草 酸	1.53
二氧化碳-氧	0.153	苯甲酸	0.87
氧-苯	0.091	水杨酸	0.93
氧-四氯化碳	0.074	乙二醇	1.01
氢-水	0.919	丙二醇	0.88
氢-氮	0.761	丙 醇	1.00
氢-氨	0.760	丁 醇	0.89
氢-甲烷	0.715	戊 醇	0.80
氢-丙酮	0.417	苯甲醇	0.82
氢-苯	0.364	甘 油	0.82
氢-环己烷	0.328	丙 酮	1.16
氮-氨	0.223	糠 醛	1.04
氮-水	0.236	尿 素	1.20
氮-SO_2	0.126	乙 醇	1.13

十、一些传热系数的数据

管壳式换热器中传热系数的大致范围

管内(管程)	管间(壳程)	$K/W \cdot m^{-2} \cdot K^{-1}$
水(0.9~1.5m·s^{-1})	净水(0.3~0.6m·s^{-1})	600~700
水	较高流速水	800~1200
冷水	轻有机物($\mu < 0.5$)	400~800
冷水	中有机物($\mu = 0.5 \sim 1$)	300~700
冷水	重有机物($\mu > 1$)	120~400
盐水	轻有机物	250~600
有机溶剂	有机溶剂(0.3~0.6m·s^{-1})	200~250
轻有机物	轻有机物	250~500
中有机物	中有机物	120~350
重有机物	重有机物	60~250
	(壳程冷凝)	
水(1m·s^{-1})	水蒸气(有压力)	2500~4500
水	水蒸气(低压)	1750~3500
水溶液($\mu < 2$mPa·s)	饱和水蒸气	1200~4000
水溶液($\mu > 2$mPa·s)	饱和水蒸气	600~3000
轻有机物	饱和水蒸气	600~1200
中有机物	饱和水蒸气	300~600

管内(管程)	管间(壳程)	$K/\text{W} \cdot \text{m}^{-2} \cdot \text{K}^{-1}$
重有机物	饱和水蒸气	120~350
水	有机物蒸气及水蒸气	600~1200
水	重有机物蒸气(常压)	120~350
水	重有机物蒸气(负压)	60~180
水	饱和有机物蒸气(常压)	600~1200
水或盐水	有机溶剂蒸气(常压,有不凝气)	250~470
水	有机溶剂蒸气(负压,有不凝气)	180~350
水	有机溶剂蒸气(负压,有不凝气)	60~250
水	含水汽的氯(20~50℃)	350~180
水	二氧化硫	800~1200
水	氨	700~950
水	氟利昂	750
饱和水蒸气	水(沸腾)	1400~2500
饱和水蒸气	氨或氯(蒸发)	800~1600
油(沸腾)	饱和水蒸气	300~900
饱和水蒸气	油(沸腾)	300~900
氯(冷凝)	氟利昂(蒸发)	600~750

十一、管壳式换热器系列标准(摘录)

(固定管板式)

外壳直径/ mm	公称压力/ 工程大气压 (kgf·cm⁻²)	公称面积/ m²	管长/ m	管子 总数	管程数	管程通道 截面积/ m²
159	25	1	1.5	13	1	0.00408
		2	2	13		
		3	3	13		
273	25	3	1.5	32	2	0.00503
		4	1.5	38	1	0.01196
			2	32	2	0.00503
		5	2	38	1	0.01196
		7	3	32	2	0.00503
400	16、25	10	1.5	102	2	0.01605
				86	4	0.00692
		20	3	86	4	0.00692
		40	6	86	4	0.00692
600	10、16、25	60	3	269	1	0.0845
		120	6	254	2	0.0399
800	6、10、16、25	100	3	456	4	0.0358
				444	6	0.02325
		200	6	444	6	0.02325
		230	6	501	1	0.1574

注:管子为正三角形排列,管子外径为25mm,壳程数为1,壳程通道截面积及折流板有关数据未摘录。

十二、气体在液体中的溶解度

（一）一些气体-水体系的亨利系数 H 值
                                                                    Pa

气　体	温度/℃								
	0	10	20	30	40	50	60	80	100
	$H \times 10^{-9}$								
H_2	6.04	6.44	6.92	7.39	7.61	7.75	7.73	7.65	7.55
N_2	5.36	6.77	8.15	9.36	10.54	11.45	12.16	12.77	12.77
空气	4.38	5.56	6.73	7.81	8.82	9.59	10.23	10.84	10.84
CO	3.57	4.48	5.43	6.28	7.05	7.71	8.32	9.56	8.57
O_2	2.58	3.31	4.06	4.81	5.42	5.96	6.37	6.96	7.10
CH_4	2.27	3.01	3.81	4.55	5.27	5.85	6.34	6.91	7.10
NO	1.71	1.96	2.68	3.14	3.57	3.95	4.24	4.54	4.60
C_2H_6	1.28	1.57	2.67	3.47	4.29	5.07	5.73	6.70	7.01
C_2H_4	0.56	0.78	1.03	1.29	—	—	—	—	—
	$H \times 10^{-7}$								
N_2O	—	14.29	20.06	26.24	—	—	—	—	—
CO_2	7.38	10.54	14.39	18.85	23.61	28.68	—	—	—
C_2H_2	7.30	9.73	12.26	14.79	—	—	—	—	—
Cl_2	2.72	3.99	5.37	6.69	8.01	9.02	9.73	—	—
H_2S	2.72	3.72	4.89	6.17	7.55	8.96	10.44	13.68	15.00
Br_2	0.22	0.37	0.60	0.92	1.35	1.94	2.54	4.09	—
SO_2	0.17	0.25	0.36	0.49	0.56	0.87	1.12	1.70	—
	$H \times 10^{-5}$[①]								
HCl	2.46	2.62	2.79	2.94	3.03	3.06	2.99	—	—
NH_3	2.08	2.40	2.77	3.21	—	—	—	—	—

① 很少实用价值，只列作对比。

（二）一些气体在水中的溶解度
（气体组分及水蒸气的总压为 0.1MPa）

温度/℃	[g/1000g(水)]$\times 10^2$					g/1000g(水)			
	H_2	N_2	CO	O_2	NO	CO_2	H_2S	SO_2	Cl_2
0	0.192	2.94	4.40	6.95	9.83	3.35	7.07	228	—
5	0.182	2.60	3.90	6.07	8.58	2.77	6.00	193	—
10	0.174	2.31	3.48	5.37	7.56	2.32	5.11	162	9.63
15	0.167	2.09	3.13	4.80	6.79	1.97	4.41	135.4	8.05
20	0.160	1.90	2.84	4.34	6.17	1.69	3.85	112.8	6.79
25	0.154	1.75	2.60	3.93	5.63	1.45	3.78	94.1	5.86
30	0.147	1.62	2.41	3.59	5.17	1.26	2.98	78.0	5.14
40	0.138	1.39	2.08	3.08	4.39	9.73	2.36	54.1	4.01
50	0.129	1.22	1.80	2.66	3.76	0.76	1.88		3.26
60	0.118	1.05	1.52	2.27	3.24	0.58	1.48		2.66
70	0.102	0.85	1.28	1.86	2.67		1.10		2.18
80	0.079	0.66	0.98	1.38	1.95		0.77		1.67
90	0.046	0.38	0.57	0.79	1.13		0.41		0.93
100	0	0	0	0	0		0		0

（三）二氧化硫在水中的溶解度

液相浓度/ [g(SO_2)/1000g(水)]	$p(SO_2)$/kPa					
	0℃	10℃	20℃	30℃	40℃	50℃
100	41.06	63.18	93.04			
75	30.39	46.52	68.92	89.04		
50	19.73	30.13	44.79	60.25	88.65	
25	9.20	14.00	21.46	28.79	42.92	61.05
15	5.07	7.87	12.26	16.66	24.79	35.46
10	3.11	4.93	7.87	10.53	16.13	22.93
5	1.32	2.08	3.47	4.80	7.87	10.93
2	0.37	0.61	1.13	1.57	2.53	4.13
1	0.16	0.24	0.43	0.63	1.00	1.60
0.5	0.08	0.11	0.16	0.23	0.37	0.63

（四）氨在水中的溶解度

液相浓度/ [g(NH_3)/1000g(水)]	$p(NH_3)$/kPa					
	0℃	10℃	20℃	30℃	40℃	50℃
600	50.65	79.98	126.0			
500	36.66	58.52	91.44			
400	25.33	40.12	62.65	95.84		
300	15.86	25.33	39.72	60.52	92.24	
200	8.53	19.20	22.13	34.66	41.99	79.46
100	3.33	5.57	9.33	14.66	22.26	32.93
50	1.49	4.00	4.27	6.80	10.26	15.33
30		1.51	2.40	4.00	6.00	8.93
20			1.60	2.53	4.00	6.00
10					2.05	2.92

（五）二氧化碳在水中的溶解度

CO_2 压力		溶解度/[g/1000g(水)]			
MPa	大气压	12℃	25℃	50℃	100℃
2.53	25			19.2	10.6
5.05	50	70.3	53.8	34.1	20.1
7.60	75	71.8	60.7	44.5	28.2
10.13	100	72.7	62.8	50.7	34.9
15.2	150	75.9	65.4	54.7	44.9
40.5	400	81.2	75.4	65.8	64.0

（六）一些气体的溶解热

气 体	水量/mol	溶解热/kJ·mol^{-1}	气 体	水量/mol	溶解热/kJ·mol^{-1}
NH_3	200	35.4	CO_2	饱和	19.9
HCl	200	73.0	H_2S	稀	19.1
HBr	200	83.2	甲醇	稀	8.4
HI	200	80.6	SO_2	稀	35.8
HF	200	19.0	SO_3	稀	206.1

十三、一些填料的性质

(一) 瓷质拉西环的特性(乱堆)

外径 d/ mm	高×厚($H×\delta$)/ mm	比表面积 σ/ $m^2 \cdot m^{-3}$	空隙率 e/ $m^3 \cdot m^{-3}$	每立方米个数	堆积密度/ $kg \cdot m^{-3}$	干填料因子 (σ/e^3)/ m	填料因子 ϕ/ m^{-1}
6.4	6.4×0.8	789	0.73	3110000	737	2030	3200
8	8×1.5	570	0.64	1465000	600	2170	2500
10	10×1.5	440	0.70	720000	700	1280	1500
15	15×2	330	0.70	250000	690	960	1020
16	16×2	305	0.73	192500	730	784	1020
25	25×2.5	190	0.78	49000	505	400	450
40	40×4.5	126	0.75	12700	577	305	350
50	50×4.5	93	0.81	6000	457	177	205

(二) 瓷制弧鞍填料的特性

公称尺寸 d/ mm	比表面积 σ/ $m^2 \cdot m^{-3}$	空隙率 e/ $m^3 \cdot m^{-3}$	每立方米个数	堆积密度/ $kg \cdot m^{-3}$	填料因子 ϕ/ m^{-1}
6	907	0.60	4020000	902	2950
13	470	0.63	575000	870	790
20	271	0.66	177500	774	560
25	252	0.69	38100	725	360
38	146	0.75	20600	645	213
50	106	0.72	8870	612	148